U0594268

# 有机合成原理
## 与技术

樊晓辉　管永红　汤　霞　编著

中国水利水电出版社
www.waterpub.com.cn

## 内 容 提 要

　　本书将有机合成原理与有机合成技术巧妙地融为一体，并反映当代化学的新进展。全书共分为 12 章，内容包括：绪论，有机反应类型和机理，有机合成路线设计，分子拆分，过渡金属催化偶联反应，环化反应，官能团的引入、转换和保护，不对称合成，生物催化合成，有机光化学合成，相转移催化合成，其他有机合成技术等。

　　本书内容新颖，可供从事化学、化工、材料、生物及药物化学等相关领域的研究人员和技术人员参考使用。

**图书在版编目（CIP）数据**

　有机合成原理与技术 / 樊晓辉，管永红，汤霞编著
. -- 北京 ： 中国水利水电出版社，2015.2（2022.10重印）
　ISBN 978-7-5170-2998-4

　Ⅰ．①有… Ⅱ．①樊… ②管… ③汤… Ⅲ．①有机合
成 Ⅳ．①O621.3

　　中国版本图书馆CIP数据核字(2015)第041927号

策划编辑：杨庆川　　责任编辑：陈　洁　　封面设计：崔　蕾

| 书　　名 | 有机合成原理与技术 |
|---|---|
| 作　　者 | 樊晓辉　管永红　汤　霞　编著 |
| 出版发行 | 中国水利水电出版社 |
| | （北京市海淀区玉渊潭南路 1 号 D 座 100038） |
| | 网址：www. waterpub. com. cn |
| | E-mail：mchannel@263. net（万水） |
| | 　　　　 sales@ mwr. gov. cn |
| | 电话：(010)68545888(营销中心)、82562819（万水） |
| 经　　售 | 北京科水图书销售有限公司 |
| | 电话：(010)63202643、68545874 |
| | 全国各地新华书店和相关出版物销售网点 |
| 排　　版 | 北京厚诚则铭印刷科技有限公司 |
| 印　　刷 | 三河市人民印务有限公司 |
| 规　　格 | 184mm×260mm　16 开本　17.25 印张　420 千字 |
| 版　　次 | 2015年6月第1版　2022年10月第2次印刷 |
| 印　　数 | 3001-4001册 |
| 定　　价 | 62.00 元 |

# 前　言

    有机合成是一门极具创造性的科学,是化学家改造世界、创造物质世界的重要手段。人们通过有机合成,不仅能制造出自然界已有的,还能制造出自然界不存在的具有特殊性能的物质,以适应人类生活和生产需求。随着化学和材料科学、生命科学的交叉融合,作为设计合成功能性物质的重要手段,有机合成显得越来越重要。有机合成方法、技术、手段的不断更新和发展,使得有机合成向当前化学家提出了更新的课题与更高的要求。由于有机合成在药物、农药、燃料、日用化学品、光电材料等领域具有广泛的应用,因此不断深入研究有机化学反应是十分必要的。

    本书着重介绍有机合成的原理和合成技术,既讨论了有机合成的一些基本方法,又阐述了有机合成的技巧及有机合成设计的艺术性。本书既注重有机合成的单元反应,有机单元反应是有机合成的基础,又强化有机合成技术,用来解决将具体有机反应组合起来用于特定目标分子的合成。本书尽可能反映有机合成新进展,如天然有机物的合成、绿色有机物的合成等。

    本书内容大致分为12章:第1章为绪论,简要介绍了有机合成的发展历程、有机合成的任务和内容。第2～4章阐述了有机合成的原理,包括有机反应类型和机理、有机合成路线的设计、分子拆分等。第5～8章介绍重要的有机合成反应和方法,第5章主要讨论了过渡金属催化的偶联反应;第6章讨论环化反应,在介绍重要的碳环合成方法之外,还讨论了杂环化合物的合成;第7章重点讨论了常见官能团(如羟基、羧基、羰基和氨基)的引入、转换和保护;第8章讨论了不对称合成。第9～12章分别介绍了近些年来出现的一些新的有机合成技术及其应用,包括生物催化合成、有机光化学合成、相转移催化合成、微波合成、离子液体合成、无溶剂合成等。

    全书由樊晓辉、管永红、汤霞撰写,具体分工如下:

第1章～第4章、第10章:樊晓辉(兰州交通大学);

第5章第5节～第7节、第9章、第11章、第12章:管永红(兰州交通大学);

第5章第1节～第4节、第6章～第8章:汤霞(兰州交通大学)。

    本书在编撰的过程中借鉴了大量文献资料,并咨询了多位同行的宝贵意见,但由于作者能力水平有限,书中难免存在错误和疏漏之处,望广大专家学者批评指正。

作　者<br>2014 年 8 月

# 目　　录

# 第1章　绪论

## 1.1　有机合成的发展历程

有机合成的形成与发展,与人们生活、生产活动密切相关。有机合成的发展历程,也是人们认识和改造客观世界的过程。

早在19世纪中叶,钢铁工业的发展带动炼焦工业的发展,以煤焦油的提取物苯、二甲苯、苯酚、萘、蒽为原料,围绕染料、医药合成,开始了有机合成的初创期。

1828年,德国的一位年青化学家沃勒(F. Wöhler)在加热氰酸铵的水溶液时,意外得到尿素,从而首次实现了从无机化合物制备有机化合物。

1845年,德国化学家柯尔贝(H. Kolbe)合成了乙酸,并第一次用"合成"这一术语来描述乙酸的制备过程。

1856年,霍夫曼(A. W. Hofmann)发现苯胺紫,威廉姆斯(G. Williams)发现箐染料。

1856年,英国有机化学家珀金(W. H. Perkin)合成染料苯胺紫。

1878年,德国化学家阿道夫·拜耳(Adolf Von Baeyer)合成了靛蓝。

1890年,德国化学家埃米尔·费歇尔(Emil Fischer)合成六碳糖的各种异构体以及嘌呤等杂环化合物。

1892年,威尔伦(Willean)发明石灰与焦炭生产电石的技术,随后以乙炔为原料,相继合成乙醛、乙酸、氯乙烯、丙烯腈等产品。

1903年,德国化学家维尔斯泰特(R. Wllstfätter)第一次完成颠茄酮合成。1917年英国化学家罗宾逊(Robinson)第二次合成了颠茄酮,他采用了全新的、简捷的合成方法,模拟自然界植物体合成莨菪碱的过程而进行的,其合成路线是:

$$\begin{array}{c}\text{CHO}\\ |\\ \text{CHO}\end{array} + CH_3NH_2 + \begin{array}{c}\text{HOOC}\\ \diagdown\\ \diagup\\ \text{COOH}\end{array}{=}O \longrightarrow \overset{\text{NMe}}{\diagup\diagdown}{=}O$$

德国化学家汉斯·费歇尔(Hans Fischer)证明氯血红素与叶绿素有密切关系并合成了氯血红素,接近完成叶绿素的人工合成,并研究过胡萝卜素及卟啉。1930年,费歇尔因对氯血红素及叶绿素的研究成果而获得诺贝尔化学奖。

1956年,M. Gates合成吗啡。

1944年,美国有机化学家伍德沃德(R. B. Woodward)完成喹咛和金鸡纳碱的合成,随后,1951年合成皮质酮、1951年伍德沃德与鲁滨逊合成可的松、1954年合成马钱子碱、1956年合成麦角新碱、1956年合成利血平、1957年合成羊毛甾醇、1960年伍德沃德合成叶绿素、1971年合成黄体酮;由于在复杂分子合成及结构理论方面的突出贡献,伍德沃德获1965年诺贝尔化学奖。获奖后,又组织了 14 个国家的 110 位化学家,协同攻关,探索维生素 $B_{12}$ 的人工合成问题。在他以前,这种极为重要的药物只能从动物的内脏中经人工提炼,所以价格极为昂贵,且供不应求。

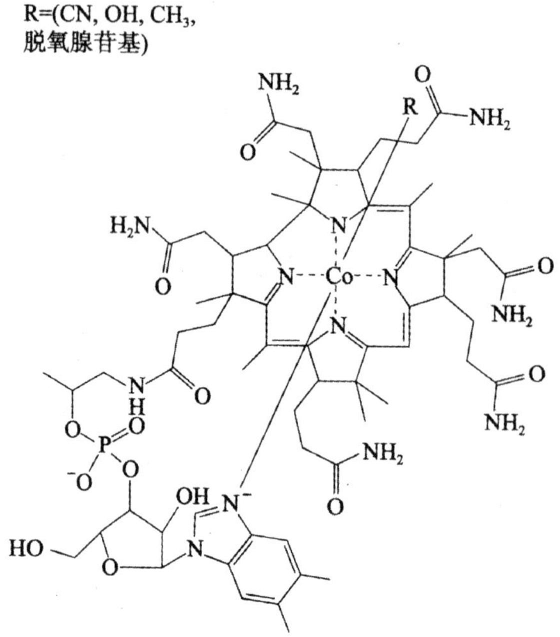

R=(CN, OH, $CH_3$,
脱氧腺苷基)

**维生素$B_{12}$的化学结构**

维生素 $B_{12}$ 的结构极为复杂,伍德沃德设计了一个拼接式的合成方案,即先合成维生素 $B_{12}$ 的各个局部结构,然后再把它们拼接起来。这种方法后来成了合成有机大分子时普遍采用的方法。此外,在合成维生素 $B_{12}$ 过程中,伍德沃德和他的学生兼助手霍夫曼一起,提出了分子轨道对称性守恒原理,这一理论用对称性简单直观地解释了许多有机化学过程中的立体化学控制的问题,如电环化反应过程、环加成反应过程、$\sigma$ 键迁移过程等。

20 世纪 70 年代,美国化学家科里(E. J. Corey)完成了 100 多种复杂天然产物的全合成,建立了有机合成中的逆合成分析理论,并因此而获得 1990 年诺贝尔化学奖。

20 世纪 90 年代,哈弗大学教授 Kishi 完成了迄今为止相对分子质量最大、手性中心最多的天然产物(岩沙海葵毒素)的全合成。岩沙海葵毒素是目前已知毒性最强烈的海洋生物毒素之一,它的毒性不仅比神经性毒剂沙林高出几个数量级,而且比剧毒性的河豚毒素或石房蛤毒素也大数十倍。因此,岩沙海葵毒素的全合成是有机合成历史上最伟大的里程碑之一,它标志着人类已经具备了合成任何复杂分子的能力。

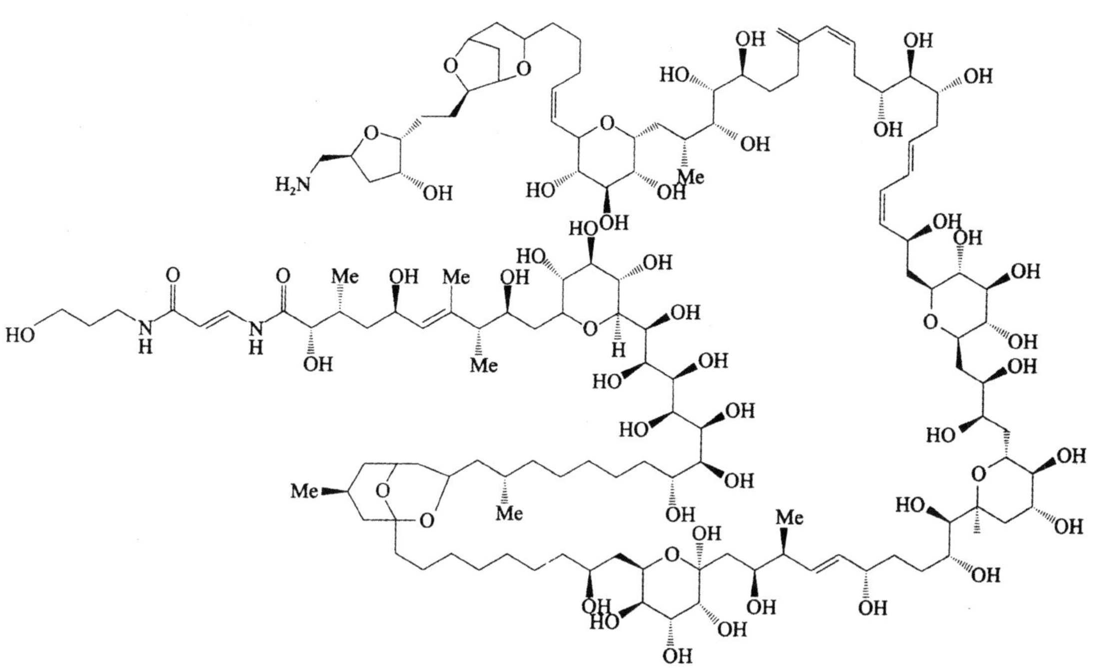

岩沙海葵毒素（Ralytoxin）的结构

继天然海葵毒素的合成之后，施赖伯（Schreiber）等对 FK-506 的细胞免疫抑制作用的研究和对 FK-1012 的基因开关的研究，更使合成化学家看到了有机合成化学在生命科学等学科研究领域中的无穷创造力和迷人前景。

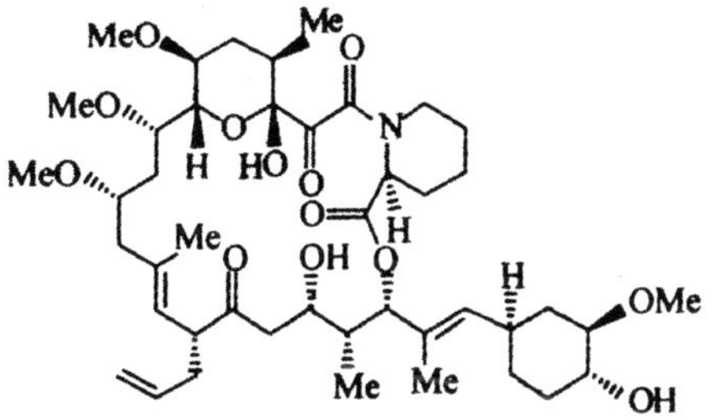

FK-506

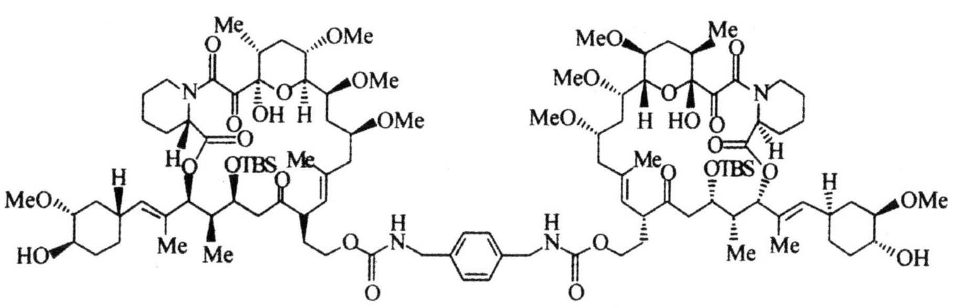

FK-1012

从上面的介绍可以看出，天然产物的全合成是推动有机合成发展的重要原因。人们之所以对天然产物的全合成感兴趣,一个重要原因就在于,这些天然产物往往具有重要的生理活性,研究这些天然产物的全合成可以为深入探讨天然产物的结构与活性关系提供有利条件,从而为药物研发提供新思路。此外,天然产物分子中往往具有很多手性中心,因此在开展天然产物合成的过程中,如何实现手性中心的立体化学控制成为有机合成化学家必须要面对的一个挑战。

总之,在 21 世纪有机合成主要要求新的合成策略和路线具备以下特点:

①条件温和、合成更易控制。当今的有机合成模拟生命体系酶催化反应条件下的反应。这类高效定向的反应正是合成化学家追求的一种理想境界。

②高合成效率、环境友好及原子经济性。在当今社会,人类追求经济和社会的可持续发展,合成效率的高低直接影响着资源耗费,合成过程是否环境友好,合成反应是否具有原子经济性预示着对环境破坏的程度大小。

③定向合成和高选择性。定向合成具有特定结构和功能的有机分子是目前最重要的课题之一。

④高的反应活性和收率。反应活性和收率是衡量合成效率的一个重要方面。

⑤新的理论发现。

在发展新的基元反应和方法方面,Seabach D 认为从大的反应类型上讲,合成反应已很少再有新的发现,当然新的改进和提高还在延续。而过渡金属参与的反应,对映和非对映的选择性反应可望成为以后发现新反应的领域。这以后十几年的发展大致印证了这些预计。

有机合成近年来的发展趋势主要有以下几点。

(1)多步合成

发现和发展新的多步合成反应是近年来有机合成方法学另一个主要发展方面。"一个反应瓶"内的多步反应可以从相对简单易得的原料出发,不经中间体的分离,直接获得结构复杂的分子,这显然是更经济、更为环境友好的反应。"一个反应瓶"内的多步反应大致分为两种:a. 串联反应或者叫多米诺反应;b. 多组分反应。实际上 1917 年 Robison 的颠茄酮的合成就是一个早年的"一个反应瓶"的多步反应:

Noyoli 的前列腺素的合成是一个典型的串联反应,自此串联反应才成为一个流行的合成反应名称。

（2）过渡金属参与的有机合成反应

近年来,过渡金属尤其是钯参与的合成反应占新发展的有机合成反应的绝大部分,例如,烯烃的复分解反应,已经成为形成碳-碳双键的一个非常有效的方法,包括以下三个类型:

①开环聚合反应。

②关环复分解反应。

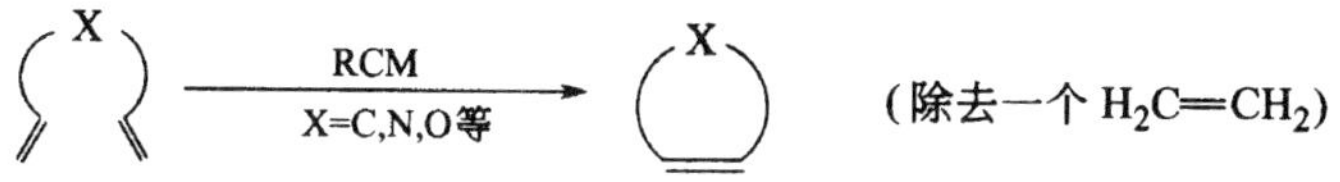

（除去一个 $H_2C{=}CH_2$）

③交叉复分解反应。

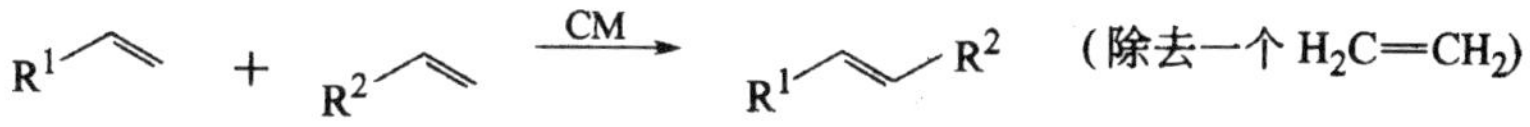

（除去一个 $H_2C{=}CH_2$）

催化剂主要是钼卡宾化合物。

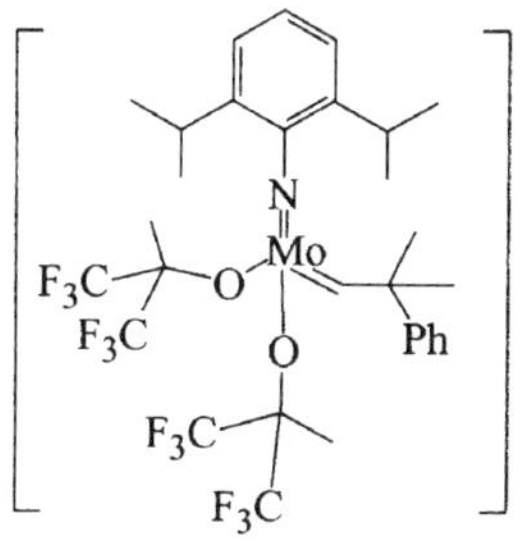

1993 年,Schrock 等又一次合成了光学纯烯烃复分解催化剂,由此也拉开了不对称催化烯烃复分解反应的帷幕。

在现代化学合成中,催化烯烃复分解反应已经成为常用的化学转化之一,通过这种重要的反应,可以方便、有效、快捷地合成一系列小环、中环、大环碳环或杂环分子。

（3）天然产物新合成路线

天然产物中一些古老的分子用简捷高效的新的合成路线合成成为近年来一种新的趋势,例如,奎宁是一种治疗疟疾的经典药物,2001 年,Stork 报道了奎宁的立体控制全合成。这一合成是经典之作,合成过程中没有使用任何新奇的反应,但却极其简捷、有效。2004 年又有人用不同的方法对奎宁合成进行了报道。

尽管以上这几个方面不能完全展示有机合成在最近几十年的巨大进步和成果,但由此也可以看出有机合成方法学上的突飞猛进和发展趋势。

## 1.2　有机合成的任务和内容

有机化学的研究对象是有机化合物,有机合成是指利用化学方法将原料制备成新的有机物的过程,它是一个极富创造性的领域。早期的有机合成主要是合成自然界中已存在的但含量稀少的有机化合物。后来根据结构与性质关系的规律性和实际需求,进一步合成了自然界不存在的、新的、具有理论和实际价值的有机化合物。所以,有机合成今后的任务将不再是盲目追求更多新化合物的合成,而是去设计合成预期的、有特异性能或有重大意义的有机化合物。

目前,越来越多的生活和工业上需要的合成材料来自有机化学工业。有机化学和有机化学工业在发展国民经济和现代科学技术的过程中具有极为重要的地位。此外,在对自然界的进一步认识方面,有机化学也起着极为重要的作用。近年来,有机化学在物理、数学、生物等学科及化学的其他分支学科如物理化学、生物化学等的配合下,对复杂的有机分子,特别是和生命现象密切相关的蛋白质、核酸等天然有机化合物的结构、性能和合成方法的认识有了很大的进展。我国的科研工作者在这方面也有不少成就。这些研究工作不仅使有机化学这门学科本身得到进一步的发展,同时对于人们认识复杂的生命现象、控制遗传、征服顽症和造福人类都起着重要的作用。

当前,人类正面临着严重的环境污染危机,一个重要的原因在于有害化学物质的排放。绿色浪潮汹涌澎湃,绿色化学迅猛发展,随之发生的绿色有机合成将成为时代的又一特征。在绿色有机合成中,离子液体是一个重要角色。仿酶催化成为绿色有机合成新亮点。

从有机合成的发展历史看,我们有理由相信,它的发展将永远没有止境。作为创造新物质的手段,有机合成已为人类创造了无数奇迹,它必将继续服务于人类的文明进步,致力于创造人类生活更加美好的未来。

# 第2章　有机反应类型和机理

## 2.1　有机合成化学基础

有机合成是利用化学方法,改变分子结构,实现分子重组的过程。正确认识和理解反应物的化学结构,即原子的结合状态、化学键性质、立体异构现象、官能团活性、分子中各原子间及其官能团的影响是必要的。

### 2.1.1　分子骨架与官能团

**1. 有机合成的分子骨架**

其由不同数目的碳原子及杂原子以共价键结合而成。根据碳原子骨架结构分链状和环状化合物。链状分子是碳原子连接成直链(或含支链)结构;环状分子是由碳原子相互连接形成的一个或多个环状结构。

环状化合物分芳香族、脂环族和杂环化合物。芳香族分子具有苯环结构;脂环族分子不含苯环结构;杂环化合物分子中含有氧、硫、氮等杂原子;脂肪烃包括烷烃、烯烃、炔烃、环己烷等链状及脂环状化合物;芳香烃是含有苯环的化合物,如苯、甲苯、乙苯、异丙苯等。

**2. 官能团**

碳链骨架上的原子或原子团,可以是两种以上原子构成的原子团、碳碳双键或叁键、单一元素,如卤素。常见官能团及代表化合物见表 2-1。

表 2-1　常见的有机化合物官能团及其代表化合物

| 官能团 | 代表化合物 | 官能团 | 代表化合物 | 官能团 | 代表化合物 |
|---|---|---|---|---|---|
| 碳碳双键 | 丙烯 | 醇羟基 | 甲醇、乙醇 | 磺酸基 | 十二烷基苯磺酸 |
| 碳碳叁键 | 乙炔 | 羰基 | 乙醛、丙酮 | 胺基 | 苯胺、氨基乙酸 |
| 烷基 | 异丙苯 | 酚羟基 | 苯酚 | 酰基 | 乙酰乙酸乙酯 |
| 羧基 | 乙酸 | 卤基 | 氯乙酸、氯苯 | 硝基 | 硝基苯 |

有机化合物的性质取决于官能团种类、数目和位置。不同官能团赋予有机化合物不同的性质。例如,卤代烃、醇、酚、醛、羧酸、硝基化合物或亚硝酸酯、磺酸类、胺类的性质,取决于—X、—OH、—CHO、—COOH、—$NO_2$、—$SO_3H$、—$NH_2$ 等原子或原子团。例如,卤化烃在碱的水溶液中"水解"生成醇,在碱的醇溶液中发生"消除反应"得到不饱和烃;酚具有酸性可与钠反应得到氢气,酚羟基可增强苯环的反应活性;醛与银氨溶液发生银镜反应,能与新制的氢氧化铜溶液反应生成红色沉淀,能被氧化成羧酸,能被加氢还原成醇。

芳环上已有官能团,影响苯环上取代基进入的位置,—OH、—X、—NH$_2$ 等具有邻、对位定位作用;—NO$_2$、—SO$_3$H 等基团具有间位定位作用。因官能团的位置不同,引起的同分异构称官能团的位置异构。同一种原子组成形成不同官能团的有机物,称官能团种类异构。具有相同碳数的醛和酮化合物、相同碳数的羧酸和酯类,是不同官能团导致的种类不同的异构。

### 2.1.2 电子效应

有机化合物的性质取决于自身的化学结构,也与其分子中的电子云分布有关。分子相互作用形成新的化合物时,将发生旧键的断裂和新键的生成,这个过程不仅与分子中电子云的分布有关,还与分子间的适配性有关,了解和掌握这些相互关系对掌握有机反应的规律十分有益。

电子效应可用来讨论分子中原子间的相互影响以及原子间电子云分布的变化。电子效应又可分为诱导效应和共轭效应。

**1. 诱导效应**

在有机分子中相互连接的不同原子间由于其各自的电负性不同而引起的连接键内电子云偏移的现象,以及原子或分子受外电场作用而引起的电子云转移的现象称作诱导效应,用 $I$ 表示。根据作用特点,诱导效应可分为静态诱导效应和动态诱导效应。

(1)静态诱导效应 $I_s$

由于分子内成键原子的电负性不同所引起的电子云沿键链(包括 $\sigma$ 键和 $\pi$ 键)按一定方向移动的效应,或者说键的极性通过键链依次诱导传递的效应。这是化合物分子内固有的性质,被称为静态诱导效应,用 $I_s$ 表示。诱导效应的方向是通常以 C—H 键作为基准的,比氢电负性小的原子或原子团具有较大的供电性,称给电子基,由此引起的静态诱导效应称为供电静态诱导效应,通常以 $+I_s$ 表示,比氢电负性大的原子或原子团具有较大的吸电性,称吸电子基,由此引起的静态诱导效应称为吸电静态诱导效应,通常以 $-I_s$ 表示。其一般的表示方法如下(键内的箭头表示电子云的偏移方向)。

$$\overset{\delta^+}{Z} \rightarrow \overset{\delta^-}{CR_3} \qquad H—CR_3 \qquad \overset{\delta^-}{Z} \leftarrow \overset{\delta^+}{CR_3}$$

给电子基团 　　　　　　　　　　吸电子基团

诱导效应沿键链的传递是以静电诱导的方式进行的,只涉及电子云分布状况的改变和键的极性的改变,一般不引起整个电荷的转移和价态的变化,如:

Cl←CH$_2$←C(=O)←O→H　　　　CH$_3$→CH$_2$→C(=O)→O→H

由于氯原子吸电诱导效应的依次传递,促进了质子的离解,加强了酸性,而甲基则由于供电诱导效应的依次诱导传递影响,阻碍了质子的离解,减弱了酸性。

诱导效应不仅可以沿 $\sigma$ 键链传递,同样也可以通过 $\pi$ 键传递,而且由于 $\pi$ 键电子云流动性较大,因此不饱和键能更有效地传递这种原子之间的相互影响。

(2)动态诱导效应

在化学反应中,当进攻试剂接近底物时,因外界电场的影响,也会使共价键上电子云分布发生改变,键的极性发生变化,这被称为动态诱导效应,也称可极化性,用 $I_d$ 表示。

由于动态诱导效应是由外界极化电场引起的,电子转移的方向有利于反应的进行,所以动态诱导效应总是对反应起促进作用;而静态诱导效应是分子的内在性质,其电子转移方向并不一定有利于促进反应的进行。即:如果 $I_d$ 和 $I_s$ 的作用方向一致时,将有助于化学反应的进行。在两者的作用方向不一致时,往往 $I_d$ 起主导作用。

(3)诱导相应的相对强度

对于静态诱导效应,其强度取决于原子或基团的电负性。

①同周期的元素中,其电负性和 $-I_s$ 随族数的增大而递增,但 $+I_s$ 则相反。如

$$-I_s:-F>-OH>-NH_2>-CH_3$$

②同族元素中,其电负性和 $-I_s$ 随周期数增大而递减,但 $+I_s$ 则相反。如

$$-I_s:-F>-Cl>-Br>-I$$

③同种中心原子上,正电荷增加其 $-I_s$;而负电荷则使 $+I_s$ 增强。如

$$-I_s:-^+NR_3>-NR_2$$
$$+I_s:-O^->-OR$$

④中心原子相同而不饱和程度不同时,则随着不饱和程度的增大,$-I_s$ 增强。如

$$-I_s:=O>-OR;≡N>=NR>-NR_2$$

当然这些诱导效应相对强弱是以官能团与相同原子相连接为基础的,否则无比较意义。一些常见取代基的吸电子能力、供电子能力强弱的次序如下。

$$-^+NR_3>-^+NH_3>-NO_2>-SO_2R>-CN>-COOH>-F>-Cl>$$
$$-I_s:-Br>-I>-OAr>-COOR>-OR>-COR>-OH>-C≡CR>$$
$$-C_6H_5>-CH=CH_2>-H$$
$$+I_s:-O^->-CO_2^->-C(CH_3)_3>-CH(CH_3)_2>-CH_2CH_3>-CH_3>-H$$

对于动态诱导效应,其强度与施加影响的原子或基团的性质有关,也与受影响的键内电子云可极化性有关。

①在同族或同周期元素中,元素的电负性越小,其电子云受核的约束也相应减弱,可极化性就越强,即 $I_d$ 增大,反应活性增大。如

$$I_d:-I>-Br>-Cl>-F$$
$$-CR_3>-NR_2>-OR>-F$$

②原子的富电荷性将增加其可极化的倾向。

$$I_d:-O^->-OR>-O^+R_2$$

③电子云的流动性越强,其可极化倾向也大。一般来说,不饱和化合物的不饱和程度大,其 $I_d$ 也大。

$$I_d:-C_6H_5>-CH=CH_2>-CH_2CH_3$$

### 2. 共轭效应

共轭效应指共轭体系中原子间相互影响的电子效应。共轭体系成键电子受成键原子核及其他原子核作用,不再定域成键原子,围绕整个分子形成分子轨道,分子能量降低而趋于稳定。

例如,1,3-丁二烯由于电子离域,在 C2 和 C3 间 p 轨道有一定程度交盖,键长趋于平均化。

如共轭键原子的电负性不同,共轭效应表现为极性效应,如丙烯腈,电子云定向移动呈正负偶极交替现象。

$$\overset{\delta+}{CH_2}\rightleftharpoons\overset{\delta-}{CH}-\overset{\delta+}{C}\rightleftharpoons\overset{\delta-}{N}$$

共轭效应源于电子离域,距离影响不明显,共轭链越长电子离域越充分,体系能量越低、越稳定,键长平均化的趋势越大。例如,苯分子为一闭合共轭体系,电子高度离域,电子云分布平均化,C—C—C 键角 120°,C—C 键长均为 0.139nm,无单双键区别,呈正六边形苯环。

共轭效应有静态($C_s$)和动态($C_d$)之分,给电子的为正共轭效应($+C_s$,$+C_d$),吸电子的为负共轭效应($-C_s$,$-C_d$)。

静态共轭效应($C_s$)为共轭体系内在的、永久性的,动态共轭效应($C_d$)是由外电场作用引起的暂时现象。如1,3-丁二烯与溴化氢加成,在外电场作用下,丁二烯分子 π 电子云沿共轭链转移,各碳原子被极化,所带部分电荷正负交替分布,产生动态共轭效应($-C_d$)。

$$\overset{\delta+}{CH_2}\rightleftharpoons\overset{\delta-}{CH}-\overset{\delta+}{CH}\rightleftharpoons\overset{\delta-}{CH_2}+\overset{+}{H}\longrightarrow CH_2=CH-\overset{+}{C}H-CH_3$$

动态共轭效应存在于反应过程中,可促进反应进行。

π-π 共轭、p-π 共轭是常见共轭体系。π-π 共轭体系是由 π 轨道与 π 轨道电子离域的体系,即单键和双键(或叁键)交替排列的共轭体系。

$$CH_2\rightleftharpoons CH-\overset{O}{C}-H,\quad CH_2\rightleftharpoons CH-C\rightleftharpoons N,$$

p-π 共轭体系是由处于 p 轨道的未共用电子对原子与 π 键直接相连的体系。

$$CH_2=CH-\ddot{Cl},\quad R-\overset{O}{C}-\ddot{O}H,\quad R-\overset{O}{C}-\ddot{N}H_2,$$

烯丙基型正离子是缺电子或含孤电子对的 p-π 共轭;

$$CH_2\rightleftharpoons CH\overset{+}{C}H_2$$

由于 p-π 共轭效应,烯丙基型正离子比较稳定。

共轭效应的强弱与共轭体系原子的性质、价键状况及空间位阻等有关。

①同族元素与碳原子形成 p-π 共轭,元素的原子序数增加,其正共轭效应 +C 减弱;同族元素与碳原子形成 π-π 共轭,元素的原子序数增加,其负共轭效应($-C$)增强。

$$+C:-F>-Cl>-Br>-I$$
$$-C:\ C=S>\ C=O$$

②同周期元素与碳原子形成 p-π 共轭,+C 效应随原子序数的增加而变弱;而与碳原子形成 π-π 共轭,-C 效应随原子序数增加而变强。

$$+C:-NR_2>-OR>-F$$
$$-C:\ C=O>\ C=N->\ C=C$$

③带正电荷的取代基,-C 效应较强;带负电荷的取代基,+C 效应较强。

④超共轭效应是指单键与重键、单键与单键间的电子离域,形成 $\sigma\text{-}\pi$ 和 $\sigma\text{-}\sigma$ 共轭。例如

⑤C—H 键电子云离域到相邻空 $p$ 轨道或单个电子的 $p$ 轨道,形成 $\sigma\text{-}p$ 超共轭,使电荷分散,增加体系的稳定性。例如

超共轭效应多为给电子性,分子内能降低,稳定性增加。超共轭效应比共轭效应的影响小。

### 2.1.3　空间效应

空间效应是分子内或分子间各原子或原子团的空间适配性导致的形体效应。如体积庞大的取代基屏蔽反应活性中心,阻碍试剂的攻击;体积庞大的试剂,影响进攻反应活性中心。空间效应的大小,取决于相关原子或原子团的大小与形状。例如,烷基苯—硝化,硝基进入烷基邻位随烷基体积增大,其邻位产物量减少,对位产物量增加,见表 2-2。

**表 2-2　烷基苯硝化反应的异构体分布**

| 化合物 | 环上原有取代基(—R) | 异构体分布/% | | | 化合物 | 环上原有取代基(—R) | 异构体分布/% | | |
|---|---|---|---|---|---|---|---|---|---|
| | | 邻位 | 对位 | 间位 | | | 邻位 | 对位 | 间位 |
| 甲苯 | —CH$_3$ | 58.45 | 37.15 | 4.40 | 异丙苯 | —CH(CH$_3$)$_2$ | 30.0 | 62.3 | 7.7 |
| 乙苯 | —CH$_2$CH$_3$ | 45.0 | 48.5 | 6.5 | 叔丁苯 | —C(CH$_3$)$_3$ | 15.8 | 72.7 | 11.5 |

甲苯烷基化,如引入的烷基不同,其空间效应随体积增加而增大,邻、对位产物比例随之改变,见表 2-3。

**表 2-3　甲苯烷基化时异构体的分布**

| 引入基团 | 异构体分布/% | | | 引入基团 | 异构体分布/% | | |
|---|---|---|---|---|---|---|---|
| | 邻位 | 对位 | 间位 | | 邻位 | 对位 | 间位 |
| 甲基(—CH$_3$) | 58.3 | 28.8 | 17.3 | 异丙基[—CH(CH$_3$)$_2$] | 37.5 | 32.7 | 29.8 |
| 乙基(—CH$_2$CH$_3$) | 45 | 25 | 30 | 叔丁基[—C(CH$_3$)$_3$] | 0 | 93 | 7 |

由于卤代叔烷的空间效应较大,在反应条件下不易与反应物活性中心作用,而易发生消除反应:

$$(CH_3)C\text{-}Br \xrightarrow[\text{加热}]{\text{NaOH}} (CH_3)_2C{=}CH + HBr$$

故不以卤代叔烷作 N-烷化剂。

分子内部各原子间也存在空间适配性，$p$-$\pi$ 共轭体系的 $p$-轨道需平行或接近平行，通过 $\pi$-轨道产生电子离域；如阻碍其平行状态，将抑制其电子云离域。$N,N$-二甲基苯胺具有 $p$-$\pi$ 共轭结构，其苯环可有效进攻 $PhN_2^+$：

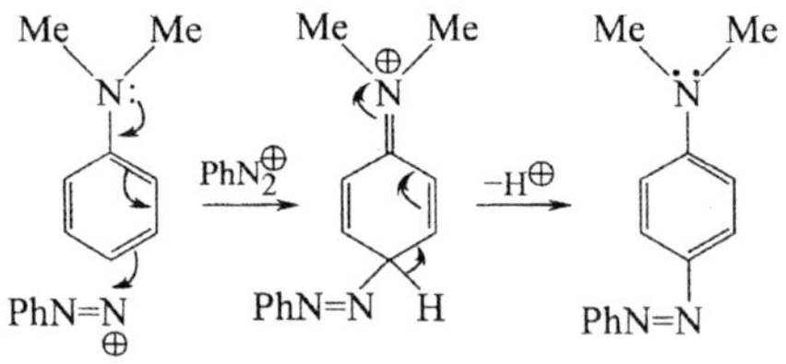

例如，$N,N$-二甲基苯胺的 2,6-二甲基衍生物，邻位的甲基干扰氮原子 $p$-轨道与苯环 $p$-轨道平行，破坏了 $p$-$\pi$ 共轭。故同样条件下，$N,N$-二甲基苯胺的 2,6-二甲基衍生物的偶联，得不到对位偶联产物。

### 2.1.4 反应试剂

在有机合成中，一种有机物可看作是底物或称为作用物，无机物或另一种有机物则视为反应试剂。有机化学反应通常是在反应试剂的作用下，底物分子发生共价键断裂，然后与试剂生成新键，产生新的化合物。促使有机物共价键断裂的反应试剂也称进攻试剂，有极性试剂和自由基试剂两类。

**1. 极性试剂**

极性试剂是指那些能够供给或接受电子对以形成共价键的试剂。极性试剂又分为亲核试剂和亲电试剂。

（1）亲核试剂

能将一对电子提供给底物以形成共价键的试剂称亲核试剂。这种试剂具有较高的电子云密度，与其他分子作用时，将进攻该分子的低电子云密度中心，具有亲核性能，包括以下几类：

①阴离子，如 $OH^-$、$RO^-$、$ArO^-$、$N_3^-$、$I^-$、$CN^-$ 等。

②极性分子中偶极的负端，$\ddot{N}H_3$、$R\ddot{N}H_2$、$RR'\ddot{N}H$、$Ar\ddot{N}H$ 和 $\ddot{N}H_2OH$ 等。

③烯烃双键和芳环，如 $CH_2{=}CH_2$、$C_6H_6$ 等。

④还原剂，如 $Fe^{2+}$、金属等。

⑤碱类。

⑥有机金属化合物中的烷基，如 $RMgX$、$RC{\equiv}CM$ 等。

由该类试剂进攻引起的离子反应叫亲核反应。例如，亲核取代、亲核置换、亲核加成等。

（2）亲电试剂

亲电试剂是从基质上夺走一对电子形成共价键的试剂。这种试剂电子云密度较低，在反应中进攻其他分子的高电子云密度中心，具有亲电性能，包括以下几类。

①阳离子，如 $NO_2^+$、$NO^+$、$R^+$、$R{-}C^+{=}O$、$ArN_2^+$、$R_4N^+$ 等。

②含有可极化和已经极化共价键的分子，如 $Cl_2$、$Br_2$、$HF$、$HCl$、$SO_3$、$RCOCl$、$CO_2$ 等。

③含有可接受共用电子对的分子（未饱和价电子层原子的分子），如 $AlCl_3$、$FeCl_3$、$BF_3$ 等。

④羰基的双键。

⑤氧化剂,如 $Fe^{3+}$、$O_3$、$H_2O_2$ 等。

⑥酸类。

⑦卤代烷中的烷基等。

由该类试剂进攻引起的离子反应叫亲电反应。例如,亲电取代、亲电加成。

**2. 元素有机化合物**

碳、氢、氧、氮、硫和卤素之外的元素形成的有机化合物,分金属和非金属元素有机化合物。习惯上,将含非金属杂元素的有机化合物称为元素有机化合物,如有机硼、有机磷、有机硅、有机硫、有机锡等。元素有机化合物为有机合成提供了许多新试剂和新方法。

有机硼化合物主要有烷基硼烷、烷基卤硼烷、烷基硼酸、烷基硼酸酯 $[RBO(Et)_2]$ 等。有机硼化合物可发生质子化、氧化、异构化和羰基化反应,用以合成烯烃、醇、醛或酮化合物。

有机硅化合物可用作还原剂、活泼基团的保护剂、选择性亲电取代反应的底物、Peterson 试剂,如三乙基硅烷、三甲基硅基-2-甲基环己烯醇醚、硅叶立德 $[(CH_3)_3 SiCH_2Li]$ 等,硅叶立德用于合成烯烃和羰基化合物。

有机磷化合物有三苯基膦、季鳞盐、磷叶立德及 Wittig 试剂等。

$$(C_6H_5)_3P + CH_3Br \xrightarrow{C_6H_6} (C_6H_5)_3P^+CH_3Br^-$$

$$(C_6H_5)_3P^+CH_3Br^- + C_6H_5Li \rightarrow (C_6H_5)_3P^+ - {}^-CH_2 + C_6H_6 + LiBr$$

例如,季镂盐的 $\alpha$-碳上含有吸电子基,如-CN、-CO$(C_6H_5)$ 等,在碱存在下生成 Wittig 试剂:

$$(C_6H_5)_3P^+CH_2CNX^- \xrightarrow{NaOH} (C_6H_5)_3P^+ - {}^-CHCN \longleftrightarrow (C_6H_5)_3P=CHCN$$
Wittig 试剂

Wittig 试剂有很强的亲核性,与醛或酮加成使羰基转变成烯键的反应,称 Wittig 反应,Wittig 反应是合成烯烃的重要方法。

有机硫化合物是含碳硫键的化合物,如硫醇、硫酚、锍盐、硫叶立德 $[(CH_3)_3SCH_2Li]$,硫叶立德可与羰基化合物、$\alpha,\beta$-不饱和羰基化合物反应,生成环氧、环丙基衍生物。

有机锡化合物如 1,1,3,3-四烃基二锡氧烷在酯化、酯交换、羰基缩醛保护及脱保护、开环聚合反应中,具有良好的催化活性。

**3. 自由基**

含有未成对电子的自由基或是在一定条件下可产生自由基的化合物,称自由基试剂。如氯分子($Cl_2$)可产生氯自由基($Cl\cdot$)。

# 2.2 有机合成反应类型

有机化学反应的类型,按产物类型和所用试剂,分为磺化、硝化、氯化、烷基化、加氢、水和等;按反应物与产物之间的结构关系,分为加成、取代、消除氧化、还原、重排等;按其在合成中的作用,分为形成分子骨架的反应,官能团的导入、除去、互变和保护等反应。

## 2.2.1 加成

加成反应可分为两种:一种是亲电加成;另一种是亲核加成。

1. 亲电加成

最常见的例子是烯烃的加成。这个反应分为两个阶段,首先是生成碳正离子中间产物,它是速率控制步骤。

$$RCH\!\!=\!\!CH_2 + HCl \xrightarrow{\text{慢}} R\overset{+}{C}H\!\!-\!\!CH_3 + Cl^-$$

然后是

$$R\overset{+}{C}H\!\!-\!\!CH_3 + Cl^- \xrightarrow{\text{快}} R\!\!-\!\!\underset{\underset{Cl}{|}}{C}H\!\!-\!\!CH_3$$

如果烯烃双键的碳原子上含有烷基,则在受到亲电试剂攻击时,连有更多烷基取代基的位置将优先生成碳正离子。这是由于供电子的烷基可使碳正离子稳定化。

$$(CH_3)_2C\!\!=\!\!CHCH_3 + HCl \longrightarrow (CH_3)_2\overset{+}{C}\!\!-\!\!CH_2CH_3 + Cl^- \longrightarrow (CH_3)_2\underset{\underset{Cl}{|}}{C}\!\!-\!\!CH_2CH_3$$

反之,吸电子基团能降低直接与之相连的碳正离子的稳定性。例如

$$O_2N\!\!-\!\!CH\!\!=\!\!CH_2 + HCl \rightarrow O_2N\!\!-\!\!CH_2\overset{+}{C}H_2 + Cl^- \rightarrow O_2N\!\!-\!\!CH_2CH_2Cl$$

当烯烃受到亲电试剂进攻生成中间产物碳正离子以后,存在着质子消除和亲核试剂加成两个竞争反应。在加成反应受到空间位阻时,将有利于发生质子消除反应。例如

$$(C_6H_5)_3C\!\!-\!\!\underset{\underset{CH_3}{|}}{C}\!\!=\!\!CH_2 \xrightarrow{Br_2} (C_6H_5)_3C\!\!-\!\!\underset{\underset{CH_3}{|}}{\overset{+}{C}}\!\!-\!\!CH_2Br \xrightarrow{-H^+}$$

$$(C_6H_5)_3C\!\!-\!\!\underset{\underset{CH_2}{|}}{C}\!\!-\!\!CH_2Br + (C_6H_5)_3C\!\!-\!\!\underset{\underset{CH_3}{|}}{C}\!\!=\!\!CHBr$$

含有两个或更多共轭双键的化合物在进行加成反应时,由于中间产物碳正离子的电荷可离域到两个或更多个碳原子上,得到的产物常常是混合物。例如

$$CH_2\!\!=\!\!CH\!\!-\!\!CH\!\!-\!\!CH_2 \xrightarrow{Br_2} \left[ CH_2\!\!=\!\!CH\!\!-\!\!\underset{\underset{Br}{|}}{\overset{+}{C}}H\!\!-\!\!CH_2 \leftrightarrow \overset{+}{C}H_2\!\!-\!\!CH\!\!=\!\!CH\!\!-\!\!\underset{\underset{Br}{|}}{C}H_2 \right]$$

$$\xrightarrow{Br^-} CH_2\!\!=\!\!CH\!\!-\!\!\underset{\underset{Br}{|}}{C}H\!\!-\!\!\underset{\underset{Br}{|}}{C}H_2 + CH_2\!\!-\!\!CH\!\!=\!\!CH\!\!-\!\!\underset{\underset{Br}{|}}{C}H_2$$

2. 亲核加成

醛和酮常常能与亲核试剂发生亲核加成反应,其中亲核试剂的加成是速率控制步骤。其反应通式为

$$R_2C\!\!=\!\!O + CN^- \xrightarrow{\text{慢}} R_2\underset{\underset{CN}{|}}{C}\!\!-\!\!O^- \xrightarrow[H_2O]{\text{快}} R_2\underset{\underset{CN}{|}}{C}\!\!-\!\!OH + OH^-$$

在羰基邻位有大的基团存在时,将阻碍加成反应进行。芳醛、芳酮的反应比脂肪族同系物要

慢,这是由于在形成过渡态时,破坏了羰基的双键与芳环之间共轭的稳定性。芳环上带有吸电子基团,可使加成反应容易发生,而带有供电子基团,则对反应起阻碍作用。

存在于酸、酰卤、酸酐、酯和酰胺分子中的羰基也可接受亲核试剂的攻击,但得到的产物不是添加了质子,而是脱去了电负性基团,因此,这个反应也可看成是取代反应。例如,酰氯的水解反应就是通过脱去氯离子而得到羧酸的。

$$R-C=O + OH^- \longrightarrow R-C-O^- \xrightarrow{-Cl^-} R-CO_2H \xrightarrow{OH^-} R-CO_2^-$$

### 2.2.2　消除

消除反应可分为 $\alpha$-消除和 $\beta$-消除。

$\alpha$-消除

$$-C-A \xrightarrow{-A,-B} -C:$$

$\beta$-消除

$$-C-C- \xrightarrow{-A,-B} -C=C-$$

#### 1. $\alpha$-消除

氯仿在碱催化下可发生 $\alpha$-消除反应,反应分成两步,其中第二步是速率控制步骤。

$$CHCl_3 + OH^- \Longrightarrow CCl_3^- + H_2O$$

$$CCl_3^- \xrightarrow{慢} :CCl_2$$

二氯碳烯

二氯碳烯是活泼质点,不能分离得到,在碱性介质中它将水解成酸。

$$HO^- + :CCl_2 \rightarrow HO-\ddot{C}Cl_2 \xrightarrow{H_2O} HO-CHCl_2 \xrightarrow{水解} HCOOH$$

亚甲基比二氯碳烯更不稳定,也更难得到。

#### 2. $\beta$-消除

$\beta$-消除反应历程有双分子历程(E2)和单分子历程(E1)两种。

(1)双分子 $\beta$-消除反应

$$H-C-C- \longrightarrow C=C + C_2H_5OH + Br^-$$

随着催化剂碱性的增强,反应速度加快;带着一对电子离开的第二个消除基团的能力增大,也使反应速度加快。参加 E2 反应的卤烷,其反应由易到难的顺序是—I>—Br>—Cl>—F。这是由于键的强度顺序是 C—I<C—Br<C—Cl<C—F。

在烷基当中活性的顺序是叔>仲>伯。例如

$$(CH_3)_3C-Br \xrightarrow{\text{碱催化}} (CH_3)_2C=CH_2 \quad (1)$$

$$(CH_3)_2CH-Br \xrightarrow{\text{碱催化}} CH_3CH=CH_2 \quad (2)$$

$$CH_3CH_2-CH_2Br \xrightarrow{\text{碱催化}} CH_3CH_2=CH_2 \quad (3)$$

反应的速度顺序是(1)＞(2)＞(3)。

当新生成的双键与已存在的不饱和键处于共轭体系时,则消除反应更容易发生。例如

有必要指出,$S_N2$ 反应常常与 E2 反应相竞争,消除反应所占的比例取决于碱的性质和烷基的性质。

(2)单分子消除反应(E1)

没有碱参加的消除反应属于单分子反应(E1)。反应分成两个阶段,第一步单分子异裂是速率控制步骤。其通式为

在发生单分子消除反应时,由于形成碳正离子是控制步骤,而在烷基当中叔碳正离子的稳定性较高,因此不同烷基的活泼性顺序是叔＞仲＞伯,离去基团的性质对反应速度的影响与E2相同。

当同一个化合物存在两种消除途径时,其中共轭性较强的烯烃将是主要产物。如

与 E2 反应一样,E1 与 $S_N1$ 反应之间也存在着相互竞争。除此以外,也有可能发生碳正离子的分子内重排。

### 2.2.3　取代

连接在碳上的一个基团被另一个基团取代的反应有三种不同的途径,即同步取代、先消除再加成和先加成再消除。

**1. 同步取代**

参加同步取代反应的试剂可以是亲核的或亲电的,而原子与游离基则不能直接在碳上发生取代反应。

$S_N2$ 反应的通式是

式中,Nu 为亲核试剂;Le 为离去基团。

由于亲核试剂的进攻是沿着离去基团的相反方向靠近,在发生取代的碳原子上将发生构型翻转。

$S_N2$ 取代反应与 E2 消除反应相互竞争,何者占优势与多种因素有关。例如,在进行 $S_N2$ 反应时,烷基活泼性的顺序是伯＞仲＞叔,这是由于空间位阻的影响所致。因些,当下列化合物与 $C_2H_5O^-$ 在 55℃、乙醇中进行反应时,表现出不同的 $S_N2$/E2 产物比。

$$CH_3CH_2Br \longrightarrow CH_3CH_2-OC_2H_5 + CH_2{=}CH_2$$
$$90\% \qquad 10\%$$

$$CH_3-CHBr(CH_3) \longrightarrow (CH_3)_2CH-OC_2H_5 + CH_3CH{=}CH_2$$
$$21\% \qquad 79\%$$

$$(CH_3)_3C-Br \longrightarrow (CH_3)_2C{=}CH_2$$
$$100\%$$

**2. 先消除再加成**

当碳原子与一个容易带着一对键合电子脱落的基团相连接时,可发生单分子溶剂分解反应($S_N1$)。如

$$(CH_3)_3C-Cl \longrightarrow (CH_3)_3C^+ + Cl^-$$
$$(CH_3)_3C^+ + H_2O \longrightarrow (CH_3)_3C-\overset{+}{O}H_2 \xrightarrow{-H^+} (CH_3)_3C-OH$$

分子上若带有能够使碳正离子稳定化的取代基,则反应容易进行。对于卤烷而言,其活泼性顺序是叔＞仲＞伯。

$S_N1$ 溶剂分解反应与 E1 消除反应也是相互竞争的,E1/$S_N1$ 之比与离去基团的性质无关,因为二者之间的竞争发生在形成碳正离子以后。如

$$(CH_3)_3C-Cl \xrightarrow{H_2O/C_2H_5OH} (CH_3)_3C-OH + (CH_3)_2C{=}CH_2$$
$$83\% \qquad 17\%$$

**3. 先加成再消除**

当不饱和化合物发生取代反应时,一般要经过先加成再消除两个阶段,比较重要的反应有

羰基上的亲核取代和在芳香碳原子上的亲核、亲电与游离基取代。

（1）羰基上的亲核取代

羧酸衍生物中的羰基与吸电子基团相连接时，容易按加成—消除历程进行取代反应。如

$$R-\underset{\underset{}{\overset{\overset{O}{\|}}{C}}}{}-Cl + OH^- \xrightarrow{慢} R-\underset{\underset{OH}{|}}{\overset{\overset{O^-}{|}}{C}}-Cl \xrightarrow[-Cl^-]{快} R-\underset{\underset{OH}{|}}{\overset{\overset{O}{\|}}{C}} \rightleftharpoons RCO_2^-$$

酰基衍生物的活泼顺序是酰氯＞酸酐＞酯＞酰胺。

强酸对羧酸的酯化具有催化作用，其原因在于可增加羰基碳原子的正电性。

$$R-\overset{\overset{O}{\|}}{C}-OH \xrightarrow{H^+} R-\overset{\overset{O}{\|}}{C}-\overset{+}{O}H_2 \xrightarrow{R'OH} R-\underset{\underset{\underset{R'\quad H}{\overset{+}{O}}}{}}{\overset{\overset{O^-}{|}}{C}}-\overset{+}{O}H_2 \xrightarrow{-H_2O,-H^+} R-\overset{\overset{O}{\|}}{C}-OR'$$

有必要指出，亲电试剂和亲核作用物，或亲核试剂和亲电作用物，常常是一种反应的两种表示方法，只是从不同的角度来讨论问题而已。例如，在酰氯水解时，$OH^-$是亲核试剂，羧酰氯作为亲电作用物。然而对于芳胺的 $N$-酰化反应，则通常都是把羧酰氯称做亲电试剂，芳胺作为亲核作用物。

（2）芳香碳上的亲电取代

芳环与亲电试剂的反应按加成—消除历程进行。大多数情况下第一步是速率控制步骤，如苯的硝化反应；也有一些反应第二步脱质子是速率控制步骤，如苯的磺化反应。

与烯烃的亲电加成反应相比较，一个重要的区别是由烯烃与亲电试剂作用所生成的碳正离子，正常情况下将继续与亲核试剂进行加成，而由芳香化合物得到的芳基正离子，则接下来是发生消除反应。其原因在于脱质子可恢复坏的芳香性。另一个重要区别是亲电试剂与芳烃的反应比烯烃要慢，如苯与溴不容易反应，而烯烃与溴立即反应，这是因为向苯环上加成，要伴随着失去芳香稳定化能，尽管在某种程度上可通过正离子的离域而得到部分稳定化能的补偿。

（3）芳香碳上的亲核取代

卤苯本身发生亲核取代要求十分激烈的条件，在其邻、对位带有吸电子取代基时，反应容易得多。

（4）芳香碳上的游离基取代

与亲核试剂和亲电试剂一样，游离基或原子与芳香化合物之间的反应也是通过加成—消除历程进行的。如

$$PhCOO-OOCPh \longrightarrow 2PhCOO\cdot$$
$$PhCOO\cdot \longrightarrow Ph\cdot + CO_2$$

#### 2.2.4　缩合

缩合是指两个或多个有机分子相互作用后以共价键结合成一个大分子,或同一个分子发生分子内反应形成新的分子的反应,涉及面很广,几乎包括了前面已提到的各种反应类型。例如,在克莱森缩合(Claisen Condensation)中关键的一步是碳负离子在酯的羰基上发生亲核取代。

$$CH_3\overset{\overset{O}{\parallel}}{C}-OEt \ + \ ^-CH_2COOEt \longrightarrow CH_3\overset{\overset{O}{\parallel}}{C}-CH_2COOEt \ + \ OEt^-$$

在羟醛缩合中则是在醛或酮的羰基上发生亲核加成。

$$CH_3-\overset{\overset{O}{\parallel}}{C}-H \ + \ ^-CH_2CHO \longrightarrow CH_3-\overset{\overset{O^-}{|}}{\underset{\underset{CH_2CHO}{|}}{C}}-H \ \xrightarrow{H_2O} \ CH_3-\overset{\overset{OH}{|}}{CH}CH_2CHO$$

#### 2.2.5　重排

**1. 分子内重排**

例如

$$CH_3-\overset{\overset{CH_3}{|}}{\underset{\underset{CH_3}{|}}{C}}-CH_2-Br \longrightarrow CH_3-\overset{\overset{CH_3}{|}}{\underset{\underset{CH_3}{|}}{\overset{+}{C}}}-CH_2 \longrightarrow CH_3-\overset{\overset{CH_3}{|}}{\overset{+}{C}}-\overset{\overset{CH_3}{|}}{CH_2} \xrightarrow{EtOH}$$

$$(CH_3)_2C=CHCH_3 \ + \ (CH_3)_2\overset{}{\underset{\underset{OEt}{|}}{C}}-CH_2CH_3$$

反应的主要特征是:

①发生迁移的推动力在于叔碳正离子的稳定性大于伯碳正离子。

②其他能够产生碳正离子的反应,当通过重排可得到更稳定的离子时,也将发生重排反应。例如

$$CH_3-\overset{\overset{CH_3}{|}}{\underset{\underset{CH_3}{|}}{C}}-CH=CH_2 \xrightarrow[-I^-]{HI} CH_3-\overset{\overset{CH_3}{|}}{\underset{\underset{CH_3}{|}}{C}}-\overset{+}{CH}-CH_3 \longrightarrow$$

$$CH_3-\overset{\overset{CH_3}{|}}{\underset{\underset{CH_3}{|}}{\overset{+}{C}}}-CH-CH_3 \xrightarrow{+I^-} (CH_3)_2C-\overset{\overset{}{|}}{\underset{\underset{I}{|}}{CH}}(CH_3)_2$$

③位于 $\beta$ 碳原子上的不同基团在发生迁移时,其中最能提供电子的基团将优先迁移到碳正离子上。如苯基较甲基容易迁移。

④位于 $\beta$ 位上的芳基不仅比烷基容易迁移,而且能使反应加速,因为迁移是速率控制步

骤。如 $C_6H_5C(CH_3)_2CH_2Cl$ 的溶剂分解反应要比新戊基氯快数千倍。原因是生成的中间产物不是高能量的伯碳正离子，而是离域的跨接苯基正离子，由于正电荷离域在整个苯环上，使能量显著下降。

### 2. 分子间重排

严格来讲，分子间重排并不代表一种新的历程类型，而是上述过程的组合。例如，在盐酸催化下 $N$-氯乙酰苯胺的重排反应，首先是通过置换生成氯，而后氯与乙酰苯胺发生亲电取代。

### 2.2.6 氧化—还原

当电子从一个化合物中被全部或部分取走时，称该化合物发生了氧化反应。然而由于某些有机化合物在反应前后的电子得失关系，并不像无机化合物那样明显，因此对有机反应来说，作了如下定义：即从有机化合物分子中完全夺取一个或几个电子，使有机化合物分子中的氧原子增多或氢原子减少的反应，都称为氧化反应。现分别举例如下：

夺取电子 $\qquad$ $PhO^- \xrightarrow{Ce^{4+}} PhO\cdot$

得到氧 $\qquad$ $RCHO \xrightarrow{[O]} RCO_2H$

失去氢 $\qquad$ $RCH_2OH \xrightarrow{-[2H]} RCHO$

而还原反应则恰好是其逆定义。

在任何一个反应体系中氧化与还原总是相伴发生的，一种物质被氧化，另一种物质必然被还原。通常所说氧化或还原都是针对重点讨论的有机化合物而言的。例如，醇与重铬酸盐的反应属于氧化反应。

### 2.2.7　自由基反应

自由基反应是一类重要的反应。通过自由基反应,可形成 C—X、C—O、C—S、C—N 和 C—C 键。例如,卤素对烷烃或芳烃侧链的卤化、不饱和烃加成卤化、直链烷烃磺氧化和磺氯化、烃类的空气液相氧化、烯烃聚合等。

**1. 自由基反应**

共价键均裂,成键的一对电子均分给两个原子或原子团,形成各带一个电子的自由基:

$$AB \rightarrow A \cdot + B \cdot$$

自由基是活性中间体,很少能稳定存在。自由基反应一经引发,迅速进行,反应包括链引发、链增长和链终止步骤。例如,甲烷氯化:

链引发　　　　　　　　　$Cl_2 \rightarrow 2Cl \cdot$

链增长　　　　　$Cl \cdot + CH_4 \rightarrow CH_3 \cdot + HCl$

　　　　　　　　$CH_3 \cdot + Cl_2 \rightarrow CH_3Cl + Cl \cdot$

　　　　　　　　　　　　……

链终止

$$Cl \cdot + Cl \cdot \rightarrow Cl_2$$

$$CH_3 \cdot + Cl \cdot \rightarrow CH_3Cl$$

$$CH_3 \cdot + CH_3 \cdot \rightarrow CH_3CH_3$$

酚、醌、二苯胺、碘等物质能终止链反应,抑制自由基反应。

**2. 自由基的形成**

自由基反应需有一定量的自由基,自由基产生的方法主要有热解法、光解法和电子转移法。

①热解法是常用方法之一,有机物受热离解产生自由基,不同化合物热离解温度不同。氯分子在 100℃ 以上热离解,具有一定速度;烃、醇、醚、醛和酮需要 800℃～1000℃ 离解,四甲基铅蒸气通过 600℃ 石英管,离解成甲基自由基。

$$Cl_2 \xrightarrow[\triangle]{100℃} 2Cl \cdot$$

$$(CH_3)_4Pb \xrightarrow{600℃} Pb + 4CH_3 \cdot$$

含弱键的化合物,如含—O—O—弱键的过氧化合物,含—C—N＝N—C—键的偶氮类化合物,可在较低温度下形成自由基,故此类物质是常用的引发剂:

$$(C_6H_5-\overset{\overset{O}{\|}}{C}-O)_2 \xrightarrow{60 \sim 100℃} 2C_6H_5-\overset{\overset{O}{\|}}{C}-O \cdot \longrightarrow 2C_6H_5 \cdot + 2CO_2$$

$$(CH_3)_2\underset{\underset{CN}{|}}{C}-N＝N-\underset{\underset{CN}{|}}{C}(CH_3)_2 \xrightarrow{60℃ \sim 100℃} 2(CH_3)_2\underset{\underset{CN}{|}}{C} \cdot + N_2$$

②光解可在任何温度下进行,是形成自由基的重要方法。一些化合物在适当波长光照下产生自由基:

$$Cl_2 \xrightarrow{光照} 2Cl\cdot$$

$$(CH_3)_3C-O-O-C(CH_3)_3 \xrightarrow{光照} (CH_3)_3CO\cdot$$

$$CH_3COCH_3(蒸汽) \xrightarrow{光照} CH_3CO\cdot + CH_3\cdot$$

调节光照射强度,可控制自由基产生的速度。

③电子转移法。重金属离子具有得失电子的性能,常用于某些过氧化物的催化分解,或促使带弱键的化合物分解产生自由基。例如,

$$H_2O_2 + Fe^{3+} \rightarrow HO\cdot + Fe(OH)^{2+}$$

$$C_6H_5CO-O-O-COC_6H_5 + Cu^+ \rightarrow C_6H_5COO\cdot + C_6H_5COO^- + Cu^{2+}$$

$$(CH_3)_3COOH + Co^{3+} \rightarrow (CH_3)_3C-O-O\cdot + Co^{2+} + H^+$$

$$(C_6H_5)C-Cl + Ag \rightarrow (C_6H_5)C\cdot + Ag^+Cl^-$$

### 3. 自由基反应类型

(1)取代反应和加减反应

自由基与有机分子可发生取代、加成等反应。自由基带有未配对的一个电子,当其与电子完全配对的分子反应时,一定产生一个新的自由基,或一个新的自由基和一个稳定分子。例如,

$$C_{12}H_{26} + Cl\cdot \rightarrow Cl_2H_{25}\cdot + HCl$$

$$C_{12}H_{25}\cdot + SO_2Cl_2 \rightarrow C_{12}H_{25}SO_2Cl + Cl\cdot$$

$$CH_3CH=CH_2 + Br\cdot \rightarrow CH_3\dot{C}HCH_2Br$$

$$CH_3\dot{C}HCH_2Br + HBr \rightarrow CH_3CH_2CH_2Br + Br\cdot$$

新的自由基继续与其他分子作用,自由基反应是连锁反应。

(2)偶联和歧化

两个自由基偶联成稳定分子。

$$2CH_3CH_2CH_2\cdot \rightarrow CH_3CH_2CH_2CH_2CH_2CH_3$$

一个自由基从另一个自由基的 α 碳上夺取一个质子,生成稳定的化合物,另一个自由基则生成不饱和化合物:

(3)碎裂和重排

自由基碎裂成一个稳定分子和一个新的自由基。

· 22 ·

$$R-COO \cdot \rightarrow R \cdot + CO_2$$
$$(CH_3)_3C-O \cdot \rightarrow (CH_3)_2C=O + CH_3 \cdot$$
$$RCF_2CF_2CF_2CF_2 \cdot \rightarrow R \cdot + 2F_2C=CF_2$$

少数情况,还可能发生重排:

$$[(C_6H_5)_3CCH_2COO]_2 \xrightarrow{\Delta} 2(C_6H_5)_2CCH_2C_6H_5 + 2C$$

(4)氧化还原反应

自由基与适当的氧化剂或还原剂作用,氧化成正离子或还原成负离子。

$$HO \cdot + Fe^{2+} \rightarrow HO^- + Fe^{3+}$$
$$Ar \cdot + Cu^+ \rightarrow Ar^+ + Cu$$

### 2.2.8　周环反应

在有机反应中有一类反应既不是离子反应,也不是自由基反应,即周环反应,此反应有以下特征:

①既不需要亲电试剂,也不需要亲核试剂,只需要热或光作动力。

②大多数反应不受溶剂或催化剂的影响。

③反应中键的断裂和生成,是经过多中心环状过渡态协同进行的。

④反应有突出的立体选择性。反应的立体选择性主要取决于三个方面的因素:反应物的立体结构、反应物的双键数目、反应条件的选择。

这类反应统称为周环反应。周环反应可分成以下几种类型。

1. 环化加成

环化加成反应是指由两个共轭体系合起来形成一个环的反应,在这类反应中包括著名的狄尔斯—阿德尔反应(Diels-Alder Reaction)。例如

2. 电环化反应

电环化反应属于分子内周环反应,在形成环结构时将生成一个新的$\sigma$键,消耗一个$\pi$键,或是颠倒过来。例如

### 3. 螯键反应

螯键反应(Cheletropic Reaction)是指在 σ 原子的两端两个 σ 键协同生成或断裂。例如

### 4. σ移位重排

在 σ 移位重排反应(Sigmatropic Rearrangements)中,同一个 π 电子体系内一个原子或基团发生迁移,而并不改变 σ 键或 π 键的数目。例如

### 5. 烯的反应

烯与烯反应(Ene Reaction)是指一个带有烯丙基氢的烯烃与另一个烯烃之间的反应。例如

无论是何种类型的有机反应,一般要求:

①反应选择性较高,产物单一,容易分离提纯,原子利用率高,对环境不造成危害。

②原料价廉易得,来源丰富、供应方便。

③使用无毒、无害或低毒、危害性小的原料、溶剂和催化剂等。

④反应条件温和,工艺简单易行,操作安全简便。

# 2.3 有机合成的溶剂

溶剂是有机合成反应的媒介,溶剂不仅影响合成反应的效率,还影响反应的历程。

## 2.3.1 溶剂的分类

根据溶剂的极性和能否给出质子,一般分为极性质子溶剂、极性非质子溶剂、非极性质子溶剂和非极性非质子溶剂。

(1)极性质子溶剂

溶剂介电常数大,极性强,具有能电离的质子,能与负离子或强电负性元素形成氢键,对负

离子产生较强的溶剂化作用,如水和醇。故极性质子溶剂有利于共价键的异裂,可加速大多数离子型反应。

(2)极性非质子溶剂

介电常数大于 15,偶极矩大于 2.5D,具有较强的极性,能使阳离子特别是金属阳离子溶剂化。如 N,N-二甲基甲酰胺(DMF)、二甲基亚砜(DMSO)、四甲基砜、碳酸乙二醇酯(CEG)、六甲基磷酰三胺(HMPA)、丙酮、乙腈、硝基烷、1,3-二甲基-2-咪唑啉酮(DMI)等。同时,也由于此类溶剂中溶剂本身不易给出质子,又有很强的溶解能力,氯化铬、氯化锌、氯化锰、氯化钾等无机盐可以溶解在乙腈,DMSO,DMF、DMI 中,故在有机电化学中应用较多。

(3)非极性质子溶剂

如叔丁醇、异戊醇等醇类,其羟基质子可被活泼金属置换,极性很弱。

(4)非极性非质子溶剂

其介电常数一般在 8 以内,偶极矩在小于 2D,在溶液中既不能给出质子,极性又很弱,如一些烃类和醚类化合物等。

表 2-4 是一些常见的溶剂的物性参数。

**表 2-4　溶剂的分类及其物性参数**

| 质子溶剂 | | | 非质子溶剂 | | |
|---|---|---|---|---|---|
| 名称 | 介电常数 $\varepsilon(25℃)$ | 偶极矩 $\mu/D$ | 名称 | 介电常数 $\varepsilon(25℃)$ | 偶极矩 $\mu/D$ |
| 极性　水 | 78.29 | 1.84 | 乙腈 | 37.50 | 3.47 |
| 甲酸 | 58.50 | 1.82 | 二甲基甲酰胺 | 37.00 | 3.90 |
| 甲醇 | 32.70 | 1.72 | 丙酮 | 20.70 | 2.89 |
| 乙醇 | 24.55 | 1.75 | 硝基苯 | 34.82 | 4.07 |
| 异丙醇 | 19.92 | 1.68 | 六甲基磷酰三胺 | 29.60 | 5.60 |
| 正丁醇 | 17.51 | 1.77 | 二甲基亚砜 | 48.90 | 3.90 |
| 乙二醇 | 38.66 | 2.20 | 环丁砜 | 44.00 | 4.80 |
| 非极性 | | | 乙二醇二甲酸 | 7.20 | 1.73 |
| 异戊醇 | 14.7 | 1.84 | 乙酸乙酯 | 6.01 | 1.90 |
| 叔丁醇 | 12.47 | 1.68 | 乙醚 | 4.34 | 1.34 |
| 苯甲醇 | 13.10 | 1.68 | 二烷 | 2.21 | 0.46 |
| 仲戊醇 | 13.82 | 1.68 | 苯 | 2.28 | 0 |
| 乙二醇单丁醚 | 9.30 | 2.08 | 环己烷 | 2.02 | 0 |
| | | | 正己烷 | 1.88 | 0.085 |

### 2.3.2　溶剂的作用

溶剂的作用是多方面的,主要表现在溶解底物和反应试剂,使反应体系具有良好的流动性,有利于质量和热量传递,便于有机合成反应的操作和控制。溶剂能改变反应速率,抑制副反应,影响反应历程、反应方向和立体化学。

例如,1-溴辛烷和氰化钠水溶液混合物,在100℃下两星期也不反应,原因是溴代烃不溶于水,底物与试剂不能充分接触而无反应;若以醇为溶剂,反应虽能进行,但反应速率缓慢,收率低;若用$N,N$-二甲基甲酰胺做溶剂,反应速率比以醇为溶剂时快$10^5$倍。

溶剂和反应物(溶质)分子间的相互作用力主要有库仑力即静电引力,包括离子—离子力和离子—偶极力;专一性力,包括氢键缔合作用、电子对给体与其受体的作用、溶剂化作用、离子化作用、离解作用和憎溶剂作用;范德华力即内聚力,包括偶极—偶极力、偶极—诱导偶极力、瞬时偶极—诱导偶极力等。

一般,质子性溶剂可通过形成氢键,使负离子及碱性基团强烈溶剂化而影响反应活性,而非质子性溶剂则无此作用。偶极非质子性溶剂的正极常常深藏于分子的内部,不易使负离子或碱性基溶剂化,而其负极往往裸露于分子表面,可使与负离子配对的正离子溶剂化,故有利于负离子或碱性分子作为进攻试剂的反应。因此,选择使用合适的溶剂对于提高反应速率和收率有着重要意义。

### 2.3.3　溶剂选用原则

在化学反应过程中,溶剂的选择对于一个给定的反应有很大影响。质子溶剂与非质子溶剂,以及极性溶剂与非极性溶剂,都会对溶解度、溶剂辅助的离子化以及过渡态的稳定等产生不同的影响。选用溶剂的原则是:①化学性质稳定,不参与反应,不影响催化剂的活性,贮存稳定性好;②毒性小,使用安全;③溶解性好,降低用量;④挥发性小,减少损耗;⑤易回收,便于再利用;⑥来源广泛,价格便宜。

有机溶剂虽然具有良好的溶解性,但易挥发,毒性大,使用有机溶剂必须采取安全防范措施。因此不用溶剂或使用环境友好、无毒且易回收的介质来代替有机溶剂成为目前有机合成发展的趋势,如水相反应、离子溶剂和微波辐射下的无介质反应等。

# 第3章 有机合成路线设计

## 3.1 有机合成路线设计的基本原则

1. 有机合成路线应具备的特点

就发展新的合成策略和合成路线而言,在21世纪有机合成主要要求新的合成策略和路线具备以下特点:

①高合成效率、环境友好及原子经济性。在21世纪的当今,人类追求经济和社会的可持续发展,合成效率的高低直接影响着资源耗费,合成过程是否环境友好,合成反应是否具有原子经济性预示着对环境破坏程度的大小。

②定向合成和高选择性。定向合成具有特定结构和功能的有机分子是目前最重要的课题之一。

③条件温和、合成更易控制。当今的有机合成模拟生命体系酶催化反应条件下的反应,这类高效定向的反应正是合成化学家追求的一种理想境界,如合成各种人工酶。

④高的反应活性和收率。反应活性和收率是衡量合成效率的一个重要方面。

⑤新的理论发现。

2. 有机合成线路设计要求

对于基本和精细这两类有机合成工业,其首要的任务是合成路线的设计。著名有机合成化学家 Still 曾指出:一个复杂有机分子的有效合成路线的设计,是有机化学中最困难的问题之一。有机合成路线的设计是合成工作的第一步,也是非常重要的一步。路线的设计不同于数学运算,没有固定的答案。任何一条合成路线只要能合成所需化合物,理论上都是合理的,但是合理的路线之间存在着差别。

要具有较高的路线设计能力,首先要对各类、各种有机反应十分熟悉,对同一目的,不同有机合成反应在实际应用上的比较与把握,以及各步骤操作条件的实际掌握,以及对产品的纯化和检测等能力,还需要有逻辑思维能力,对各步有机反应的选择和先后排列能达到应用自如的地步。

下面以颠茄酮的合成为例来说明路线设计的重要性。颠茄酮的合成有两条不同的路线:

①Willstater 合成路线。1901 年 Willstatter 设计了一条以环庚酮为原料合成颠茄酮的路线,共 21 步,虽然每一步的收率都较高,但总收率仅为 0.75%。

②Robinson 合成线路。时隔 16 年，Robinson 于 1917 年设计出另一条以丁二醛、甲胺和 2-氧代丙二酸钙为原料，以 Mannich 反应为主要合成策略的颠茄酮合成路线，仅 3 步，总收率 达到 90%。

由此可见，首先要有一个好的设计思路，才能设计出一条好的合成线路。

# 3.2　有机合成反应的选择性

## 1. 化学选择性

化学选择性是指不使用保护或活化等策略，反应试剂对不同的官能团或处于不同化学环境的相同官能团进行选择性反应，或一个官能团在同一反应体系中可能生成不同官能团产物的控制情况。例如，硼氢化钠可对下列化合物的羰基进行选择性还原，只对酮起作用，而不对酯基起作用；氢化锂铝则对羰基和酯同时起还原作用，得到 1,4-戊二醇。

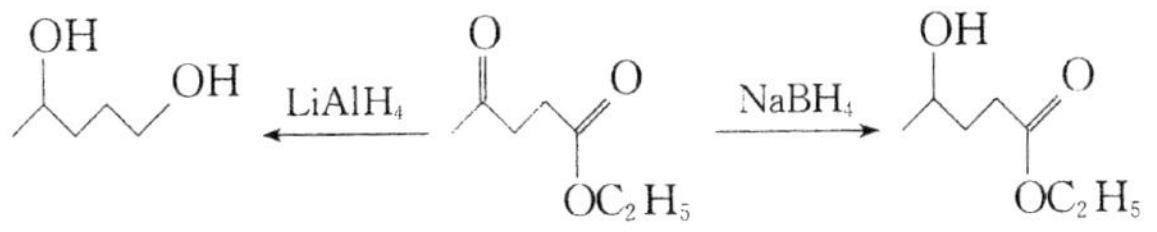

### 2. 区域选择性

同一分子相同官能团在不同位置上的起化学反应时,若试剂只能与某一特定位置的功能基团作用,而不与或很少与其他位置上的作用相同,这就是区域选择性。这些选择性通常涉及羰基两个 $\alpha$ 位、烯丙基的 1,3-位、双键或者环氧两侧位置上的选择性,以及 $\alpha,\beta$-不饱和体系的 1,2-和 1,4-加成选择反应等。例如,下面的 $\beta$-酮酸乙酯与苯乙基溴反应时,由于两个吸电子基的作用使其中间的亚甲基 b 比苄位的亚甲基 a 更活泼,因此,卤代烃优先与亚甲基 b 发生亲核取代反应,而不是亚甲基 a。

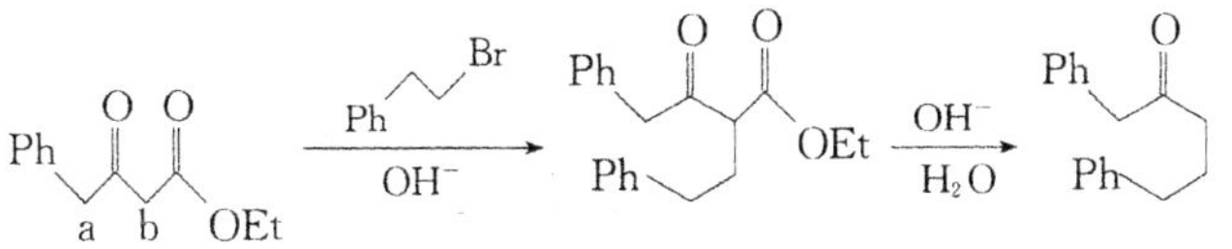

另一例子是不对称二烯体与不对称亲双烯体的 Diels-Alder 反应是"邻、对位"定位效应。

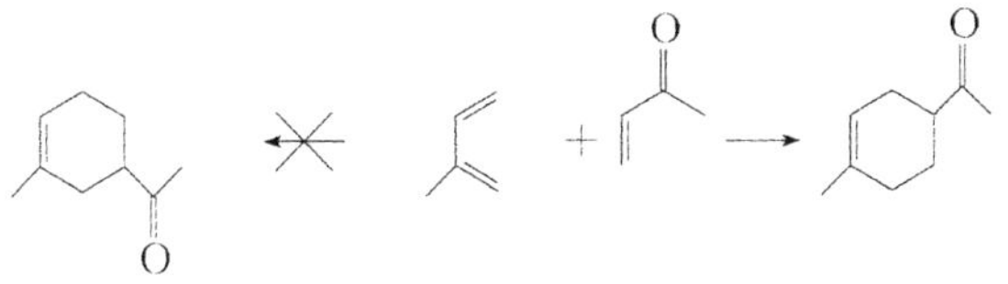

### 3. 立体选择性

立体选择性包括顺/反异构、对映异构、非对映异构选择性。立体选择性反应是指某一能生成两种或两种以上立体异构产物且其中一种异构体是优势产物的反应;如果某个反应只生成某一种异构体,且产物的构型与反应底物的构型在反应机理上立体化学相对应,就叫立体专一性反应。

在有机分子的合成中,常常要涉及上述三种选择性问题,因为反应物一般含有多个官能团,而目标化合物又具有特定构型。要实现选择性反应,首先取决于反应底物的结构情况。因此,采取的最好办法就是开发和使用高选择性的反应,并通过试剂和反应条件的选择实现选择性的控制。

(1)不同的官能团之间的选择性反应

我们容易找到合适的试剂和条件进行高选择性的反应,如下述底物中有羧基存在时对羰基的选择性反应较易进行。

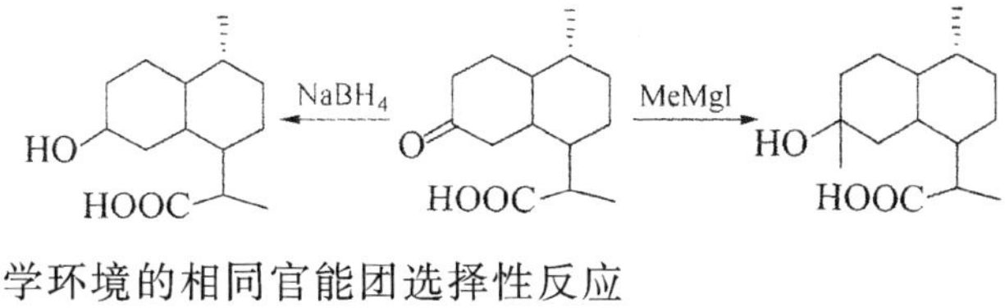

(2)处于不同化学环境的相同官能团选择性反应

即使是两个完全相同的官能团,也有办法使两者之一反应,而不影响另一官能团。在这种情况下往往使用适当的选择性试剂。

例如,硫氢化钠(铵)、硫化物以及二氯化锡都是还原芳环上硝基的选择性还原剂,不仅有数目上的选择,还有芳环位置上的选择。

下面例子是有关羟基的选择性氧化反应。在不同环境下的羟基活性大小不同,氧化的优先次序也不同。通常伯醇羟基比仲、叔醇羟基的活性高。

但是,利用一些特定的化学试剂也可以选择性将仲醇羟基氧化为酮,而伯醇羟基保持不变。

下面例子中两个羟基分别处于 *cis*-位和 *trans*-位,化合物 a 和 b 通过碱处理后,得到了两个完全不同的结果。

(3)相同官能团的选择性反应

可以选择合适的反应条件和试剂量,或利用部分反应后的中间产物进一步促使反应的活性下降。

>10:1          90%

此外,实现一个理想的立体选择性合成通常较为困难。当目标分子有多个双键、环连接点或手性中心时,立体化学的控制显得特别重要。如果立体中心数为 $n$,可能的立体异构体数为 $2^n$。在合成含多个立体中心的化合物时,不能有效控制立体化学将导致立体异构混合物的产生,目标产物的产量下降,分离纯化困难。因此,立体选择性是合成设计过程中需要特别考虑的重要因素之一。

# 3.3　逆合成分析

### 3.3.1　逆合成分析原理

在设计合成路线时,一般只知道要合成化合物的分子结构,有时即使给出了原料,也需要分析产物的结构,而后结合所给原料设计出合成路线。除了由产物回推出原料外,没有其他可以采用的办法。

基本分析原理就是把一个复杂的合成问题通过逆推法,由繁到简地逐级分解成若干简单的合成问题,而后形成由简到繁的复杂分子合成路线,此分析思路与真正的合成正好相反。逆合成分析时,即在设计目标分子的合成路线时,采用一种符合有机合成原理的逻辑推理分析法,将目标分子经过合理的转换(包括官能团互变、加成、脱去、连接等)或分割,产生分子碎片(合成子)和新的目标分子,后者再重复进行转换或分割,直至推导到易得的试剂为止。

综上所述,逆合成法,简而言之,就是 8 个字"以退为进、化繁为简"的合成路线设计法。

### 3.3.2　逆合成分析中常用的术语

在逆合成分析过程或阅读国内外众多文献时,常常提及许多合成用到的专业术语及概念。

①切断。切断(disconnection,简称 dis)是人为地将化学键断裂,从而把目标分子拆分为两个或两个以上的合成子,以此来简化目标分子的一种转化方法。"切断"通常是在双线箭头上加注 dis 表示。

②转化。逆合成中利用一系列所谓的转化(transformation)来推导出一系列中间体和合适的起始原料,转化用双线箭头(⇒)表示,这是区别于单线箭头表示的反应。

每一次转化将得到比目标分子更容易获得的中间体,在以后的逆合成中,这个中间体被定义为新的目标分子。转化过程一直重复,直到试剂是可以商品获得的。逆合成中所谓的转化有两大类型,即骨架转化和官能团的转化。骨架转化通过切断、连接和重排等手段而实现。

③合成子。由相应的、已知或可靠的反应进行转化所得的结构单元,又称为合成元(synthon)。从合成子出发,可以推导得到相应的试剂或中间体。合成子是一个人为的概念化名词,它区别于实际存在的起反应的离子、自由基或分子。合成子可能是实际存在的,是参与合成反应的试剂或中间体;但也可能是客观上并不存在的、抽象化的东西,合成时必须用它的对等物,这个对等物就叫合成等效试剂。

④合成等效试剂。合成等效试剂(synthetic equivalent reagents)指与合成子相对应的具有同等功能的稳定化合物,也称为合成等效体。

⑤受电子合成子。以 a 代表,指具有亲电性或接受电子的合成子(acceptor synthon),如碳正离子合成子。

⑥供电子合成子。以 d 代表,指具有亲核性或给出电子的合成子(donor synthon),如碳负离子合成子。

⑦自由基合成子以 r 代表;双电子中性合成子以 e 代表。

常见合成子及相应的试剂或合成等效体如表 3-1 所示。

表 3-1　常见合成子及相应的试剂或合成等效体

| 合成子 | 试剂或合成等效体 |
| --- | --- |
| $R^-$ | RM (M=Li, MgBr, Cu 等) |
| $^-C_6H_5$ | $C_6H_6$, $C_6H_5MgBr$ |
| $^-CH_2COX$ | $CH_3COX$ (X=R′, OR′, NR′$_2$) |
| $^-CH_2COCH_3$ | $CH_3COCH_2COOEt$ |
| $^-CH_2COOH$ | $CH_2(COOEt)_2$ |
| $R^+$ | RX (X=Br, I, OTs 等离去基团) |
| $R^+C=O$ | RCOX |
| $R_2^+CHOH$ | $R_2CO$ |
| $H_2C^+OH$ | $H_2C=O$ |

| 合成子 | 试剂或合成等效体 |
| --- | --- |
| $^+COOH$ | $CO_2$ |
| $^+CH_2CH_2OH$ | ▽ |
| $^+CH_2=CHCOR$ | $CH_2=CHCOR$ |
| $CN^-$ | NaCN，TMSCN 等 |
| $RO^-$ | ROH，RONa 等 |

⑧连接。连接(connection,简称 con)通常是在双线箭头上加注 con 来表示。

⑨重排。重排(rearrangement,简称 rearr)通常是在双线箭头上加注 rearr。

⑩官能团互变。在逆合成分析过程中,常常需要将目标分子中的官能团转变成其他的官能团,以便进行逆合成分析,这个过程称为官能团互变(Functional Group Interconversion,简称 FGI)。

⑪官能团引入。在逆合成分析中,有时为了活化某个位置,需要人为地加入一个官能团,这个过程称为官能团引入(Functional Group Addition,简称 FGA)。

⑫官能团消除。在逆合成分析中,为了分析的需要常常去掉目标分子中的官能团,这个过程称为官能团消除(Functional Group Removal,简称 FGR)。

⑬逆合成转变。逆合成转变是产生合成子的基本方法,这一方法是将目标分子通过一系列转变操作加以简化,每一步逆合成转变都要求分子中存在一种关键性的子结构单元,只有这

种结构单元存在或可以产生这种子结构时，才能有效地使分子简化，Corey 将这种结构称为逆合成子（retron，也称为反合成元）。逆合成子是反合成分析中进行某一转化所必要的结构单元，合成子是转化将要得到的结构单元。例如，当进行醇醛转变时要求分子中含有—C（OH）—C—CO—子结构，下面是一个逆醇醛转变的具体实例：

上式中的双线箭头表示逆合成转变，和化学反应中的单线箭头含义不同。

常用的逆合成转变法是切断法（disconnection，缩写 dis），它是将目标分子简化的最基本的方法。切断后的碎片即为各种合成子或等价试剂。究竟怎样切断，切断成何种合成子，则要根据化合物的结构、可能形成此键的化学反应以及合成路线的可行性来决定。一个合理的切断应以相应的合成反应为依据，否则这种切断就不是有效切断。逆合成分析法涉及如下知识（表 3-2～表 3-4）。

表 3-2　逆合成切断

| 变换类型 | 目标分子 | 合成子 | 试剂和反应条件 |
|---|---|---|---|
| 一基团切断（异裂） | <br>逆Grignard变换 | | CH₃CHO<br>+<br>EtMgBr<br><br>① 0 ℃(THF) ② NH₄Cl/H₂O |
| 二基团切断（异裂） | <br>逆羟醛缩合变换 | | <br>CH₃CHO<br><br>① -78 ℃/室温(THF)<br>② NH₄Cl/H₂O |
| 二基团切断（均裂） | <br>逆偶姻变换 | | <br>① Na/Me₃SiCl(甲苯,△)<br>② H₂O |
| 电环化切断 | <br>逆Diels-Alder变换 | | <br>(合成子＝试剂)<br>(C₆H₆,△) [氢醌] |

注:虚线箭头表示合成子与等价试剂之间的关系;〰〰表示切断。

表 3-3　逆合成连接

| 变换类型 | 目标分子 | 试剂和反应条件 |
|---|---|---|
| 连接 | 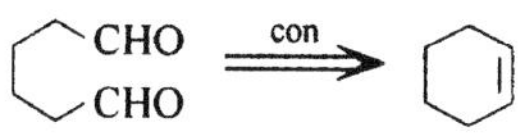 逆臭氧化变换 | $O_3/Me_2S$ $CH_2Cl_2$,$-78℃$ |
| 重排 | 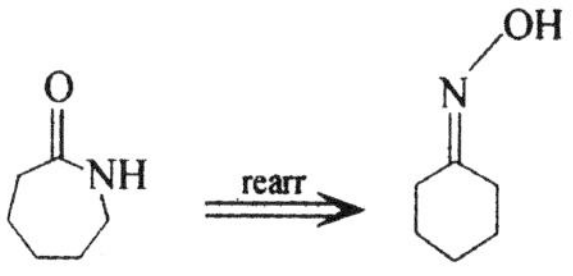 逆 Beckmann 重排 | $H_2SO_4$,$\triangle$ |

注:con(connection)连接;rearr(rearrangement)重排。

表 3-4　逆合成转换

| | | |
|---|---|---|
| 官能团转换 (FGI) | 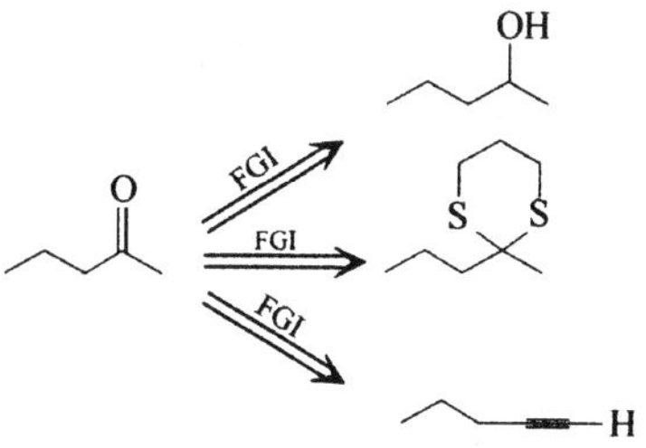 | $CrO_3/H_2SO_4/CH_3COCH_3$ $HgCl_2/CH_3CN$ $HgCl_2(aq\ H_2SO_4)$ |
| 官能团引入 (FGA) | 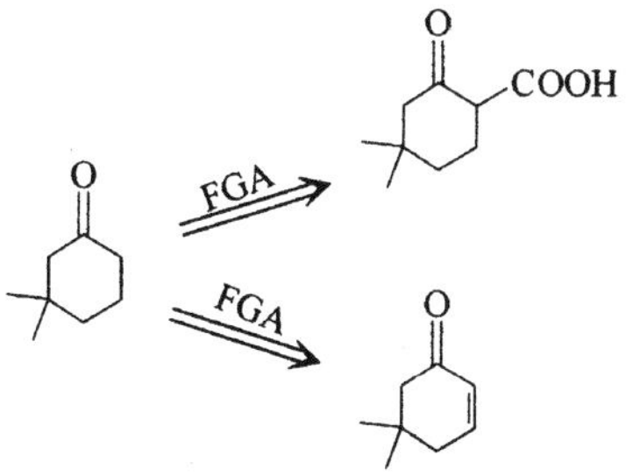 | $PhNH2$,$\triangle$ $H_2[Pd-C](EtOH)$ |
| 官能团除去 (FGR) | 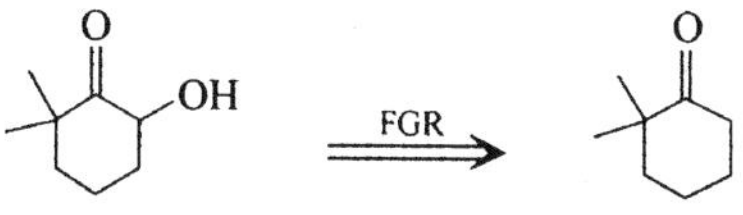 | ①LDA(THF),-25℃ ②$O_2$,$-25℃$ ③$I^{\ominus}$,$H_2O$ |

注:FGI(Functional Group Interconversion);FGA(Functional Group Addition);FGR(Functional Group Removal)。

⑭合成树。在反合成分析中,除了最简单的目标分子以外,复杂分子都需多步转变才能达到起始原料,都会有不止一条的反合成路线,分子越复杂,可能导出的反合成路线就越多,推导

出的图像如同一颗倒置的树,所以也称合成树(tree)。

### 3.3.3 逆向切断技巧

在逆向合成法中,逆向切断是简化目标分子必不可少的手段。不同的断键次序将会导致不同的合成策略,若能掌握一些切断技巧,将有利于找到一条比较合理的合成路线。

**1. 优先考虑骨架的形成**

有机化合物是由骨架和官能团两部分组成的,在合成过程中,总存在着骨架和官能团的变化,一般有这四种可能:

(1)骨架和官能团都无变化而仅变化官能团的位置

例如

(2)骨架不变而官能团变化

例如

(3)骨架改变而官能团不变

例如

$$CH_3(CH_2)_5CH_3 \xrightarrow[\text{紫外光}]{CH_2Cl_2} CH_3(CH_2)_6CH_3 + \underset{\underset{CH_3}{|}}{CH_3CH(CH_2)_4CH_3} +$$

$$\underset{\underset{CH_3}{|}}{CH_3CH_2CH(CH_2)_3CH_3} + (CH_3CH_2CH_2)_2CHCH_3$$

(4)骨架、官能团都变

例如

这四种变化对于复杂有机物的合成来讲最重要的是骨架由小到大的变化。解决这类问题首先要正确地分析、思考目标分子的骨架是由哪些碎片(即合成子)通过碳—碳成键或碳—杂原子成键而一步一步地连接起来的。如果不优先考虑骨架的形成,那么连接在它上面的官能团也就没有归宿。皮之不存,毛将焉附?

但是,考虑骨架的形成却又不能脱离官能团。因为反应是发生在官能团上、或受官能团的影响而产生的活性部位上(例如羰基或双键的 $\alpha$-位)。因此,要发生成键反应,碎片中必须要有成键反应所需要的官能团。

### 2. 碳—杂键先切断

碳与杂原子所成的键，往往不如碳—碳键稳定，并且，在合成时此键也容易生成。因此，在合成一个复杂分子的时候，将碳—杂键的形成放在最后几步完成是比较有利的。一方面避免这个键受到早期一些反应的侵袭；另一方面又可以选择在温和的反应条件下来连接，避免在后期反应中伤害已引进的官能团。合成方向后期形成的键，在分析时应该先行切断。

例如：设计

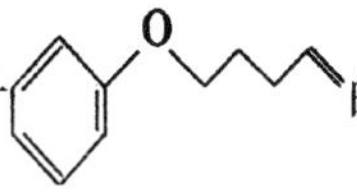

的合成。

分析

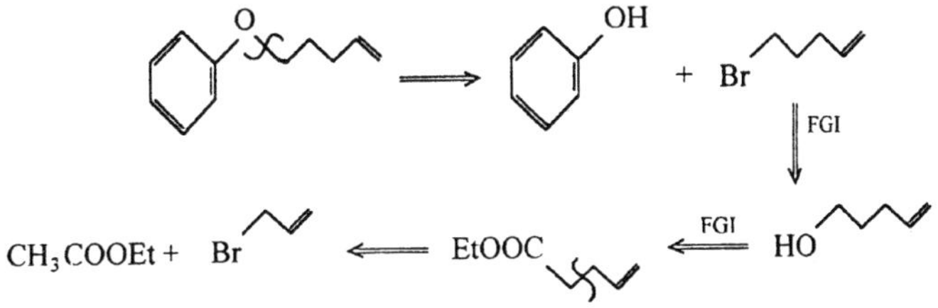

合成

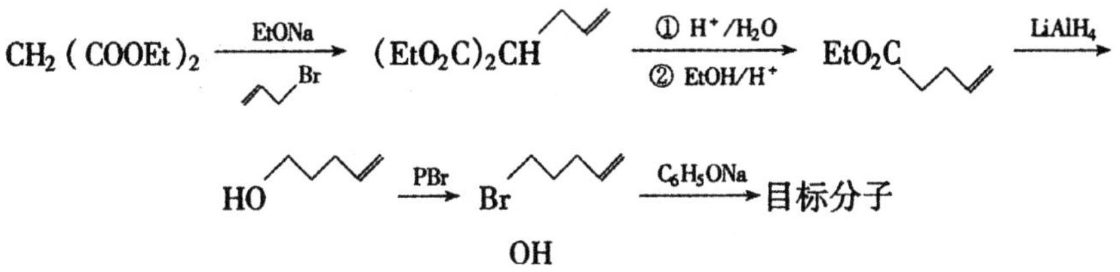

### 3. 目标分子活性部位先切断

目标分子中官能团部位和某些支链部位可先切断，因为这些部位是最活泼、最易结合的地方。

例如：设计 $CH_3CH\underset{OH}{|}-\underset{\underset{C_2H_5}{|}}{C}-CH_2OH$ 的合成路线。

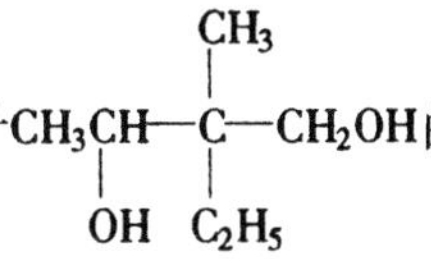

分析

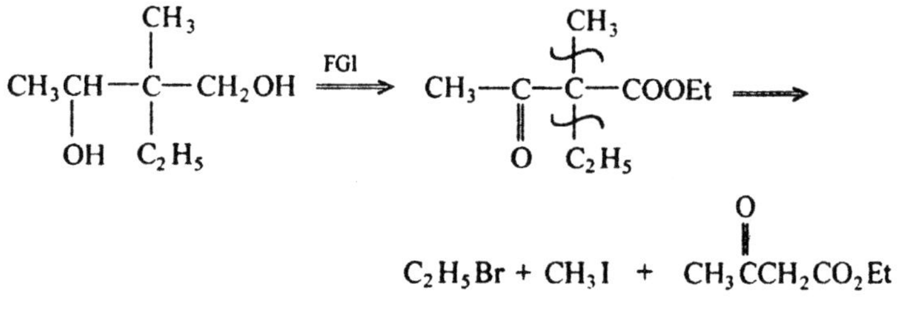

合成

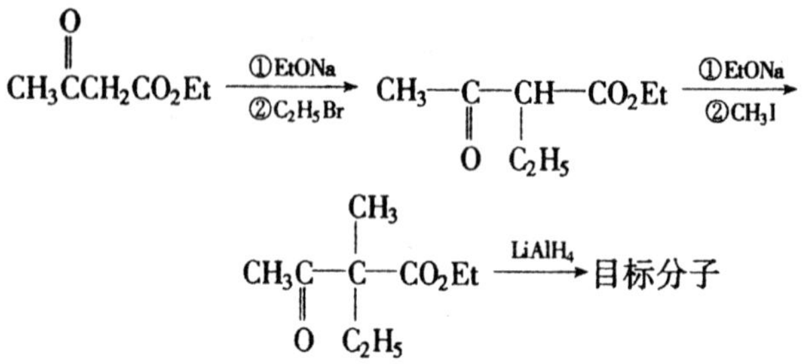

### 4. 添加辅助基团后切断

有些化合物结构上没有明显的官能团指路，或没有明显可切断的键。在这种情况下，可以在分子的适当位置添加某个官能团，以利于找到逆向变换的位置及相应的合成子。但同时应考虑到这个添加的官能团在正向合成时易被除去。

例如：设计 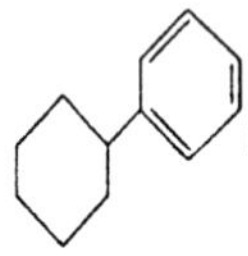 的合成路线。

分析

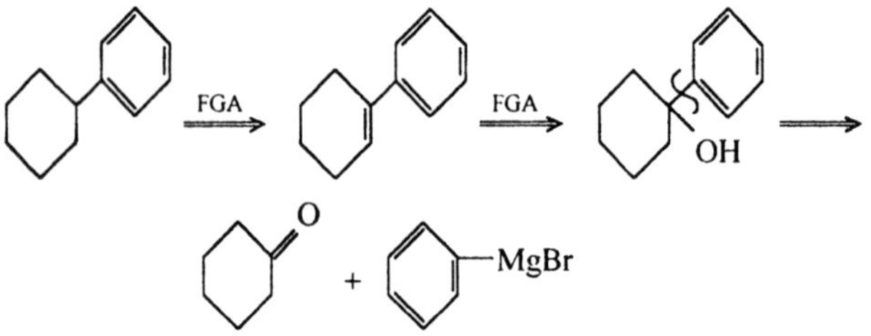

合成

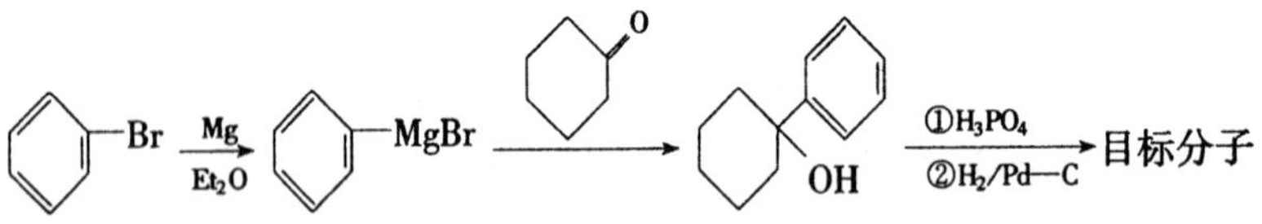

### 5. 回推到适当阶段再切断

有些分子可以直接切断，但有些分子却不可直接切断，或经切断后得到的合成子在正向合成时没有合适的方法将其连接起来。此时，应将目标分子回推到某一替代的目标分子后再行切断。经过逆向官能团互换、逆向连接、逆向重排，将目标分子回推到某一替代的目标分子是常用的方法。

例如，合成 $CH_3CH\overset{a}{|}CH_2CH_2OH$ 时，若从 a 处切断，得到的两个合成子中的 $^{\ominus}CH_2CH_2OH$ 找不到
$\overset{}{OH}$

合成等效剂。如果将目标子分子变换为 $CH_3CH\overset{|}{CH_2CHO}$ 后再切断，就可以由两分子乙醛经醇
$\overset{}{OH}$
醛缩合方便地连接起来。

例如:设计 [结构式] 的合成路线。

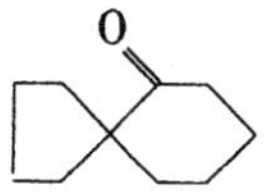

分析:该化合物是个叔烷基酮,故可能是经过 Pinacol 重排而形成。

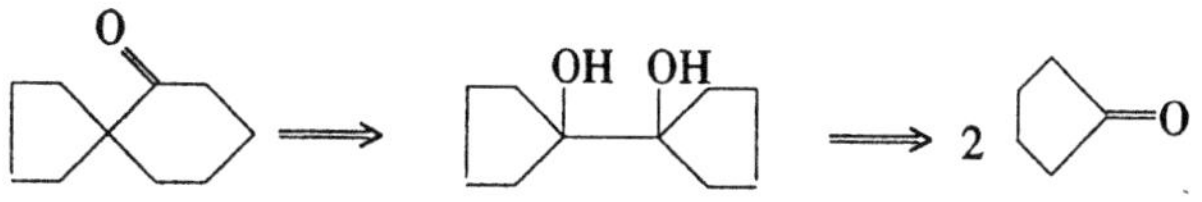

合成

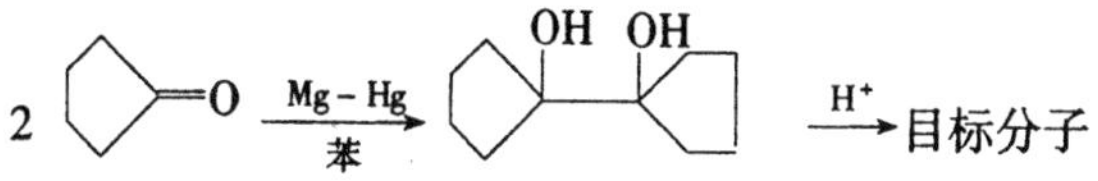

6. 利用分子的对称性

有些目标分子具有对称面或对称中心,利用分子的对称性可以使分子结构中的相同部分同时接到分子骨架上,从而使合成问题得到简化。

例如:设计 HO—[苯环]—C(C₂H₅)(H)—C(H)(C₂H₅)—[苯环]—OH 的合成路线。

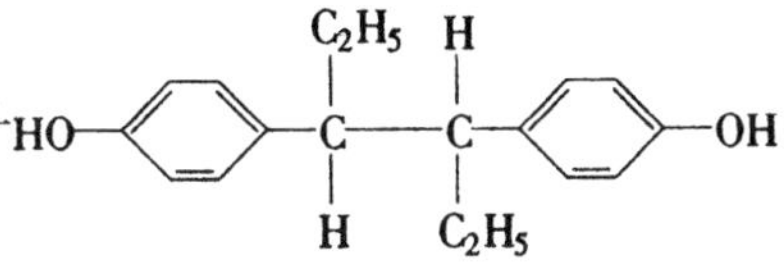

分析

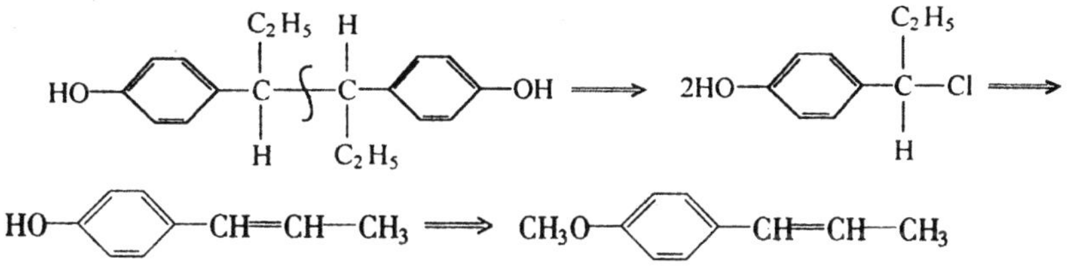

茴香脑[以大豆茴香油(含茴香脑 80%)为原料]

合成

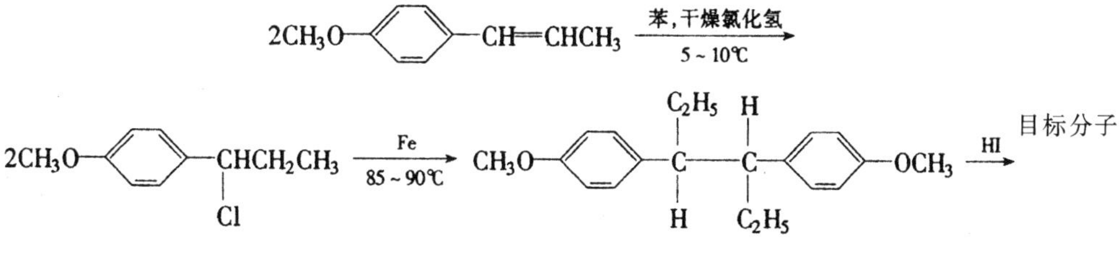

有些目标分子本身并不具有对称性,但是经过适当的变换或切断,即可以得到对称的中间物,这些目标分子存在着潜在的分子对称性。

# 3.4　Corey 有关有机合成路线设计的五大策略

## 3.4.1　基于转化方式的策略

**1. 转化方式的类型和种类**

Corey 将每个常用的合成反应(即反合成中的转换方式)分别用目标结构(target structure)、反合成子(retron)、转化(transformation)、前体(precursor)等四种方式表示。其中,反合成子是指在反合成分析中所要考虑的亚单位,由氢原子、官能团、分子链、分子附加物、骨架环和立体中心等结构单元独立或联合(通常是两个或三个)组成。

常用的合成反应的转化类型可归纳为:分子骨架的连接或重排、官能团的交换或调换、立体中心的转化或迁移等三大类。

(1)分子骨架的连接或重排

通过对目标分子所连接的分子骨架进行合适的切断,将得到反合成子,找到适合切断的转化方式和前体化合物,甚至起始原料,达到对合成目标逆合成分析或简化的目的。表 3-5 列出了常见的分子切断转化方式及相关的反合成子和前体化合物。

表 3-5　常见的分子切断方式及相关的反合成子和前体化合物

| 目标分子结构 | 反合成子 | 转化方式 | 前体化合物 |
|---|---|---|---|
| 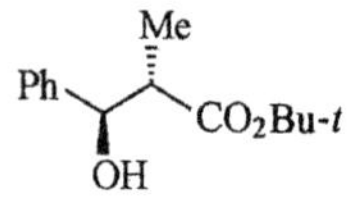 | 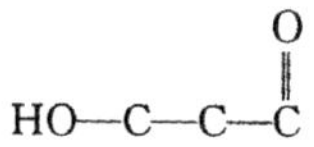 | (E)-enolate aldol | 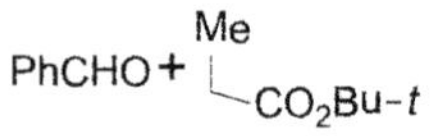 |
| 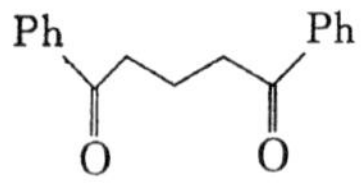 | 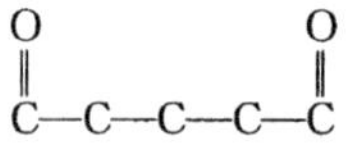 | Michael | 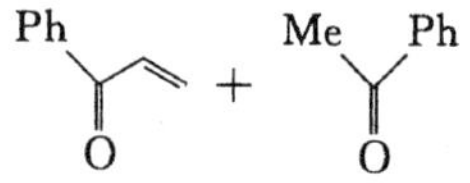 |
| Et₃COH | Et₂COH | Orgmet. Addn. to Ketons | Et₂CO+EtMet |
| 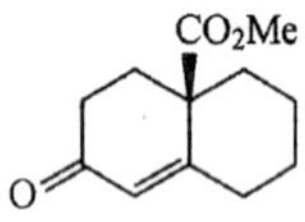 | 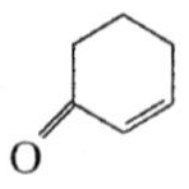 | Rebinson Annulation (Aldol+Michael) | 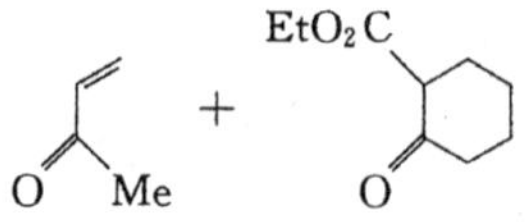 |
| 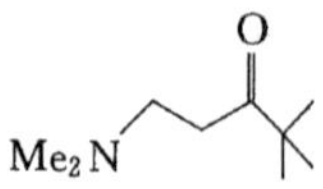 | 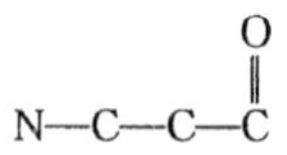 | Mannich(Azaaldol) | 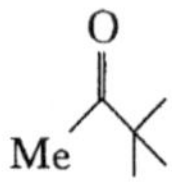 |
| 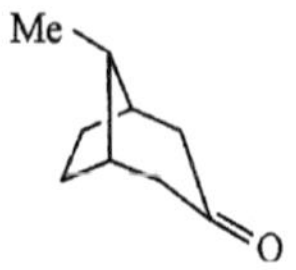 | 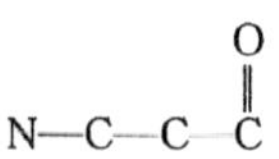 | Double Mannich | 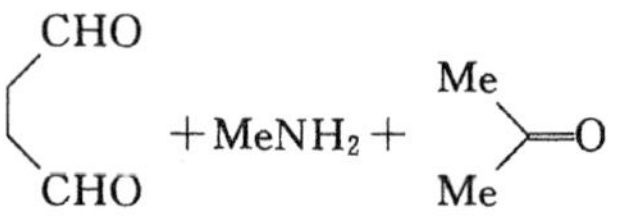 |

续表

| 目标分子结构 | 反合成子 | 转化方式 | 前体化合物 |
|---|---|---|---|
| 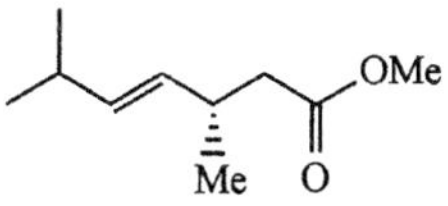 | 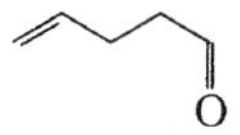 | Claisen rearrangement | 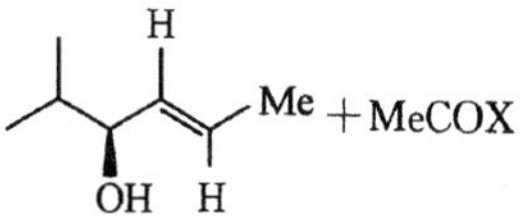 |
| 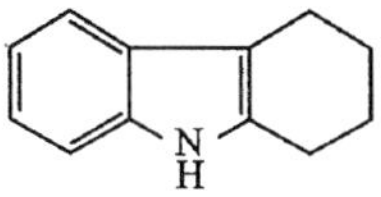 | 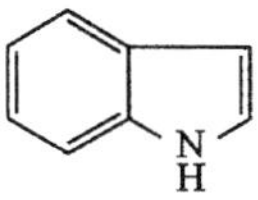 | Fischer indole | 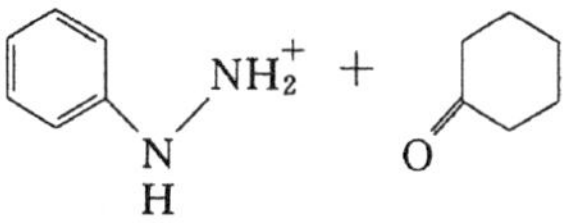 |
| 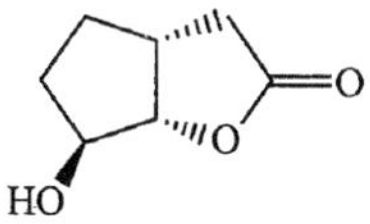 | 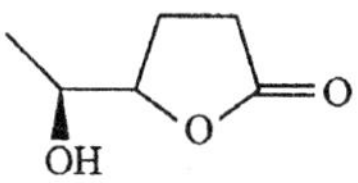 | Oxy-lactonization of Olefin | 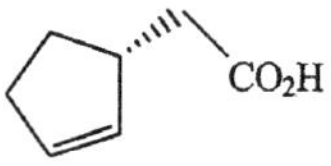 |

　　在这些反应中,有些直接反应,符合进行合成路线设计时应尽可能简化的原则;而有些反应,如分子骨架的重排反应,通常不能对分子结构进行简化,但它们能使分子的切断更加容易,间接地达到对目标分子进一步简化的目的,如 Oxy-Cope 重排反应和 Pinacol 重排反应。

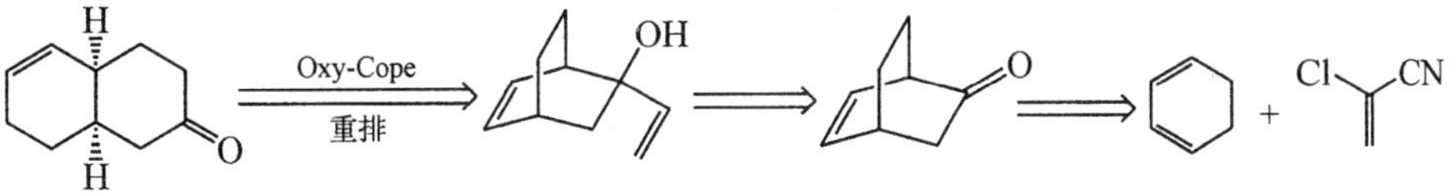

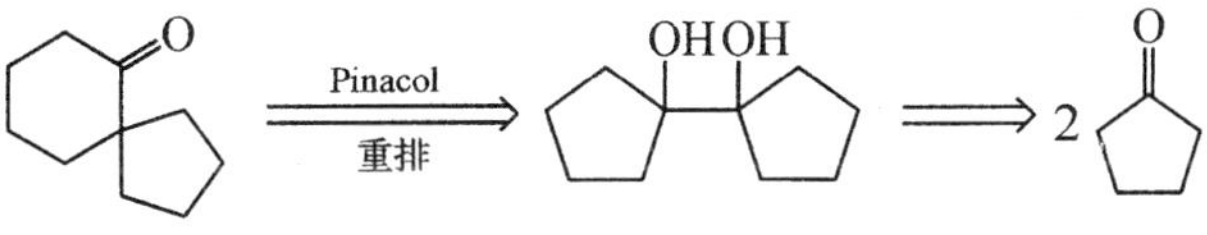

（2）官能团转化

官能团的转化（FGI）通常用于分子骨架的简化,尤其是逆合成分析的最初步骤,FGI 起着关键作用。

如:

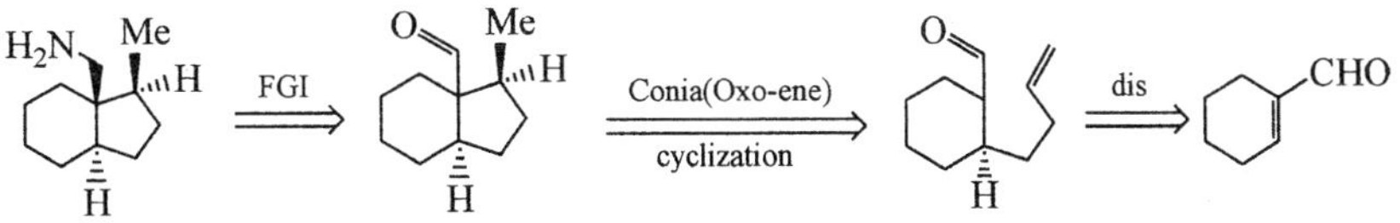

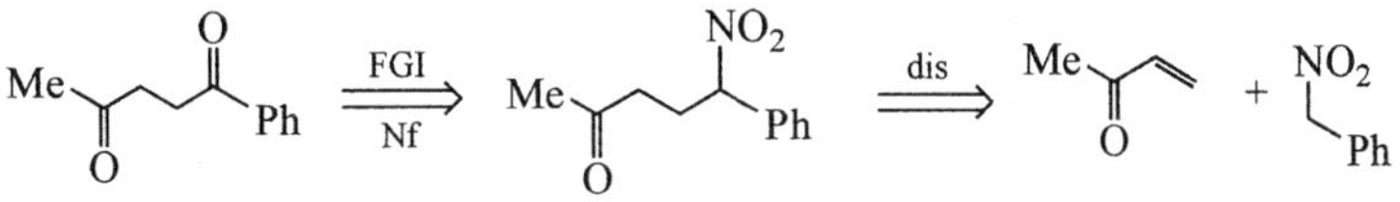

（3）立体中心的转化或迁移

在对映立体选择性合成（或非对映立体选择性合成过程）中,常利用手性控制剂（chiral controller）或辅助基团（auxiliary group）作为逆合成分析必须添加的单元。如下的逆合成分析：

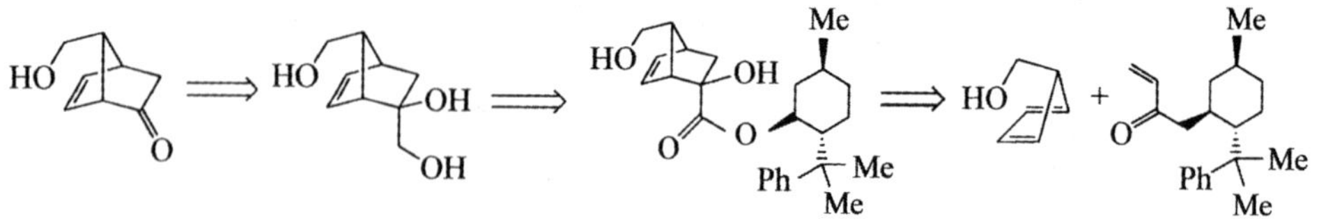

**2. 转化方式的选择和应用**

在目标分子的合成中，常常会涉及许多不同类型的反应。其中一些反应用于构筑分子骨架、立体中心或生成主要官能团。在目标分子的逆合成分析中，能够对目标分子起到简化作用的转化方式，Corey 称之为"转化方式导向的反合成研究"（transformation-guided retrosynthesis research）。对某一目标分子，其逆合成分析可以是多步的，但每一步必须有一个转化方式，这种转化方式称为"目标转化方式"（T-goal）。因此，转化方式策略的任务就是通过研究、比较，最终选择和利用一些 T-goal，实现对目标分子进行简化，换言之，就是在合成的关键转化上选择最佳的单元反应。例如：

（1）Diels-Alder 环加成反应作为目标转化方式的应用

若目标分子中含有六元环结构，其常用的目标转化方式为 Diels-Alder 反应和［4＋2］反应。逆合成分析如下：

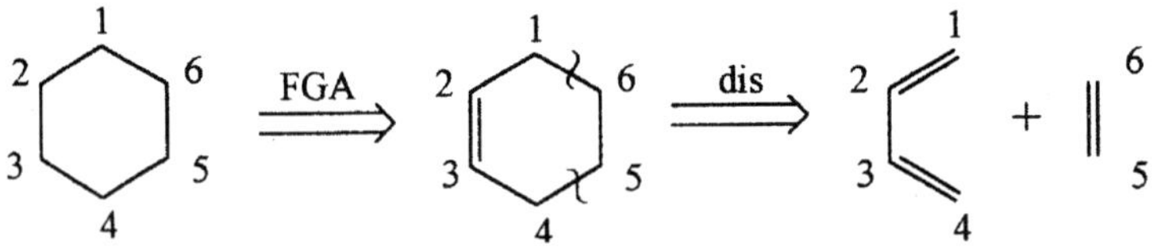

这时要考虑的问题包括：2,3-π 键建立的难易程度；二烯体的 C2-C3 键和亲二烯体 C5-C6 键的对称性或潜对称性；适当的 Diels-Alder 反应转化类型；二烯体和亲二烯体中，有利的或不利的电子效应；取代基的立体效应以及杂原子的影响等。根据以上因素选择合适的 Diels-Alder反应转化类型，确保反应的顺利进行。

（2）Claisen 重排反应作为目标转化方式的应用

角鲨烯是甾族和三萜类的重要生物合成前体化合物。其分子结构中含有六个三取代双键和四个 E-立体中心。其逆合成分析可在目标转化方式指导下，通过选择 C-C 双键的切断和立体控制来实现。常用的 C-C 双键目标转化方式包括 Claisen 重排反应和 Wittig 反应，Peterson 等就是利用上述反应高效完成了角鲨烯的全合成。

Wittig 反应：

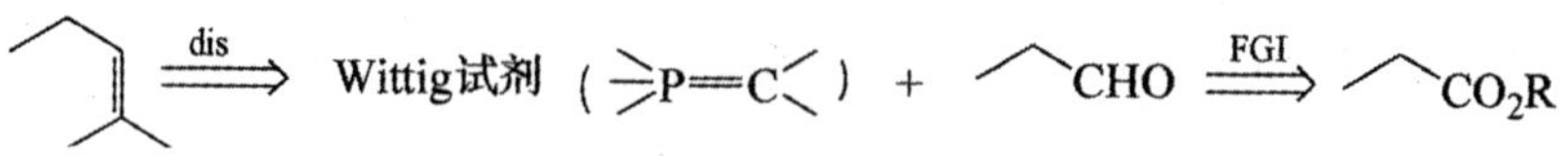

（3）对映选择性反应作为目标转化方式的应用

手性化合物广泛存在于天然产物和生理活性分子中,如碳水化合物和氨基酸大多是手性分子,在生命活动中扮演着重要角色。手性分子合成设计的关键问题是选择最佳的目标转化方式(即不对称反应)以实现对目标分子立体化学的控制。获得手性化合物的方法主要包括:外消旋体的拆分;手性源合成;催化不对称合成。其中催化型的对映选择性反应由于其原子经济性在近几十年来得到了快速发展,为手性中间体的合成和立体中心的建立提供了强有力手段,许多对映选择性反应都可作为 T-goals 用于目标分子的简化,直至多个手性中心的建立。例如,Sharpless 环氧化反应,既可用于非手性烯丙醇的环氧化,又可在动力学控制下用于手性烯丙醇的拆分。

由此可知,在逆合成分析研究中,应用 Sharpless 环氧化转化可直接在目标分子结构中产生 2 个或 3 个立体中心,因此,$\alpha,\beta$-环氧丙醇合成子可被描述为目标分子的 C3 亚单位。

### 3.4.2　基于目标结构的策略

在许多合成问题中,存在目标分子结构(S-goal)与目标起始物(即原料,SM)相关联的结构单元。通过对这些结构单元的识别,可进行多方向或双向探索(bidirectional search,即分别从目标分子和合适原料同时出发,找到一个比较理想的中间体的探索),将大大简化逆合成分析和合成分析的程序。这些结构单元包括:潜在的起始原料(starting material,SM)、合成砌块(building block)、含亚单位的反合成子(retron-containing subunit)、原手性元素(initiating chiral element),它们所含有的一个或多个手性中心,或多或少地直接来源于天然手性源(如氨基酸、碳水化合物、羟基酸等),或来源于商品原料或文献中已合成过的中间体,这就是基于结构特征的策略。例如,下列各目标化合物的逆合成分析就是基于结构特征的策略:

长蠕孢醛
(helminthosporal)

香芹烯酮
((+)-carvone)

香芹烯酮
((−)-carvone)

木防己苦毒宁
(picrotoxinin)

前列腺素$E_2$,地诺前列酮
(prostaglandin $E_2$)

酒石酸
((S, S)-(−)-tartaric acid)

硫黄素
(thienamycin)

L-天冬氨酸
(L-aspartic acid)

### 3.4.3 拓扑学策略

拓扑学策略就是从目标分子的键连关系出发,探究逆合成路线分析中,键的切断位置和方式,以简化目标分子合成问题的策略,即寻找和选择化学键断开位置的策略。包括非环系化合物的键切断和环系化合物的键切断。环系又分为孤环、稠环、螺环、桥环等体系。下面就此方面的知识进行简单介绍。

#### 1. 非环化合物键的切断

对于非环体系化合物的键切断有以下规律:

①烷基、芳烷基、芳基和其他砌块类基团不能内部切断(保留型的键)。

②最佳的切断是能够生成完全相同的两个结构或两个在大小和复杂度大致相同的结构,它包括单键或多键的切断。

③如环直接嵌入分子骨架中,分子的切断不应在环旁边,而应在离环1~3个碳原子处切断;有立体中心时,也在离该中心1~3个碳原子处切断;在两个官能团之间,也要在离其中一个官能团1~3个碳原子处切断。

④对于连在目标分子主体骨架上的芳基、芳杂基、环烷基和其他砌块,最优的切断是形成更大的砌块,如生成 $C_6H_5CH_2CH_2CH_2CH_2$ 比生成 $C_6H_5$ 更好。

⑤优先切断位于碳原子和杂原子(O、N、S、P)间易生成的化学键,这类特殊键包括酯、胺、亚胺、硫醚和缩醛等。

⑥在分子内 E 式双键、Z 式双键或双键等价物处切断。

2. 孤环系化合物键的切断

① 嵌入在分子结构中又处于中心位置的非砌块环的切断,可通过一个或两个键的断裂来完成。优先考虑断裂的键是:位于 C 和 N、O、S 等杂原子间的键;断裂能够生成对称结构的键、处于两个对称位置的键或连接线形骨架的键。最有效的简化合成切断就是要生成复杂度十分接近的两个结构。

② 切断分子骨架非中心处容易合成的键,如内酯、半缩醛、半缩酮等。

3. 稠合环系化合物键的切断

对于稠环化合物键的切断,Corey 总结了如下规律:

① 对于稠环的切断,要同时断裂两个键,即稠合键(f 键)和与稠合键相连的键(exendo 键,简称 e 键,直译为内外键,即对一个环来说是内键,对另一个环是外键),尤其是含有杂原子(O、N、S)的键。

② 处于末端的砌块环(即苯构型)不能切断;多环体系中处于中心的苯构型环,尤其是邻位是苯构型环或其他不易切断时,可考虑切断。

③ 含有共享键(a 键)和共享键相隔键(a′键)的稠环化合物,应同时切断 a 键和 a′键,生成两个化学键的环化前体,使目标分子中环的数目得以减少,将复杂的稠环化合物转换为较简单的非环或稠合度较低的次目标分子结构,使合成问题得以简化,如下列化合物的切断。

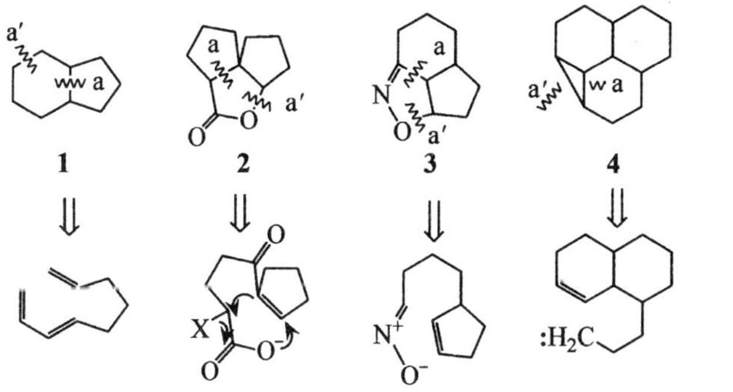

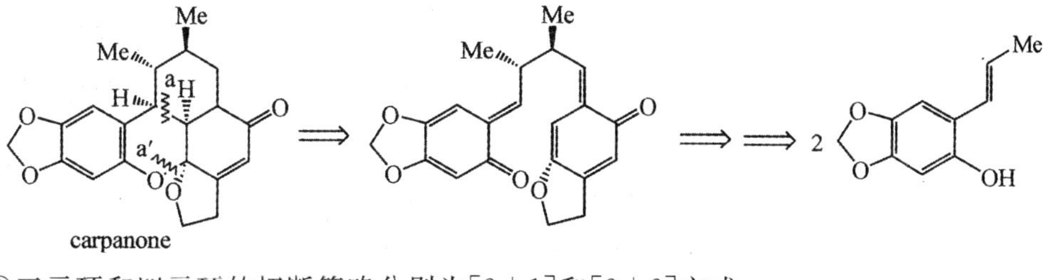

④ 三元环和四元环的切断策略分别为[2+1]和[2+2]方式。

⑤ 若稠合键切断生成七元环以上的大环时,这种断裂是不明智的策略。

⑥ 若有共享邻近内外键(e 键),尤其是处于中间环的共享键,可作为拓扑学切断策略。这样的切断有利于各种扩环方式的转换,断裂键包括碳—杂原子(O、S、N 等)键。

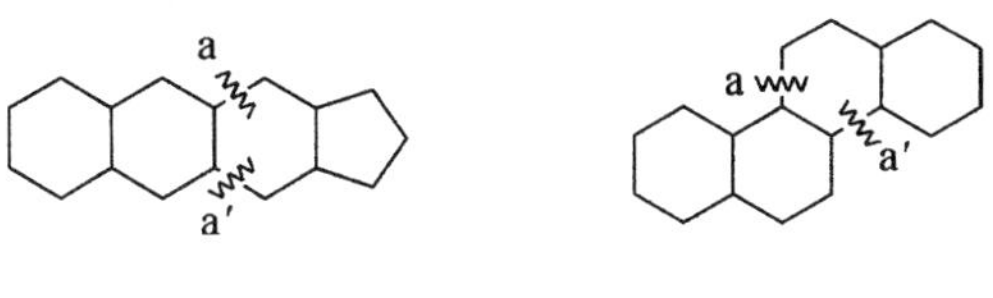

⑦多个直连型稠合环的切断策略是断裂 e 键,如甾体化合物的切断方式为

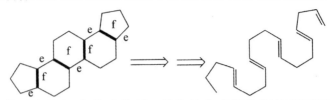

⑧处于稠合环体系中的杂环,作为非环亚单位的合成等价物的孤环可优先切断,如内酯、缩酮、内酰胺和半缩酮等。

⑨在新生成附加物保留立体中心的切断不是策略性切断,除非此立体中心随着立体控制的优先切断而被移去。

4. 桥环化合物键的切断

①桥环的策略键必须是四元至七元主环内的内外键(e 键)和大于三元主环外的内外键(e 键)。

②切断所产生的亚目标单位结构不应含有大于七元的环结构,因七元以上的环一般难以形成,且成环效率低。

③桥头碳原子间常连有许多桥键,拆开一个桥键可使目标结构简化(若桥路的碳原子数不同时,应拆开碳原子最多的桥键。在桥头 $C_1$ 和 $C_2$ 间,有三个桥路,分别含有 1 个、2 个、3 个碳原子,而在桥头 $C_2$ 和 $C_3$ 间,含有 4 个碳原子的桥路,应在 $C_2$ 的 e 键处断开。

④若桥环结构中有杂原子存在时,应在杂原子处优先拆开。

⑤一般不切断芳环或芳杂环内的键。

⑥杂原子键(包括 O、N、S,横跨在稠合环、螺环、桥环上或位于稠合环、螺环、桥环内),无论是否在最大的桥环内,都是策略切断键。

5. 螺环化合物键的断裂

碳螺环键的切断一般有两种策略:

①若切断一个键,则切断 e 键。

②若切断两个键,则一个为 e 键,另一个为在 $\beta$ 位的 oe 键(offexendo 键,简称 oe 键,即远离内外键的键)。

③对于既含有螺环又含有稠合环或桥环的复杂结构的化合物,按照上述规则进行综合分析,并按稠合环和桥环切断程序进行处理。

### 3.4.4 立体化学的策略

立体化学策略就是在反合成分析时研究如何减小目标化合物立体结构的复杂度,即通过反合成分析逐步减少立体中心(stereocenter,包括手性中心、双键的 Z/E 构型、环己烷的构象等)的数目和密度,以达到简化合成路线的策略。对于多个立体中心,要考虑相互的关联性及去除的先后顺序。为此,必须选择最佳的立体简化转化方式(seterosimplifying transform),建立简化所需的反合成子,并仔细考量前体化合物(或反应底物)所有的空间环境等。

1. 立体化学的简化

(1)底物控制的简化

如目标化合物为稠合的双环己烷,通过逆合成分析得到它的二级前体($\alpha,\beta$-不饱和酮),

立体中心得以简化。每个分子的右半部分保持了立体结构固定的环己烷,在合成时不需要引入手性因素,即可建立另一个立体结构(左半部分的环己烷),这种策略就是底物控制简化—转化方式策略。例如,$\alpha,\beta$-不饱和酮 7 用 Li-NH$_3$ 还原得饱和酮 6,化合物 6 再还原得醇 5。

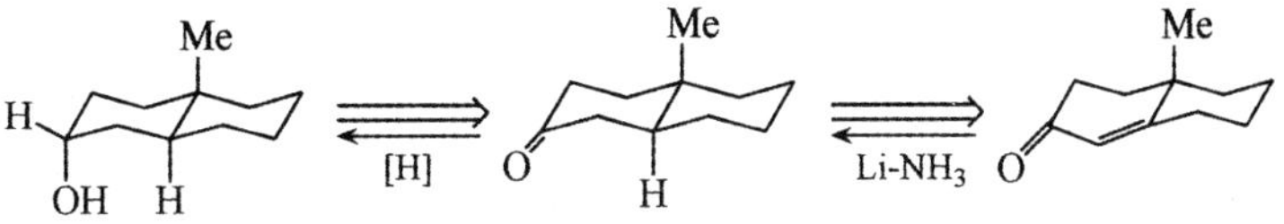

（2）机理控制的简化

化合物 8 右半部分的两个立体中心反合成方式,分别是由化合物 9 的 OsO$_4$ 顺邻二羟基化反应和化合物 10 的 Wittig 反应的反应机理所决定的。前一反应是立体选择性的顺式加成;后一反应则是底物的立体空间效应控制的反应。这类转化方式就是机理控制的简化—转化方式。

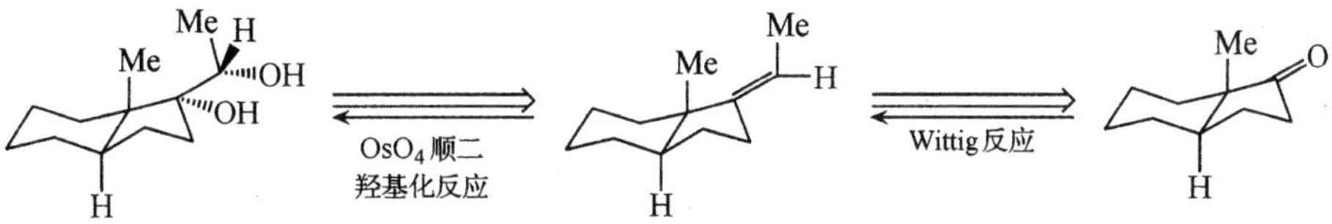

又如:

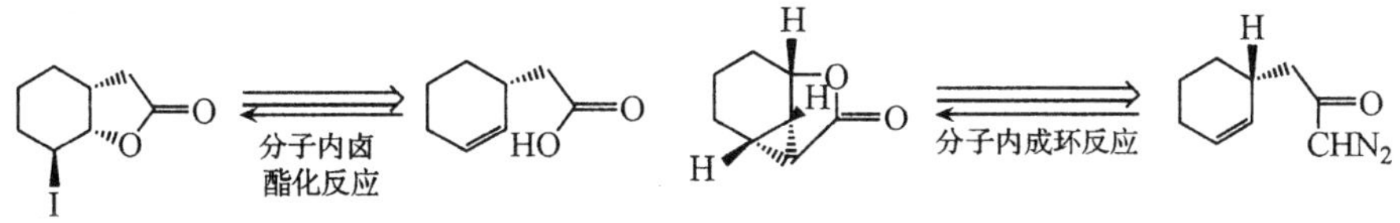

上述后两个反应都是通过分子内转化来完成的,这种利用一个简单反应将目标结构的立体中心由 3 个降到 1 个,也属于分子内的反应机理控制方式。同时也可看到:目标分子立体结构刚性越强,反合成中立体控制性也越好,越易于除去某个立体中心。

机理控制的立体选择性反应在有机合成中起到很大作用,如 S$_N$2 反应就是手性碳原子上发生构型的翻转,虽说未减少立体中心数目,但在反合成分析中是很有价值的。例如:

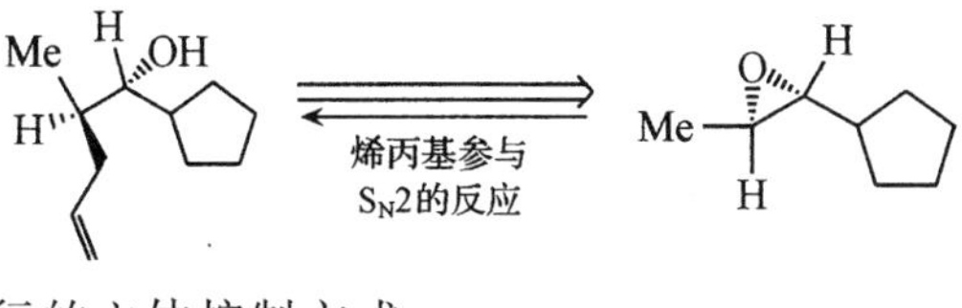

（3）利用手性试剂进行的立体控制方式

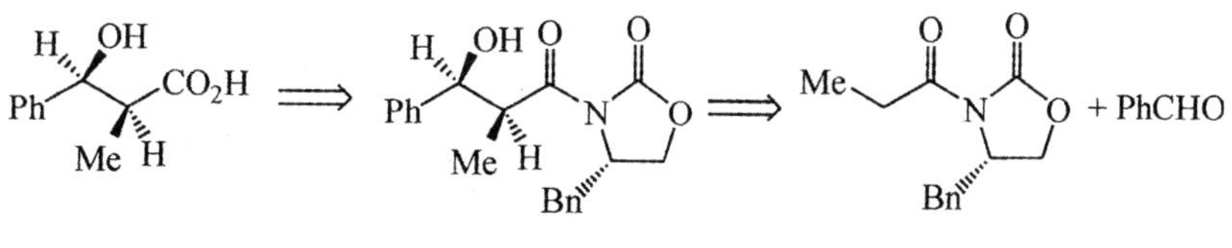

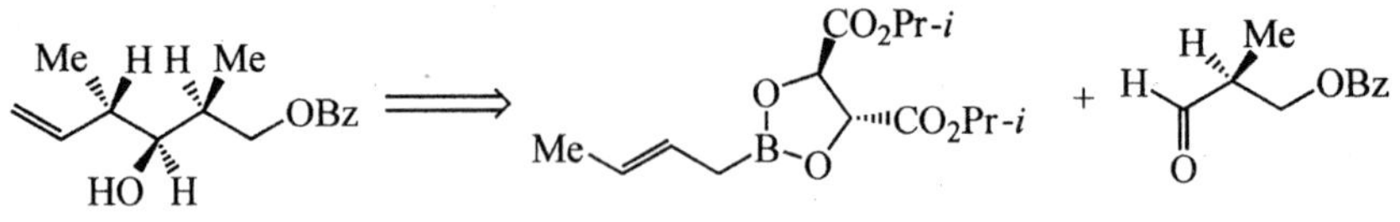

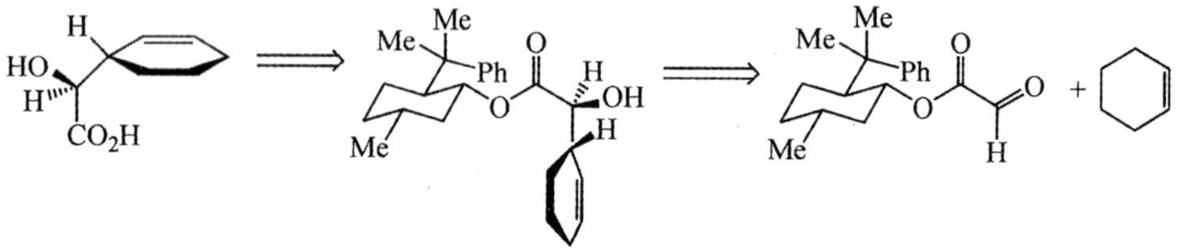

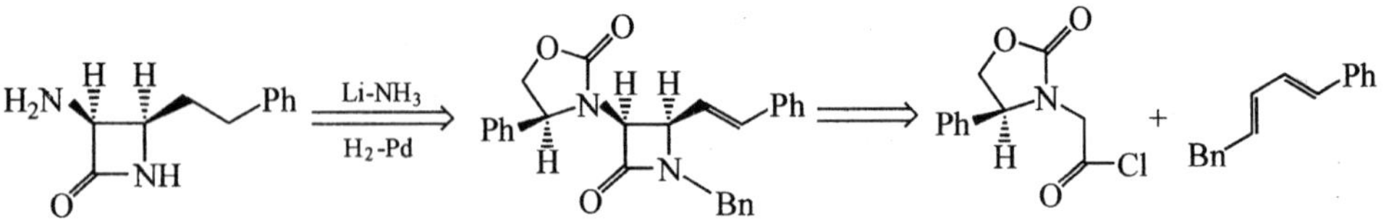

### 2. 反合成中的立体中心的处理方法

目标化合物中的立体中心可分为两大类：可清除的立体中心(clearable,CL)和不可清除的立体中心(non—clearable,nCL)。例如，在立体选择性较强的反应中，某一立体结构的产物占优势，在反合成分析时这样的立体中心是可以清除的；反之，它的对映体的立体中心就不能够清除，否则将增加合成的复杂性。因此，判断立体中心是否可以清除，是反合成分析中的重要步骤。例如：

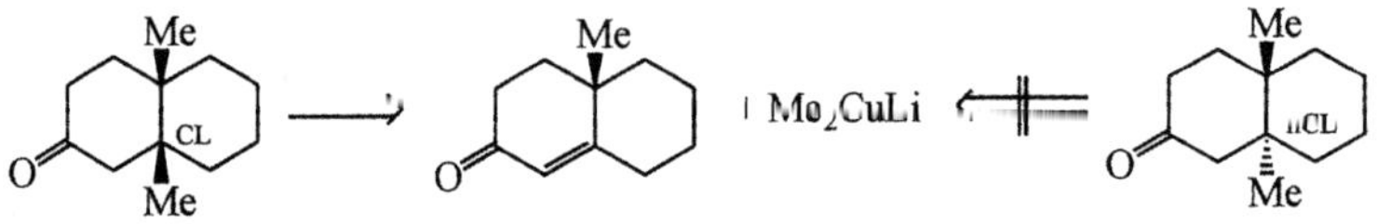

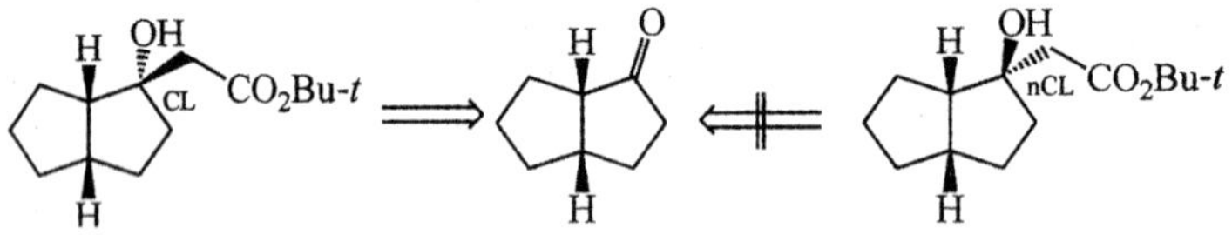

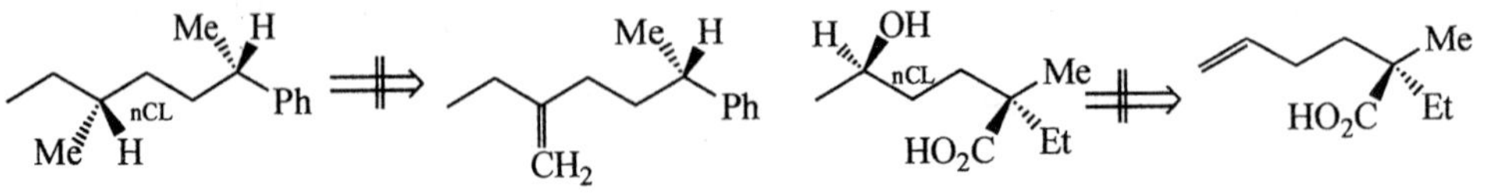

### 3. 多环体系的立体合成策略

#### (1)存在于一个单环的立体中心

在多环体系中，一个或多个环常因各种因素的限制，可能作为目标分子的环前体在逆合成中被保留下来，一般地，被保留的环是常见的五元或六元环。单个保留环上所连的一个或两个立体中心被限定为"保留"立体中心，且不应在逆合成时清除。适合所保留立体中心类型的因素有：①含有一个或两个立体中心的环可通过对映控制过程来建立；②在保留环上的立体中心或亚单元要与可得到的手性起始原料相匹配;③含有一个或两个连有附加物的立体中心的环可能形成空间的偏差,在后面的各个合成步骤中对非对映选择性进行控制,从而生成新的立体中心。如下列两化合物中带星号(＊)的是手性碳原子就是适合保留的立体中心。

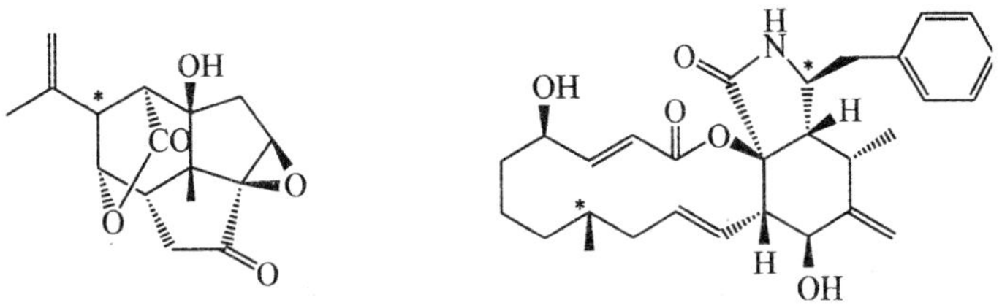

相对于拓扑学的反面来讲,位于终端环上的立体中心符合切断条件。对于一个环的转换方式,位于终端环上的立体中心,可能就是一个反合成子或部分反合成子的成分,应该使用此转换方式优先给予清除。例如:

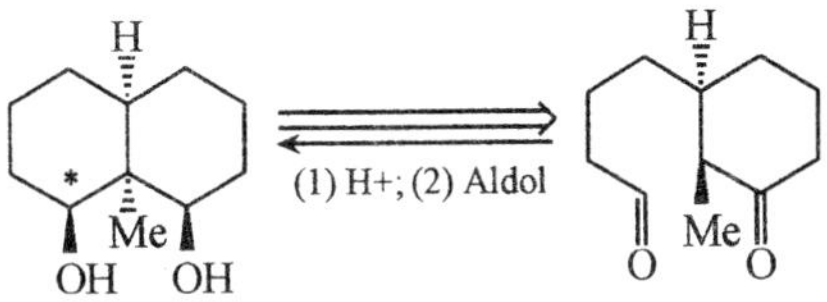

以下类型的立体中心也可策略地清除:①仅在一个环上且在一个 e 策略键(exendo 键)上的立体中心;②连有一对官能团的立体中心;③连有复杂的或官能化的附加物的立体中心;④连有一个官能团或一个附加物且在热力学动力学稳定性很小(即在六元环的顺式轴上有取代物)的立体中心。

(2)两个或多个环共有的立体中心

两个或多个环共有的立体中心,一般在环切断的同时被消除。在稠合环上连有一个或两个杂 e 键(exendo 键)时,简化策略就是消除稠合点的立体中心;伴随有烯烃链的生成或杂原子取代物生成的立体简化策略,就是逆合成清除两个相邻稠合点的立体中心;导致合成子能简化转换的策略就是清除位于两个环内的立体中心。

### 3.4.5　基于官能团的策略

基于官能团的逆合成分析策略就是利用官能团的转化来达到对目标分子的简化。

1. 官能团的分类

目标分子中的官能团按其在有机合成反应中的作用可分为三类。

①在合成反应中起到最重要作用的官能团。常见的有 C＝C、C＝O、C—OH、C≡C、—C(O)O—、—NH₂、—NO₂、—CN 等。

②在合成反应中起次要作用的官能团。常见的有—N＝N—(azo)、—S—S—(disulfide)、R₃P—(phosphine)等,但它们在某些场合仍能起较好的作用。

③在合成中不重要的或外围(peripheral)的官能团。它们在合成中起到活化或控制作用,因而在目标分子结构中可能不存在,但在合成过程中才出现。例如,—X、—Se、—OTs、Me₃Si—及各种硼烷等。一些外围(peripheral)的官能团是许多基本基团的联接,如烯胺、1,2-二醇、N-亚硝基脲、β-羟基-α,β-不饱和酮和肟等。

2. 官能团决定的骨架切断

常见的基于官能团转化的分子骨架简化方式是 1-Gp(一个官能团)和 2-Gp(两个官能团)切断转化。如果能实现下列变化,由 1-Gp 决定的切断将有很高的策略性:①分裂环、附加物或链中的策略键;②在机理或底物立体控制下除去立体中心;③对于切断或简化转换建立一个反合成子;④产生一个新的策略键切断模型。C-C 键切断的 2-Gp 转化形式是在所有转化类型中最重要的,2-Gp 转化,尤其在立体选择性形式中,是逆合成计划中的重中之重。例如,Aldol、Michael、Dieckmann、Mannich 反应;Friedel-Crafts 酰化反应;Claisen 或 Oxy-Cope 重排反应等。这些反应可以很有效地判断一个策略的正确性,对于一个 2-Gp 切断转换,通过含有策略键或立体中心相连的每一对官能团,被检测发现或生成合成子(对一个含有 $n$ 个官能团的分子,可能含有 $n(n-1)/2$ 个官能团对)。对于一个 2-Gp 切断转换,若被检测亚目标单位含有部分反合成子,其他官能团决定的转换,如官能团转换(FGI)、官能团添加(FGA)必须用于所需合成子的合成中。例如:

此化合物的逆合成分析中进行三次取决于官能团的切断,关键部位在于羰基的 α-H。第一步是 Aldol 缩合转化,第二步为 Michael 加成转化。这就是两个官能团转化方式的战术组合(tactical set)。又如:

此逆合成分析中既有环的打开,又有环的形成(闭环)。环的生成是为了实施环的打开引入相应的立体中心和官能团。这也是两种转化方式的战术组合。

3. 官能团等价物的策略应用

近年来,随着能够生成亲电碳和亲核碳等价物的各种合成策略的发展,碳族结构库建立的可能性快速增加。这些等价物有时不能在含有简单核心官能团(如羰基、氨基或羟基)的结构中得到,常以官能团的改性形式或等价物的形式应用于合成中。一些酰基负离子的合成等价物已成为标准试剂,如下面五个试剂(11,12,13,14,15),与亲电的碳原子反应生成能够转换为羰基化合物的产物。这种方法对逆合成分析的影响,就是通过等价物取代像羰基那样的核心官能团,扩大有效切断键的数目。这种等价物一般只允许一个键的切断,并用于其他方法无法切断的键。如果把一种切断看作是一种策略而不允许特殊核心官能团的存在,在逆合成分析中,通过允许或促进(actuate)键断开的等价物的基团取代成为次要目标(在合成方向,actuate 是一个合适的与活泼等价物恰巧相反的等价物)。例如,烯酮的有用官能团等价物为: $R_2O=R_2CHNO_2$、$R_2CH(S=O)R'$、$R_2(SR')_2$、$R_2CHNH_2$、$R_2C=NOH$、$R_9C(OH)CO_2OH$ 等。

化合物 16 按照 a、b 两条理想的逆合成路线进行切断,但得到了两个无法用化学试剂转换的合成子 17 和 18,这两种切断方式不符合实际;若按照利用其等价物的 a′、b′ 逆合成路线,分别得到烯醇型环己酮的等价物。

通过双向(合成和反合成)过程,利用官能团等价物来设计有效的合成程序已成为可能,包括以下内容:①位阻官能团被易得到的等价物(一步或两步制得)取代;②对前体物加以分析,判定它们被切断后是否得到已知的或可制备的试剂;③利用已知的知识或选择策略键切断不能得到合成子的潜在等价物,指导等价官能团的选择或检测合成方向键形成的有效性。

## 3.5　合成路线的评价标准

合成一个有机物常常有多种路线,由不同的原料或通过不同的途径获得目标产物。这些合成路线如何选择? 选择依据是什么? 一般来说,如何选择合成路线是个非常复杂的问题,它不仅与原料的来源、产率、成本、中间体的稳定性及分离、设备条件、生产的安全性、环境保护等都有关系,而且还受生产条件、产品用途和纯度要求等制约,往往必须根据具体情况和条件等做出合理选择。通常有机合成路线设计所考虑的主要有以下几个方面:

1. 原料和试剂的选择

选择合成路线时,首先应考虑每一合成路线所用的原料和试剂的来源、价格及利用率。

原料的供应是随时间和地点的不同而变化的,在设计合成路线时必须具体了解。由于有机原料数量很大,较难掌握,因此,对在有机合成上怎样才算原料选择适当,通常可以简单地归纳为如下几条:

①一般小分子比大分子容易得到,直链分子比支链分子容易得到;小于六个碳原子的脂肪族单官能团化合物通常比较容易得到;低级的烃类,如三烯一炔(乙烯、丙烯、丁烯和乙炔)则是基本化工原料,均可由生产部门得到供应。

②在有机合成中容易得到的脂肪族多官能团化合物有 $CH_2=CH\text{-}CH=CH_2$、$H_2C\overset{\displaystyle\frown}{\underset{O}{\quad}}CH_2$、$X(CH_2)_nX$($X$ 为 Cl、Br,$n=1\sim6$)$CH_2(COOR)_2$、$HO\text{-}(CH_2)_n-OH$($n=2\sim4,6$) $XCH_2COOR$、$ROOCCOOR'$等。

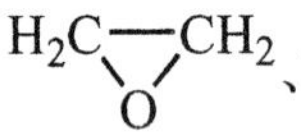

③脂环族化合物中,环戊烷、环己烷及其单官能团衍生物较易得到。其中常见的为环己烯、环己醇和环己酮。环戊二烯也有工业来源。

④芳香族化合物中甲苯、苯、二甲苯、萘及其直接取代衍生物($-NO_2$、$-X$、$-SO_3H$、$-R$、$-COR$等),以及由这些取代基容易转化成的化合物($-OH$、$-OR$、$-NH_2$、$-CN$、$-COOH$、$-COOR$、$-COX$ 等)均容易得到。

⑤杂环化合物中,含五元环及六元环的杂环化合物及其衍生物较容易得到在实验室的合成中一般不受成本的约束,但在工业化研究中应尽量避免使用昂贵的原料和试剂,这是工业成本核算原则中必须要考虑的问题。在成本核算中还需考虑供应地点和市场价格的变动。

2. 合成步数和反应总收率

合成路线的长短直接关系到合成路线的价值,所以对合成路线中反应步数和总收率的计算是评价合成路线好坏最直接和最主要的标准。当然,设计一个新的合成路线不可避免地会遇到个别以前不熟悉的新反应,因此简单地预测和计算反应总收率常常是困难的。一般主要从影响收率的三个方面进行考虑。

首先,在对合成反应的选择上,要求每个单元反应尽可能具有较高的收率。

其次,应尽可能减少反应步骤。这样可减少合成中的收率损失、原料和人力,缩短生产周期,提高生产效率,体现生产价值。

此外,应用收敛型的合成路线也可提高合成路线收率。例如,某化合物(T)有两条合成路线:第一条路线是由原料 A 经 7 步反应制得 T(线性合成);第二条路线是分别从原料 H 和 L 出发,各经 3 步得中间体 K 和 O,然后相互反应得目标分子 T。假定两条路线的各步收率都为 90%,则从总收率的角度考虑,显然选择第二条路线较为适宜。

路线一　A→B→C→D→E→F→G→(T)

$$总收率=(90\%)^7\approx0.478$$

路线二
$$
\begin{array}{l}
H\to I\to J\to K \\
L\to M\to N\to O
\end{array}\Biggr\}\to(T)
$$

$$总收率=(90\%)^4\approx0.656$$

### 3. 中间体的分离与稳定性

一个理想的中间体应稳定存在且易于纯化。一般而言,一条合成路线中有一个或两个不太稳定的中间体,通过选取一定的手段和技术是可以解决分离和纯化问题的。但若存在两个或两个以上的不稳定中间体就很难成功。因此,在选择合成路线时,应尽量少用或不用存在对空气、水气敏感或纯化过程繁杂、纯化损失量大的中间体的合成路线。

### 4. 反应设备

在有机合成路线设计时,应尽量避免采用复杂、苛刻的反应设备,当然,对于那些能显著提高收率、缩短反应步骤和时间,或能实现机械化、自动化、连续化,显著提高生产力以及有利于劳动保护和环境保护的反应,即使设备要求高些、复杂一些,也应根据情况予以考虑。

### 5. 安全生产和环境保护

在许多有机合成反应中,经常遇到易燃、易爆和有剧毒的溶剂、基础原料和中间体。为了确保安全生产和操作人员的人身健康和安全,在进行合成路线设计和选择时,应尽量少用或不用易燃、易爆和有剧毒的原料和试剂,同时还要密切关注合成过程中一些中间体的毒性问题。若必须采用易燃、易爆和有剧毒的物质,则必须配套相应的安全措施,防止事故的发生。

当今人们赖以生存的地球正受到日益加重的污染,这些污染严重地破坏着生态平衡,威胁着人们的身体健康,国际社会针对这一状况提出了"绿色化学"、"绿色化工"、"可持续发展"等战略概念,要求人们保护环境,治理已经污染的环境,在基础原料的生产上应考虑到可持续发展问题。化工生产中排放的三废是污染环境、危害生物的重要因素之一,因此在新的合成路线设计和选择时,要优先考虑不排放"三废"或"三废"排放量少、环境污染小且容易治理的工艺路线。要做到在进行合成路线设计的同时,对路线过程中存在的"三废"的综合利用和处理方法提出相应的方案,确保不再造成新的环境污染。

# 第4章 分子拆分

## 4.1 优先考虑分子骨架的形成

虽然有机化合物的性质主要是由分子中官能团决定的,但是在解决骨架与官能团都有变化的合成问题时,要优先考虑的却是骨架的形成,这是因为官能团是附着于骨架上的,骨架不先建立起来,官能团也就没有附着点。

考虑骨架的形成时,首先研究目标分子的骨架是由哪些较小的碎片的骨架,通过碳碳或碳杂成键反应结合成的,较小碎片的骨架又是由哪些更小的碎片骨架形成。依此类推,直到得到最小碎片的骨架,也就是应该使用的原料骨架。

## 4.2 分子拆分的一般方法

要解决分子骨架由小变大的合成问题,应该在逆合成分析中,在适当阶段设法使分子骨架由大变小,可以采用分子的切断。切断是结构分析的一种处理方法,设想在复杂目标分子的价键被打断,从而推断出合成它需用的原料。正确运用分子切断法,就是指能够正确选择要切断的价键,回推时的"切",是为了合成时的"连",即前者是手段,后者是目的。

一个合成反应能够形成一定的分子结构,同样,一定的分子结构只有在掌握了形成它的反应后才能进行切断。因此,要想很好地掌握分子结构的切断,就必须有许多合成反应知识做后盾。合成反应用于分子切断的关键是抓住这个反应的基本特征,即反应前后分子结构的变化,掌握了这点,就可以用于切断。例如,要充分理解 Diels-Alder 反应的作用原理与规则,才能将下述目标物切断。

在切断分子时应注意以下几点。

**1. 在逆合成的适当阶段将分子切断**

由于有的目标分子并不是直接由碎片构成,只是它的前体。这个前体在形成后,又经历了包括分子骨架增大的各种变化才能成为目标分子。为此,在回推时应先将目标分子变回到它的前体后,再进行分子的切断。例如,在注意到嗪唒哪醇重排前后结构的变化就可以解决下面两个化合物的合成问题:

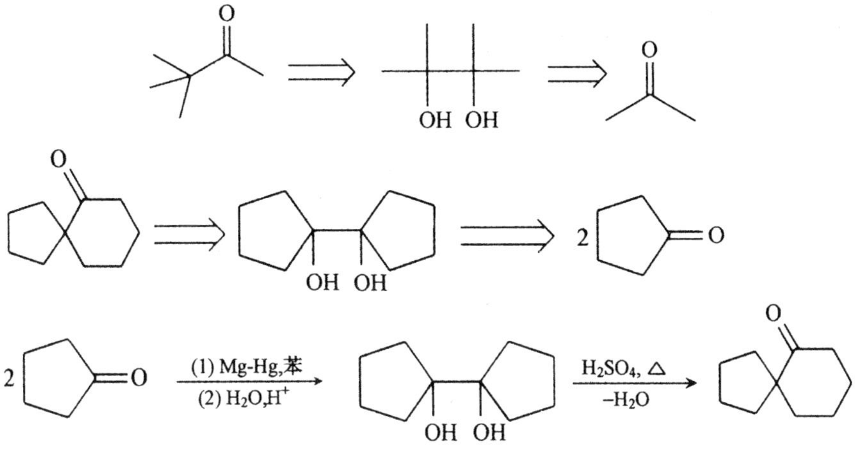

**2. 尝试在不同部位的切断**

在对目标分子进行逆合成分析时,常常遇到分子的切断部位比较多的问题,但经认真比较、分析,就会发现从其中某一部位切断更加合理。因此,必须尝试在不同部位将分子切断,以便从中找出更加合理的合成路线。

**3. 考虑问题要全面**

在判断分子的切断部位时,无论是目标分子或中间体,都要从整体和全局出发,考虑问题要全面,尽可能减少或避免副反应的发生。目标分子的切断部位就是合成时要连接的部位,也就是说,切断了以后要用较好的反应将其连接起来。例如,异丙基正丁基醚的合成,有以下两种切断方式:

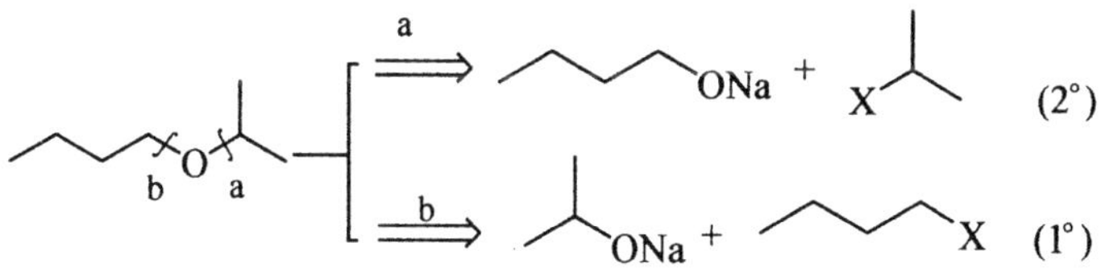

在醇钠(碱性试剂)存在下,卤代烷会发生消去卤化氢反应,其倾向是仲烷基卤大于伯烷基卤,因此,为减少这个副反应,宜选择在 b 处切断。

**4. 加入官能团帮助切断(探索多种拆法)**

对于较复杂的大分子,应探索多种的切断方法以求择优选用。有时在切断中遇到困难,就要设想在分子某一部位加入一个合适的官能团,使切断更有利进行。

# 4.3　有机合成子及其等效试剂

## 4.3.1　概念及分类

根据 Corey 的定义,合成子是指分子中可由相应的合成操作生成该分子或用反向操作使其降解的结构单元。一个合成子可以大到接近整个分子,也可以小到只含一个氢原子。分子

的合成子数量和种类越多,问题就越复杂。例如:

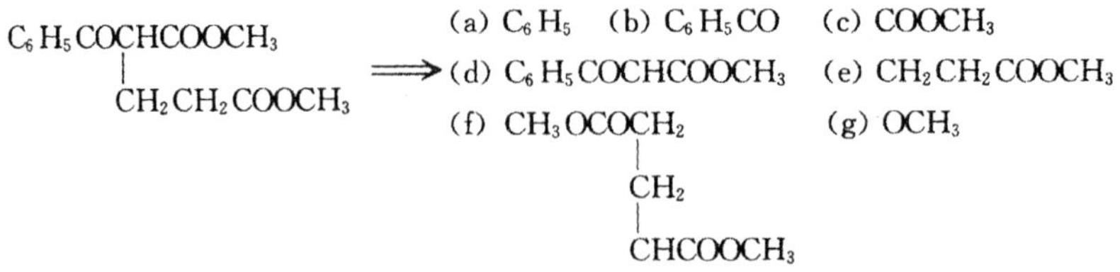

$$C_6H_5COCHCOOCH_3$$

(a) $C_6H_5$  (b) $C_6H_5CO$  (c) $COOCH_3$
(d) $C_6H_5COCHCOOCH_3$  (e) $CH_2CH_2COOCH_3$
(f) $CH_3OCOCH_2$  (g) $OCH_3$

在这些结构单元中,只有(d)和(e)是有效的,称为有效合成子。因为(d)可以修饰为 $C_6H_5COC^-HCOOCH_3$,(e)可以修饰为 $CH_2=\overset{+}{C}H_2COOCH_3$。这些有效合成子的识别特别重要,因其与分子骨架的形成有直接关系。而识别的依据是有关合成的知识和反应,也就是说有效合成子的产生必须以某种合成的知识和反应为依据。

亲电体和亲核体相互作用可以形成碳-碳键、碳-杂原子键及环状结构等,从而建立起分子骨架。例如:

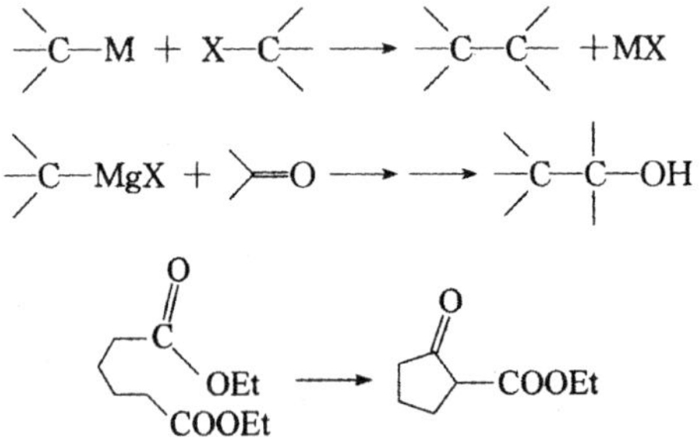

若将上述反应中的亲电体、亲核体提出来,则上述反应简化为

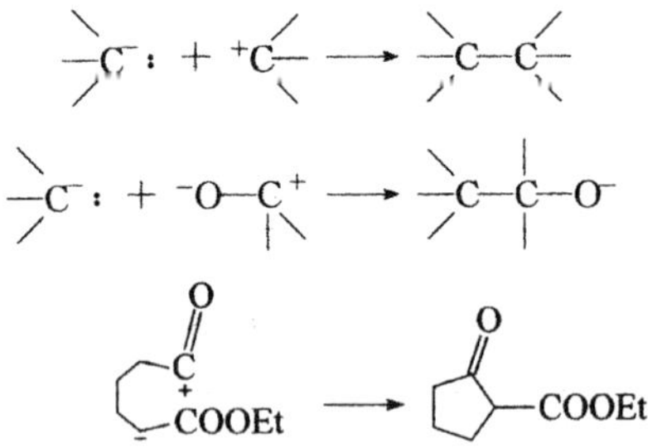

再将上述式子反向,便得到将目标分子简化为亲电体、亲核体基本结构单元的方法,从而也就产生了相应的合成子。在这类合成子中,带负电的称为给予合成子(donor synthon),简称为 d 合成子;带正电的称为接受合成子,即 a 合成子。与合成子相应的化合物或能起合成子作用的化合物称为等价试剂。依照官能团和活性碳原子的相对位置将合成子进行编号分类。

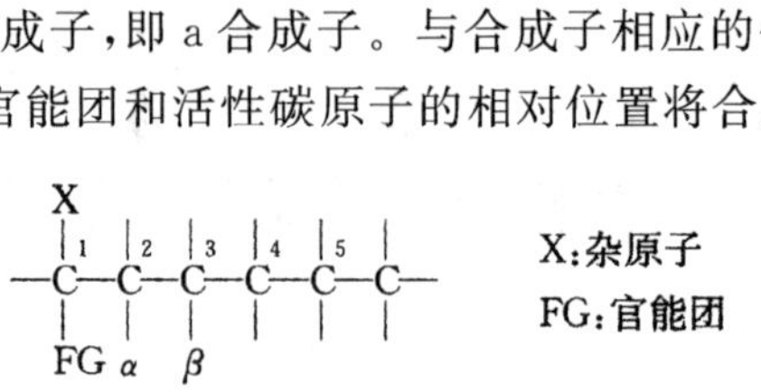

X:杂原子
FG:官能团

合成子逆向切断自由基反应形成的共价键得到的合成子为自由基型合成子。

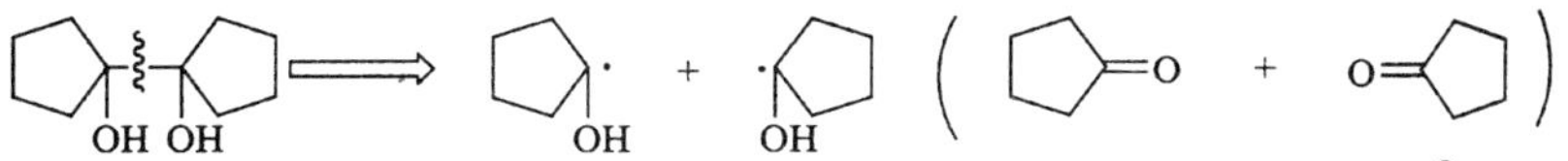

[(1) C₆H₅CH₃, Mg; (2) H₃O⊕]

$$[(1)\ C_6H_5CH_3,\ Mg;\ (2)\ H_3O^{\oplus}]$$

目标分子是对称的邻二叔醇。将接有羟基的两个碳原子之间的碳碳键逆向切断为两个等同的自由基型合成子,其合成等价物为环戊酮。在进行逆向分析时,可在合成子或合成等价物的下面标出正向反应的条件。

合成:

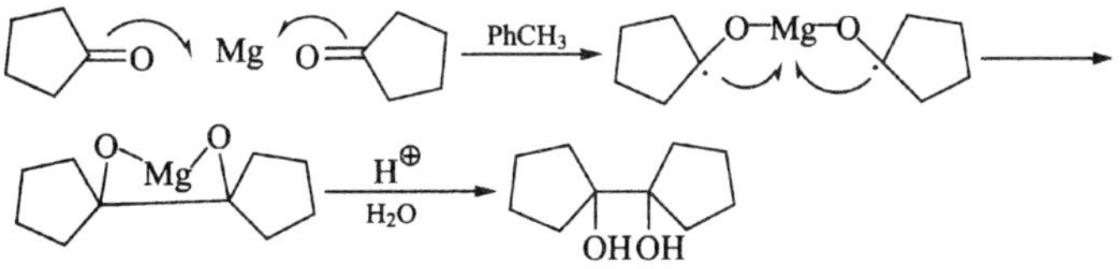

在周环反应中,逆向切断时形成的合成子是中性分子,即合成子就是其合成等价物。例如 Diels-Alder 反应的合成子就是二烯体和亲二烯体。

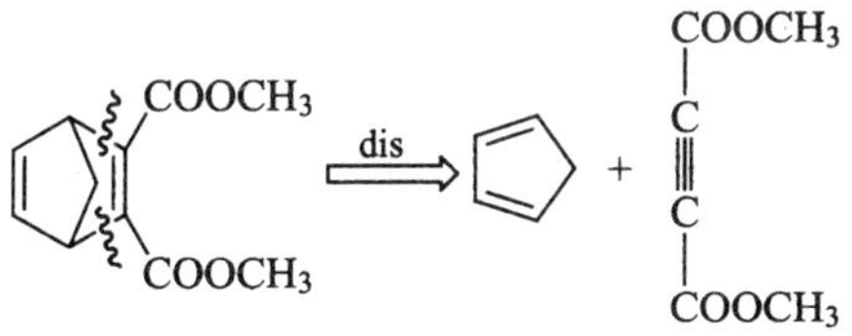

**合成子＝合成等价物**

必须指出合成子是一个抽象化的概念性名词,它不同于实际的自由基、离子和分子。在逆向合成分析中的合成子可能是实际存在的合成等价物分子,可能是不稳定的瞬时的活性中间体碳负离子、碳正离子、自由基,也可能并不存在。例如,下例中切断后的合成子是 $\alpha,\beta$-不饱和羰基化合物和乙酰负离子:

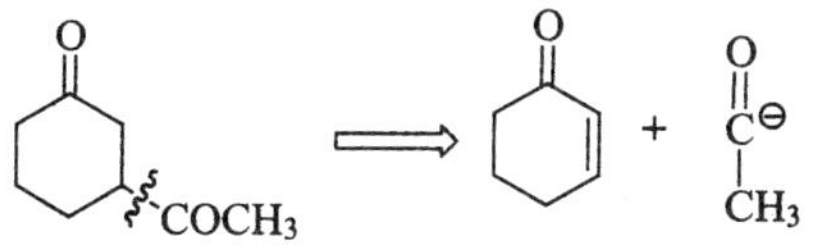

而乙酰负离子实际上不可能存在。但在逆向合成分析中它仍是一个有用的合成子,它的合成等效试剂是实际存在的。

### 4.3.2　给电子合成子及其等效试剂

常见的 d-合成子主要有烷基、$d^0$、$d^1$、$d^2$ 和 $d^3$ 几种类型。$d^0$ 合成子是指一些杂原子为中心的亲核试剂。烷基负离子可以看作是烷烃分子 RH 失去一个质子后形成的,但由于烷烃的酸性一般都非常弱,烷基负离子通常由相应的卤代烃与金属间发生金属—卤素交换反应来制备,与此类似,烯基负离子和芳基负离子也可以由同样的反应制备得到。例如:

PhBr　+　2 Li(Na)　────→　　PhLi　+　LiBr

末端炔烃的酸性较强(pKa≈22),其负离子可以由炔烃与强碱,如 NaNH$_2$、RLi 和 RMgX 等,直接反应得到。例如:

$$RC \equiv CH + C_2H_5MgCl \longrightarrow RC \equiv CMgCl + C_2H_6$$

因 α-H 的酸性较强,一些连有含杂原子的强吸电子取代基的甲基或亚甲基化合物,在强碱作用下易失去一个质子形成稳定的 d$^1$-合成子。常用的 d$^1$-合成子的合成等价体主要包括 CH$_3$NO$_2$、CH$_3$SOCH$_3$、CH$_3$SO$_2$CH$_3$、HCN、R$_3$SiCH$_2$Cl、Ph$_3$P$^+$-CH$_2$RX$^-$、硫代缩醛和硫叶立德试剂等。

连有酯基、酮基、醛基和氰基的甲基或亚甲基化合物,其 α-H 的酸性相当强,在强碱作用下可以形成稳定的 d$^2$-合成子。这类合成子常用的合成等效试剂包括 RCH$_2$CHO、RCH$_2$COPh、RCH$_2$CO$_2$Et、CH$_2$(CO$_2$Et)、CH$_3$COCH$_2$CO$_2$Et 和 CH$_2$(CN)$_2$ 等。常用的强碱主要有:丁基锂(pKa>40)、二异丙基氨基锂(LDA,pKa≈40)、叔丁醇钾(pKa≈20)、NaOH(pKa≈16)、K$_2$CO$_3$(pKa≈10)。

具有活性 α-H 的醛酮与伯胺反应后形成的亚胺与 LDA 在醚类溶剂中发生去质子反应后,形成的亚胺负离子也属于 d$^2$-合成子,如下所示:

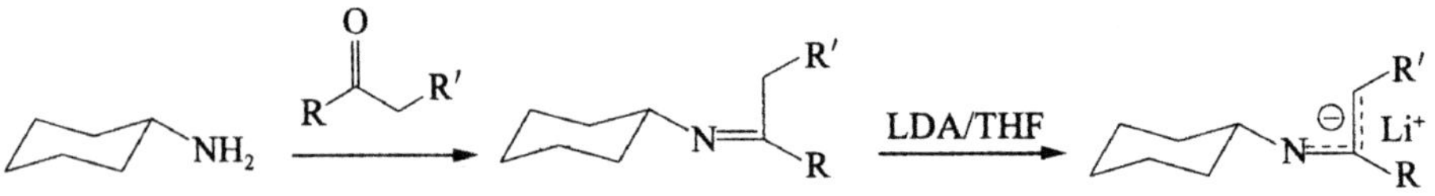

亚胺与该合成子之间通常不会发生自身的缩合。肼与该合成子作用后生成的腙经去质子后也可以形成有利用价值的 d$^2$-合成子,它与亲电试剂反应常表现出很好的立体选择性和区域选择性。例如:

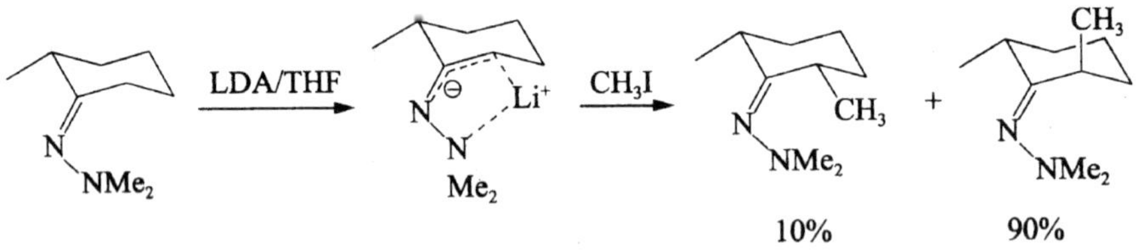

具有活性 α-H 的羧酸与 2-氨基醇反应后可以得到 2-嘿唑啉(2-oxazoline)。后者与 LDA 在 THF 中反应后得到的碳负离子是一种很有用的 d$^2$-合成子。利用该合成子可以合成 α-取代醛和 α-取代羧酸。

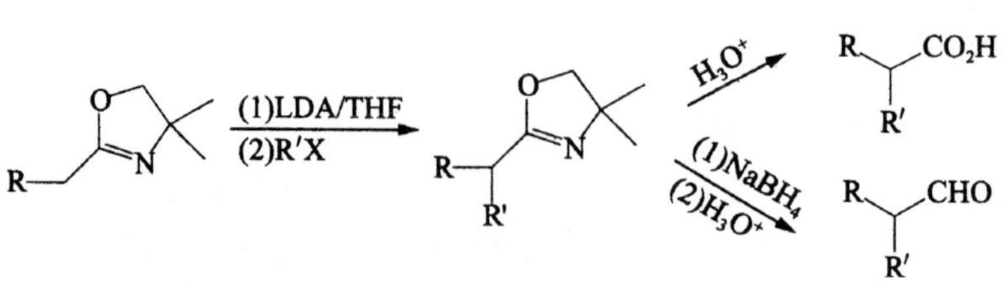

连有乙烯基和巯基的亚甲基化合物具有足够强的酸性与丁基锂等强碱发生质子交换反应,形成具有一定利用价值的 d$^3$-合成子。一些常见的 d$^3$-合成子及其合成等效试剂如下所示:

某些环丙烷衍生物也已经发展成为 $d^3$-合成子试剂，例如：

### 4.3.3　接受电子合成子及其等效试剂

常见的 a-合成子主要包括烷基、$a^1$、$a^2$ 和 $a^3$ 几种类型。烷基正离子可以看作是由 R—X 发生 C—X 键异裂后产生的。卤代烷和硫酸甲酯是它们最常用的合成等价体。常见的亲电性合成子和合成等效试剂如表 4-1 所示。

表 4-1　常见的 a 合成子和合成等价物

| a 合成子 | 合成等价物（等效试剂） |
|---|---|
| $a^0$　　$R^{\oplus}$ | RY (Y=Cl, Br, I, OTs, OMs, OT$_f$, N$_2$X) |
| $a^0$　　$R^{\oplus}$ | $[Ph_3P{-}OR \longleftrightarrow Ph_3P{=}\overset{\oplus}{O}R]\quad \overset{\oplus}{R}AlCl_4^{\ominus}$ |
| $a^1$　$R{-}\overset{OH}{\underset{\oplus}{C}}{-}$　　　$R{-}\overset{O}{\underset{\oplus}{C}}$ | RCHO, RCOR′, RCN, RCOY (Y = X, OH, OR′, SR′, NR′$_2$, OCOR′)<br><br>$R{-}\overset{\oplus}{C}O\ AlCl_4^{\ominus}$　$R{-}\overset{O^-POCl_2}{\underset{NMe_2}{\overset{\oplus}{C}}}Cl^{\ominus}$　$R{-}\overset{OR'}{\underset{OR'}{C}}{-}OR'$　$R{-}\overset{OR'}{\underset{R''}{C}}{-}OR'$ |
| $a^2$　$-\overset{\oplus}{\underset{|}{C}}{-}\overset{O}{\overset{\|}{C}}{-}$ | $-\overset{Y}{\underset{|}{C}}{-}\overset{O}{\overset{\|}{C}}{-}$ (Y = Cl, Br, OTs)　$\overset{RS}{\underset{RS}{C{=}}}$　$\overset{RS}{\underset{RS}{C{=}}}\overset{O}{}$ |

| a 合成子 | 合成等价物(等效试剂) |
|---|---|
| $a^2$ | 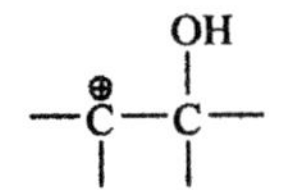 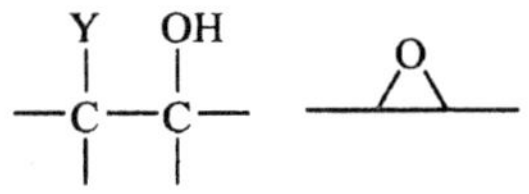 (Y = Cl, Br, OTs) |
| $a^2$ 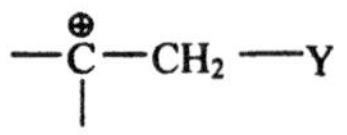 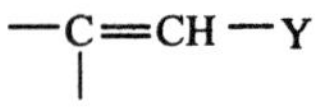 | (Y = CN, NO₂, SOR, SO₂R) |
| $a^3$ | 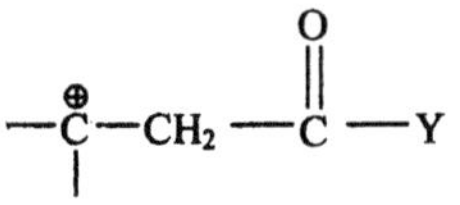 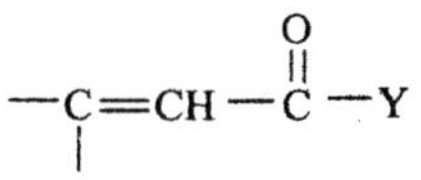 (Y = H, R', OR', SR', OH, NR'₂, X) |

## 4.4 极性翻转

羰基化合物的羰基碳是电正性碳,具有 $a^1$ 合成子性质,在酸性或碱性催化剂存在下,羰基化合物作为烯醇式或烯醇盐参与反应,它们具有 $d^2$ 合成子性质;$\alpha,\beta$-不饱和羰基化合物的 $\beta$-碳是电正性碳,具有 $a^3$ 合成子性质,与亲核试剂起 michael 加成反应生成1,5-二官能团化合物。这些反应模式认为是"常规的"反应,因而这些合成子被认为是"正常的"合成子。但是在逆向合成分析时,尤其是目标分子中含有 1,2-或 1,4-二官能团化合物时,常常需要极性相反的合成子,例如,羰基化合物的 $d^1$ 合成子(酰基碳负离子)、$a^2$ 合成子($\alpha$-碳带正电荷)、$d^3$ 合成子($\beta$-碳带负电荷)。把亲核性碳(或亲电性碳)转变成亲电性碳(或亲核性碳)的过程叫做极性翻转(dipole inversion or umpolung),或称极性转换。极性翻转的方法一般有杂原子交换、导入金属或杂原子和含碳碎片加合等方法。

(1)杂原子交换

例如:

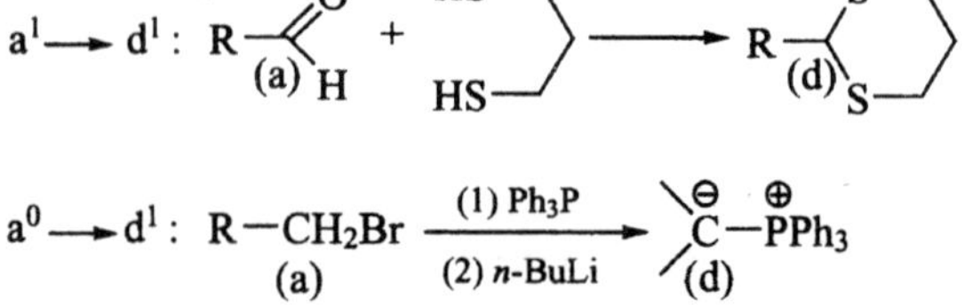

(2)导入金属或杂原子

例如:

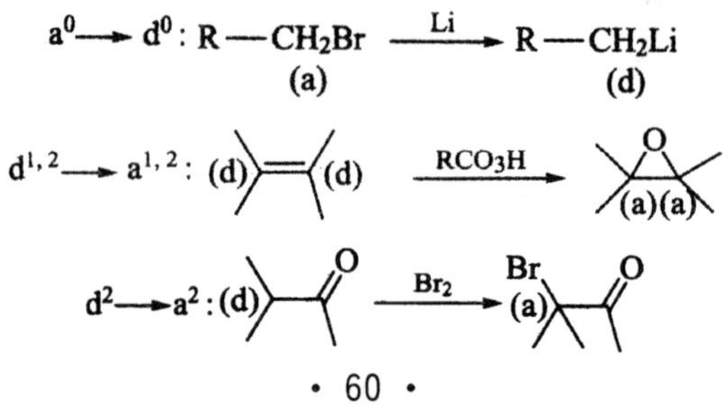

$$a^3 \longrightarrow d^3:(a) \quad \overset{Z}{\underset{RSH}{\bigg|}} \quad \xrightarrow{RSH} \quad \xrightarrow{[O]} \quad \overset{Z}{\underset{H}{R-S(d)}} \quad Z= CN, COR, COOR$$

（3）含碳碎片加合

例如：

$$a^1 \longrightarrow d^1: \quad \overset{O}{\underset{Ar}{\parallel}}\underset{(a)}{}H \quad \xrightarrow{NaCN} \quad \overset{OH}{\underset{CN}{Ar-\overset{\ominus}{|}(d)}}$$

$$a^1 \longrightarrow d^3: \quad \overset{O}{\underset{R}{\parallel}}\underset{(a)}{}H \quad \xrightarrow{HC\equiv CNa} \quad \overset{OH}{R-\underset{}{|}}{-}H \quad \xrightarrow[(2)\ NaH]{(1)\ PCC} \quad \overset{O}{\underset{R}{\parallel}}-\equiv^{\ominus}(d)$$

$$a^1 \longrightarrow a^3: \quad \overset{O}{\underset{R}{\parallel}}\underset{(a^1)}{}Cl \quad + R'HC=CHSiMe_3 \quad \longrightarrow \quad \overset{O}{\underset{R}{\parallel}}CH=CHR' \atop (a^3)$$

通过极性翻转过程，我们能把某些亲核性合成子（或亲电性合成子）转变成极性相反的合成子。因此在逆向合成分析时有一些常见基团既可以是 a 合成子，也可以是 d 合成子。例如：

（1）甲酰基

a 合成子：$\overset{\oplus}{\underset{O}{}}\overset{H}{\diagup}$

合成等价物：$H{-}\overset{(a)\ OCH_3}{\underset{OCH_3}{\overset{|}{-}}}OCH_3$　$H{-}\overset{(a)\ O}{\underset{OC_2H_5}{\diagup\diagdown}}$　$H{-}\overset{(a)\ O-POCl_2}{\underset{N(CH_3)_2}{\overset{\oplus}{\diagup\diagdown}}}$　(DMF / POCl_3)

d 合成子：$\overset{\ominus}{\underset{O}{}}\overset{H}{\diagup}$

合成等价物：$H{-}\overset{(d)\ S}{\underset{S}{\diagup\diagdown}}$　$Ph_3\overset{\oplus}{P}=\overset{H}{\underset{(d)\ OCH_3}{\diagup\diagdown}}$　$Fe(CO)_4^{2\ominus}$ (d)

（2）甲酰甲基

a 合成子：$H_2\overset{\oplus}{C}{-}\overset{H}{\underset{O}{\diagup}}$

合成等价物：$Br{-}\overset{(a)}{\underset{OR}{\overset{OR}{|}}}$

d 合成子：$H_2\overset{\ominus}{C}{-}\overset{H}{\underset{O}{\diagup}}$

合成等价物：$\overset{(d)}{H}{-}\diagup^{OR}$　$\overset{Li}{\underset{R}{(d)\diagdown_N\diagup}}\ominus$　$\overset{Li\leftarrow N(CH_3)_2}{(d)\underset{}{\diagdown}\ominus}$

（3）羧甲基

a 合成子：$\overset{\oplus}{C}H_2COOH$

合成等价物: Br—COOR **(a)**

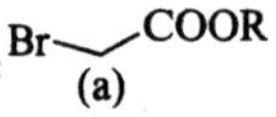

d 合成子: $^{\ominus}CH_2COOH$

合成等价物: (d) COOR ZnBr  (d) COOR O  H_2C COOR (d) COOR

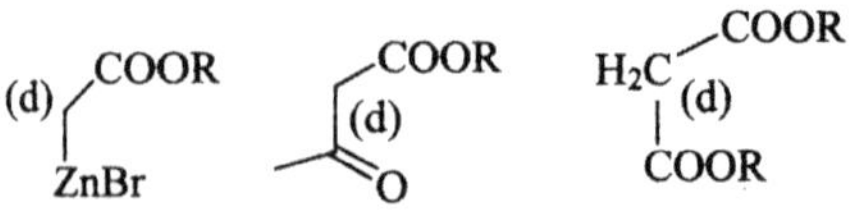

(4)2-甲酰乙基

a 合成子: $H_2\overset{\oplus}{C}-CH_2-CHO$

合成等价物: (a) CHO  (a) COOR  (a) CN

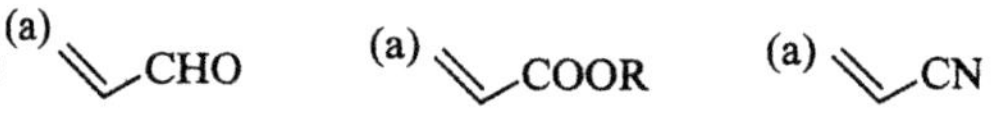

d 合成子: $H_2\overset{\ominus}{C}-CH_2-CHO$

合成等价物: (d) SLi  (d) NR'_2  Li OCH_3 (d)

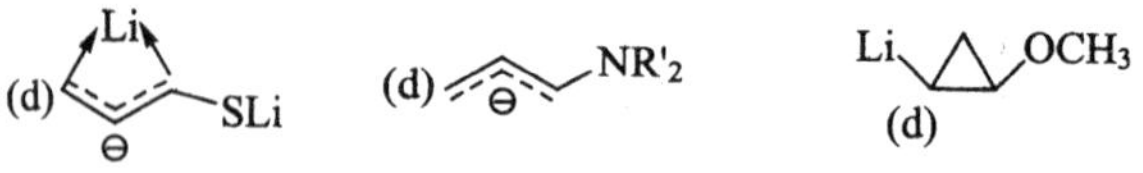

# 4.5 合成实例

## 4.5.1 单官能团化合物的合成实例

对开链的单官能团分子,通常可以考虑在官能团的 $\alpha$-碳或 $\beta$-碳的连接处进行切断。

1. 醇的合成实例

例如设计顺 2-丁烯-1,4-二醇缩丙酮( )的合成路线。

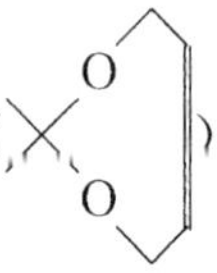

①分析:

抓住结构的实质特征,该分子可做如下拆分:

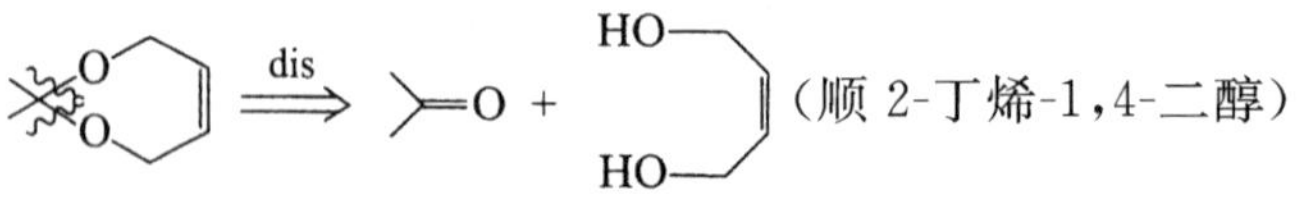

那么如何合成丁烯二醇,并且具有顺式构型?已知三键催化加氢可得顺式构型的烯,所以作如下拆分:

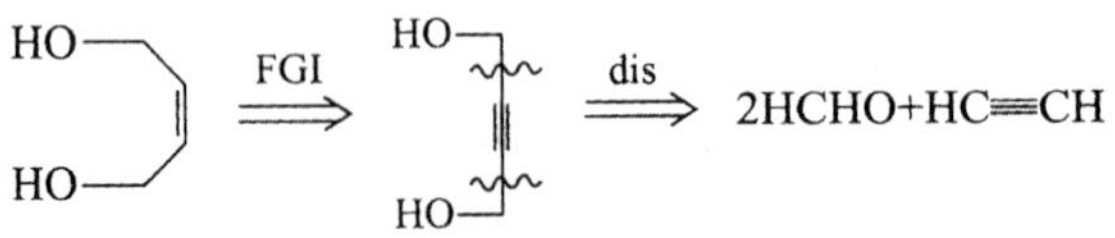

②合成:

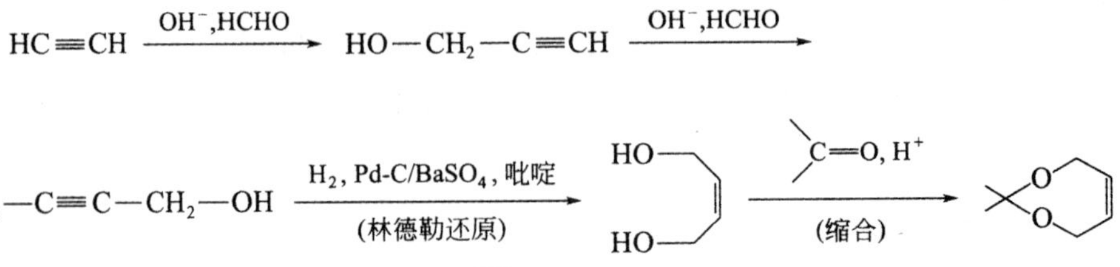

$HC\equiv CH \xrightarrow{OH^-,HCHO} HO-CH_2-C\equiv CH \xrightarrow{OH^-,HCHO}$

$HO-CH_2-C\equiv C-CH_2-OH \xrightarrow[\text{(林德勒还原)}]{H_2,Pd-C/BaSO_4,吡啶}$ HO HO $\xrightarrow[\text{(缩合)}]{C=O,H^+}$

62

### 2. 羰基化合物合成实例

对 α 位或 β 位含有支链烷基的羰基化合物,其逆合成分析中可以使用切断的手法。例如,
2-苄基环己酮的逆分析过程:

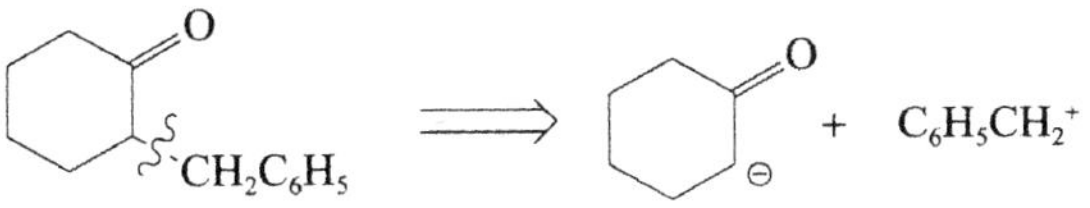

相应的合成反应

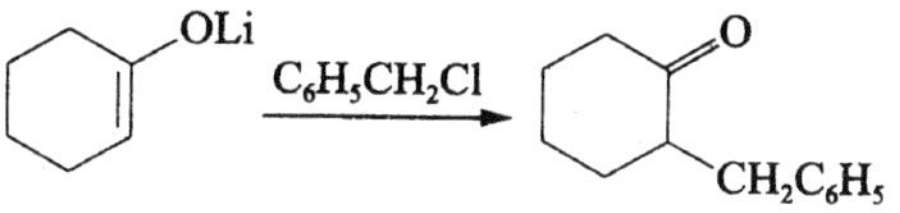

3-甲基环己酮的逆分析过程和相应的合成反应如下:

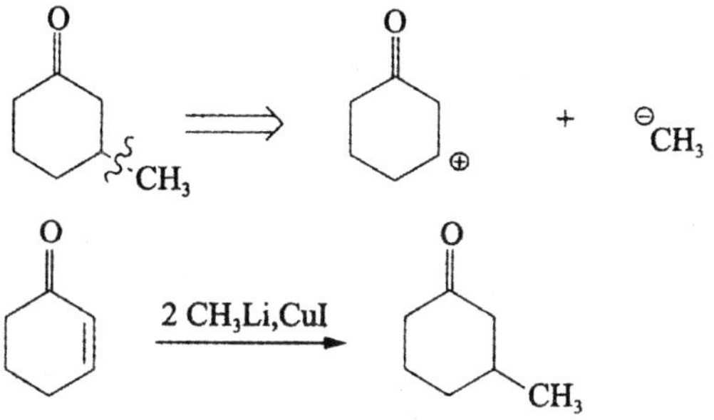

### 4.5.2　双官能团化合物的合成实例

#### 1. 1,3-二官能团化合物的合成

1,3-二官能团化合物包括 β-羟基羰基化合物、α,β-不饱和羰基化合物、β-二羰基化合物、β-羟基腈(或硝基)化合物、α,β-不饱和腈(或硝基)化合物、β-羰基腈(或硝基)化合物,以及可以通过官能团互换或添加变换成以上类似形式的化合物。这些化合物可以通过 α,β-碳之间的键的切断得到 $a^1$ 和 $d^2$ 合成子和它的合成等价物。

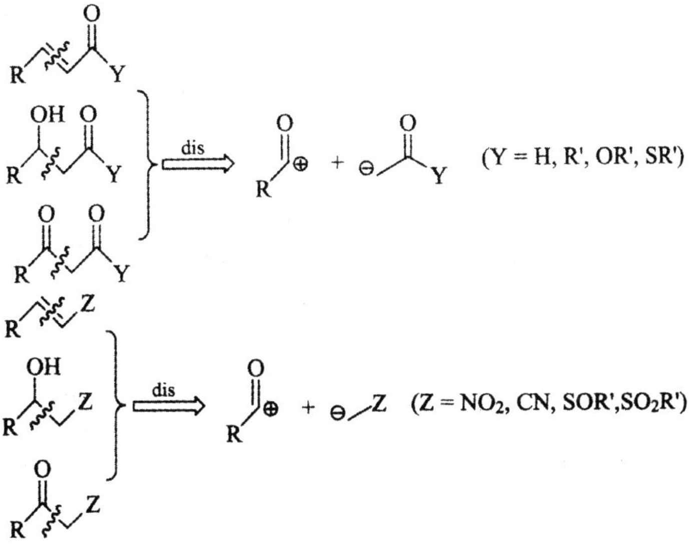

它们的正向合成反应主要包括羟醛缩合、Claisen 缩合、Reformatsky 反应、Henry 反应、Knoevenagel 缩合、烯胺的酰化、活性亚甲基化合物的酰化等反应。

例如设计合成：

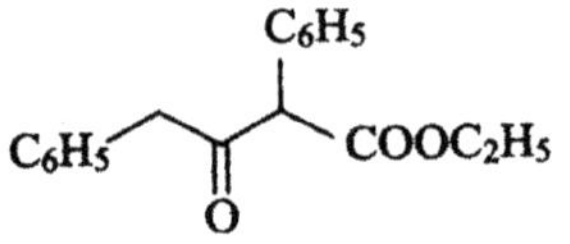

分析：

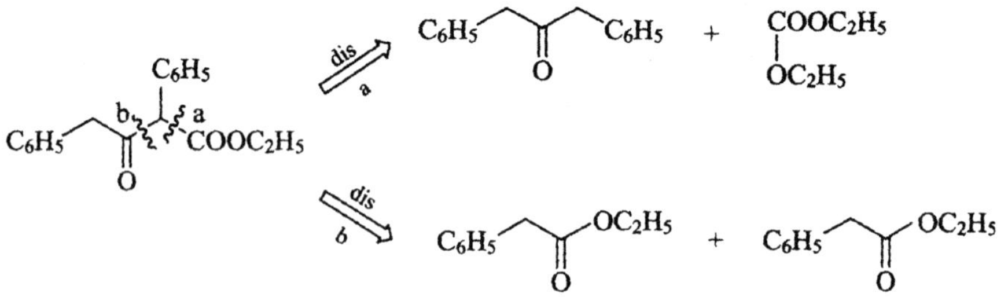

由上式可见，键的切断方式有两种，但按方式 b 切断具有对称性，得到同一种合成等价物。因此利用对称性切断是重要的简化方法。其正向合成是 Claisen 缩合反应。

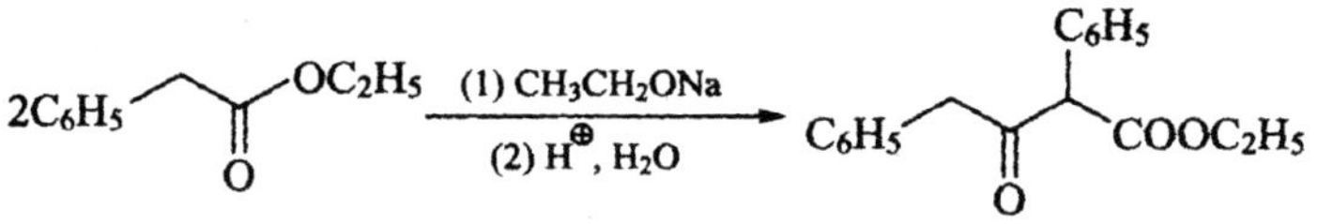

2.1,5-二官能团化合物的合成

1,5-二官能团化合物可以对两个中间键之一进行逆向切断成 $a^3$ 和 $d^2$ 合成子；

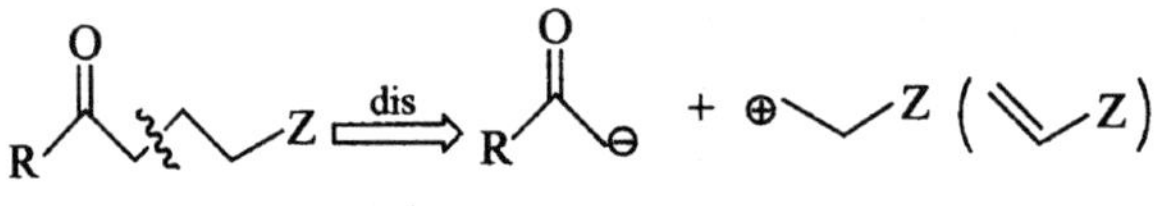

Z = NO_2, CN, COR', COOR', COSR', SOR', SO_2R'

其正向合成反应是 Michael 加成反应。Michael 加成反应在合成较复杂的分子中起重要作用。

例如设计合成：

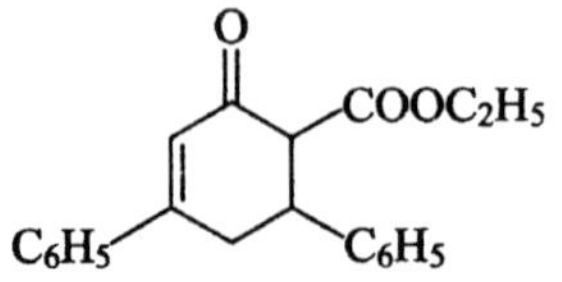

分析：

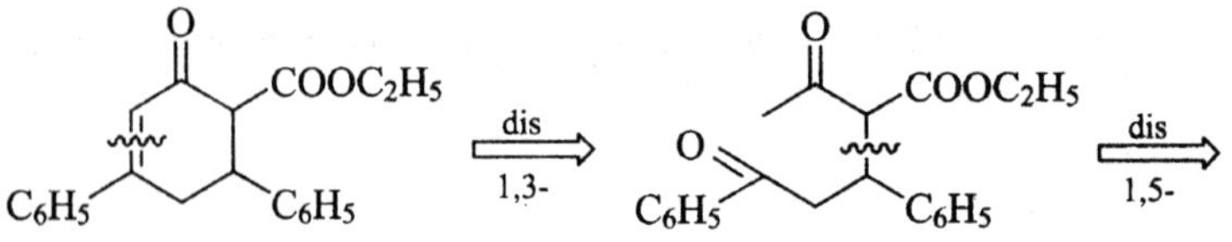

合成：

3. 1,6-双官能团化合物的变换

1,6-二官能化合物的变换常使 1,6-位发生逆向连接。

例如设计合成化合物：

分析：

合成路线 1：

合成路线 2：

例如设计合成化合物：

分析：

有张力的环烯无法得到，因而正常的逆向连接是不可能的。因此通过缩短一个碳原子，使之转变为1,5-二官能团化合物，经官能团互换后按 Michael 反应逆向切断。

合成：

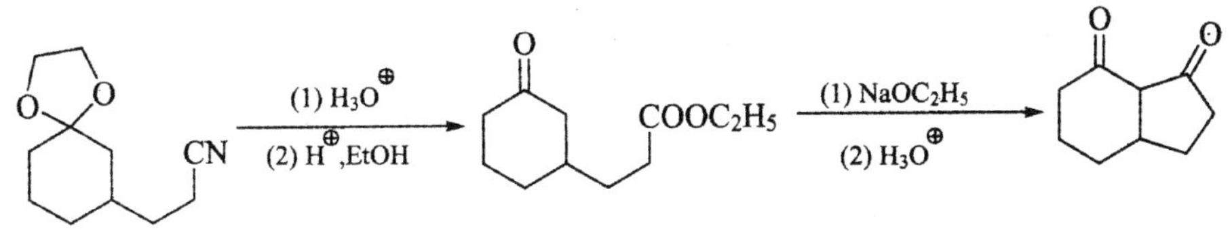

**4. 环状化合物**

对环己烯衍生物,通常可以利用[4+2]环加成的逆反应方式将环切开。

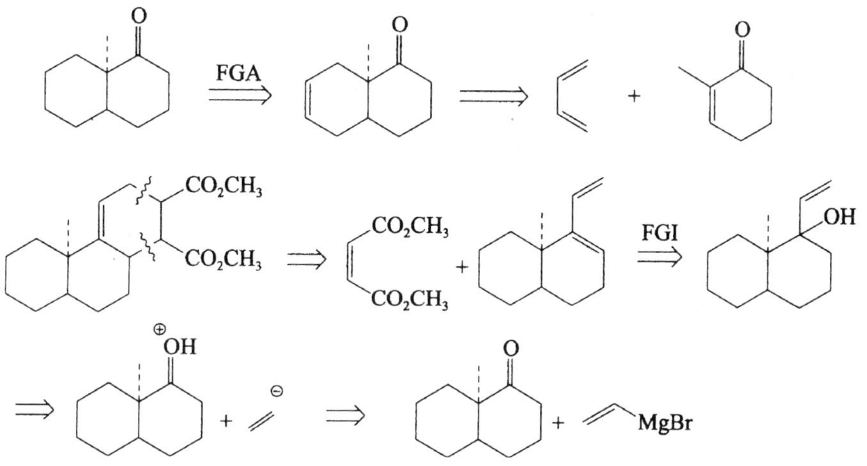

此外,环状化合物还可利用分子内的亲核加成或取代反应将环切开。

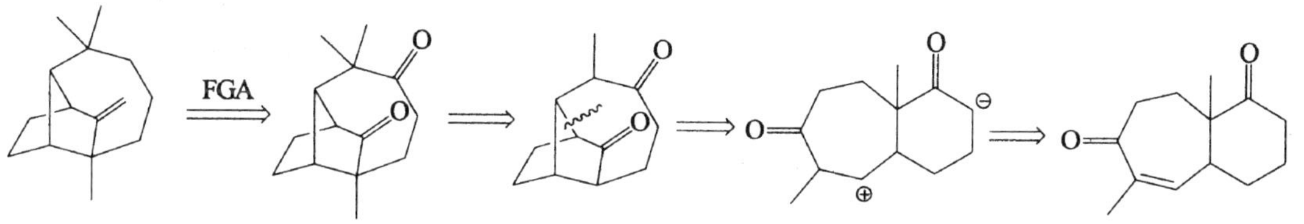

上述逆合成分析中都利用了 1,5-双羰基化合物在碱作用下易发生成环反应作为切断的基础。事实上,这一策略在 Robinson 增环反应中已经得到成功的应用。例如:

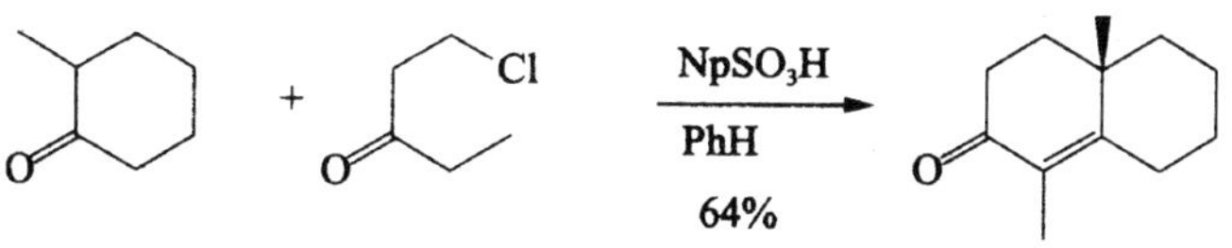

### 4.5.3　复杂化合物的合成实例

**1. 麦角林分子骨架的合成**

尼麦角林(nicergoline)为半合成的麦角生物碱。主要成分为麦角烟酸酯,具有较强的 $\alpha$ 受体阻滞作用和扩张血管的作用,能加强脑部新陈代谢和神经递质转化作用,具有抑制血小板聚集和抗血栓作用;神经外科手术能有效促进脑梗塞后神经功能的恢复;对治疗由脑血管疾病引起的脑血管性痴呆、多发性脑梗死痴呆有较好的疗效。

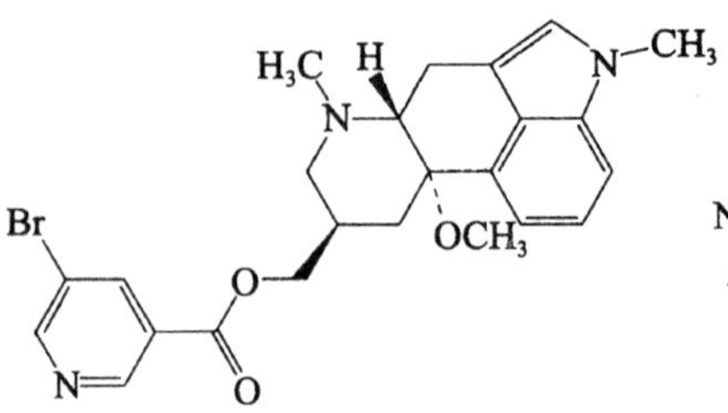

Nicergoline
尼麦角林

近年来,Padwa 等人对麦角林衍生物的合成进行了研究。下面给出的是一个利用D-A反应进行结构转换的逆合成路线:

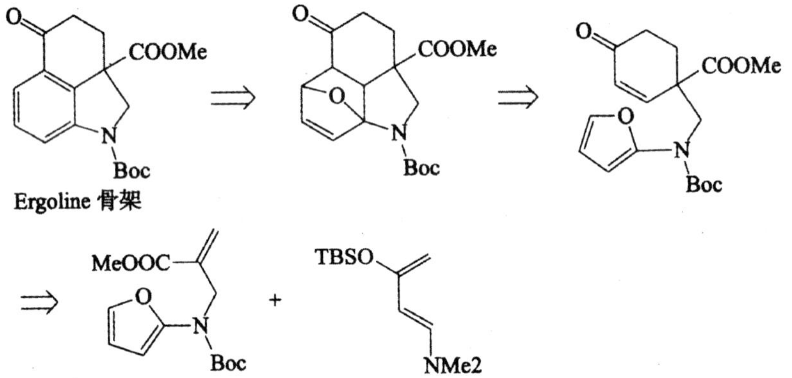

Ergoline 骨架

具体合成步骤如下所示:

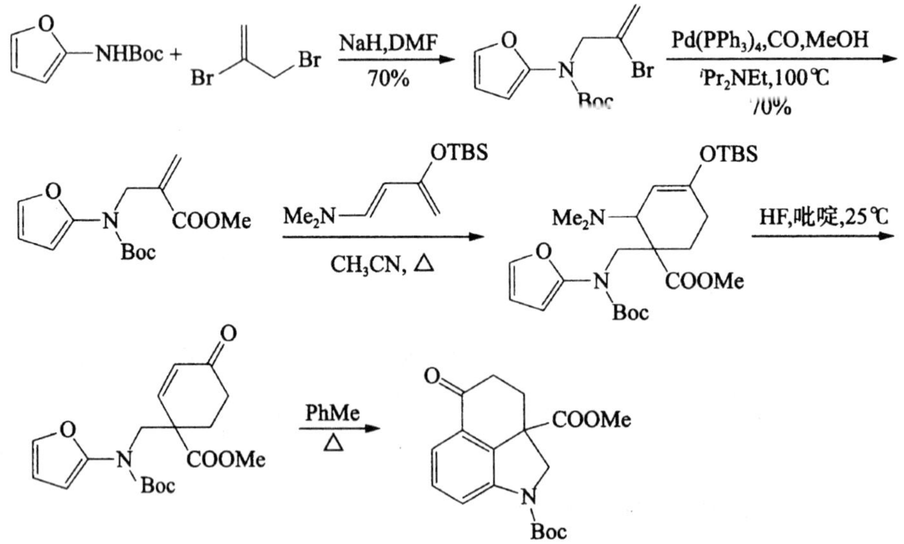

该合成过程主要步骤包括 2,3-二溴丙烯的亲核取代,溴代烯烃在钯催化下的羰化酯化反应,1-二甲氨基-3-三丁基硅氧基-1,3-丁二烯参与的 D-A 反应,以及最后脱水形成苯环的反应。

## 2. 普劳诺托的合成

普劳诺托为一种抗溃疡病药。具有增加胃黏膜血流量,增强胃黏膜抵抗力的作用,促进胃组织内前列腺素的生成,抑制胃液分泌的作用。

Kogen 提出的普劳诺托的逆合成分析路线如下所示：

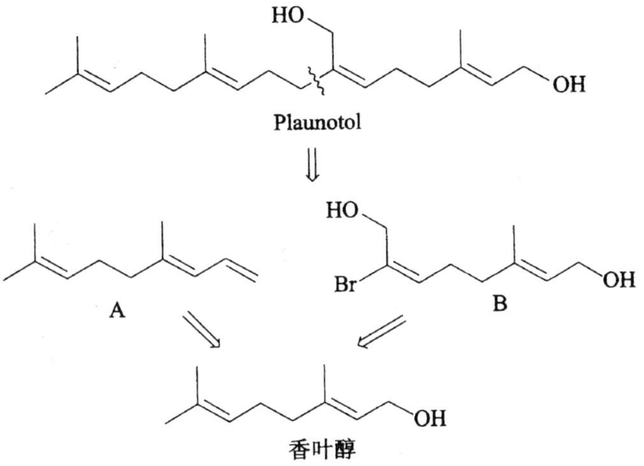

Plaunotol

A

B

香叶醇

该合成过程采用会聚法,首先合成 A 和 B 两个片段,然后将两个片段进行偶联。具体合成步骤如下所示：

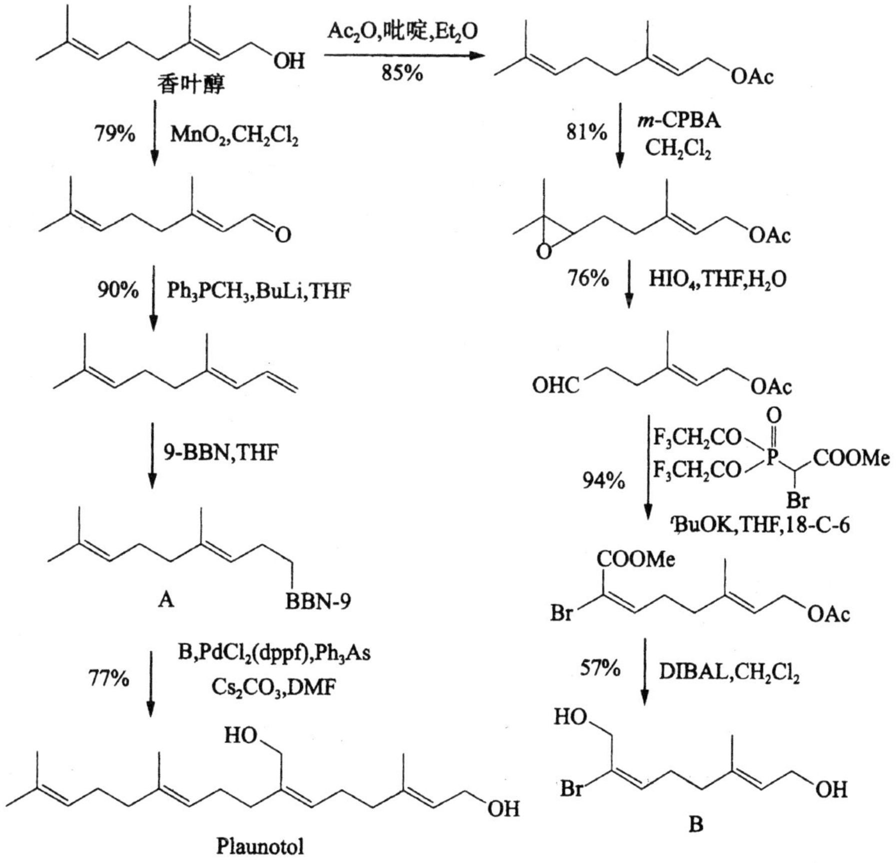

3.NK-1 受体拮抗剂的合成

神经激肽 NK-1 受体拮抗剂是一类制药领域十分受人关注的物质。被 Merck 公司称为 Substance-P 的 NK-1 受体拮抗剂显示出良好的神经肽的抗抑郁活性。MaligresE 等人发现下述螺环化合物也是一类临床候选的 NK-1 受体拮抗剂。其逆合成分析路线如下所示：

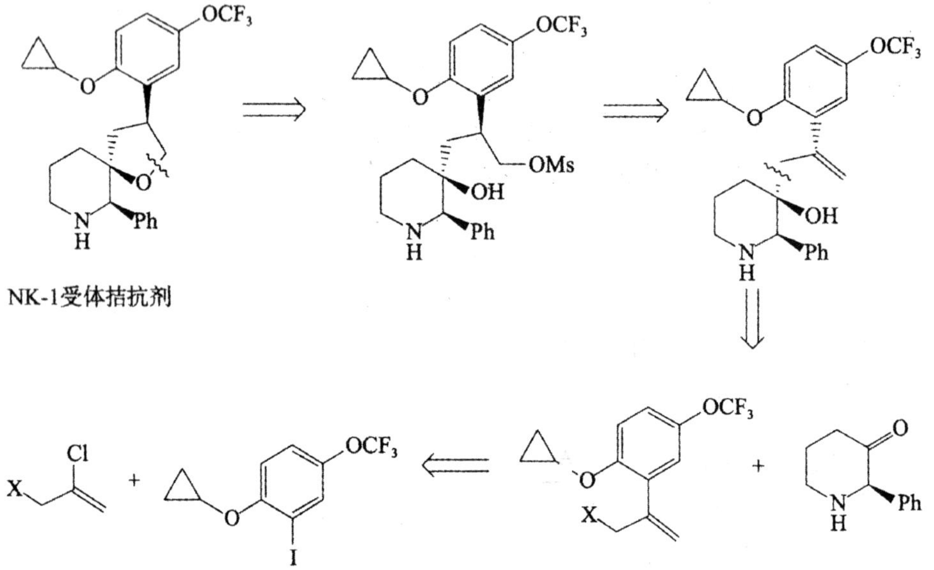

根据上述分析，合成工作主要包括 2-碘代-4-三氟甲氧基苯基环丙基醚的制备，碘的丙烯基化反应，以及最后与光学活性的 2-苯基-3-哌啶酮的加成反应。具体过程如下所示：

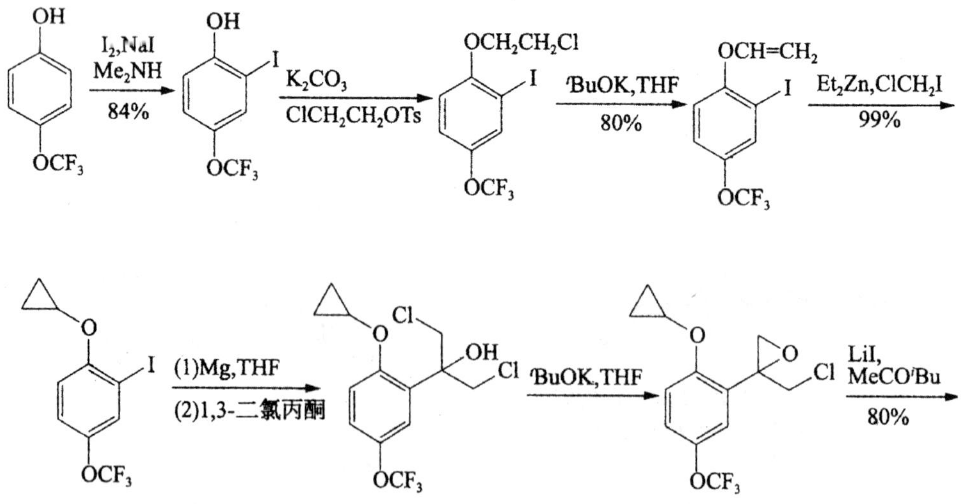

## 4. 奎宁的合成

奎宁是一种生物碱,属于喹啉类衍生物,又称为金鸡纳碱。它存在于蓓草科金鸡纳树皮中。自从 17 世纪开始印第安人就用金鸡纳树皮的提取液来治疗疟疾。1852 年 L. Pasteur 对其进行最初的立体化学研究,阐明其为左旋体,直到 1940 年它的立体结构才被彻底阐明。

自 20 世纪 40 年代 Woodward 成功合成了奎宁以后,又有一些合成化学家从不同的起始原料出发,利用不对称合成技术直接合成了光学纯的奎宁。其中有 2 条不对称全合成路线具有代表性。

G. Stork 提出的逆合成分析路线如下所示:

该路线中提出的主要片段包括 4-甲基-6-甲氧基喹啉以及 3,3-二取代-4-叠氮基丁醛。具体合成步骤如下所示:

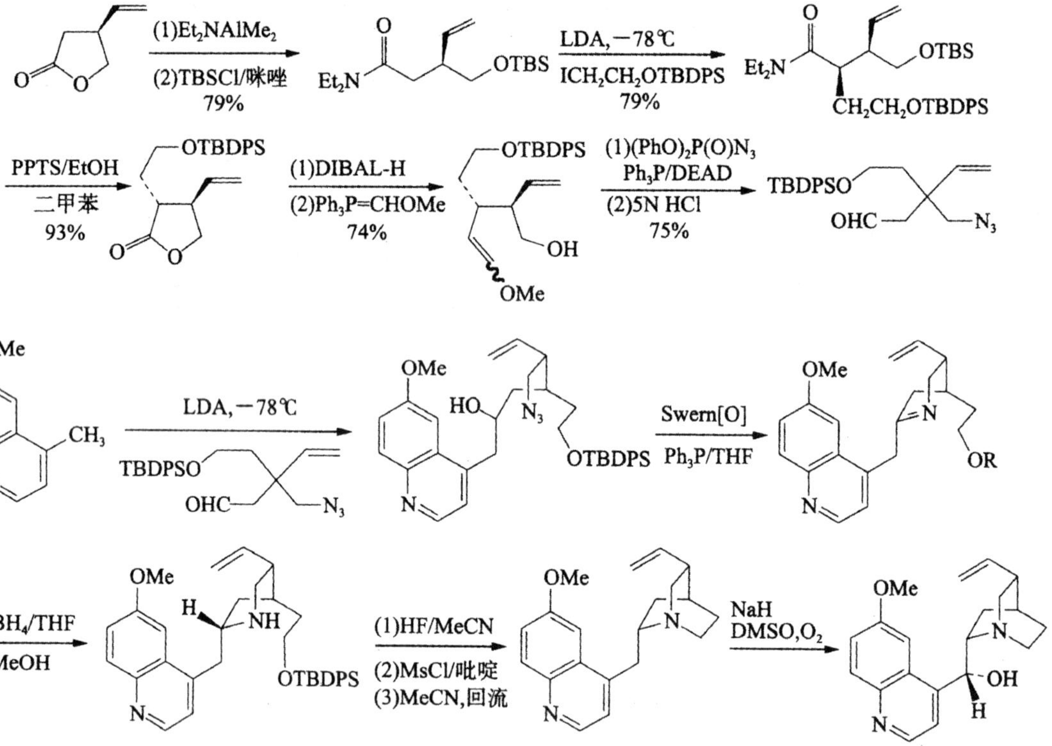

E. N. Jacoobsen 提出的逆合成路线如下所示:

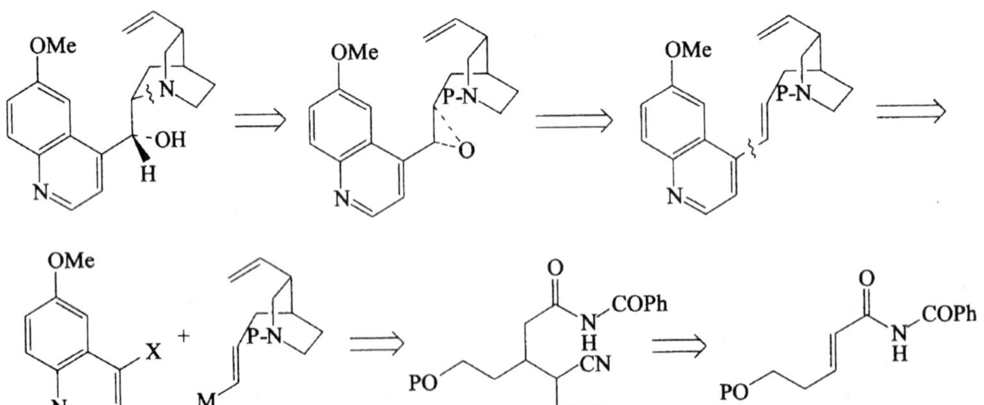

该路线中提出的主要片段包括 4-卤代-6-甲氧基喹啉以及 5-烷氧基-2 戊稀酰亚胺。具体合成步骤如下所示:

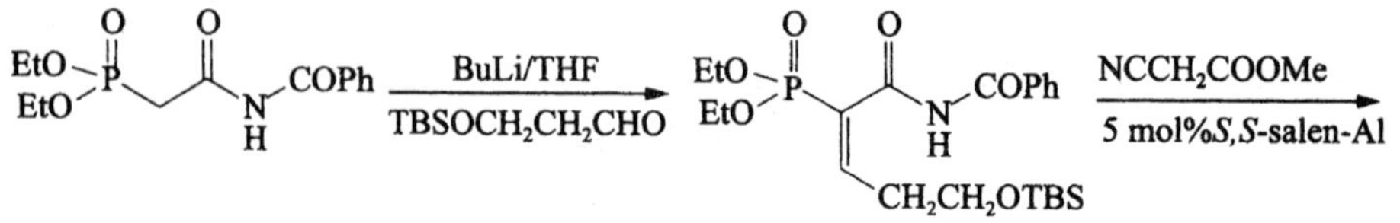

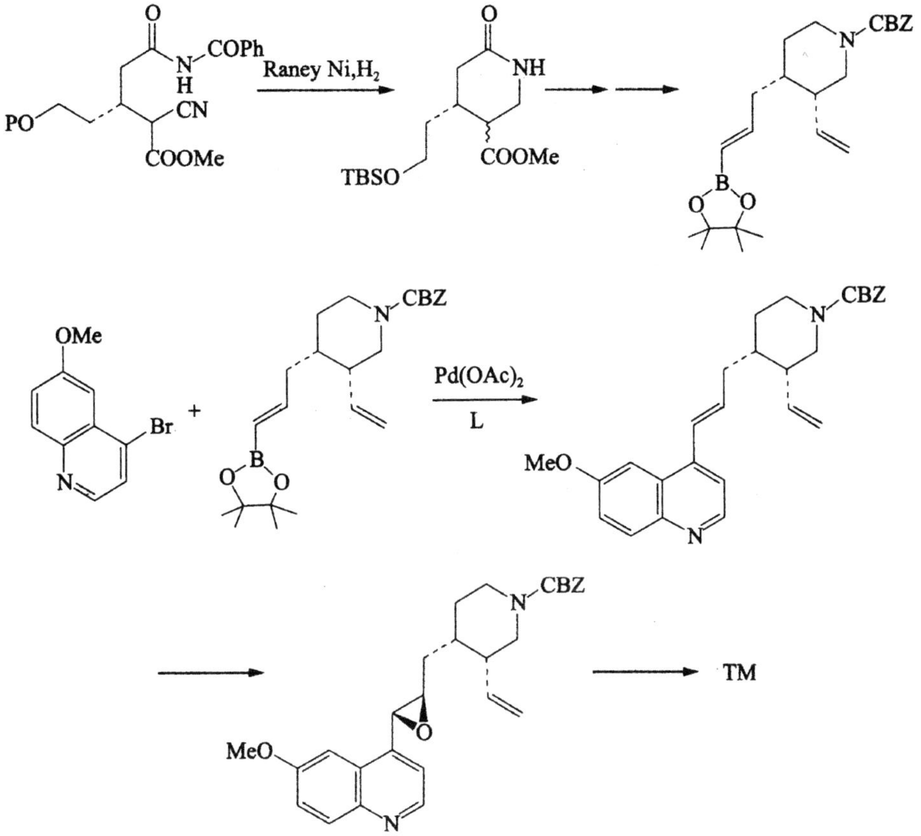
O
N
COPh
H
Raney Ni,H2
PO
CN
COOMe
O
NH
TBSO
COOMe
N
CBZ
B
O
O
OMe
Br
+
N
N
CBZ
B
O
O
Pd(OAc)2
L
N
CBZ
MeO
N
N
CBZ
O
MeO
N
TM

# 第5章 过渡金属催化偶联反应

## 5.1 概述

过渡金属催化偶联反应是指有机金属试剂与亲电有机试剂在第Ⅰ、Ⅱ和Ⅷ副族的过渡金属催化剂的作用下形成 C—C、C—H、C—N、C—O、C—S、C—P 或 C—M（M 指金属）键的反应。作为形成 C—C、C—N 最为有效的手段之一，过渡金属催化偶联反应在有机化学的许多领域都有广泛应用。

过渡金属催化偶联反应通常用发现者人名命名，如 Heck 反应、Suzuki 反应、Sonogashira 反应、Stille 反应、Glaser 偶联反应、Negishi 反应等。

大约 100 多年前，法国化学家维克多·格林尼（1912 年诺贝尔化学奖得主）发现了格氏试剂，其在创造简单的分子时非常有效。但是，由于格氏试剂反应活性太高，在合成更为复杂的分子时，往往会产生大量的副产物，使反应体系变得复杂；另一方面，这类方法一般难以用来合成两个不饱和碳之间的 C—C 键（如烯基之间、芳基之间或它们二者之间的 C—C 键）。

因此，自 1968 开始，随着金属有机化学在 20 世纪 70 年代的蓬勃发展，赫克等在人们对铜催化 Ullmann 反应等改进和提高的基础上，系统地研究了钯催化交叉偶联反应。各种钯等过渡金属催化的交叉偶联的出现，为化学家们提供了有效、精准的工具，化学家们能够研究一种高效合成 C—C 键，特别是两个不饱和碳之间的 C—C 键的方法，从而使有机合成进入了一个崭新的时代。

X=卤素, OTf, …
M=ZnX, B(OR″)₂, …

## 5.2 卤代烃与不饱和烃的偶联

### 5.2.1 卤代烃与烯烃的偶联（Heck 反应）

1. 反应机理

Heck 反应是指钯催化的卤代烯烃（或者它们的类似物）、卤代芳烃与乙烯基化合物之间的交叉偶联反应。该反应是合成芳香取代烯烃、联烯烃等化合物的有效方法之一，可用以下通式来表示。

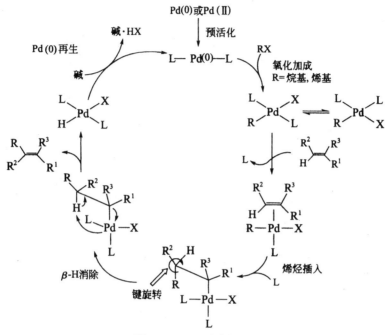

$$R-X + \overset{H}{\underset{R^2}{\rightthreetimes}}\overset{R^1}{R^3} \xrightarrow{Pd(0),\text{碱}} \overset{R}{\underset{R^2}{\rightthreetimes}}\overset{R^1}{R^3}$$

（R=芳基或烯基；X=I，Br，Cl，$N_2^+$ X，COCl，OTf，$SO_2Cl$ 等）

目前普遍接受的 Heck 反应机理是一个催化循环过程，它包括四个阶段：催化剂前驱体活化、中间体 $RPdXL_2$ 氧化加成、烯烃迁移插入、钯氢的 $\beta$-还原消除（如图 5-1 所示）。

图 5-1　Heck 反应机理

### 2. 反应的催化条件

Heck 反应的催化剂体系主要有 2 个部分：钯和配体。单齿膦配体是 Heck 反应芳基化反应中最常用的，其重要代表是 $P(o\text{-Tol})_3$。当配体中 P 原子上的取代基为强推电子基团时，Pd 对于 R-X 的氧化加成将变得更加容易，这一点对于氯苯等惰性底物尤其重要。但是，富电子膦配体会导致 Heck 催化循环中后续几个步骤速率降低，而且富电子膦配体对空气非常敏感不便使用。

研究发现，双齿配体对于阳离子途径有着关键作用。双齿配体只需和 Pd 等当量加入，而且形成的 Pd-配合物更加稳定，催化活性更高。研究还注意到，使用 Ar-OTf 替代卤代芳烃或者是向反应中加入银盐和铊盐等食卤剂，会更加有利于双齿配体发挥作用。

在钯氢还原消除反应完成之后，生成的钯氢配合物需在碱的作用下才能重新生成具有催化活性的二配位零价钯,从而再次进入催化循环。在 Heck 反应中常用的无机碱有 NaOAc、碳酸钠、碳酸钾和碳酸钙等。一些叔胺类有机碱也可以用于 Heck 反应,如 Et$_3$N、i-Pr$_2$NEt 和 1,2,2,6,6-五甲基哌啶等。

**3. 反应的底物**

在经典的 Heck 反应中,对于 R—X 部分研究最早、最常使用的是卤代芳香烃。它们的反应速率由大到小为

$$ArI > ArBr \gg ArCl$$

Mizoroki 和 Heck 最初的发现就是从碘代苯的催化反应中取得了突破。但是,实际应用中受到限制,因为碘代芳烃价格通常比较昂贵。

目前,比较实用的是溴代芳烃,其反应速率合适,价格较为适中,在反应过程中一般只经过中性中间体途径,因而副产物较少,是比较常用的卤代底物。氯代芳烃的价格便宜,但各方研究还不成熟,是一个研究方向目前适用性不高。

除此之外,苄基氯,有着足够的活性,能够与甲基丙烯酸酯在 Pd(OAc)$_2$/PPh$_3$ 催化条件下进行 C—C 偶联反应,但生成的产物由于 β-氢消除位置的不同而有两种

吡啶等呋喃、噻吩、五、六元杂环卤代物,在 Heck 反应条件下均能顺利发生 C—C 偶联反应。

苯酚类化合物经过磺酰化反应可以转化为活性相对较高的磺酸基取代苯。重要的磺酸基取代苯类化合物,包括:Ar-OTf、Ar-OTs 以及 Ar-ONf 等。其结构如下所示。

| Ar-OTf | Ar-OTs | Ar-ONf |
| 三氟甲磺酸基衍生物 | 对甲苯磺酸基衍生物 | 九氟丁磺酸基衍生物 |

此外,芳基重氮盐是较早发现的一类 Heck 反应底物。它们参与的 Heck 反应不需要碱,也可以不需要膦配体的参与,而且反应条件较为温和,反应活性较碘代芳烃更高。

在经典的 Heck 反应中,烯烃部分一般为苯乙烯、甲基丙烯酸酯等缺电子的或者电中性的乙烯基化合物。在区域选择性上,这些缺电子的或者电中性的乙烯基化合物主要生成 $\beta$-位置取代的产物,即在双键上取代基团较少的位置上被芳基化或乙烯化。

### 5.2.2　卤代烃与炔烃的偶联(Sonogashira 反应)

1. 反应机理

Sonogashira 反应是指钯配合物催化的卤代芳烃或卤代烯烃与末端炔烃之间的交叉偶联反应。它是合成芳烃、烯烃和炔酮等化合物的有效反应,通式如下所示。

$$R^1-X+ H\!\!\equiv\!\!\!\equiv\!\!R \xrightarrow[\text{催化剂 Pd(II)/Cu(I),碱}]{} R^1\!\!\equiv\!\!\!\equiv\!\!R$$

(R=芳基、杂芳基、乙烯基、酰基;$R^1$=烷基、芳基;X=I,Br,Cl,OTf)

经典的 Sonogashira 反应的催化剂是 $PdCl_2(PPh_3)_2/CuI$,通常在有机胺存在下或者在有机胺溶剂中进行。目前,较为广泛被认可的 Sonogashira 反应机理如图 5-2 所示。

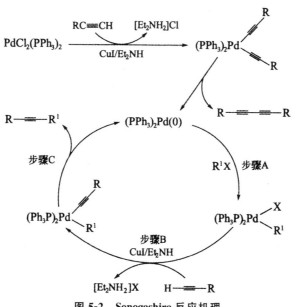

图 5-2　Sonogashira 反应机理

2. 反应的底物

(1)卤代烯烃

通过卤代烯烃衍生物与末端炔烃的 Sonogashira 交叉偶联反应,可生成含 1,3-烯炔单元结构的分子。在反应过程中,Sonogashira 反应可保持底物的立体结构,所以该方法的主要优点是可预测生成 1,3-烯炔产物的立体选择性。

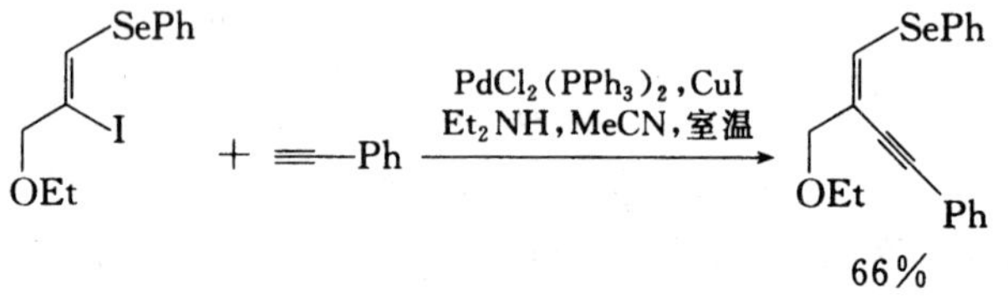

如果以 5-取代-3,4-二卤-2(5H)-呋喃酮作为卤代烯烃底物进行 Sonogashira 偶联反应,可以合成多官能团的烯二炔结构化合物。产物不仅含有 2(5H)-呋喃酮、烯二炔等多个活性单元,而且可以作为原料进行串联的环化反应。

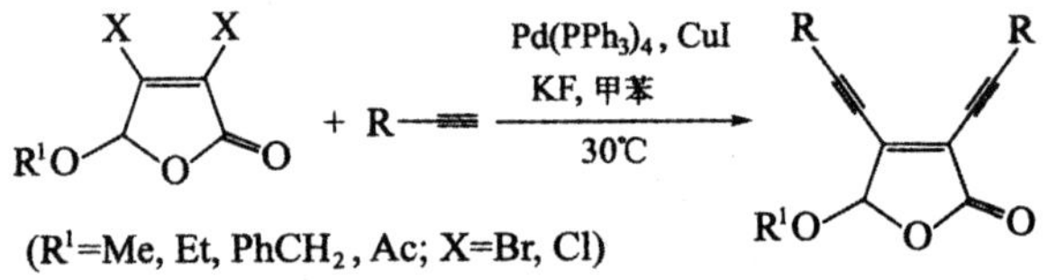

多环芳烃是一类重要的有机化合物,也可以通过卤代烯烃的 Sonogashira 反应合成这类化合物的合适前体。

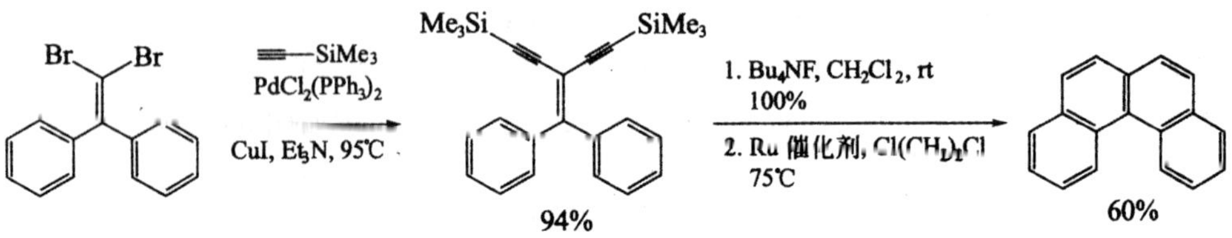

(2)卤代芳杂环

利用卤代芳杂环的 Sonogashira 交叉偶联反应合成杂环化合物是一类重要的有机反应。其中,一般说来,缺电子杂环比富电子杂环易于进行 Sonogashira 交叉偶联反应。

含相同反应活性的多卤代杂环化合物可同时发生多个 Sonogashira 偶联反应。

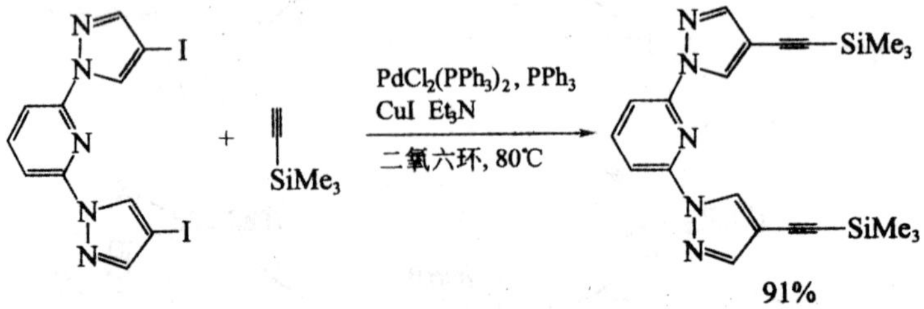

在进行 Sonogashira 交叉偶联反应时,含有不同卤素的多卤代杂环化合物由于 C—X 键（X 为卤素原子）的反应活性不同,反应优先选择性次序为

$$C—I > C—Br > C—Cl$$

在典型的 Sonogashira 反应条件下,甚至离子型卤代杂环化合物与末端炔烃也能进行交叉偶联反应。例如,溴代喹嗪阳离子可在 2-位和 3-位进行炔基化反应,得到相应的芳基和杂环芳基乙炔基喹嗪阳离子。

### (3)卤代芳烃

Sonogashira 反应的重要底物之一是卤代芳烃。其与末端炔烃的交叉偶联反应,生成炔烃,可实现不同芳烃和共轭环化合物的炔基化反应。卤代芳烃炔基化反应中最简单的为碘苯(或溴苯)与末端炔烃的交叉偶联反应。例如,Sonogashira 本人报道的 $PdCl_2(PPh_3)_2/CuI$ 催化碘苯与乙炔或者苯乙炔的交叉偶联反应,是合成二苯乙炔简便有效的方法。

提高反应温度,具有空间位阻的邻位取代卤代芳烃也可发生炔基化反应。例如,2,6-二 (4-甲基苯)碘苯在典型的 Sonogashira 催化反应条件下,与三甲基硅乙炔在 1,4-二氧六环溶剂中加热回流,得到中等产率的炔基化产物,再经脱硅基反应能得到相应的末端炔烃。

## 5.3　卤代烃与硼烷的偶联(Suzuki 反应)

### 1. 反应机理

Pd 催化下的有机硼化合物参与的 C—C 交叉偶联反应,被称为 Suzuki 偶联反应。可用以下通式来表达。

$$RX + R^1BY_2 \xrightarrow{\text{Pd Cat.}} R—R^1$$

(R=芳基、乙烯基、烷基;X=Cl,Br,I,OTf;Y=OH,OR² 等)

至今被人们广泛接受的 Suzuki 偶联反应的机理是一个由氧化加成、转移金属化、还原消去三步历程的催化循环,如图 5-3 所示。

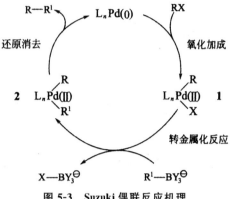

图 5-3 Suzuki 偶联反应机理

**2. 反应中的亲核试剂**

**(1)有机硼烷化合物**

早在 20 世纪 80 年代末,Suzuki 和 Miyaura 已经将各类有机硼烷化合物应用到 Suzuki 偶联反应中。尤其在—OTs 取代烷烃、卤代烷烃、—OTf 取代烷烃参与的 Suzuki 偶联反应中,有机未经活化的 $C(sp^3)$—X 键参与的氧化加成历程相当缓慢,而且反应中很容易生成 $\beta$-H 消除产物。此时,使用有机硼烷代替硼酸化合物作为亲核试剂便显得更加必要。在这类化合物中,最为常用的则属 9-硼双环[3.3.1]壬烷衍生物(9-BBN-R)。

由于有机硼酸盐化合物可以克服硼酸酯化合物在应用上的缺点,因此也可以作为 Suzuki 偶联反应的亲核试剂。

**(2)硼酸化合物**

硼酸化合物是 Suzuki 偶联反应中使用最多的一类亲核试剂,这类化合物中最常见的是苯硼酸及其衍生物。

除此之外,一些烃基硼酸和杂环硼酸也可以用作 Suzuki 偶联反应的亲核试剂。烃基硼酸的使用特别有意义,因为它们所完成的是各种 sp$^3$ 和 sp$^2$ 型碳的 C—C 成键反应。

各类含氮杂环硼酸化合物都可以作为 Suzuki 偶联反应的亲核试剂,如嘧啶硼酸、吡啶硼酸、吲哚硼酸、吡唑硼酸等。

### 3. 反应中的亲电试剂

#### (1)卤代杂环化合物

通过 Suzuki 偶联反应,卤代杂环化合物能制得芳基取代杂环化合物,这些产物在医药化学研究领域中占有十分重要的地位。这类化合物是具有重要应用价值的亲电试剂。

这类试剂一般是含 N 和含 S 两类杂环化合物。由于其分子中所含杂原子的孤电子对也能参与催化剂的配合,从而形成不具催化活性的过渡态。因此,这类亲电试剂的偶联反应大多数需要更具选择性的催化体系来完成。

#### (2)卤代烃

亲核试剂卤代芳烃在 Suzuki 偶联反应中研究最多。不同卤代芳烃的活性依次是:

$$ArI > ArBr \gg ArCl > ArF$$

由于,氯代芳烃原料易得且价格低廉,得广泛研究与应用。到目前为止,可以用于氯代芳烃偶联反应的催化体系已经较为丰富。甚至在一些催化体系中,未活化的氯代芳烃在室温下便可完成与苯硼酸的 C—C 偶联。

此外,溴代、碘代芳香化合物,适用的催化体系也多种多样。卤代烯烃和卤代烷烃也是一类可以用于 Suzuki 偶联反应的亲电试剂。

## 5.4 卤代烃与格氏试剂的偶联(Kumada 反应)

1. 反应机理

目前,Kumada 交叉偶联反应的定义是在镍或铂催化下由格氏试剂和一个有机卤代物(或三氟磺酸酯等)之间进行的交叉偶联反应。其通式如下:

$$R{-}X + R'MgX' \xrightarrow{\text{Pd(0)}} R{-}R' + MgXX'$$

式中,X 为一个离去基团,一般为卤素(包括 F),也可是 OTf、OMs、CN、SR、SeR 等其他的离去基团。因此,Kumada 反应是合成不对称 C—C 键的有效方法。

Kumada 反应催化循环的机理如图 5-4 所示。

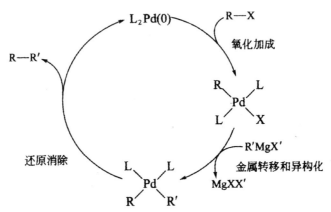

图 5-4    Kumada 反应催化循环机理

2. Kumada 反应实例与应用

与其他偶联反应相比较,Kumada 反应具有以下 2 个优点:

①反应条件温和,为室温或更低温度。

②反应中所需的 Grigand 试剂经济易得。

因此,Kumada 偶联反应中,利用卤代烃的活性不同与温度控制可以实现区域选择性。

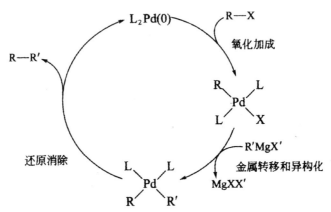

在实际应用中,由于 Grigand 试剂活性太高,使 Kumada 反应受限于一些官能团。但是,在 4-(2-噻吩)苯甲酸的合成中,羧酸部分在反应过程中可以保留。

同时,Kumada 反应受到以下几个影响因素:

①Grigand 的影响,主要是 Grigand 上烷基部分异构化的影响。

②配体的影响。

③反应过程中如果涉及双键,其立体化学会对反应有一定的影响,其原因是 Grigand 中 C ═C 键与 Pd 发生作用,导致顺式双键异构化为热力学上更稳定的反式烯基格式试剂。

## 5.5　卤代烃与有机锌试剂的偶联(Negishi 反应)

### 1. 反应机理

Pd 催化的有机锌与有机卤代物、三氟磺酸酯等之间发生的交叉偶联反应,被称为 Negishi 反应。其可以用以下通式表示。

$$R{-}X+R'{-}ZnX \xrightarrow{[Pd]} R{-}R'+ZnX_2$$

反应整体上经历了氧化加成、金属转移、还原消除等 3 个步骤,如图 5-5 所示。

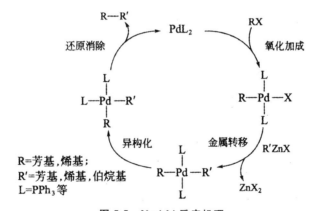

图 5-5　Negishi 反应机理

### 2. Negishi 反应的有机锌试剂

Negishi 反应的有机锌试剂一般情况下是在反应过程中原位(in situ)生成使用的,制备方法主要有以下两种。

①金属置换反应:即从其他容易制备的金属试剂(如铝试剂、锂试剂、格式试剂等)用 ZnCl₂ 处理,进行金属置换反应,生成有机锌试剂。

$$R'{-}M \xrightarrow{ZnX_2} R'{-}ZnX$$

②金属锌与卤化物的氧化加成反应。

$$R'{-}X \xrightarrow{Zn} R'{-}ZnX$$

相比于使用有机锂或者格式试剂,采用有机锌作为反应底物的 Negishi 偶联比的反应更具有优势,因为它容许锌试剂里包含有更多的官能团。例如,用酯基和氨基同时存在的有机锌试剂处理多官能团的 2-碘咪唑,在 PdCl₂(PPh₃)₂ 催化下可以得到更多官能团的偶联产物。

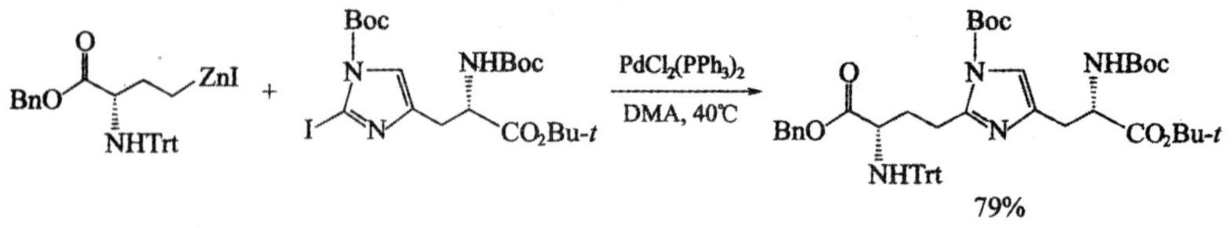

### 3. Negishi 反应实例与应用

末端炔与 Grigand 试剂或丁基锂反应后,加入 $ZnX_2$ 很容易生成炔基锌试剂,在钯催化下可以和芳(烯)基卤化物发生偶联反应形成 C—C 键。

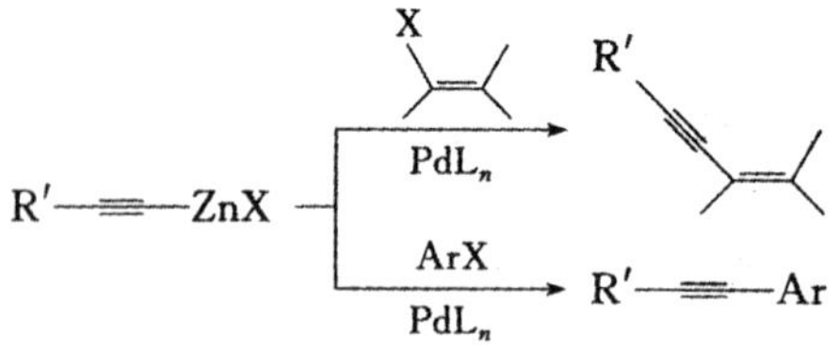

卤代不饱和烯酮与有机锌试剂在钯催化下可以发生烯基化反应。

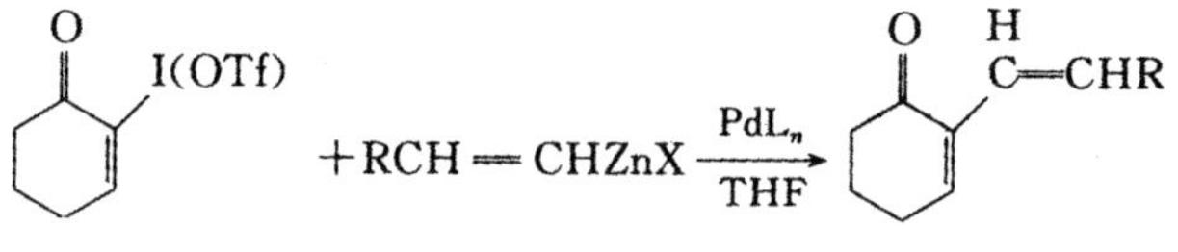

Negishi 小组利用此反应作为关键步骤合成了天然产物 Nakienone A。

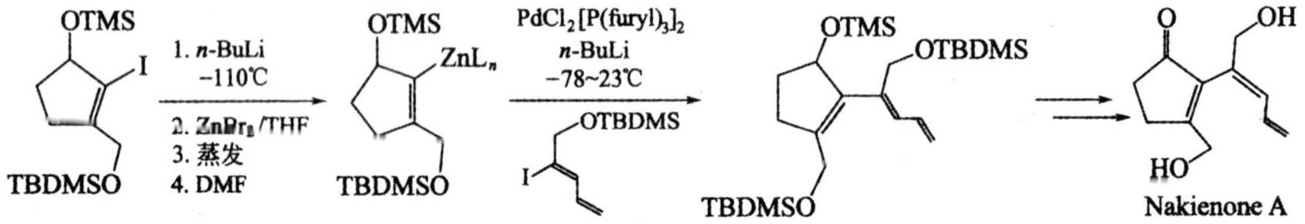

## 5.6  卤代烃与有机锡试剂的偶联(Stille 反应)

### 1. 反应机理

Stille 反应是指在 Pd 催化下,有机锡试剂与有机亲电试剂之间的交叉偶联反应。

$$R^1SnR_3^2 + R^3\!-\!X \xrightarrow{[Pd(0)]} R^1\!-\!R^3 + R_3^2SnRX$$

**有机锡试剂　亲电试剂**

式中,$R^1$ 通常为不饱和基团,但有时也可以是烷基;$R^2$ 通常为不能转移的基团,如甲基和丁基等;亲电试剂一般是卤化物(如 I、Br、Cl),也可以是磺酸酯等。

Stille 反应的一般机理可分为四步过程,如图 5-6 所示:

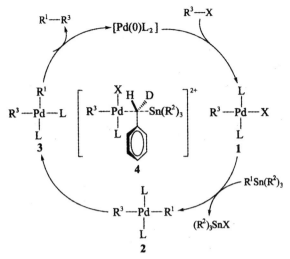

**图 5-6　Stille 反应机理**

①亲电试剂对 Pd(0) 的氧化加成反应,生成平面四方配合物 1。

②转移基团从有机锡转移到有机钯的转金属反应,生成平面配合物 2。

③配合物的分子内异构化,从反式配合物 2 异构化成为顺式配合物 3。

④配合物 3 还原消除反应,得到偶联产物。

**2. Stille 反应的亲电试剂**

(1)烯丙基、苄基和炔丙基亲电试剂

在 Stille 反应中,烯丙基亲电试剂与 Pd 氧化加成后采用 $\eta^3$ 的配位方式,反应存在区域选择性,主要在烯丙基上取代基较少的一端发生偶联。

$$\text{Br} \diagdown \diagdown \text{CN} + \diagup\text{SnBu}_3 \xrightarrow[\text{CHCl}_3, 65℃, 48h]{\text{PhCH}_2\text{Pd(PPh}_3)_2\text{Cl}} \diagup\diagdown\diagup\diagdown\text{CN}$$

65%

炔丙基卤较少被用于 Stille 反应,炔丙基溴与一些有机锡偶联得到丙二烯衍生物。

在 HMPA 溶剂中,$\text{PhCH}_2\text{Pd(PPh}_3)_2\text{Cl}$ 可催化苄基溴与四甲基锡烷、乙烯基三丁基锡烷等反应中,高产率地生成偶联产物。

(2)烯基、芳基和杂环亲电试剂

烯基氯对 Pd(0) 的氧化加成活性很低,很少在 Stille 反应中被用作亲电试剂。烯基溴和烯基碘是常用的亲电试剂。

烯基卤化物与烯基锡、炔基锡等试剂进行的偶联反应具有很高的立体专一性,反应会保持双键原有的构型。

$$n\text{-Bu} \diagdown\diagup \text{I} + (n\text{-Bu})_3\text{Sn} \diagdown\diagup \text{CO}_2\text{Et} \xrightarrow[\text{DMF}, 25℃, 4h]{\text{PdCl}_2(\text{CH}_3\text{CN})_2} n\text{-Bu} \diagdown\diagup\diagdown\diagup \text{CO}_2\text{Et}$$

78%

芳基卤和烯基卤类似,芳基溴、芳基碘比较活泼,能与锡烷很好地偶联,芳基氯反应比较困难,只有苯环的对位有强拉电子基团(如硝基)取代时才能够发生反应。对于芳基溴来说,氧化加成是决速步骤。芳基与氨基锡反应,得到一个 C—N 键。

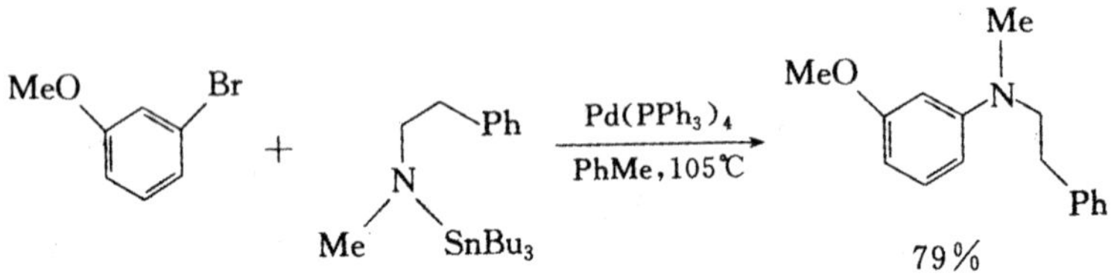

有时用溴代物反应反而比碘代物反应的产率高。例如,2,3-或 4-溴吡啶与芳基锡能很好地偶联,但 3-碘取代的产率则稍微低一些。

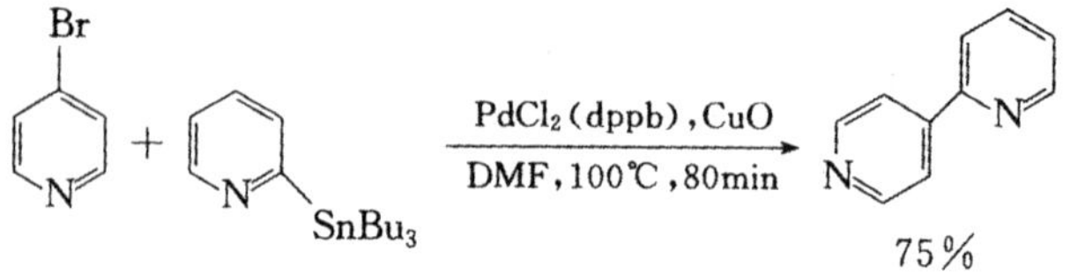

(3)酰氯

分子内酰氯与烷基锡发生交叉偶联反应,可得到多取代的四氢呋喃衍生物。

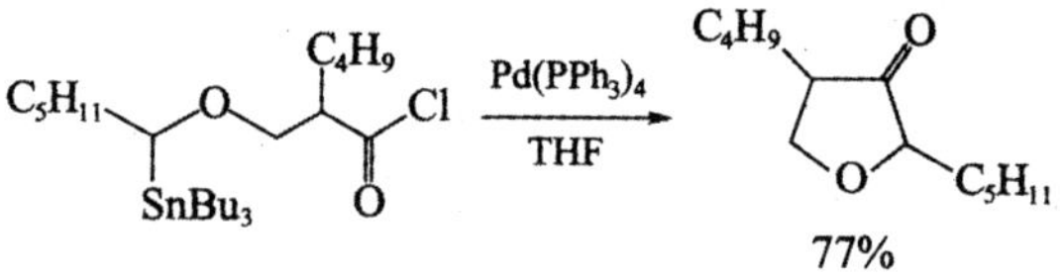

(4)烷基卤化物

因为烷基卤化物对 Pd(0)氧化加成的活性比较低,它们很少在 Stille 反应中被用作亲电试剂。如果使用一种新型的含磷配体,则可实现碘代烷、溴代烷与芳基锡或乙烯基锡的偶联,而且该反应条件温和,能够容忍醚、酯、酰胺等多种基团的存在,使 Stille 反应的应用范围更加广泛。

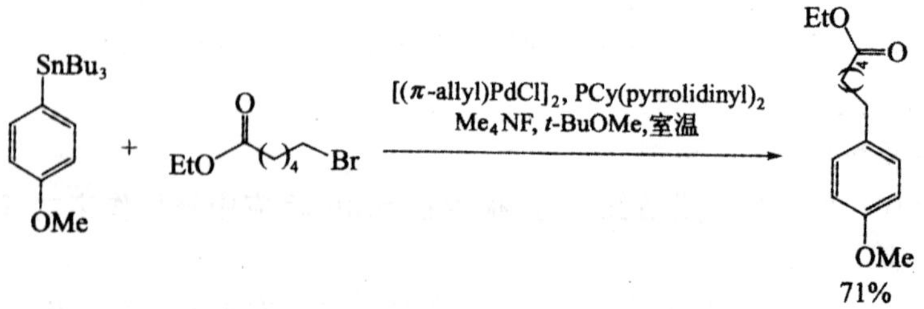

3.Stille 反应的有机锡试剂

(1)烷基锡烷

锡烷和四丁基锡烷是两种常用的有机锡试剂,锡烷的反应活性更高。它们与芳基卤和苄基卤的反应通常在六甲基磷酰三胺中进行,产率也很高。

用对称的四烷基锡烷时,只有第一个烷基能以足够快的速度迁移。随着卤化程度的增加,剩余烷基的反应不易进行,选择性不高。只有在烷基上连接着某些活化基团时,反应才有一定的选择性。

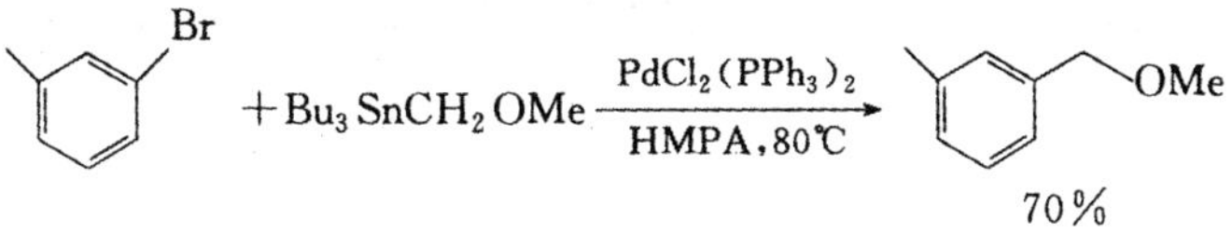

（2）烯基锡烷、芳基锡烷和杂环锡烷

简单的烯基锡烷被广泛用于与各种亲电试剂反应，更多取代基或者更复杂的锡烷反应，有时很困难甚至不反应。

芳基锡烷也能很好地与多种亲电试剂反应。在合适的条件下，用芳基三氯化锡还可以在水溶液中进行 Stille 反应。

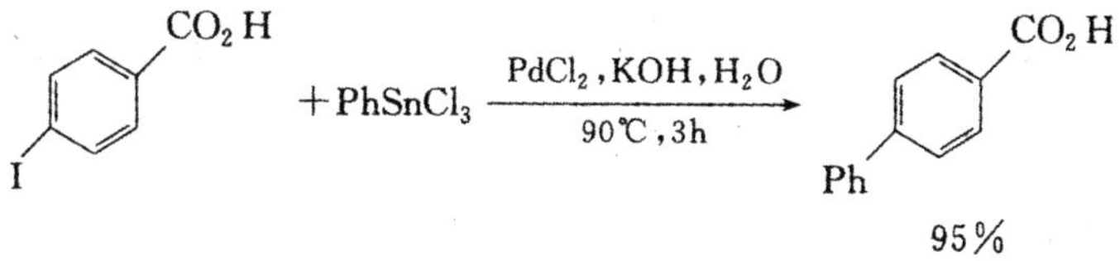

此外，对于富电子的杂芳锡烷，如 2-吡咯基、2-呋喃基、2-噻唑基锡烷等，它们与芳基卤化物的偶联反应可在相对温和的条件下进行。

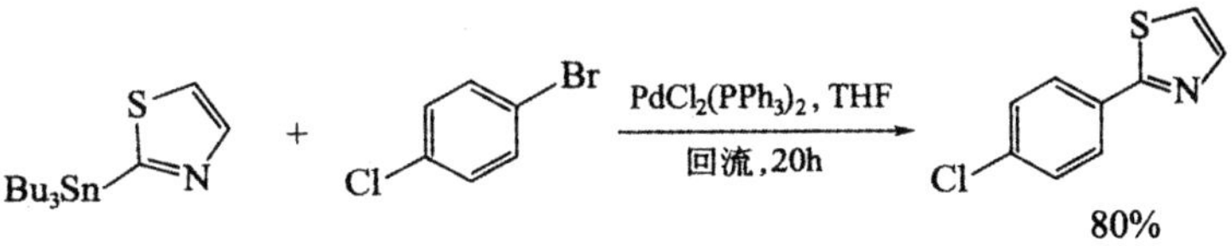

（3）炔基锡烷

炔基锡烷能与包括烯基卤在内的多种亲电试剂顺利偶联。烷氧基取代的炔基锡烷就被用于合成 $\alpha$-芳基或杂芳基取代的乙酸乙酯。

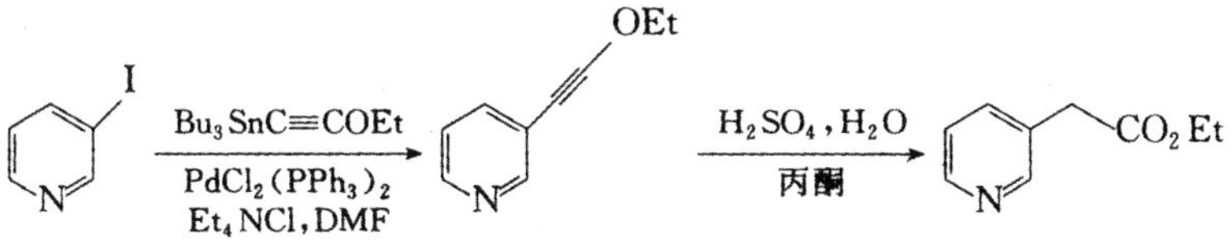

（4）烯丙基锡烷

烯丙基锡烷的双键有形成共轭结构的趋势，特别是在与酰卤、芳基三氟甲磺酸酯等反应的时候。在一些情况下，烯丙基锡烷的双键不与酰氯的羰基发生共轭，而生成 $\beta,\gamma$-不饱和酮，而且此时得到的烯基醚进一步水解后可生成 1,4-二羰基化合物。

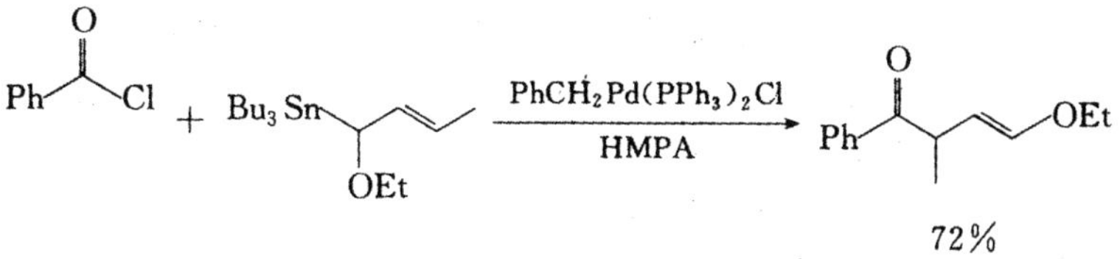

# 5.7  卤代烃与有机硅试剂的偶联(Hiyama 反应)

1988 年,日本的 Hiyama 小组首次报道了硅烷参与的偶联反应。在烯丙基钯二聚体及 TASF 的存在下,烯基、炔基、烯丙基硅烷可与芳基、烯基、烯丙基卤化物发生偶联反应生成相应的产物。

$$R^1X + R^2SiMe_3 \xrightarrow[28\% \sim 100\%]{Pd, TASF} R^1{-}R^2$$

**(X=Br,I;R¹ = 芳基、乙烯基、烯丙基;R² =烯基、烷基、炔基)**

到目前为止,已经有多种硅试剂应用到 Hiyama 偶联反应中,如芳基卤代硅环丁烷、芳基卤硅烷、芳基二甲基硅醇、芳基三烯丙基硅烷、芳基三烷氧基硅烷、芳基二(邻二苯酚)硅酸酯等。在这些有机硅烷化合物中,芳基硅氧烷由于其经济易得、对水和氧气不敏感、可以长期保存而备受青睐。

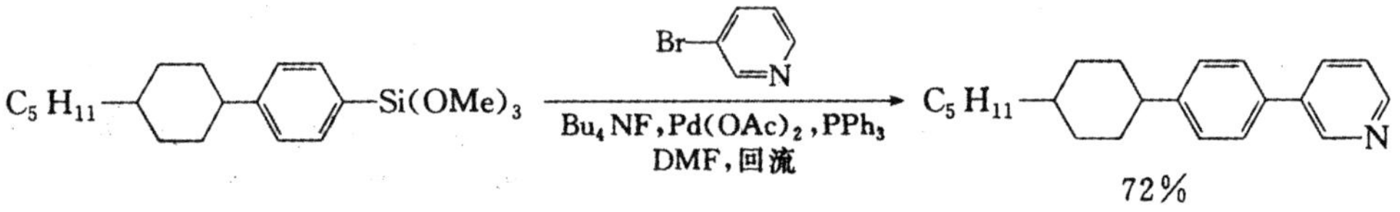

## 1. 反应机理

Hiyama 是指在诸如 F⁻、OH⁻ 之类活化剂存在下,钯催化的有机硅与有机卤代物(或三氟磺酸酯等)发生的交叉偶联反应。

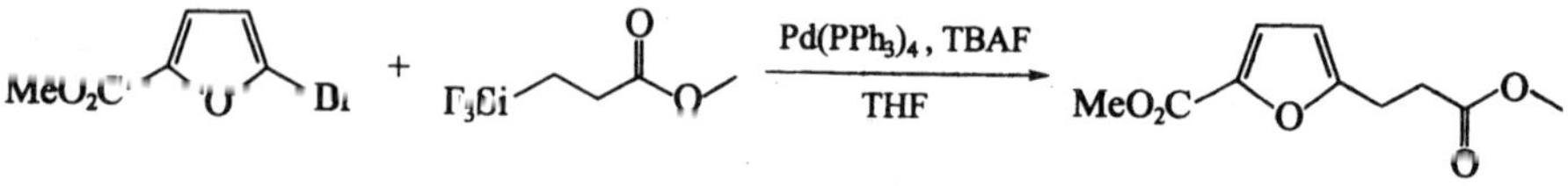

上面 Hiyama 反应的机理如下:

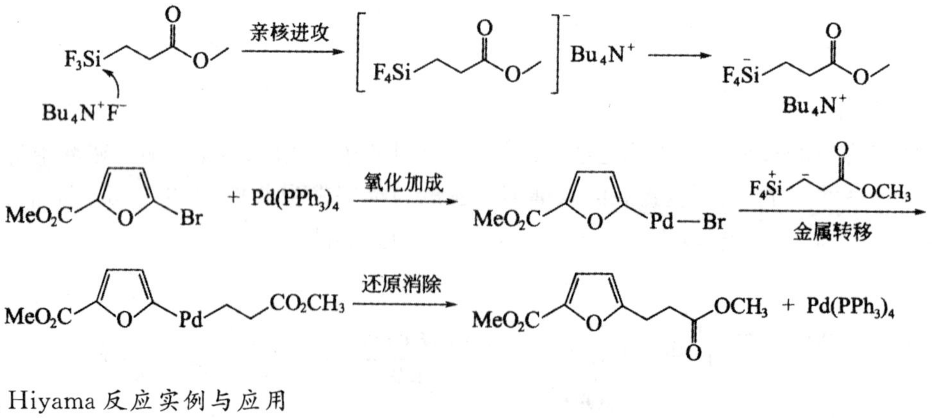

## 2. Hiyama 反应实例与应用

Hiyama 反应由于其自身的两大优点成为 Pd 催化的偶联反应中引人关注的合成手段,故对其探索研究和利用具有广阔的前景——这个反应的优势在于:

①其他有机金属试剂都是强的亲核试剂,在反应中许多官能团会受到限制,而 Hiyama 反应弥补了这一缺点。

②同其他机金属试剂比较,Hiyama 反应中所用的有机硅试剂是无害的,对环境的危害很小。

相比于有机锌试剂、格氏试剂、有机锡试剂等其他试剂,有机硅试剂在常规的钯催化的交叉偶联条件下并不容易发生反应——这主要是因为 C—Si 键的弱极性。

但是,C—Si 键可以被亲核的 F⁻ 或 O⁻ 通过形成五配位的硅酸而活化,使反应容易进行。

# 第6章 环化反应

## 6.1 概述

在有机化合物分子中形成新的碳环或杂环的反应称做环合反应,也称闭环或成环缩合。在形成碳环时,当然是以形成碳-碳键来完成环合反应的。在形成含有杂原子的环状结构时,它可以是以形成碳-碳键的方式来完成环合反应,也可以是以形成碳-杂原子键(C—N、C—O、C—S键等)来完成环合反应,有时也可以是在两个杂原子之间成键(N—N、N-S键等)来完成环合反应。例如:

①C—C键环合反应:

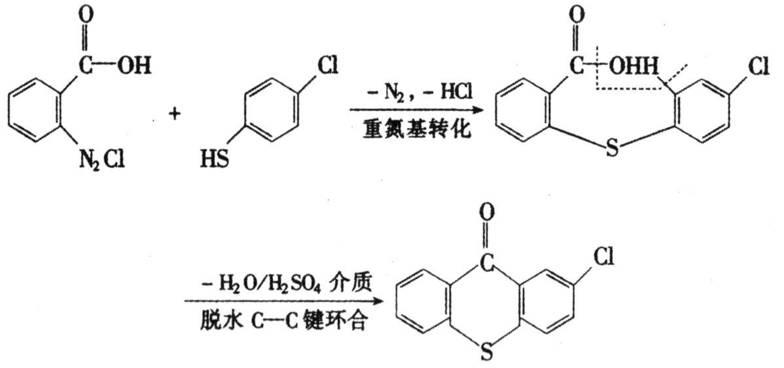

2-氯硫杂蒽酮
(医药中间体)

②N—N键环合反应:

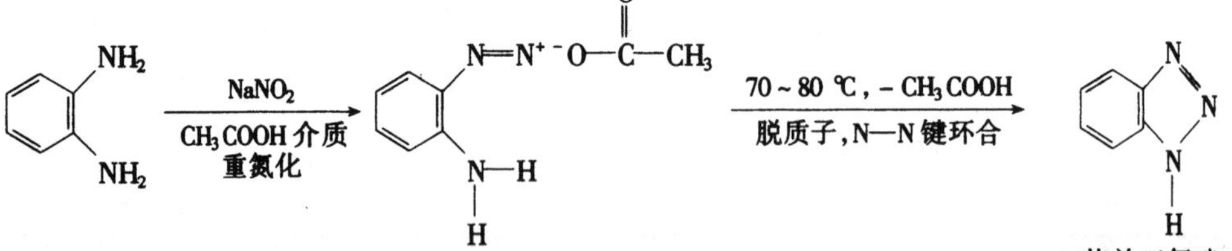

苯并三氮唑
(有机中间体,试剂)

③C—S键环合反应:

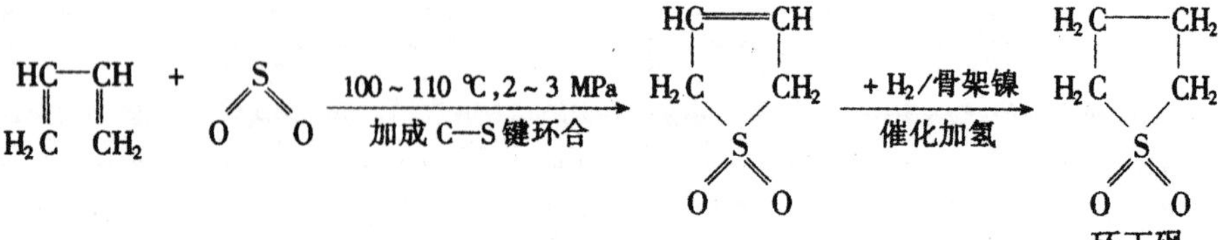

环丁砜
四氢噻吩砜
(优良溶剂)

　　环合反应的类型很多,且所用的反应剂也很多,因而没有统一的反应通式,也不能提出一般的反应历程和比较系统的一般规律。但是,根据大量事实可以归纳出以下规律:

　　①绝大多数环合反应都是由两个分子之间先在适当位置发生反应、成键、连接成一个分子,但是还没有形成新的环状结构。然后,在这个分子内部的适当位置发生环合反应而形成新的环状结构。

　　②具有芳香性的六元碳环以及五元和六元杂环都比较稳定,且易形成。

　　③有一些环合反应是由两个分子之间在两个适当位置同时发生反应,成键而形成新的环状结构,这类反应叫做协同反应。例如:

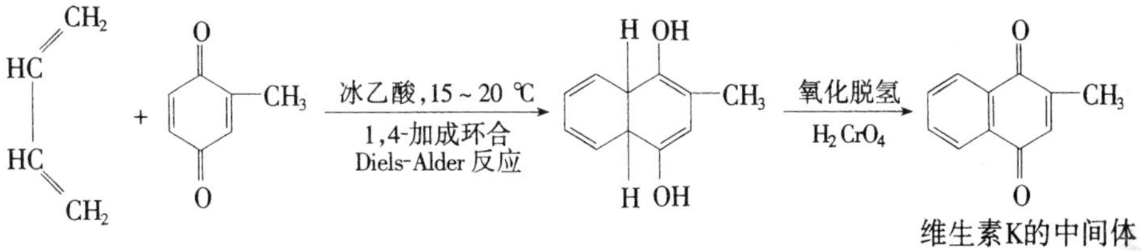

　　除了少数以双键加成方式形成环状结构的环合反应以外,大多数环合反应在形成环状结构时,总是脱落某些简单的小分子。

　　④为了促进上述小分子的脱落,需要使用缩合促进剂。

　　⑤为了形成杂环,起始反应物之一必须含有杂原子。

# 6.2　五元环的合成

1. 分子内的取代反应

(1)亲电取代

芳香环侧链适当的位置有酰卤基、羟基或卤素时,可以发生分子内的傅-克反应生成五元环化合物,如:

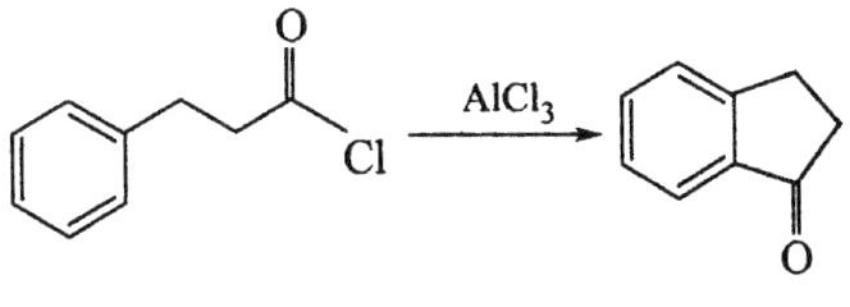

(2)亲核取代

丙二酸酯、乙酰乙酸乙酯等含活泼亚甲基的化合物中含有活泼的 $\alpha$-H,在强碱如醇钠、醇钾等的作用下可形成碳负离子,而碳负离子是良好的亲核试剂,能够与卤代烃等发生亲核取代反应,将卤代烃中的烃基引入分子中。如果所用的卤代烃是二卤代烃,且两个卤原子位置适当,则可得到五元环状化合物,如:

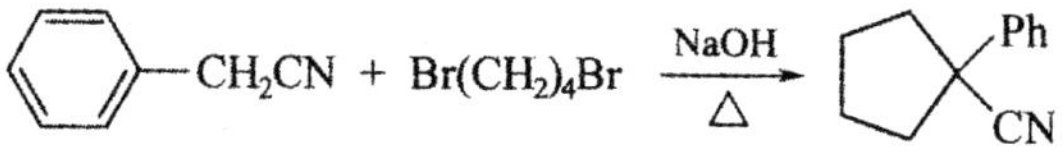

2. 分子内的缩合反应

分子内的羟醛缩合、酯缩合等也可得到五元环状化合物。

（1）羟醛缩合

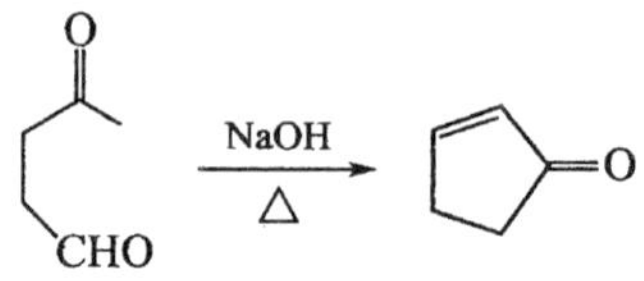

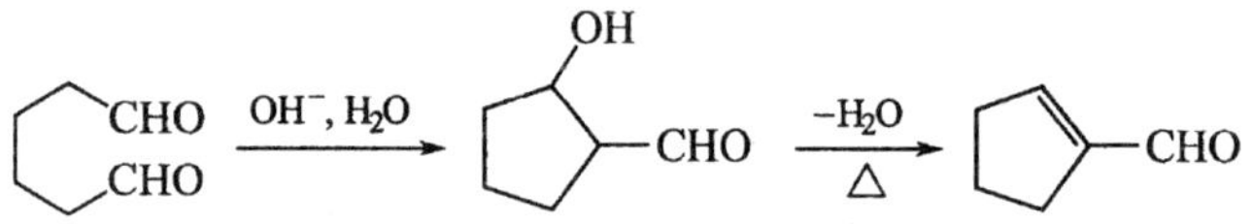

（2）酯缩合

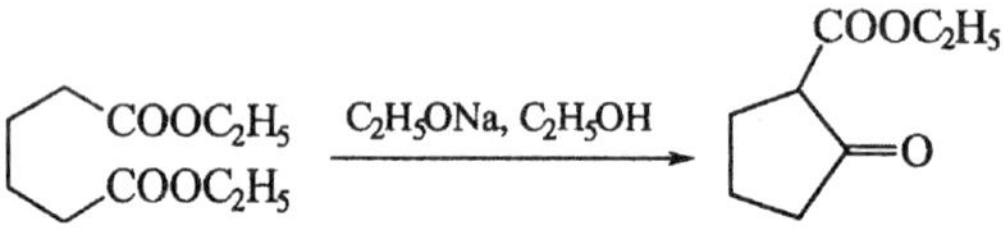

（3）二元羧酸受热脱水脱羧反应

对于二元羧酸,当两个羧基的相对位置适当时,受热后也可以生成相应的五元环状化合物：

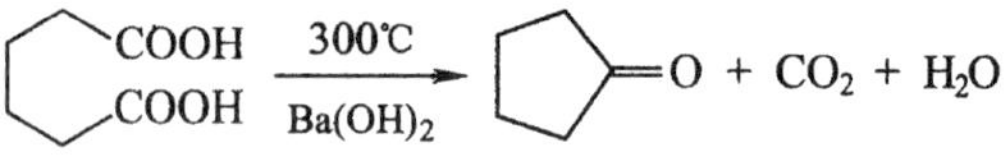

3. γ-羟基羧酸受热脱水反应

γ-羟基羧酸受热后脱水生成五元环状的内酯,其反应为

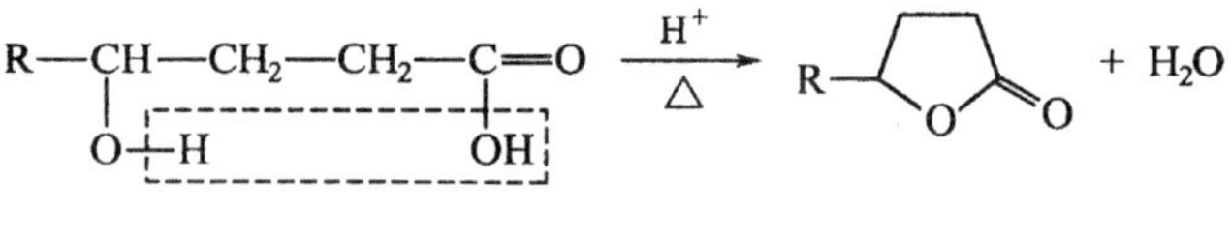

# 6.3　六元环的合成

Diels-Alder 反应(简称 D-A 反应),是共轭二烯与烯、炔进行环化加成生成环己烯衍生物的反应。该反应是德国化学家 O. Diels 和 K. Alder 在 1928 年发现的,他们因此获得 1950 年诺贝尔化学奖。该反应历经 60 年的发展已成为有机合成中最有用的反应之一,尤其是在六元环系合成中起着不可替代的作用。

根据 Woodward-Hofmann 规则和前线轨道理论,Diels-Alder 反应中二烯体的 HOMO 轨道和亲二烯体的 LUMO 轨道之间或者二烯体的 LUMO 轨道和亲二烯体的 HOMO 轨道之间

的能量差越小,反应越容易进行。因此二烯体上带有给电子基(D)和亲二烯体上带有吸电子基(A),或者二烯体上带有吸电子基(A)和亲二烯体上带有给电子基(D),两种情况都有利于Diels-Alder 反应的进行。前者是正常电子需求的 Diels-Alder 反应,应用广泛。后者称为反电子需求的 Diels-Alder 反应,研究较少。

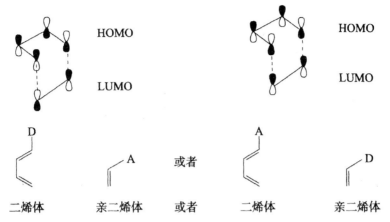

正常电子需求的 Diels-Alder 反应:

反电子需求的 Diels-Alder 反应:

Diels-Alder 反应是一协同反应,表现出可预见的高立体选择性和区域选择性。

(1)选择顺式加成反应

根据前线轨道理论,D-A 反应是在热的作用下,由对称性允许的 $HOMO_{亲二烯}$ 与 $LUMO_{二烯}$ 或 $HOMO_{二烯}$ 与 $LUMO_{亲二烯}$ 以同面—同面的方式重叠成键,一步生成产物的。该反应是立体定向的顺式加成反应,即二烯和亲二烯体的构型保持到加成产物中。

(2)反应产物主要为内型产物

遵循内型规则,优先形成内型产物。其根源在于当采取内型方式时,亲双烯体上的取代基

与双烯 π 轨道存在有利的次级相互作用。

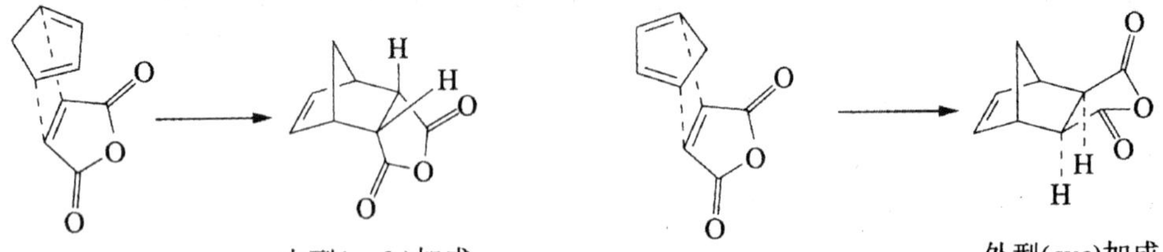

内型(*endo*)加成　　　　外型(*exo*)加成

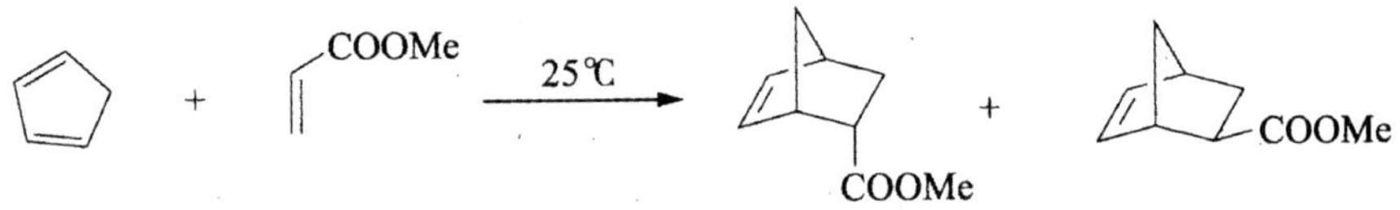

74%　　　　　26%
内型产物　　　外型产物

（3）优先形成"邻、对位"取代产物

对正常电子需求的 Diels-Alder 反应而言，反应产物优先在邻位和对位形成。

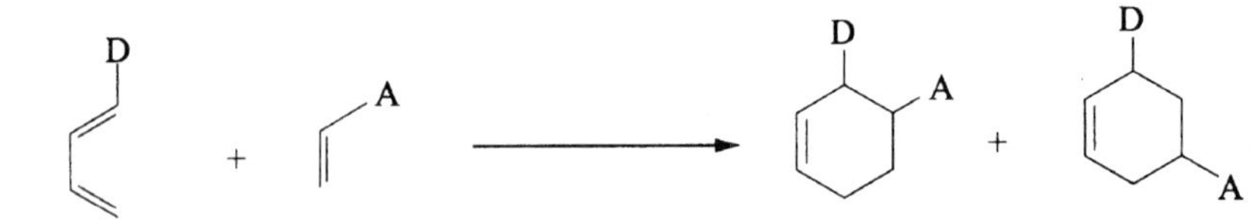

邻位　　　　　间位
主要产物

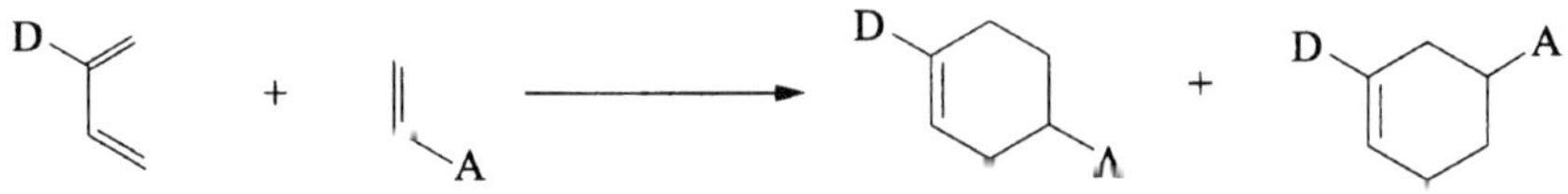

对位　　　　　间位
主要产物

D 为推电子基，A 为吸电子基

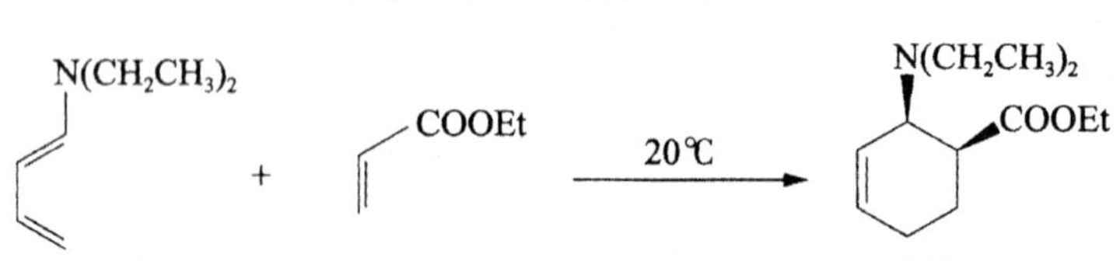

94%

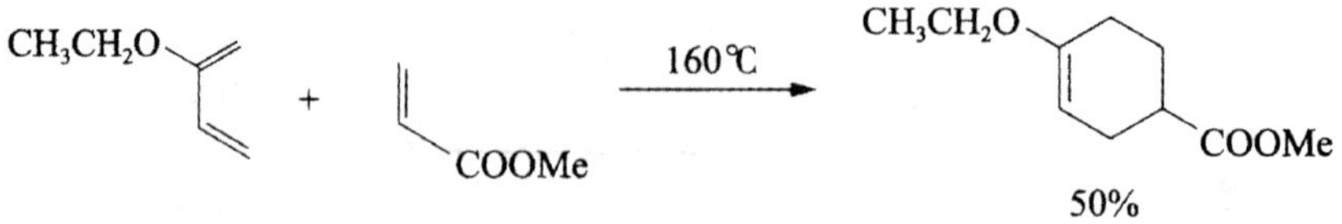

50%

　　Diels-Alder 反应在有机合成中应用十分广泛。例如，天然产物 spinosynA 的合成中，三环骨架的形成就是通过分子内的 Diels-Alder 和 vinylogous Morita-Baylis-Hillman 反应实现的,由一个开链多烯一锅合成三环化合物。

## 6.4 中环和大环化合物的合成

一般的亲核、亲电及自由基环化反应或链状分子间的成键反应都可以用于合成中环和大环,但在中环或大环闭环时,分子内环化受到分子间反应的竞争,要形成的环越大,则无环前体物的两个反应位点充分接近而发生环合的可能性越小,在这种情况下,两个前体物分子发生分子间反应的可能性则会变得比分子内的环化作用的可能性要大。因此,若要形成中环(八元环到十一元环)和大环(十二元及十二元以上的环),则必须采用特殊的方法,如高度稀释、模板合成、关环(烯烃)复分解反应等特殊技术。

### 6.4.1 高度稀释法

合成脂肪族中环或大环时,为了抑制分子间反应,常采用高度稀释法,一般步骤是将反应物以很慢的速度滴加到较多的溶剂中,确保反应液中反应物始终维持在很低的浓度(一般小于 $10^{-3}$ mol/L)。在这样高度稀释的条件下,Dieckmann 缩合反应、有关酰基化反应将会导致得到中环和大环化合物,其最终产率还是可以令人接受的。

## 6.4.2 模板合成法

用金属离子或有机分子为"模板"，通过与底物分子之间的配位、静电引力、氢键等非共价作用力预组织使反应中心互相趋近而成环。

### 1. 金属离子"模板"

使用金属离子为"模板"来合成含杂原子的大环化合物时，能获得相当好的产率。例如，合成冠醚和大环多胺时，一般用直径与产物环大小相近的金属离子为"模板"。并且根据软硬酸碱配位原理，杂原子为 O 原子时，使用碱金属离子，杂原子为 N 原子或 S 原子时，使用过渡金属离子。反应式如下：

## 2. 氢键"模板"

分子内氢键常驱动分子内环化，例如，Corey-Nicolaou 大环内酯化（mactonization）反应。该反应中，在三苯基膦存在下，2,2′-二吡啶二硫化物（Corey-Nicolaou 试剂）与 ω-羟基羧酸反应生成活性酯——2-吡啶硫代羧酸酯。质子化的 2-吡啶硫代羧酸酯中的 N—H 通过与羰基和烷氧基的氧原子的分子内氢键使基团趋近，获得高产率的大环内酯：

例如：

Brefeldin A

如在 Core-Nicolaou 大环内酯化反应中加入银离子,由于银离子的配位作用进一步活化了 2-吡啶硫代酯,内酯化反应能在室温下进行:

（75%）

### 6.4.3　关环复分解反应

关环复分解反应是分子内的烯烃复分解反应,即分子内的两个碳碳双键之间,在金属卡宾催化剂的催化下,发生关环反应,生成环烯化合物。

该反应不仅具有较高的效率,且对很多官能团有很好的稳定性,因此目前常被用来合成中环和大环化合物。

### 6.4.4　特殊反应条件形成大环

某些特殊的反应条件下无需高度稀释便可顺利合成中环和大环。例如,酯或酮的双分子还原反应发生在活泼金属的表面,是两相界面上的反应,因此不需要高度稀释的反应条件。例如:

$$CH_3OOC(CH_2)_{16}COOCH_3 \xrightarrow[(2)\ H^{\oplus},H_2O]{(1)\ Na,\ 二甲苯} (CH_2)_{16}\ \big(\text{环状}\ C{=}O,\ CH{-}OH\big) \quad (96\%)$$

$$\xrightarrow[\text{PhMe}]{Na\ /\ TMSCl} \quad \xrightarrow{HF,MeCN} \quad (90\%)$$

$$2\ \text{(o-双溴甲基苯)} \xrightarrow{PhLi} \left[\ 2\ \text{(双溴/锂甲基苯)}\ \right] \longrightarrow \text{(环番)}$$

$$\text{(1,8-二乙炔基蒽)} \xrightarrow[Py]{(CH_3COO)_2Cu} \text{(双丁二炔桥联蒽)}$$

# 6.5 小环化合物的合成

## 1. 卡宾对烯烃和炔烃的加成

卡宾也称碳烯,是不带电荷的缺电子物种,其中心碳原子为中性二价碳原子,包含六个价电子,四个价电子参与形成两个 σ 键,其余两个价电子是游离的。最简单的卡宾为:$CH_2$,也称为亚甲基,碳烯实际是亚甲基及其衍生物的总称。产生亚甲基一般通过两个途径,一是在光或热的作用下通过某些化合物的自身分解反应;二是在试剂作用下,某些化合物经消除反应而得。

$$H_2C{=}C{=}O \xrightarrow{h\nu\ 或\ 700℃} CH_2 + CO$$

$$Cl_3C{-}H \xrightarrow{^tBuO^-} Cl_3C^- {-}Cl \longrightarrow Cl_2C: + Cl^-$$

合成环丙烷所需卡宾有多种合成方法:

① 重氮化合物用铜催化分解。

② 卤代烃用强碱进行 α-消除,脱去卤化氢。

③ 偕二碘化物通过还原消除碘等。

卡宾有二个价电子,它们的自旋方向可以相同或相反。因此存在两种不同电子状态的碳烯,如下。

（1）单线态碳烯

两个未成键电子是成对的（即自旋方向相反，在同一原子轨道上），称为单线态碳烯。单线态碳烯（激发态）能量较高，性质更活泼，能失去能量而转变成能量较低的三线态碳烯（基态）。因为碳烯的碳原子是缺电子的，碳烯的嵌合反应如同其他亲电试剂一样可与烯烃发生亲电加成反应。

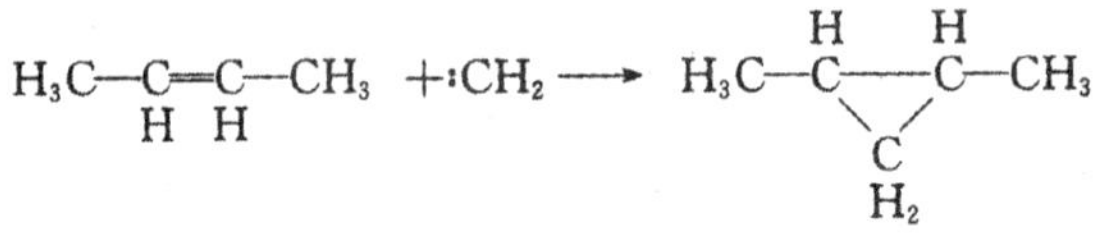

（2）三线态碳烯

两个未成键电子的自旋方向相同（分别在两个原子轨道上），称为三线态碳烯。

单线态或三线态碳烯与烯烃的加成方式是不同的。因此，下面两种交叠方式中线性交叠（卡宾以同面和烯烃同面进行交叠）是禁阻的，而非线性交叠（卡宾以异面和烯烃同面进行交叠）是允许的。

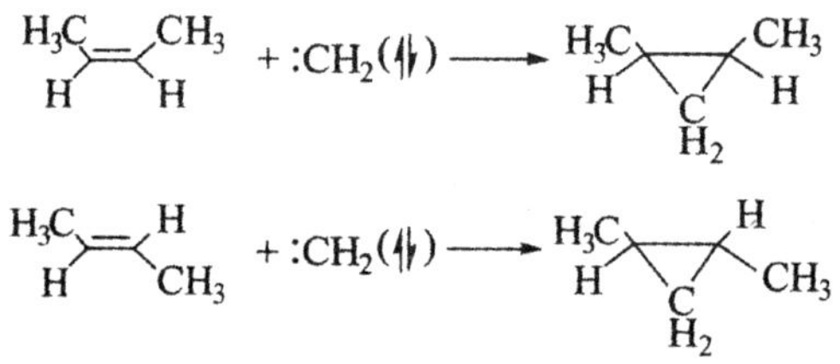

三线态碳烯的两个未成键电子分别在两个原子轨道上，它是一个双游离基，它的加成分两步进行，是非协同反应。先与烯烃的一个碳原子成键，生成中间体双游离基，然后再与另一个碳原子成键。由于双游离基的碳碳单键能够旋转，所以最后生成的有顺式和反式两种异构体。

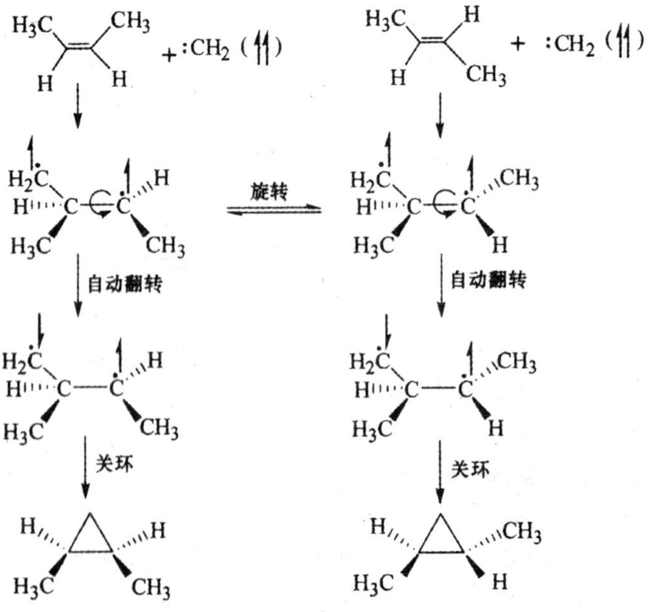

共轭二烯和卡宾进行加成反应时,由于碳烯的自旋状态不同,生成的产物也不完全一样。例如,在没有溶剂时,单线态碳烯与1,3-丁二烯加成,产物几乎全部是乙烯基环丙烷。而在惰性气体存在下,单线态碳烯经碰撞使激发态去活化而形成基态的三线态碳烯,这时再与1,3-丁二烯加成,则按双自由基的分步加成,产物主要为环戊烯。但也有少量1,2-加成产物即乙烯基环丙烷生成。碳烯也可以与炔烃、环烯烃甚至与苯环上的 π 键进行加成反应。

### 2.1,3-消除反应

γ-卤代酸酯、γ-卤代酮、γ-卤代硫醚、γ-卤代砜和 γ-卤代腈等具有活泼氢的化合物在强碱存在下,发生1,3-消去反应,脱去 HX 生成环丙烷衍生物。

### 3. 分子内的亲核取代反应

乙酰乙酸酯、丙二酸酯等的活泼 α-H 在醇钠等强碱作用下可以形成碳负离子,作为亲核试剂能与二卤代烃等发生两次亲核取代反应生成环状化合物。这是合成小、中碳环化合物最有效的方法之一。

# 6.6 重要杂环化合物的合成

### 6.6.1 重要六元杂环化合物的合成

1. 嘧啶的合成

两个氮原子互处 1,3 位的六元环化合物称为嘧啶。嘧啶衍生物在自然界中极为常见,如作为核苷酸碱基的胸腺嘧啶、脲嘧啶及胞嘧啶。维生素 $B_1$ 以及常用药磺胺均为嘧啶衍生物。

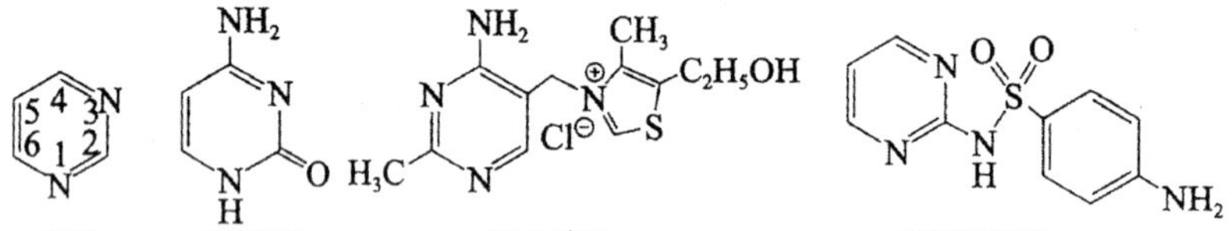

嘧啶　　脲嘧啶　　　　维生素$B_1$　　　　　磺胺嘧啶

嘧啶的逆合成分析如下所示:

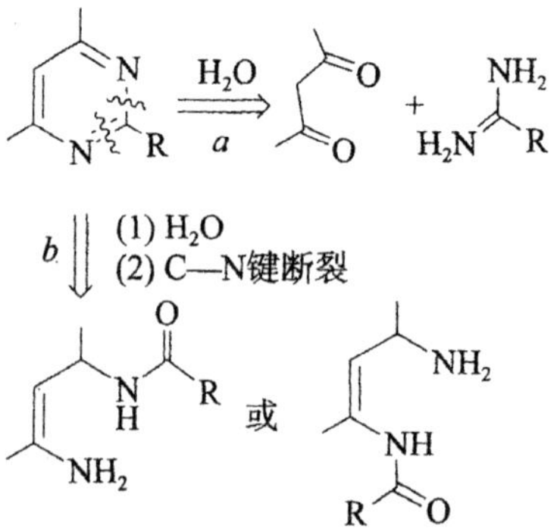

由此可知,按照路线 $a$ 进行回推,首先断裂的是 C(4)-N 和 C(6)-N 键,得到的原料为 1,3-二羰基化合物和取代脒;按照路线 $b$ 进行回推,首先断裂的则是 N(1)-C(2) 或 N(3)-C(2) 键,得到两个中间体。

基于以上的逆合成推导,介绍几种常见的合成方法。

(1)Pinner 合成法

该法是以 1,3-二酮为原料,分别与脒、酰胺、硫酰胺以及胍类化合物发生缩合反应,生成相应的 2,4,6-三取代嘧啶、2-嘧啶酮、2-硫代嘧啶酮以及 2-氨基嘧啶等嘧啶衍生物。

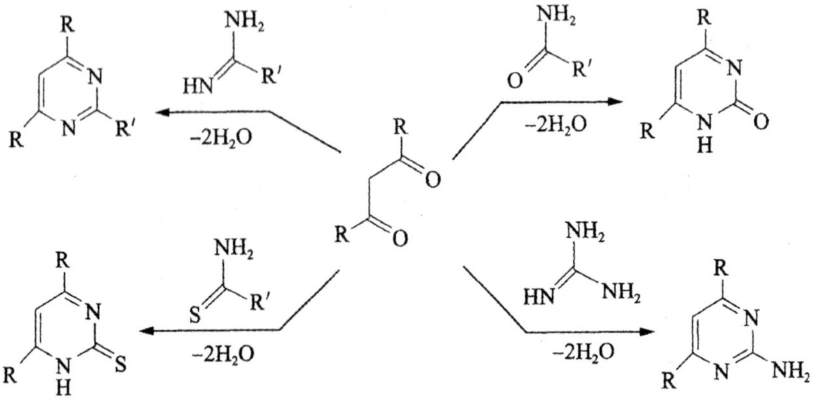

同样,用 $\alpha,\beta$-不饱和三氟甲基酮与脒类化合物在乙腈溶液中回流,生成中间体4-羟基-4-(三氟甲基)-3,5,6-三氢嘧啶,随后用三氯氧磷/吡啶/硅胶以及二氧化锰氧化脱氢,可以较高产率得到2,6-取代-4-(三氟甲基)-嘧啶化合物,合成过程如下:

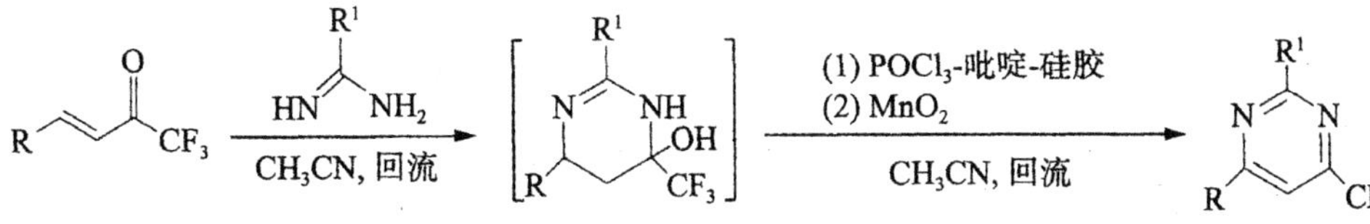

其中,R 和 R'可以相同,也可不同;可以是苯环或含不同取代的芳香环。

(2)氰基乙酸与 N-烷基化的氨基甲酸酯缩合环化制备

氰基乙酸与 N-烷基化的氨基甲酸酯缩合后与原甲酸酯进一步缩合生成烯醇醚,然后再进行氨解、环合得到脲嘧啶衍生物。合成过程如下:

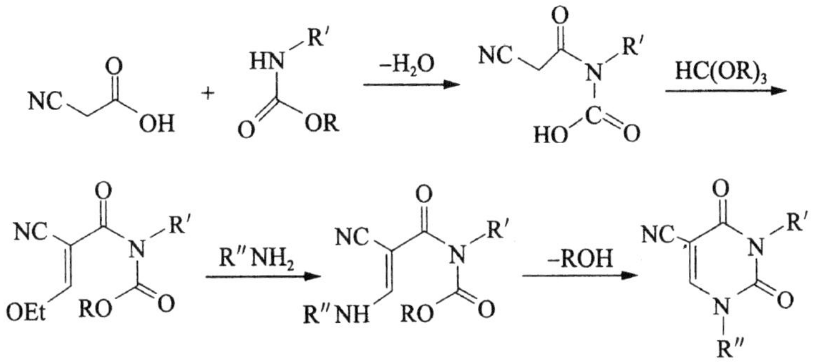

利用丁酮二羧酸二乙酯在原甲酸酯的存在下与尿素缩合,也可以制备嘧啶衍生物,如4-羟基-4,5-嘧啶二羧酸二乙酯,反应过程如下:

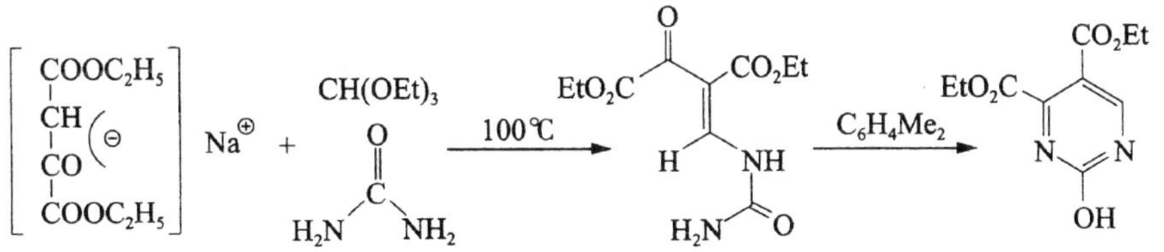

2. 吡啶的合成

(1)Krohnke 合成法

用吡啶叶立德对 $\alpha,\beta$-不饱和羰基化合物进行共轭加成,先得到1,5-二羰基化合物,然后与氨环合直接得到吡啶衍生物。

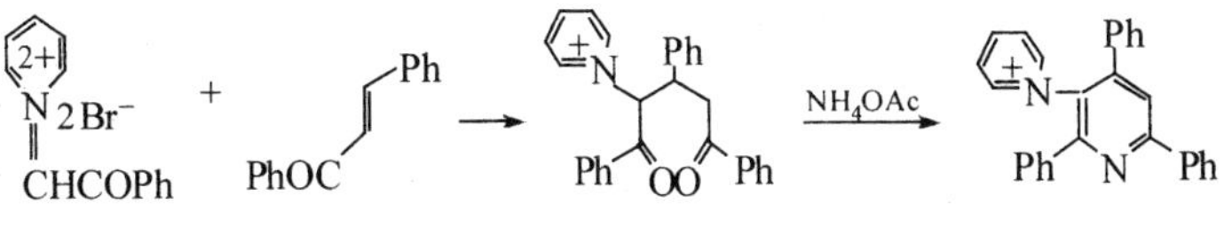

(2)Hantzsch 合成法

Hantzsch 合成法是最重要的合成各种取代吡啶的方法,是由两分子 $\beta$-酮酸酯与一分子醛和一分子氨进行缩合,先生成二氢吡啶环系,再经氧化脱氢而生成取代的吡啶:

$$\xrightarrow{HNO_3,H_2SO_4}$$

反应过程可能是一分子 β-酮酸酯和醛发生反应,另一分子 β-酮酸酯和氨反应生成 β-氨基烯酸酯:

$$CH_3CCH_2COOC_2H_5 \xrightarrow{R-CHO}$$

$$CH_3CCH_2COOC_2H_5 \xrightarrow{NH_3} CH_3C=CHCOOC_2H_5$$

这两个化合物再发生 Michael 反应,然后关环,在氧化剂的作用下失去两个氢原子即得取代的吡啶:

利用不同的醛及不同的 β-酮酸酯即产生不同取代的吡啶。

(3)维生素 B₆ 的合成

维生素 B₆ 是一个吡啶的衍生物,它在自然界分布很广,是维持蛋白质正常代谢必要的维生素。其合成方法如下:

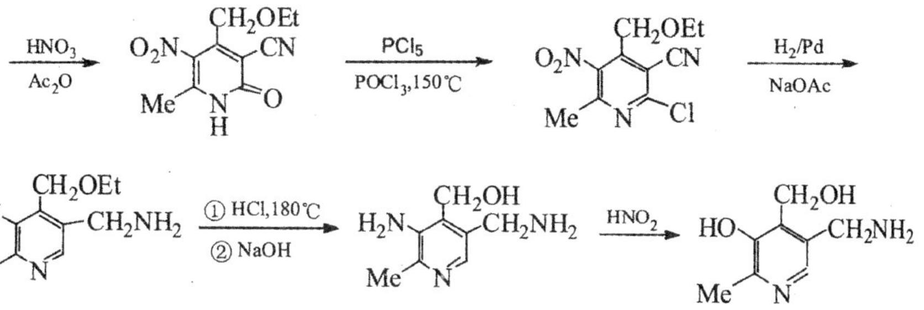

另外,常见的含有吡啶环的衍生物还有烟酸、烟碱(尼古丁)、异烟酰肼(雷米封)。

3. 吡嗪的合成

吡嗪的化学结构为

两个氮原子互处 1,4 位的六元芳香杂环化合物称为吡嗪。热食品的香味组分中通常含有烷基吡嗪类化合物。

吡嗪的逆合成分析如下所示:

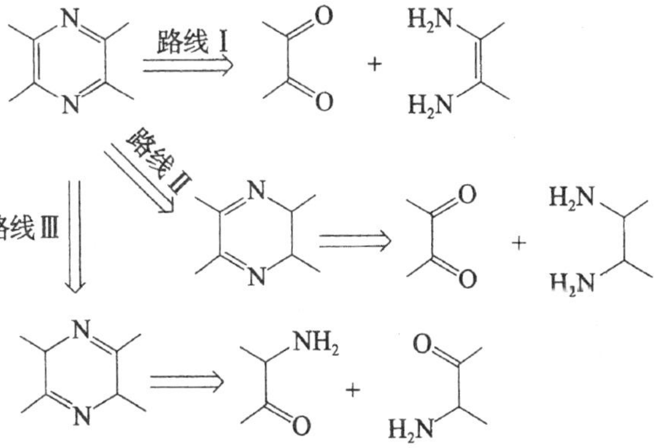

从以上的逆合成分析可以看出,若按路线 I 进行回推,可以得到起始原料 1,2-二羰基化合物和 1,2-二氨基乙烯;若按路线 II 和 III 两种形式回推,则可以分别得到不同的二氢吡嗪。其中,路线 II 中的二氢吡嗪可以由起始原料 1,2-二羰基化合物和 1,2-二氨基乙烯进行制备,而路线 III 中的二氢吡嗪可以由两分子的 α-氨基酮自身缩合来制备。

1,2-二羰基化合物与 1,2-二氨基乙烷缩合环化制备。在氢氧化钠的乙醇溶液中,1,2-二羰基化合物与 1,2-二氨基乙烷缩合得到的 2,3-二氢吡嗪化合物在氧化铜或二氧化锰的作用下进行氧化脱氢,可以得到吡嗪化合物,反应过程为:

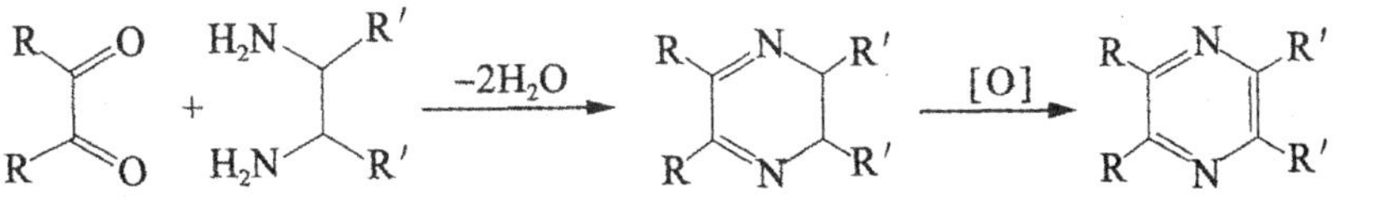

若选择对称的二氨基顺丁烯二腈与 1,2-二酮进行缩合,则可以得到 2,3-二氰基吡嗪化合

物,反应式为:

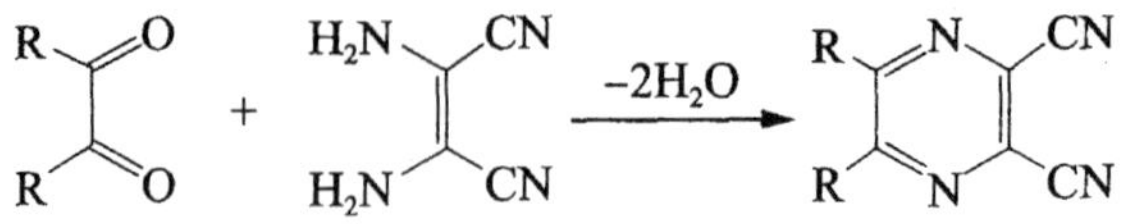

制备吡嗪的最经典合成方法是利用旷氨基羰基化合物的自缩合环化反应。在碱性条件下,旷氨基羰基化合物发生自缩合反应,然后再氧化脱氢可以得到取代吡嗪衍生物,反应式为:

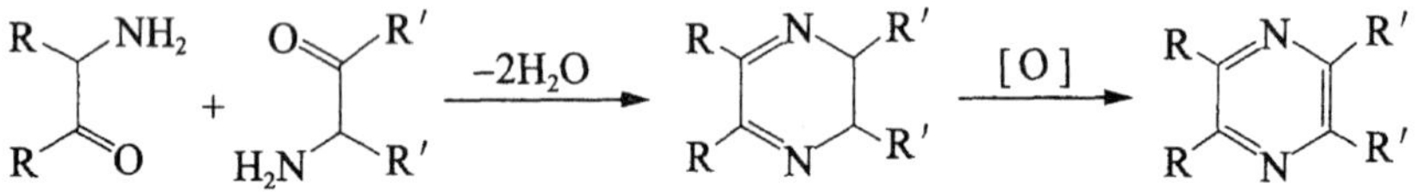

### 4. 三嗪的合成

依三个 N 原子互处位置的不同,三嗪化合物可以分为 1,2,3-三嗪、1,2,4-三嗪和 1,3,5-三嗪。典型的三嗪衍生物有 2,4,6-三聚氯氰、2,4,6-三聚氰胺和 2,4,6-三聚氰酸。其中,三聚氯氰是一种重要化工中间体,广泛应用于三嗪类除草剂以及染料的合成。此外,三聚氰胺本来也是一种重要的化工原料,但由于其氮元素的含量很高,因而被不法分子用作"蛋白精"添加到蛋白制品中,最终导致众所周知的三鹿奶粉事件的发生。

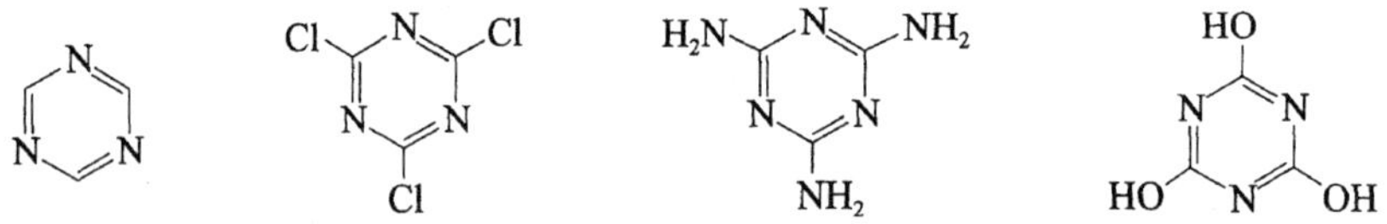

| 三嗪 | 三聚氯氰 | 三聚氰胺 | 三聚氰酸 |

例如,1,3,5-三嗪的逆合成反应过程如下所示:

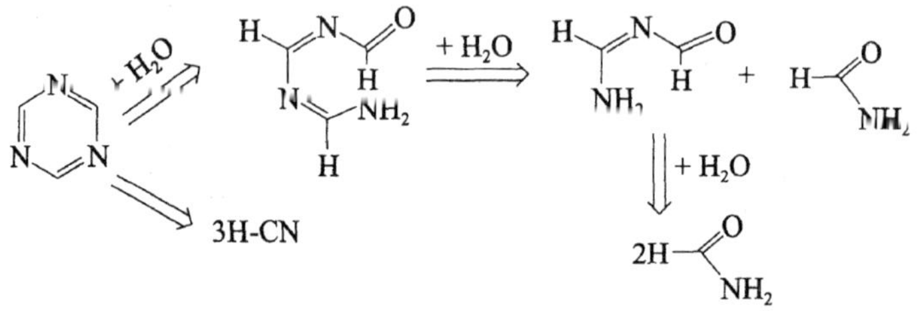

根据以上的逆合成分析可以看出,1,3,5-三嗪既可以氢氰酸作为起始原料来制备,也可以甲酰胺或其类似物为起始原料来制备。例如,原甲酸乙酯与甲咪乙酸盐在加热的条件下发生环缩合反应可以得到 1,3,5-三嗪,反应式如下:

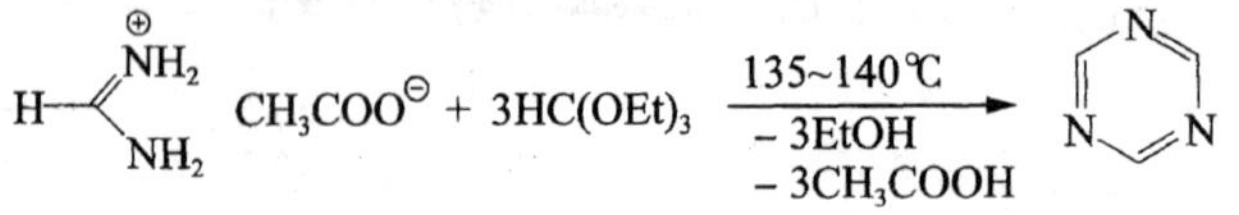

在酸或碱催化下,腈类化合物发生环合三聚可以制得 2,4,6-三取代 1,3,5-三嗪类化合物,反应式为:

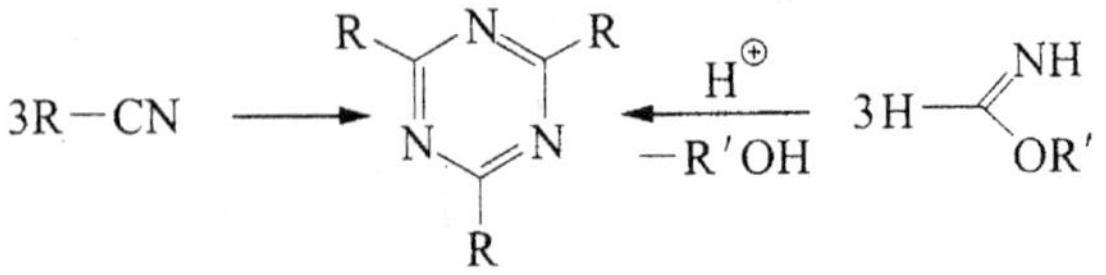

在三价镧离子催化下,腈类化合物还可以与氨气进行环化,制备烷基或芳基取代的 2,4,6-三取代 1,3,5-三嗪,反应式为:

$$NH_3 + RCN \xrightarrow{Ln^{3-}} R-C=NH \atop NH_2 \xrightarrow{2\ RCN} \text{(triazine)} \quad R = CH_3 \atop R = C_6H_5$$

### 6.6.2 五元杂环化合物的合成

**1. 含一个杂原子的芳香族五元杂环的合成**

含有一个杂原子的芳香族五元杂环主要包括呋喃、吡咯、噻吩等。Paal-Knorr 合成法是制备五元杂环的重要方法。从 1,4-二羰基化合物出发,在不同的条件下可以制得呋喃、吡咯或者噻吩衍生物。在合成噻吩的过程中,Lowesson 试剂是常用的硫试剂。

Feist-Benary 合成法:α-卤代羰基化合物与 1,3-二羰基化合物在碱(如 NaOH 水溶液)的存在下可以反应生成呋喃。

Knorr 合成法:α-氨基取代的羰基化合物与含有活泼 α-亚甲基的 1,3-二羰基化合物(如 β-羰基酸酯)反应可以制备吡咯衍生物。吡咯环 3-(或 4-)位的酯基可以通过皂化-脱羧反应去掉该位置上的取代基。由于易得的氨基酸酯类化合物即是该反应所需要的 α-氨基取代的羰基化合物,因此也可以用氨基酸酯(如甘氨酸酯)来进行反应。

Hantzsch 合成法:如果不用 $\alpha$-氨基取代的羰基化合物而用与制备呋喃相同的 $\alpha$-卤代羰基化合物作为原料,则需在反应中加入氨。

类似地,用巯基乙酸酯和 1,3-二羰基化合物反应可以制备噻吩。

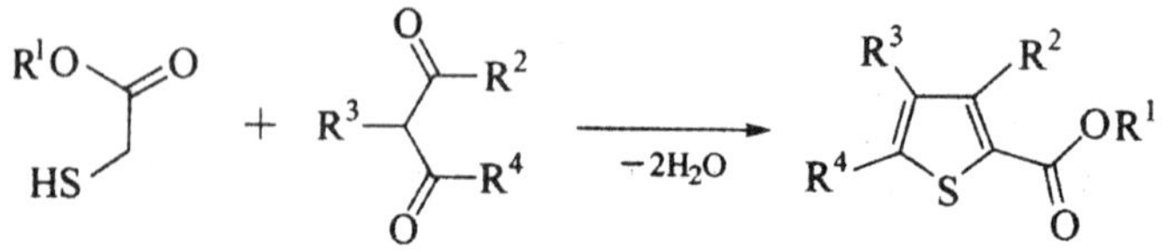

利用 1,2-二羰基化合物和硫代二醋酸酯(或硫代二亚甲基酮)进行缩合,可以制备噻吩-2,5-二酸(酮)。

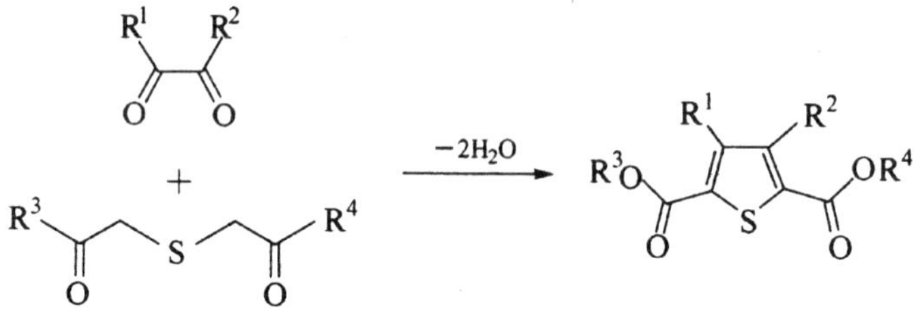

### 2. 含两个杂原子的五元单环化合物

含有两个杂原子的五元单杂环化合物,根据性质和结构的不同可分为三类,即唑、氢化唑和只含有氧或硫原子的非唑类。

(1)1,2-唑类(异唑类)化合物的合成

1,3-二羰基化合物与肼或羟胺反应,脱水环合可得到对应的吡唑或并噁唑类化合物。其反应式为

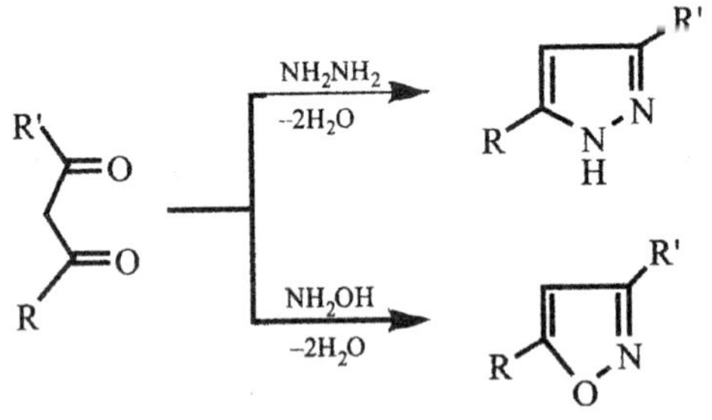

吡唑也可用乙炔或炔化物与重氮甲烷反应制得。

(2)1,3-唑类的合成

①[4+1]合成法。

由 $\alpha$-酰基氨基酮与胺,五硫化二磷或脱水剂作用,环化成对应的咪唑、噻唑或噁唑类化合物。其反应式为

② [2C＋3X] 合成法。

这里 2C 通常是 α-羟基酮或 α-卤代酮，3X 为酰胺或硫代酰胺等。2C 和 3X 组分一起加热即可环化合成对应的噻唑或噁唑类衍生物。

③咪唑环的合成。

α-氨基醛或酮是合成咪唑类化合物的重要中间体，它们用热的硫氰酸钾水溶液处理，生成α-巯基咪唑类化合物，巯基可被 Raney-Ni 还原，可得到咪唑类化合物。α-氨基醛或酮和氨基腈作用，生成 α-氨基咪唑类化合物。其反应式为

咪唑环本身可通过一个特别方法制备，即：

咪唑另一个比较简单制法是以缩醛为原料。例如：

$$H_2C{=}CHOCOCH_3 \xrightarrow{Br_2} BrCH_2CHBrOCOCH_3 \xrightarrow[-EtOAc]{EtOH} BrCH_2CHO$$

$$\xrightarrow[HB]{EtOH} BrCH_2CH(OEt)_2 \xrightarrow[少量浓HCl]{HOCH_2CH_2OH} BrCH_2{-}HC \begin{smallmatrix} O \\ O \end{smallmatrix}$$

$$\xrightarrow[175℃,6h]{2HCONH_2}$$

（3）氢化唑类化合物的合成

1,2-二胺与羧酸、醛或酮反应，可分别得到咪唑啉和咪唑烷：

$$\xrightarrow[-2H_2O]{R''CO_2H}$$

$$\xrightarrow[-H_2O]{R''COR'''}$$

（4）合成方法的应用

①氨基比林的合成。

氨基比林主要用于发热、头痛、关节痛、神经痛、痛经及活动性风湿症。其反应过程如下：

$$\xrightarrow{(CH_3)_2SO_4}{NaOH}$$ $$\xrightarrow[37～39℃\ pH=2]{NaNO_2,H_2SO_4}$$

$$\xrightarrow[37～85℃\ pH=5]{(NH_4)_2SO_3,NH_4HSO_3}$$ $$\xrightarrow{HCHO,H_2/Ni}$$

氨基比林

②驱虫净的合成（盐酸噻咪唑）。

$$\xrightarrow{Cl_2}$$ $$\xrightarrow[乙醇]{a-氨基噻唑啉}$$

$$\xrightarrow{KBH_4}$$ $$\xrightarrow{①H_2SO_4\ ②NaOH\ ③HCl}$$ ·HCl

③酒石黄的合成。

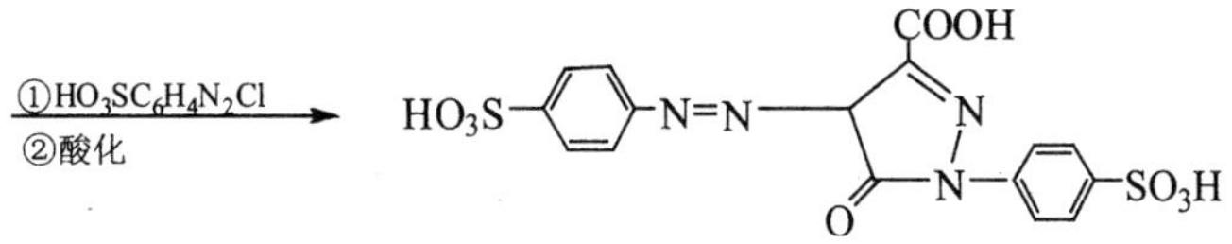

酒石黄是羊毛的一个黄色染料,与其他吡唑酮偶氮染料一样,近几年来在工业上的应用越来越多。

### 6.6.3 环加成合成杂环化合物

含杂原子 Diels-Alder 反应和 1,3-偶极环加成反应是合成杂环化合物的两种有价值的环化方法。

**1. 杂 Diels-Alder 环加成反应**

含杂原子的共轭双键和不饱和键的化合物可以作为二烯体和亲二烯体起 Diels-Alder 反应得到六元杂环化合物。常见的含杂原子的二烯体为 $\alpha,\beta$-不饱和羰基化合物、$\alpha,\beta$-不饱和亚硝基或硝基化合物、1,2-二羰基化合物、1-氮杂或 2-氮杂丁二烯、1,2-二氮杂或 1,3-二氮杂或 1,4-二氮杂丁二烯等,杂原子亲二烯体有羰基化合物、偶氮化合物、亚硝基化合物、腈、异腈等。例如:

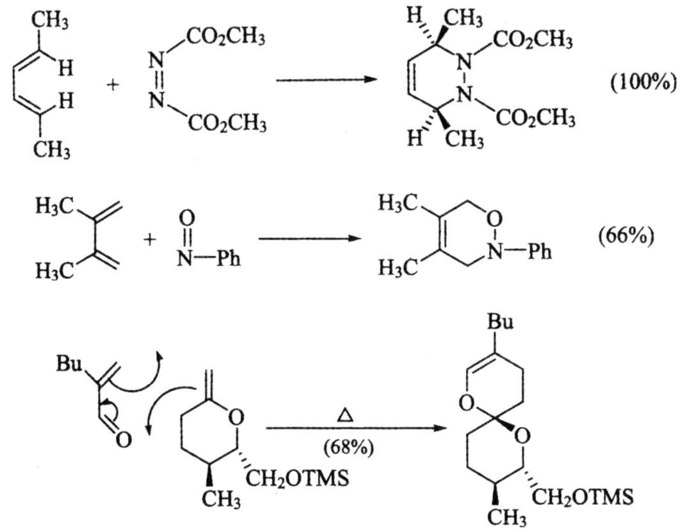

一些杂环化合物作为二烯体和亲二烯体起 Diels-Alder 反应后脱去小分子生成新的杂环化合物。

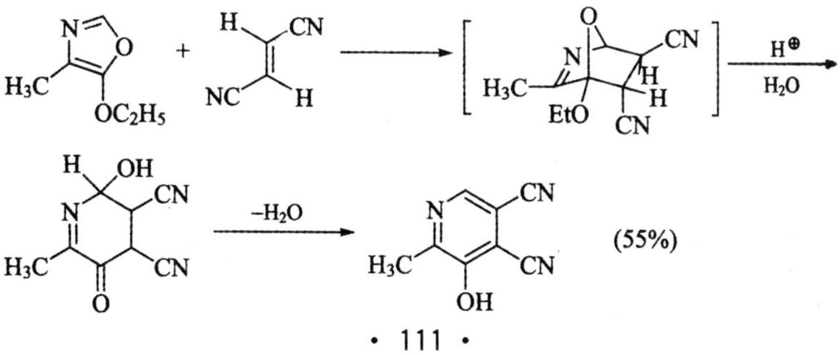

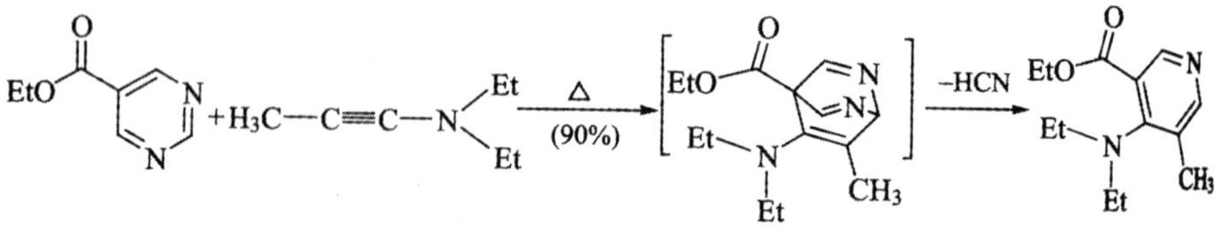

### 2.1,3-偶极环加成反应

1,3-偶极环加成反应是由 3 个原子和 4 个电子组成的共轭体系,正电荷和负电荷可以看做是分布在 1-位和 3-位原子上。用 1,3-偶极分子代替 Diels-Alder 反应中的 $4\pi$ 电子体系与亲二烯环加成反应,可以得到五元杂环化合物:

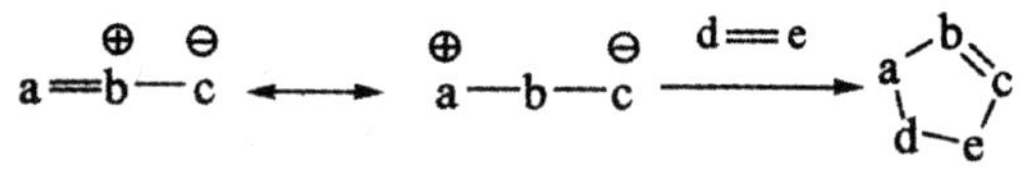

常用的 1,3-偶极化合物有重氮甲烷、叠氮化合物、氧化腈、腈叶立德、硝酮等。反应通式如下:

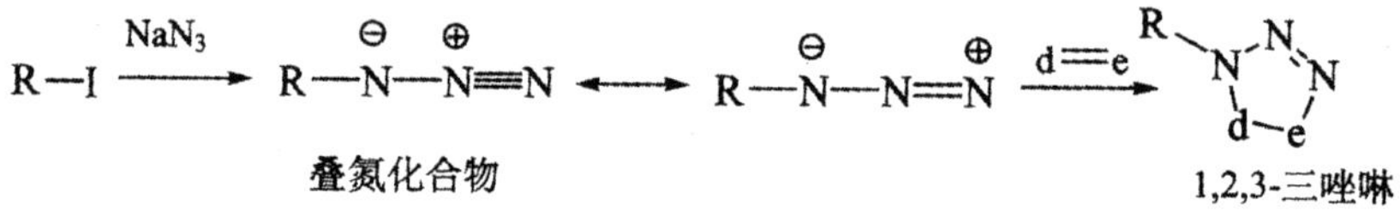

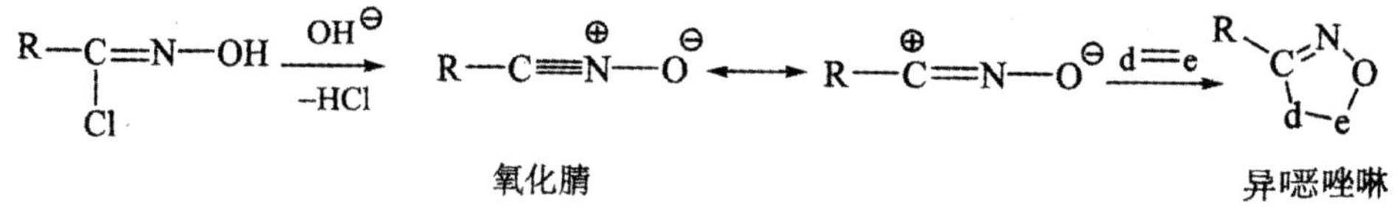

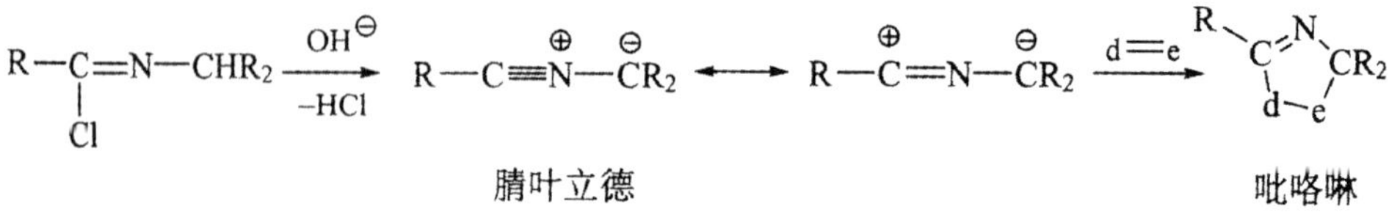

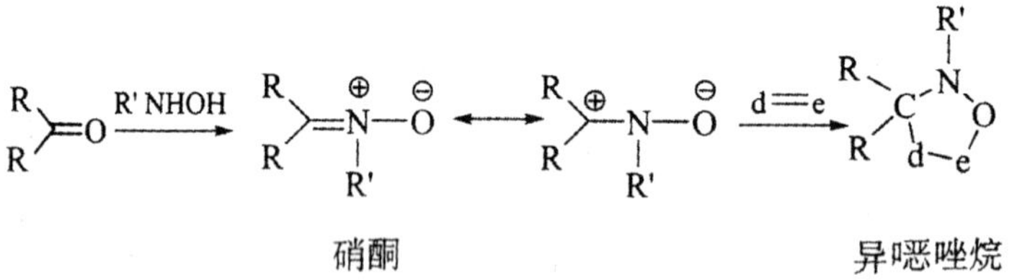

例如:

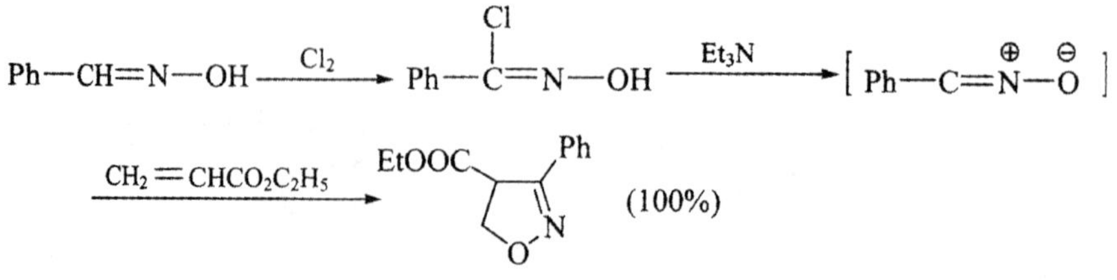

硝酮易起分子内加成反应,同时硝酮原料易于制备,环加成产物中的 N—O 键易于还原断裂的氨基和羟基的双官能团化合物,因此在有机合成中有广泛的应用。例如:

一些杂环化合物的共振式具有 1,3-偶极结构,它们可以起 1,3 环加成反应。例如:

# 第7章  官能团的引入、转换和保护

## 7.1  官能团的引入

### 7.1.1  饱和碳原子上官能团的引入

饱和碳原子上官能团的引入主要是通过自由基取代反应来完成的。通过自由基取代,可在饱和碳原子上引入卤素、硝基和磺酸基等官能团。其中在有机合成中起重要作用的为卤素的引入。因为在有机化合物分子中引入卤素将使其极性增大,反应活性亦随之提高。因此,这里主要介绍卤代反应。

（1）饱和烃的卤代反应

饱和烃上的氢原子活性比较小,需用卤素在高温气相条件下或紫外光照射下,或在其他自由基引发剂存在下才能进行反应。此反应大多属于自由基历程。若无立体因素影响,烷烃的氢原子的活性次序为

$$伯氢＜仲氢＜叔氢$$

而卤素的活性次序为

$$F_2＞Cl_2＞Br_2$$

但是卤素的活性越高,选择性就越差。鉴于 $I_2$ 的反应活性太差,与烷烃不发生取代反应, $F_2$ 反应活性过于强烈,不容易控制。因此,只有饱和烃的氯代和溴代反应才具有实际意义。

$$CH_3CH_2CH_3 + X_2 \xrightarrow[或\triangle]{h\nu} CH_3CH_2CH_2X + CH_3\underset{\underset{X}{|}}{C}HCH_3 \ (X = Cl, Br)$$

除氯和溴外,卤代试剂还有硫酰氯、磺酰氯、次卤酸叔丁酯、N-卤代仲胺、N-溴代丁二酰亚胺（NBS）等,且后三者的选择性均好于卤素。例如：

$$HO(CH_2)_6CH_3 + [(CH_3)_2CH]_2NCl \xrightarrow[H_2SO_4/H_2O]{h\nu} HO(CH_2)_6CH_2Cl + [(CH_3)_2CH]_2NH$$

（2）烯丙基化合物和烷基芳烃的 $\alpha$-卤代

烯丙位和苄位氢活性较高,在高温、光照或自由基引发剂的存在下,容易发生卤代反应。此反应也属于自由基历程。

烯丙基化合物的 $\alpha$-卤代是合成不饱和卤代烃的重要方法。其中以 $\alpha$-溴代反应更为普遍。最常用的溴化试剂为 N-溴代丁二酰亚胺（NBS）。

例如：

$$C_6H_5CH=CHCH_3 \xrightarrow{\text{NBS}} C_6H_5CH=CHCH_2Br$$

除 NBS 外，常用的溴化试剂还有三氯甲烷磺酰溴、二苯酮-N-溴亚胺、N-溴代邻苯二甲酰亚胺、N-溴代乙酰胺等。例如：二苯酮-N-溴亚胺与环己烯在紫外光照射下，于 80℃反应，生成-3-溴环己烯：

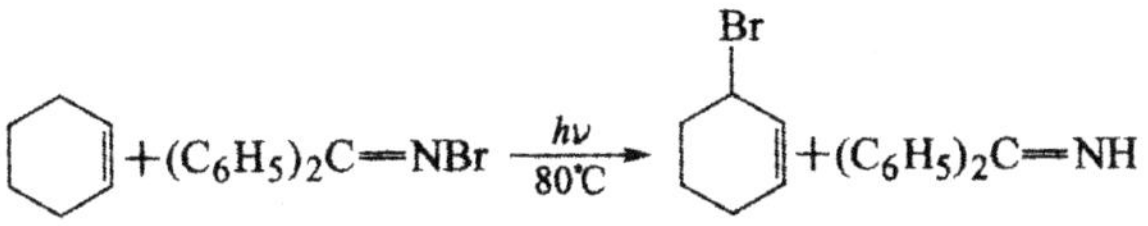

烷基芳烃的 $\alpha$-氢也易被卤素取代，这是合成 $\alpha$-卤代芳烃的重要方法。例如：

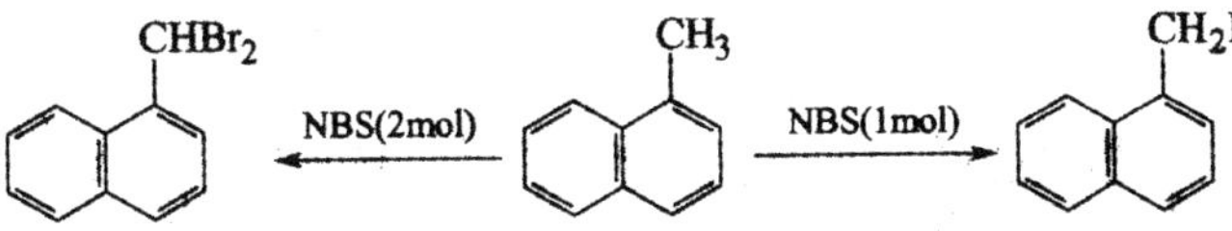

上述烯丙基化合物的卤代试剂均适用于烷基芳烃的卤代。

烯丙基化合物和烷基芳烃的 $\alpha$-氯代，可以采用活泼的氯化试剂，常用的氯化试剂有三氯甲烷磺酰氯、次氯酸叔丁酯、N-氯代丁二酰亚胺、N-氯化-N-环己基苯磺酰胺等。例如，用 $N,N$-氯苯磺酰胺与环己烯作用生成的 N-氯化-N-（2-氯环己基）苯磺酰胺，可使烯烃的 $\alpha$-位顺利氯代：

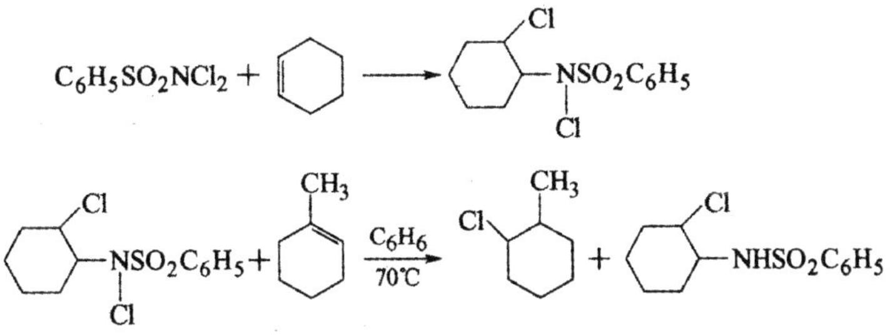

## 7.1.2 芳环上官能团的引入

苯的亲电取代反应是在苯环上引入官能团的重要方法。其亲电取代反应 7-1 所示。

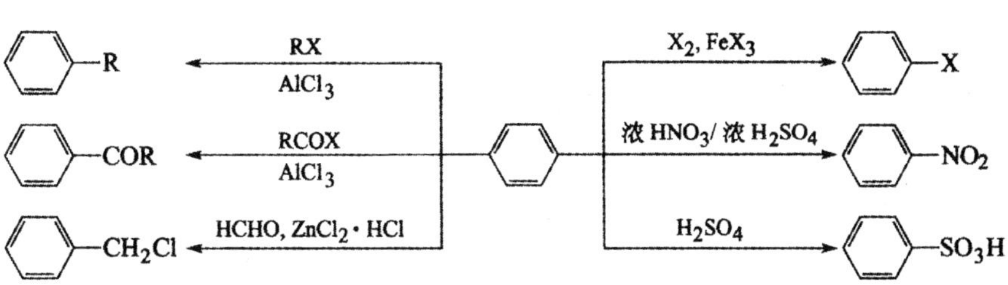

图 7-1 苯的亲电取代反应

苯的卤化反应一般指氯化和溴化，$F_2$ 反应活性过于强烈，不宜与苯直接反应。苯在 $CCl_4$ 溶液中与含有催化量氟化氢的二氟化氙反应，可制得氟苯。

$$\text{（苯）} + XeF_2 \xrightarrow[\text{CCl}_4]{\text{HF}} \text{（氟苯）} + Xe + HF$$
(68%)

碘很不活泼,只有在硝酸等氧化剂的作用下才可与苯发生碘化反应,

$$\text{（苯）} + I_2 + HNO_3 \xrightarrow[\triangle]{\text{回流}} \text{（碘苯）}$$

此外氯化碘也是常用碘化试剂。

$$\text{（苯）} + ICl \longrightarrow \text{（碘苯）} + HCl$$

磺化反应属于可逆反应。此反应的可逆性在有机合成中非常有用,在合成时可通过磺化反应保护芳环上的某一位置,待进一步发生反应后,再通过稀硫酸将磺酸基除去,即可得到所需化合物。

$$\text{（苯）}-SO_3H \xrightarrow[100\sim170℃]{\text{稀}H_2SO_4} \text{（苯）} + H_2SO_4$$

例如,用甲苯制备邻氯甲苯:

$$\text{甲苯} \xrightarrow{H_2SO_4} \text{（对甲苯磺酸）} \xrightarrow{Cl_2/Fe} \text{（氯代物）} \xrightarrow[150℃]{\text{稀}H_2SO_4} \text{（邻氯甲苯）}$$

氯甲基化反应生成的氯化苄上的氯十分活泼,—$CH_2Cl$ 可进一步转化为—$CH_2OH$、—CHO、—$CH_2CN$、—$CH_2COOH$、—$CH_2NH_2$ 等。

$$C_6H_5CH_2Cl \begin{cases} \xrightarrow{NaOH} C_6H_5CH_2OH \xrightarrow{[O]} C_6H_5CHO \\ \xrightarrow{KCN} C_6H_5CH_2CN \xrightarrow{H_3O^+} C_6H_5CH_2COOH \\ \xrightarrow{NH_3} C_6H_5CH_2NH_2 \end{cases}$$

烷基苯侧链的卤代为自由基历程,在光热或加热条件下进行。

$$\text{（苯）}-CH_2CH_3 + Cl_2 \xrightarrow{h\nu} \text{（苯）}-\underset{Cl}{CHCH_3}$$

烷基苯易被氧化,在 $KMnO_4$ 或 $K_2Cr_2O_7$ 等氧化剂作用下,烷基侧链被氧化为—COOH。不管链有多长,只要与苯环相连的碳上有氢原子,氧化的最终产物均为只含一个碳的羧基。若苯环上有两个不等长碳键,通常是长的侧链先被氧化。

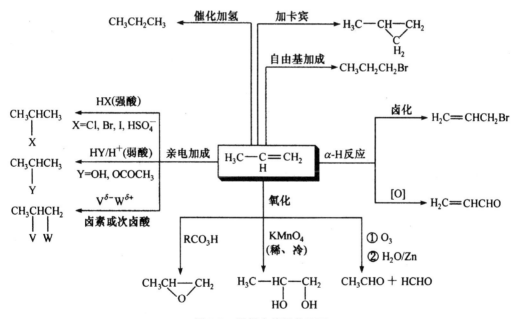

## 7.2　官能团之间的相互转换

在有机合成中,许多目标分子的合成总是通过官能团之间的相互转换来实现的,同时碳骨架的形成也不能脱离官能团的作用和影响。因此,有机化合物官能团之间的相互转换是有机合成的基础和重要工具。下面主要讨论基本的官能团的转换。

### 7.2.1　烯烃的官能团化

烯烃官能团化集中表现在碳-碳双键及双键的邻位两个位置上。现以丙烯为例,烯烃在合成上应用价值较大的反应如图 7-2 所示。

图 7-2　丙烯官能团化图示

在碳-碳双键的反应中,就反应而言,包括亲电加成反应和自由基加成反应;就产物而言,亲电加成是马尔科夫尼科夫(Markovnikov)产物(硼氢化-氧化反应实际上仍符合不对称加成规则),而自由基加成一般得反马氏产物。例如:

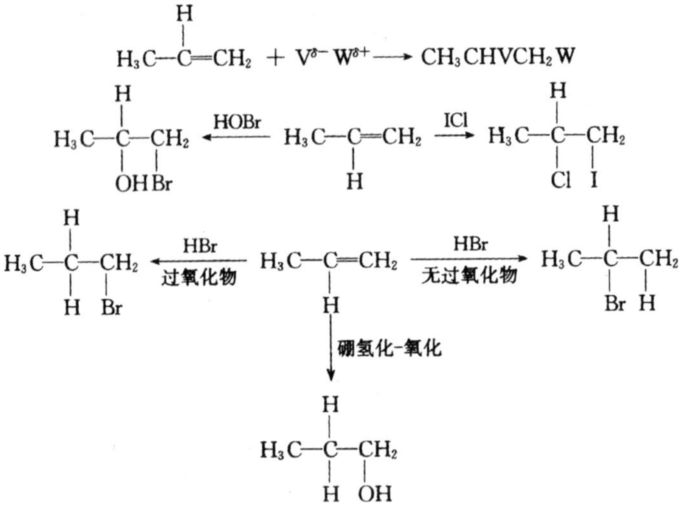

$$CH_3-\overset{\overset{H}{|}}{C}=CH_2 + V^{\delta-}W^{\delta+} \longrightarrow CH_3CHVCH_2W$$

烯烃与卡宾的加成反应是合成环丙烷衍生物的重要方法。例如：

$$CH_2N_2 \overset{h\nu}{\longrightarrow} :CH_2 + N_2$$

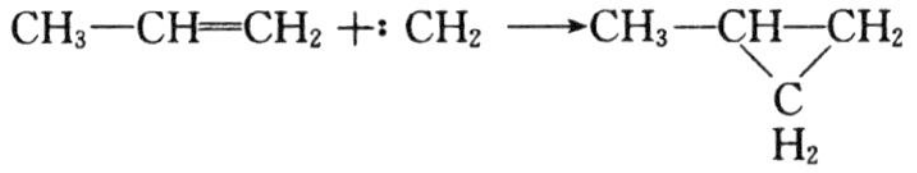

$$CH_3-CH=CH_2 + :CH_2 \longrightarrow CH_3-CH-CH_2$$

亲电加成的立体化学表明,除硼氢化-氧化为顺式加成外,其余均为反式加成。例如：

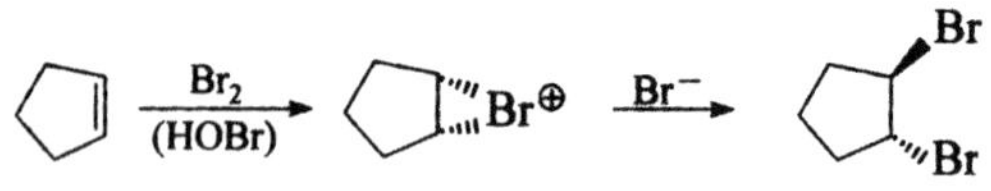

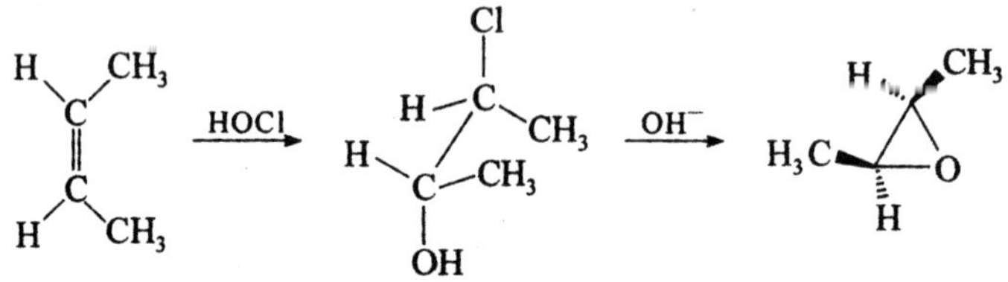

（Z）　　　　苏式　　　　顺式

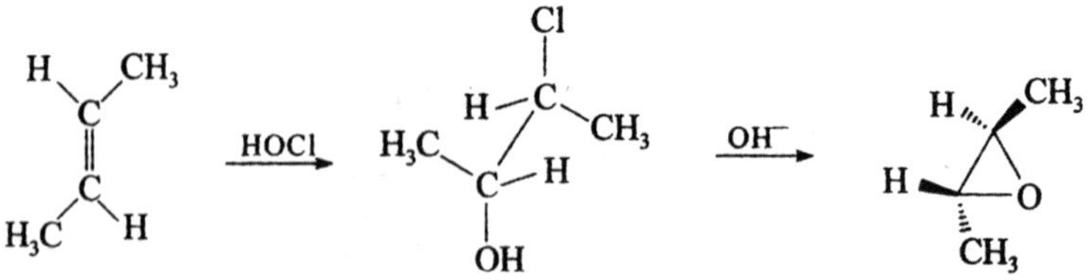

（E）　　　　赤式　　　　反式

碳-碳双键相邻的碳-氢键（烯丙位氢）对氧化和卤化是敏感的。烯丙位氢的氧化反应常用 $SeO_2$ 和过酸酯作为氧化剂,产物为相应的 $\alpha,\beta$-不饱和醇。例如：

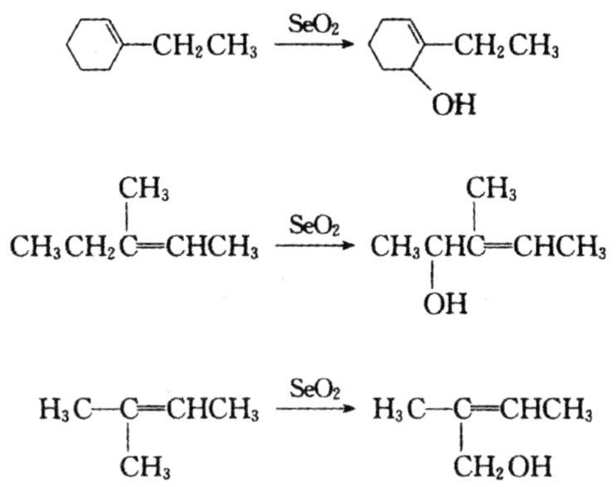

$SeO_2$ 氧化烯丙位氢通常发生在取代基较多的双键碳原子的 $\alpha$-位,其顺序为—CH—CH$_2$＞CH$_3$。

$N$-溴代丁二酰亚胺(NBS)在光催化反应条件下,可使多种甾烯的亚甲基发生氧化,具有良好的区域选择性。例如:

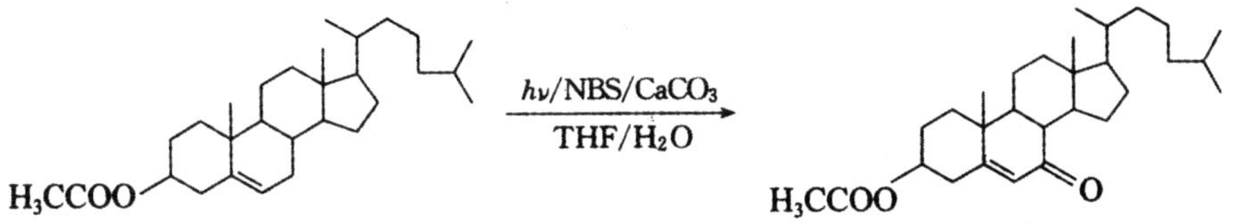

81%

用 NBS 进行溴化,因为反应涉及烯丙基自由基中间体,所以得到溴代烃的混合物。例如:

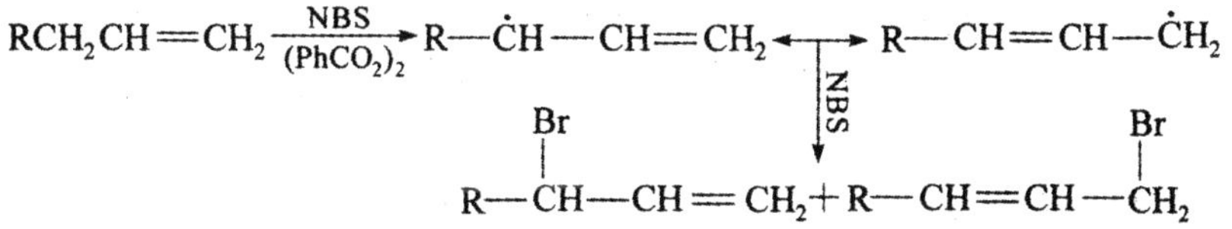

## 7.2.2　炔烃的官能团化

炔烃的官能团化主要表现在碳碳三键上,其主要反应如图 7-3 所示。

炔烃与烯烃相似,也可发生亲电加成,不对称炔烃与亲电试剂加成时也遵循马氏规则,多数加成也为反式加成。

溴化氢与炔烃加成时,与烯烃相同,在有过氧化物存在下,进行自由基加成,得反马氏规则产物。

炔烃与水的加成,常用汞盐作为催化剂。一元取代乙炔与水加成产物仅为甲基酮(RCOCH$_3$),而二元取代乙炔 RC≡CR′ 的水加成产物通常为两种酮的混合物,若 R 为 1°烃基,R′ 为 2°或 3°烃基,则主要得到羰基与 R′ 相邻的酮。

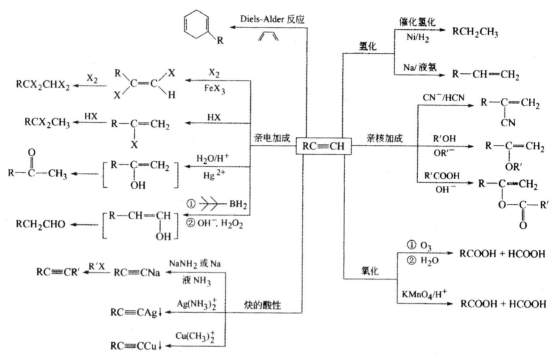

图 7-3　炔烃的主要反应

$$CH_3(CH_2)_2C{\equiv}CH + H_2O \xrightarrow[\text{HgSO}_4/\text{H}_2\text{SO}_4,70℃]{\text{HOAC}} CH_3(CH_2)_2COCH_3$$

$$CH_3C{\equiv}C-\underset{\underset{CH_3}{|}}{\overset{\overset{CH_3}{|}}{C}}-CH_3 + H_2O \xrightarrow[\text{Hg}^{2+}]{\text{H}^+} CH_3CH_2-\underset{\underset{CH_3}{|}}{\overset{\overset{O}{\|}}{C}}-\underset{\underset{CH_3}{|}}{\overset{\overset{CH_3}{|}}{C}}-CH_3$$

　　炔烃与烯烃的明显不同表现在亲核加成反应上,炔烃可以和有活泼氢的有机化合物如—OH、—NH$_2$、—COOH、—CONH$_2$ 等发生加成反应生成含有双键的产物。如:

$$HC{\equiv}CH + C_2H_5OH \xrightarrow[\substack{150\sim180℃\\0.1\sim1.5MPa}]{\text{碱}} H_2C{=}CHOC_2H_5$$

　　末端炔烃在碱催化下,形成碳负离子,并作为亲核试剂与羰基进行亲核加成反应,生成炔醇。

　　炔烃加氢除催化氢化外,还可以在液氨中用金属钠还原,主要生成反式烯烃衍生物。

$$CH_3C{\equiv}CCH_3 + 2Na + 2NH_3 \xrightarrow{\text{液氨}} \underset{\substack{H \quad\quad CH_3}}{\overset{\substack{H_3C \quad\quad H}}{C{=}C}} + 2NaNH_2$$

### 7.2.3　羟基的转换

　　醇羟基的卤代,经典的方法是用醇与氢卤酸作用。该方法因其常伴随消除、重排等副反应的发生而使其应用受到一定限制。现在,除三卤化磷、五卤化磷和卤化亚砜可作卤化试剂外,还有一些反应条件温和、选择性好、副反应少、产率高的卤代新试剂,如 N-氯代丁二酰亚胺与三苯基膦、四溴化碳与三苯基膦、碘甲烷与亚磷酸酯等。

酯的合成一般选用酸和醇反应制得。反应过程中,一般用过量的醇或酸,或利用共沸蒸馏等方法除去生成的水。采用三氟化硼-乙醚的络合物作催化剂可使芳酸、不饱和酸及杂环芳酸的酯化收到满意的效果。

为了中和生成的酸,在醇与酰卤或酸酐的酯化反应中通常要加入碱性试剂,以便促进反应的进行。

在 OH⁻ 条件下,醇与 RX 等作用生成醚;在酸性条件下,醇与 3,4-氢吡喃作用生成混合缩醛,用于保护羟基。醇与醛、酮反应,在酸催化下生成缩醛(酮),用于保护羰基。醇失水生成烯烃,可用多种布朗斯台德(Brönsted)酸和 Lewis 酸作催化剂促进反应的进行。

醇、酚的官能团转换如图 7-4 所示。

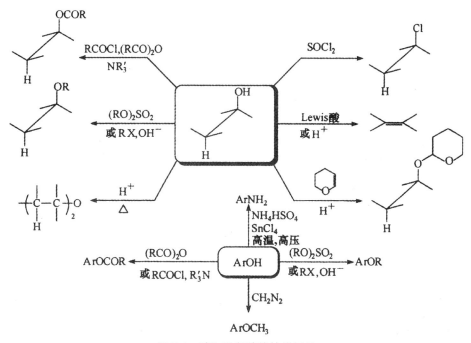

图 7-4  醇和酚羟基的转换图示

### 7.2.4  氨基的转换

氨基是碱性基团,它作为亲核试剂与卤代烷发生反应,得到胺和铵盐,与酰卤和酸酐作用得到酰胺。在氨基转换的反应中,伯芳胺转换为重氮盐的反应在合成上有重要意义。氨基转换的有关反应如图 7-5 所示。

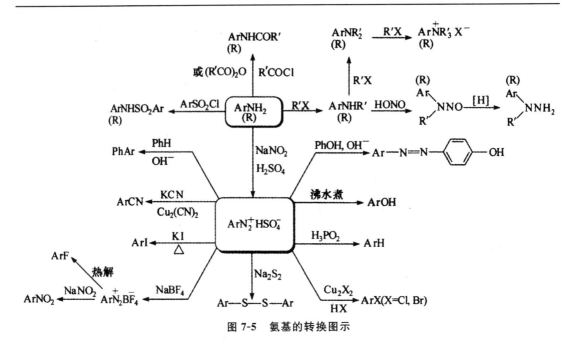

图 7-5 氨基的转换图示

### 7.2.5 硝基的转换

硝基是一个强的间位定位基,在芳香族化合物的合成中,起到非常重要的作用。它的一个重要转换就是还原为氨基,后者发生重氮化反应,可以被多种原子或基团取代,生成一系列化合物。其主要反应如图 7-6 所示。

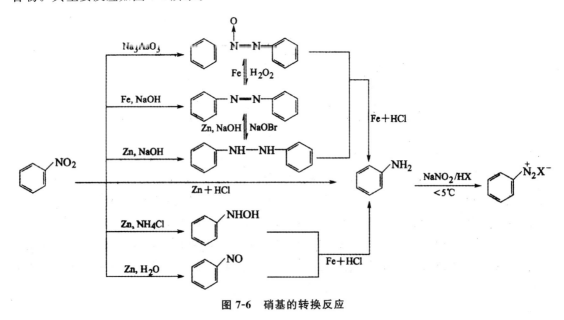

图 7-6 硝基的转换反应

### 7.2.6 醛和酮的转换

醛和酮可以发生缩合反应,亲核加成反应和还原反应等,生成各种化合物,在合成上具有重要应用价值。有关反应汇总如图 7-7 所示。

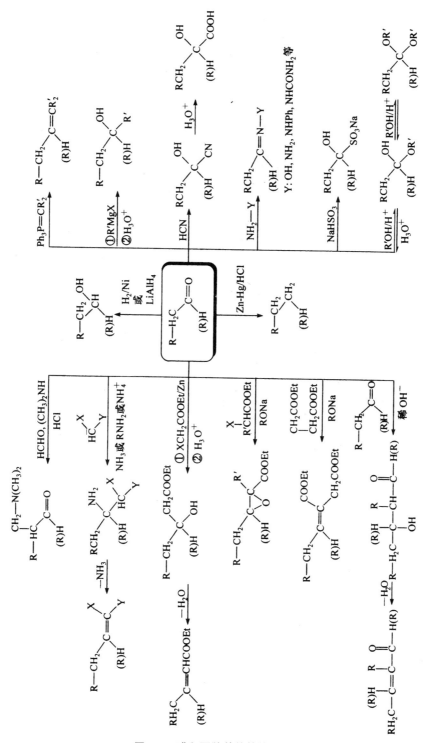

图 7-7　醛和酮羰基的转换图示

### 7.2.7　羧基的转换

羧基亦是较重要的官能团,羧酸及其衍生物酯、酰卤、酸酐、酰胺之间的相互转换既是制备方法之一,又是它们的重要性质,如图 7-8 所示。

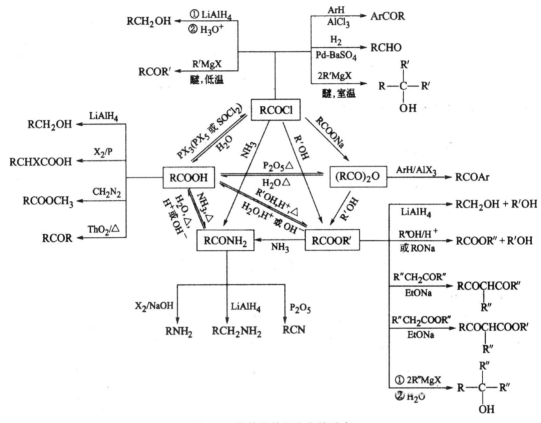

图 7-8　羧基及其衍生物的反应

羧酸衍生物的反应有很多共同之处,反应机制也大致相同。羧酸及其衍生物之间可相互转化,但是衍生物之间的转化与其活性有关,往往由活泼的转化为不活泼的。羧酸衍生物的活性次序为:酰卤>酸酐>酯>酰胺。

## 7.3　官能团的保护

近年来,有机合成化学中目标化合物的结构已变得越来越复杂。在这些具有复杂结构的化合物中,往往含有多个对化学反应敏感的官能团。在合成过程中,为使其中某一个官能团转变为另一个官能团而不影响其他官能团,必须采取保护措施,即先将不希望发生反应的官能团保护起来,待反应完成后再将保护基团除去,这样的方法叫"保护基团"(protecting group)法。保护基团法在天然药物合成等方面应用极为广泛。

对官能团进行保护的主要用途是:

①提高反应的区域选择性。

②提高反应的立体选择性。

③有利于多种产物的分离。

保护基要根据官能团的种类、性质以及除去保护基的条件等方面加以选择。在实际工作中要实施保护基团法，必须考虑得更为细致，概括起来大致有以下 5 点需要注意。

①所用试剂来源广泛、稳定、没有毒性。

②保护基自身不含手性中心，保护时不产生新的手性中心。

③生成的保护基在所设计的后续化学反应中也是稳定的。

④试剂能够定量地接上被保护的官能团，也能定量地脱下来。

⑤去保护基时应能再生原有基团，不影响目标分子的其他部分，产物和副产物易于分离。

这些要求是理想的，也是苛刻的。有的试剂作为保护基效率太低，而有的试剂接上后难以脱去。围绕这些要求，人们在不断地尝试，为有机合成提供更为巧妙的手段，相信今后这一领域还会有更多的发展。

### 7.3.1　羟基的保护

羟基存在于许多在生理上和合成上有意义的化合物中，如核苷、碳水化合物、甾族化合物、大环内酯类化合物、聚醚、某些氨基酸的侧链。对这些化合物的氧化、酰基化、用卤化磷或卤化氢的卤化、脱水等反应中，羟基都必须被保护起来。

羟基被保护方法有许多，但比较常见的归纳起来可分为：保护为酯类；保护为醚类；保护为缩醛或缩酮等。

#### 1. 酯类保护基

（1）酯类保护基的生成

酯类保护基通常在碱的存在下，由醇和酸酐或酰氯的反应生成。常用的碱是吡啶或三乙胺，如果羟基底物的活性较差，则可以加入催化量的 DMAP（4-$N$,$N$-dimethylamino-pyridine）来促进反应。$BF_3$、$Sc(OTf)_3$、$Bi(OTf)_3$ 等 Lewis 酸也可促进酯类保护基的生成。

如果化合物中含有多个羟基，则存在保护哪一个羟基的选择性问题。一般情况下，伯羟基最易酰化，仲羟基次之，叔羟基最难，可利用羟基活性的差异来控制羟基保护的选择性。下面的例子中，$t$-BuCOCl(PivCl) 能够选择保护伯羟基。

**(2)酯类保护基的去除**

一般情况下,酯类保护基可以在碱性条件下去除。各种酰基的水解速度不同。一些酯类保护基在碱性条件下水解能力如下:

$$t\text{-BuCO} < \text{PhCO} < \text{MeCO} < \text{ClCH}_2\text{CO}$$

在温和的碱性条件下,常用的乙酸酯保护基一般就能够去除,常用的碱如 $K_2CO_3$、KCN、肼、$Et_3N$ 等。例如,胸苷的合成,可利用乙酸酯保护核糖的羟基,然后用 $NH_3/CH_3OH$ 氨解脱去乙酰基。

位阻较大的 $t\text{-BuCO}$ 需要较强的碱性环境才能脱去,如 KOH/MeOH 碱性体系;或者用 $LiAlH_4$、$KBHEt_3$、DIBAL 等金属氢化物还原。

$\alpha$-吸电子取代基有利于酯的水解,$\alpha$-苯氧基乙酸酯是乙酸酯水解速率的 50 倍以上。$\alpha$-卤代更有利于水解速率的增加,这使得 $\alpha$-卤代乙酸酯保护基很容易去除,可使用硫脲,吡啶水溶液,$H_2NCH_2CH_2SH$,$H_2NCH_2CH_2NH_2$,$PhHNCH_2CH_2NH_2$ 等除去。氯甲酸三氯乙酯(Tceoc)和氯甲酸三溴乙酯(Tbeoc)用于保护醇羟基时,一般用还原法除去。

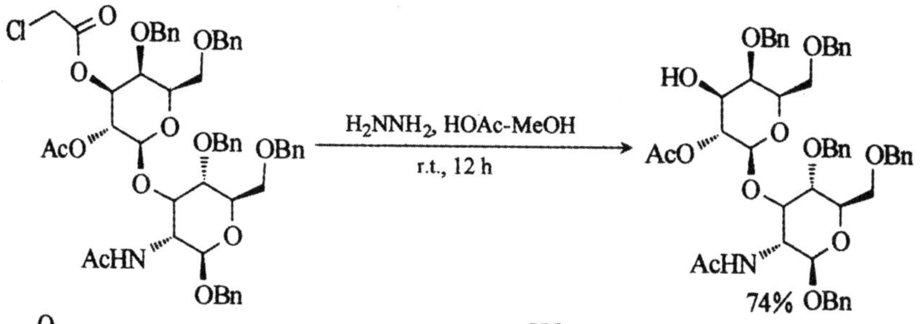

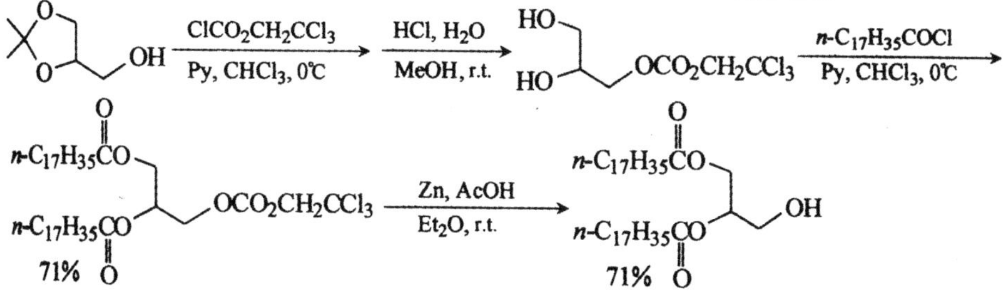

仲醇和烯丙醇的乙酸酯保护基可使 $K_2CO_3$-$CH_3OH$ 水溶液除去,如果保护的化合物对酸、碱敏感,可采用 KCN-$C_2H_5OH$ 溶液,但 KCN-$C_2H_5OH$ 溶液对 1,2-二醇乙酰化合物的水解比较缓慢。对于多保护基的化合物,也可进行选择性去保护。例如,使用 $Bu_3SnMe/CH_2Cl_2$ 体系可选择性脱去葡萄糖分子中苷羟基上的一个乙酰基。

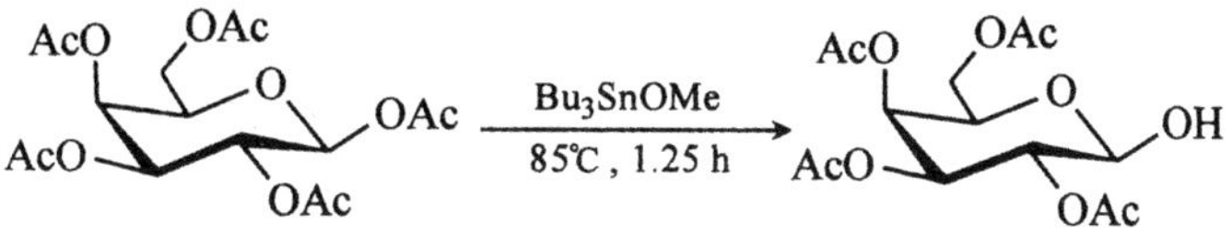

酶催化也能用于酯类保护基的去保护,不但能控制去保护的区域选择性,而且能制立体选择性。

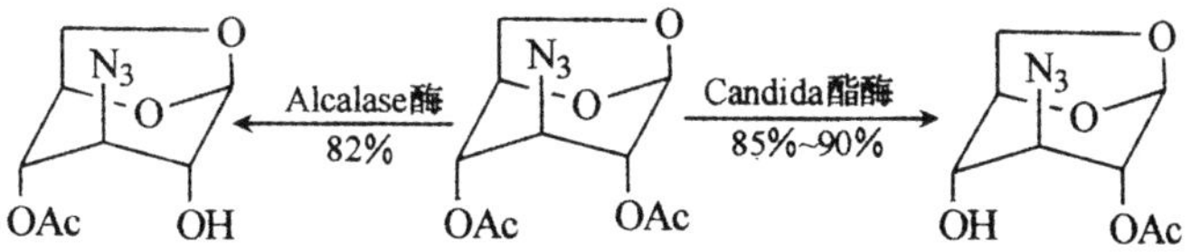

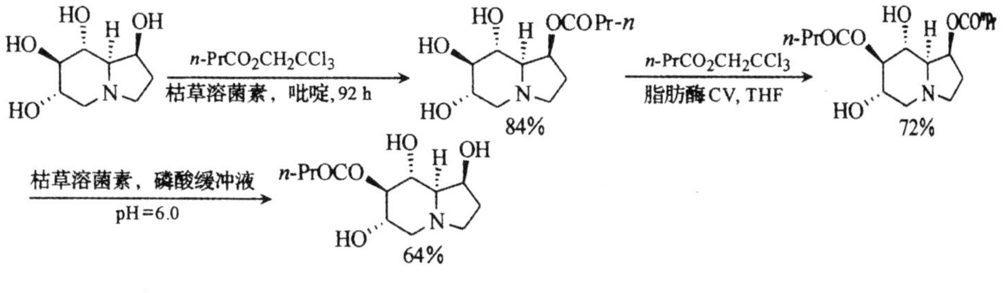

2. 醚类保护基

(1)烷基醚保护

①甲醚。

用生成甲醚的方法保护羟基是一个经典方法,通常使用硫酸二甲酯在 NaOH 或 $Ba(OH)_2$

存在下，于 DMF 或 DMSO 溶剂中进行。简单的甲醚衍生物可用 $BCl_3$ 或 $BBr_3$ 处理脱去甲基。近年发现，用 $BF_3/RSH$ 溶液与甲醚溶液一起放置数天，可脱去甲基。

$$ROH \xrightarrow[NaOH]{Me_2SO_4} ROMe \xrightarrow{BF_3/RSH} ROH$$

脱去甲基保护基也可以使用 $Me_3SiI$ 等 Lewis 酸，根据软硬酸碱理论，氧原子与硼或硅原子结合，而以溴离子、氟离子或碘离子将甲基除去。表示如下：

$$CH_3I + ROSiMe_3 \xrightarrow{H_2O} ROH + Me_3SiOH$$

该方法的优点是条件温和，保护基容易引入，且对酸、碱、氧化剂或还原剂都很稳定。

②叔丁基醚。

叔丁基醚对强碱性条件稳定，但可以为烷基锂和 Grignard 试剂在较高温度下进攻破坏。它的制备一般用异丁烯在酸催化下于二氯甲烷中进行。最近有人报道末端丙酮叉经甲基 Grignard 试剂进攻后可以中等产率转化为伯位叔丁基醚，有望在某些合成中得到很好的应用。

③三苯甲基醚。

三苯甲基醚常可保护伯羟基，一般用三苯基氯甲烷 TrCl 在吡啶催化下完成保护。稀乙酸在室温下即可除去保护基。例如：

④烯丙基醚。

烯丙基醚可用烯丙基卤化物与烷氧负离子反应制备。在碳水化合物合成中,常利用 $Bu_2SnO$ 大量制备烯丙基醚保护的糖,如下式:

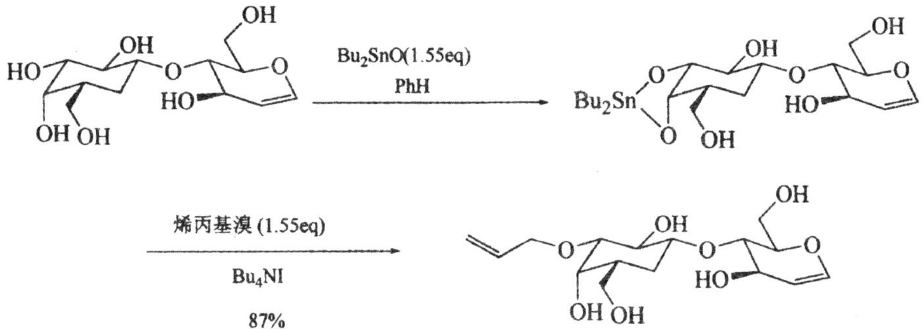

(2)烷氧基烷基醚

烷氧基烷基醚保护基主要包括甲氧基甲基醚(MOM)、甲氧基乙氧基甲基醚(MEM)、甲硫基甲基醚(MTM)、苄氧基甲基醚(BOM)和四氢吡喃醚(THP)等。

四氢吡喃醚是醇羟基常用的保护方法之一,形成的醚在酸碱性条件下都比较稳定的存在,它由伯、仲、叔醇在酸性条件下与 2,3-二氢-4H-吡喃反应得到的。反应通式如:

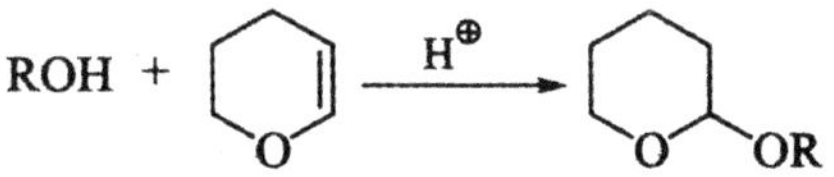

常用的溶剂是氯仿、二噁烷、乙酸乙酯和 DMF 等。原料是液体的醇时,可以不用溶剂。常用的酸催化剂是对甲苯磺酸、樟脑磺酸(CSA)、三氯氧磷、三氟化硼/乙醚、氯化氢等。对甲苯磺酸吡啶盐(PPTS)的酸性比乙酸还弱,用于催化醇的四氢吡喃化可提高产率。例如:

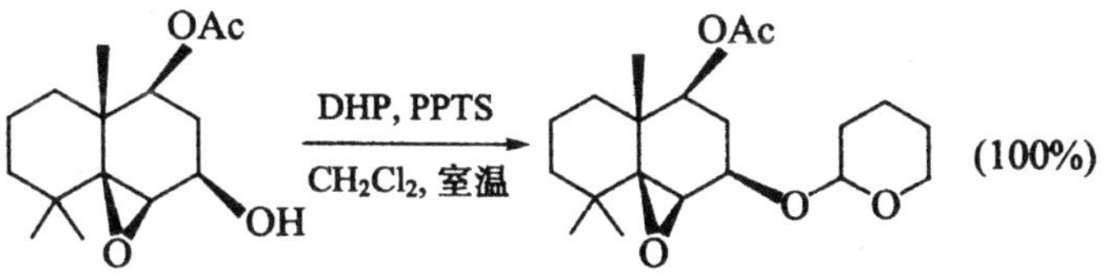

四氢吡喃醚是混合缩醛,对强碱、烃基锂、格利雅试剂、氢化锂铝等是稳定的。四氢吡喃醚可以在温和酸性条件下水解除去。例如,$HOAc$-$THF$-$H_2O$ (4:2:1)/45℃可以除去四氢吡喃保护基,但不能除去 MOM、MEM 和 MTM 醚保护基。

MOM、MEM 和 MTM 醚保护基一般用相应的氯化物或溴化物在碱性条件下导入。例如:

$$CH_3OCH_2CH_2OH \xrightarrow[25℃(82\%)]{(HCHO)_n,HCl} CH_3OCH_2CH_2OCH_2Cl \xrightarrow[25℃(80\%)]{ROH,Et_3N} \underset{(ROMEM)}{ROCH_2OCH_2CH_2OCH_3}$$

MOM 醚保护基也常用 $(CH_3O)_2CH_2/P_2O_5$ 完成保护。例如:

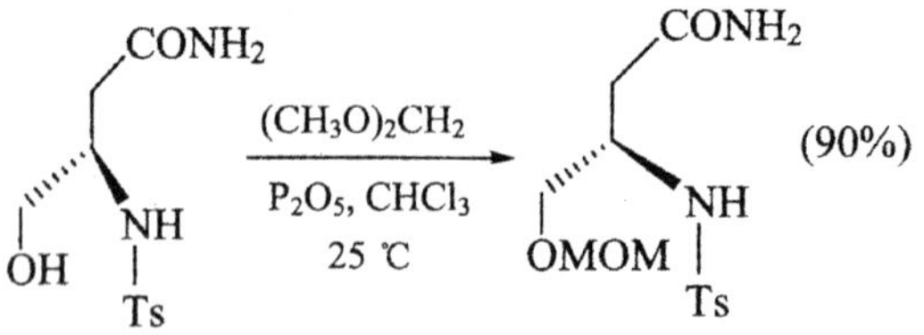

MOM 醚保护基可以在酸性条件如 HCl-THF-H$_2$O 或 Lewis 酸（如 BF$_3$·OEt$_2$、Me$_3$SiBr 等）存在下除去。MEM 醚保护基的除去条件要强烈一些，一般要在 ZnBr$_2$、氢溴酸等存在下除去。MTM 醚保护基一般在重金属盐存在下除去。例如：

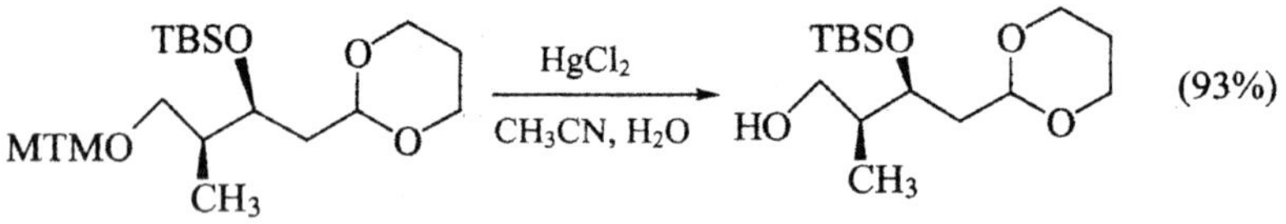

（3）保护为硅醚

因为硅氧醚键容易形成,而且硅氧醚键对于有机锂、格氏试剂和一些氧化剂、还原剂等都比较稳定,所以硅醚类保护基策略被广泛采用。烷基硅基可以在特定条件下发生水解反应而断裂。

能产生三甲硅基的试剂有三甲基硅三氟甲磺酸酯（Me$_3$SiSO$_3$CF$_3$）、六甲基二硅胺烷 [（Me$_3$Si）$_2$NH]和三甲基氯硅烷等。其中,三甲基硅氟甲磺酸酯的反应活性最高,但价格昂贵,一般使用价格便宜的三甲基氯硅烷。反应常以四氢呋喃、二氯甲烷、乙腈、二甲基甲酰胺等为溶剂,以碱（如吡啶、三乙胺等）作催化剂。例如,下列糖苷分子中,利用三甲基氯硅烷实现对糖结构单元中羟基的保护,而碱基中的氨基不受影响,反应方程式如下：

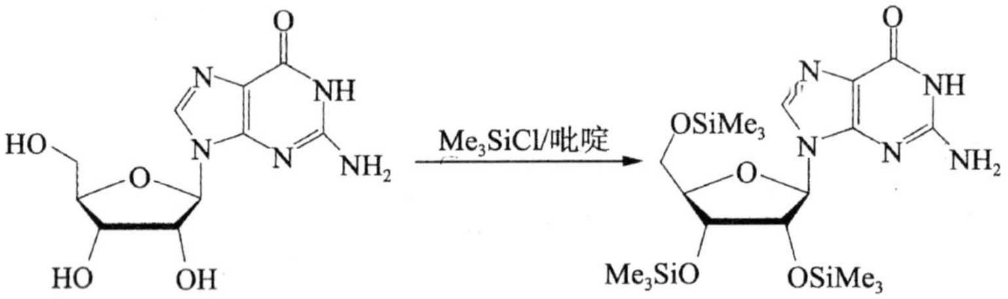

不饱和醇与三乙基氯硅烷在 DMF 中,以咪唑为催化剂反应得到高产率的硅醚化合物（见下式）,实现了对羟基的保护。

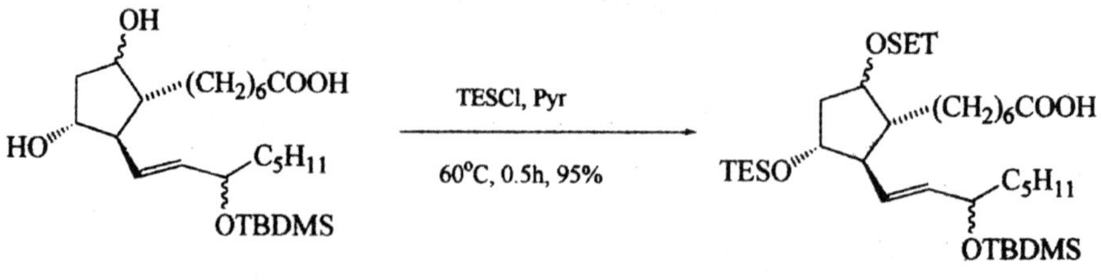

3. 二醇和邻苯二酚的保护

多羟基化合物中1,2-二醇和1,3-二醇以及邻苯二酚两个羟基同时保护在有机合成中应用广泛。它们与醛或酮在无水氯化氢、对甲苯磺酸或 Lewis 酸催化下形成五元或六元环状缩醛、缩酮得以保护，如图 7-9 所示。在二醇和邻苯二酚保护时，常用的醛、酮有：甲醛、乙醛、苯甲醛、丙酮、环戊酮、环己酮等。此类保护基对许多氧化反应、还原反应以及 *O*-烃化或酰化反应都具有足够的稳定性。环状缩醛和缩酮在碱性条件下稳定，去保护基常用酸催化水解。此外，苯亚甲基保护基也可以用氢解的方法除去。

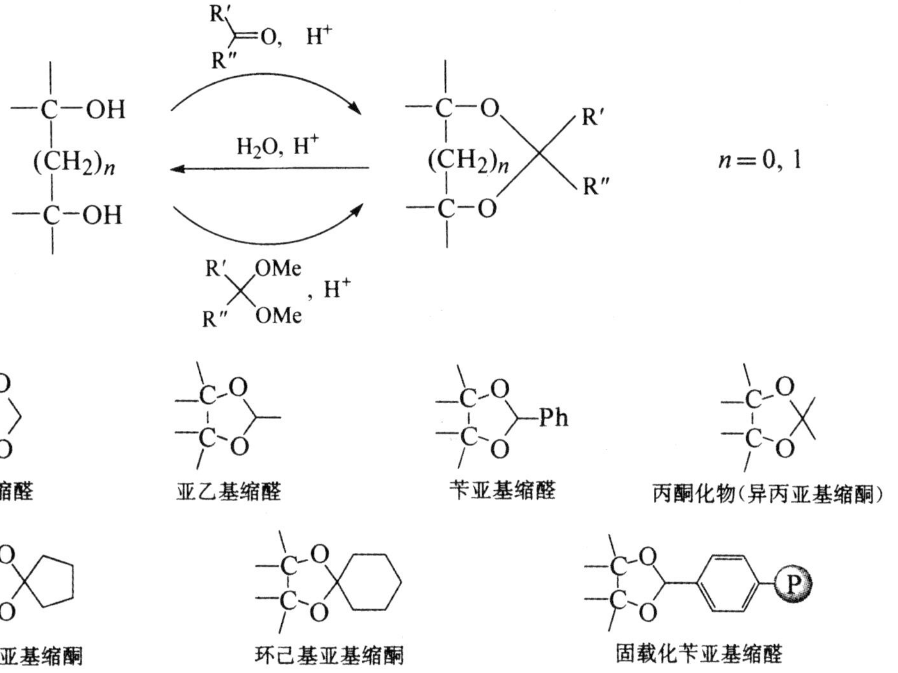
H2O, H+
n=0, 1
亚甲基缩醛
亚乙基缩醛
苄亚基缩醛
丙酮化物(异丙亚基缩酮)
环戊基亚基缩酮
环己基亚基缩酮
固载化苄亚基缩醛

**图 7-9　二醇和邻苯二酚生成环状缩醛、缩酮**

2-甲氧基丙烯和邻二醇在酸催化下形成环状缩酮，也是保护邻二醇羟基的常用方法。如：

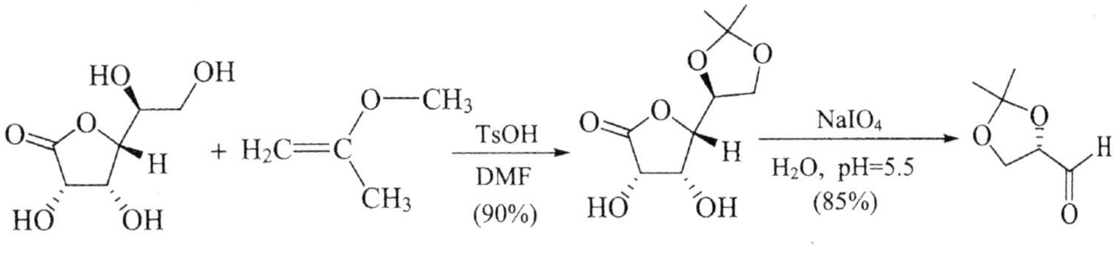
TsOH
DMF
(90%)
NaIO4
H2O, pH=5.5
(85%)

固载化保护技术在近代有机合成中具有重要的意义并得到了广泛的应用。例如，采用固载化保护技术，将固载化苯甲醛保护试剂(**1**)与甲基葡萄糖苷(**2**)的 $C_{4,6}$-二醇羟基反应生成并环的缩醛(**3**)，继以 $C_{2,3}$-二醇羟基衍生化生成酯(**4**)后，进行酸化处理，分出目标物(**5**)，固载化试剂(**1**)再生并循环利用。

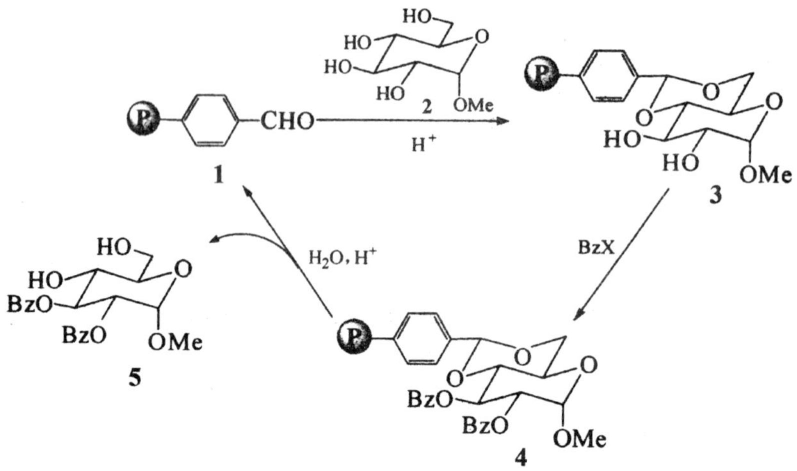

此外,二氯二特丁基硅烷和二醇作用形成硅烯保护基。例如:

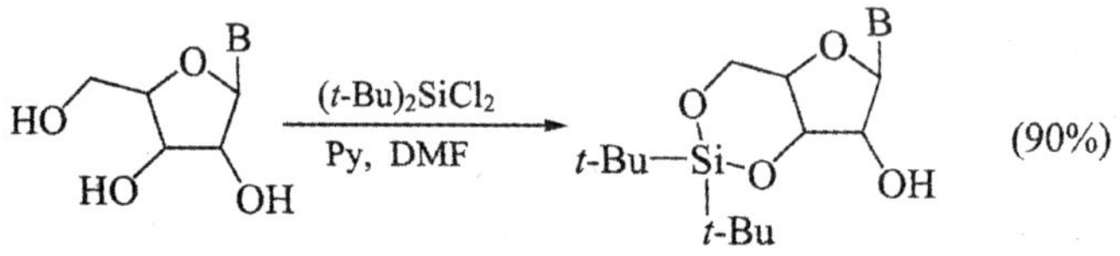

硅烯保护基可以用 HF-Py 在室温下除去。

### 7.3.2 氨基的保护

伯胺和仲胺具有亲核性以及弱的酸性氢,其氨基极易氧化生成氮氧化物。氨基氮原子带有负电荷,易作为亲核试剂进攻带有部分正电荷的碳原子,从而发生烃基化、酰化反应等,因而,氨基对氧化和取代反应敏感,通常需要对其进行保护。

#### 1.氨基甲酸酯类保护

具有光学活性的(S)-α,α-二苯基-2 吡咯烷甲醇是重要的手性催化剂或催化剂前体被广泛地应用于有机合成中。若以脯氨酸甲酯盐酸盐为原料,采用 N-乙氧羰基保护氨基,再与格氏试剂反应,然后在酸性水溶液中脱除保护基团即可得到较高产率的目标产物,反应式如下:

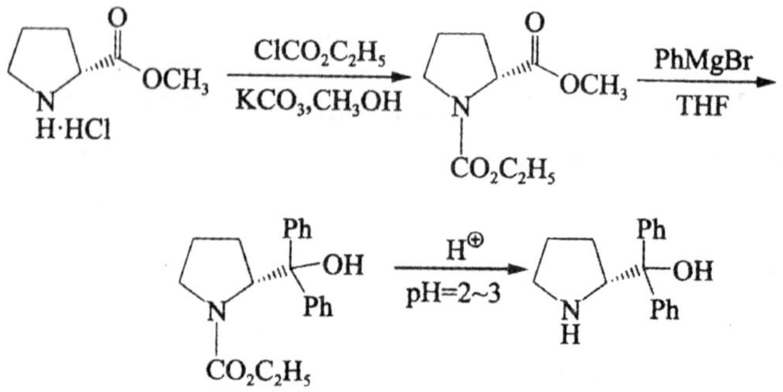

叔丁氧甲酰基是保护氨基的另一种常用方法(在酚羟基保护中曾用到),常见试剂为碳酸酐二叔丁酯[(CH₃)₃COCOCOOC(CH₃)₃,简称 Boc₂O]和 2-(叔丁氧甲酰氧亚氨基)-2-苯基

乙腈(Boc-ON)。两种试剂分别与胺反应,得到叔丁氧甲酰胺,反应式如下。在酸性条件(如三氟乙酸或对甲基苯磺酸)下脱除保护基。

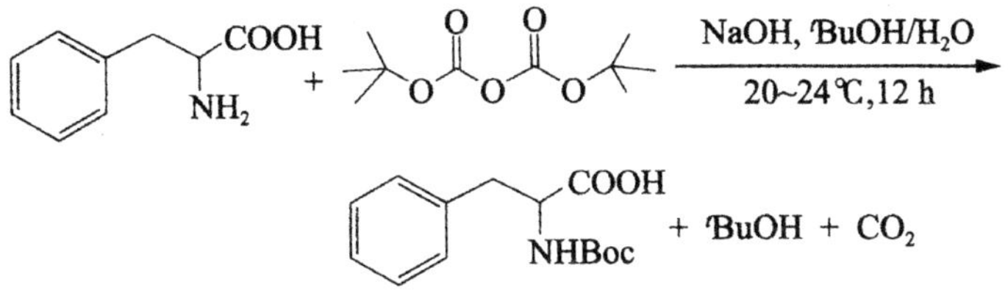

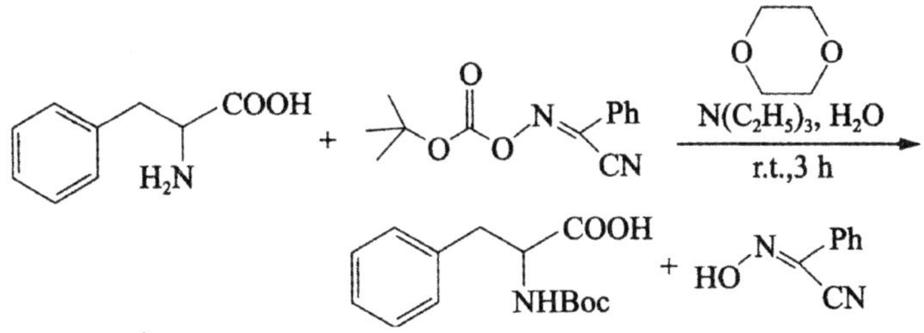

HCl 的乙酸乙酯溶液可选择性地脱除 N-Boc 基团,而分子中的其他对酸敏感的保护基(如叔丁酯、脂肪族叔丁基醚、三苯基醚等)不受影响,反应式如下:

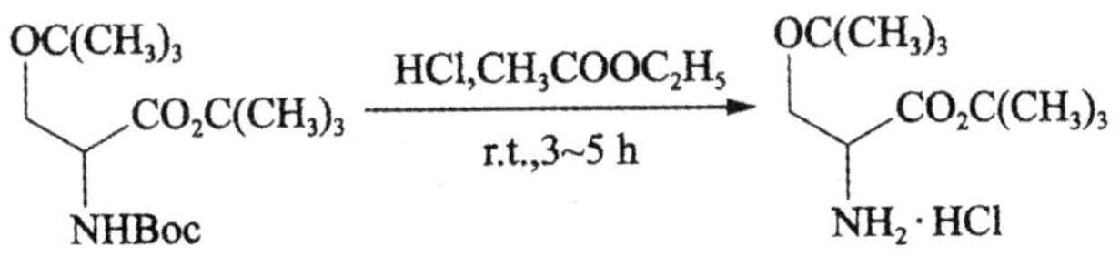

2. N-酰基化保护

伯胺和仲胺容易与酰氯或酸酐反应生成酰胺。乙酰基和苯甲酰基可用来保护氨基。酰基保护基可以用酸或碱水解的方法除去。例如:

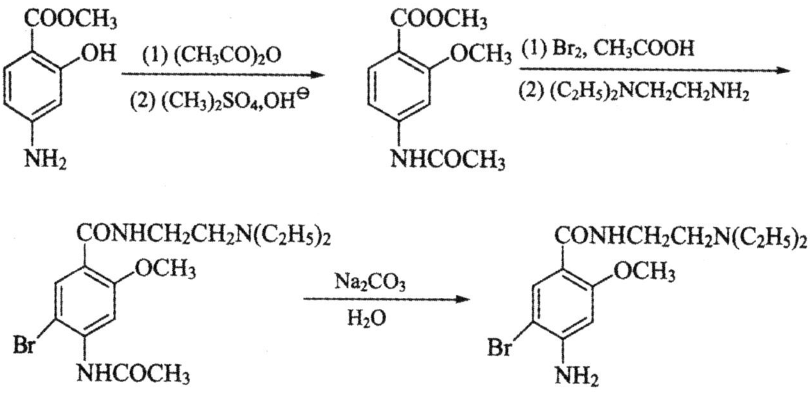

将胺变成取代酰胺是一个简便而应用非常广泛的氨基保护法。单酰基往往足以保护一级胺的氨基,使其在氧化、烷基化等反应中保持不变,但更完全的保护则是与二元酸形成的环状双酰化衍生物。常见的胺类化合物的保护试剂有卤代乙酰及其衍生物,如乙酰氯、乙酸酐以及乙酸苯酯。将胺与化合物与上述物质直接反应就能保护氨基。例如在磺胺类药物的合成中就是通过乙酰基来保护氨基的。

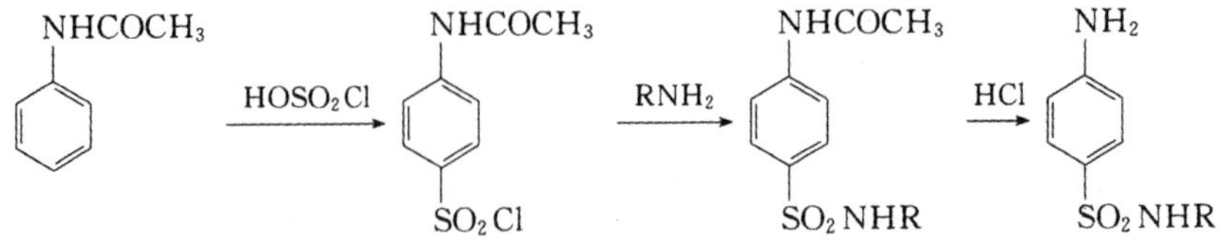

当分子内同时存在羟基和酰基时,用羧酸对硝基苯来实现氨基的选择保护,如下式:

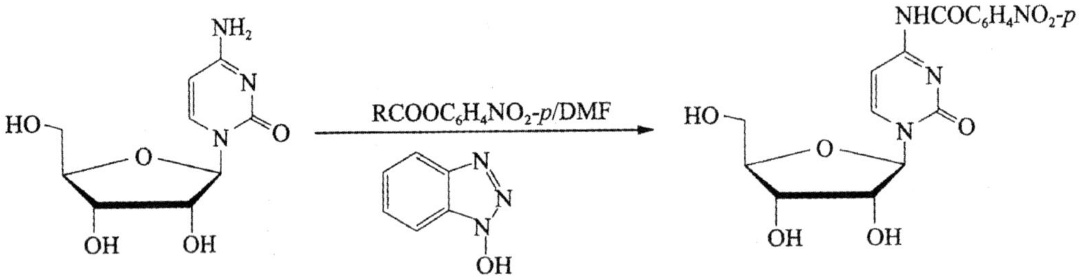

也可以将羟基和羧基同时保护起来。例如,氯霉素的合成:

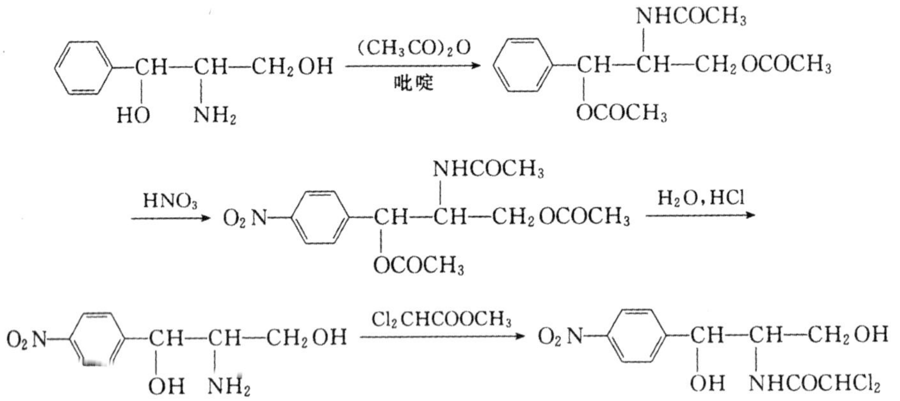

当分子内存在如羧酸官能团的 $\alpha$-氨基和相距较远的氨基,两种不同环境的氨基时,由于 $\alpha$-氨基与邻近羧基形成分子内氢键或内盐降低了氨基的活性,使用乙酸对硝基苯酯在 pH=11 的条件下,距离羧基较远的氨基可以选择性地进行酰基化反应。例如:

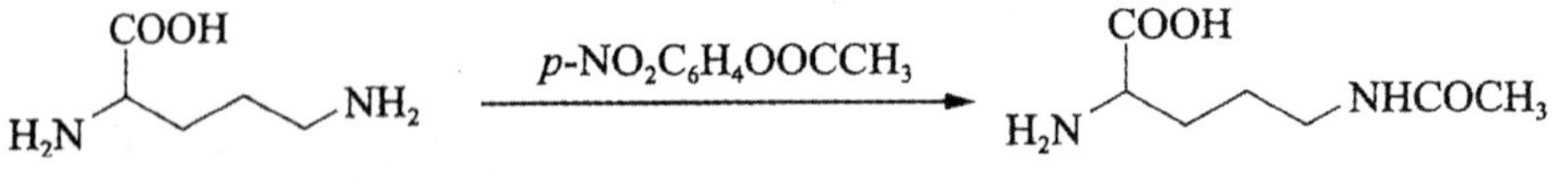

伯醇的保护常用酰亚胺保护,常用的试剂有邻苯二甲酸酐、丁二酸酐和它的衍生物。胺和丁二酸酐在 150～200℃共热,先生成非环状酰胺酸,随后在乙酰氯或亚硫酰氯的作用下生成环状酰胺,反应方程式如下:

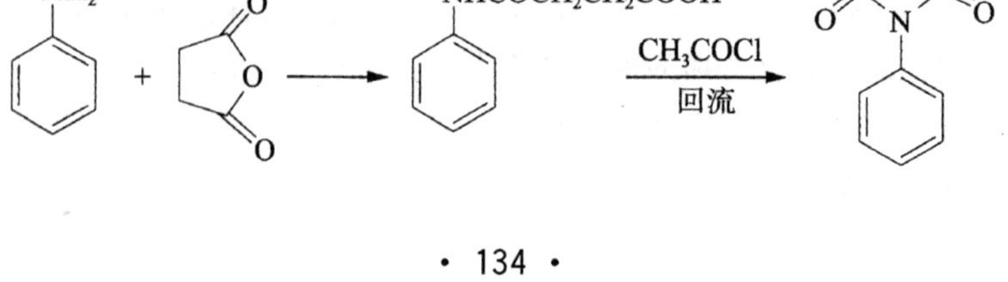

若用邻苯二甲酸酐在氯仿中与伯胺作用,可得到较高产率的邻苯二甲酰亚胺,反应方程式如下:

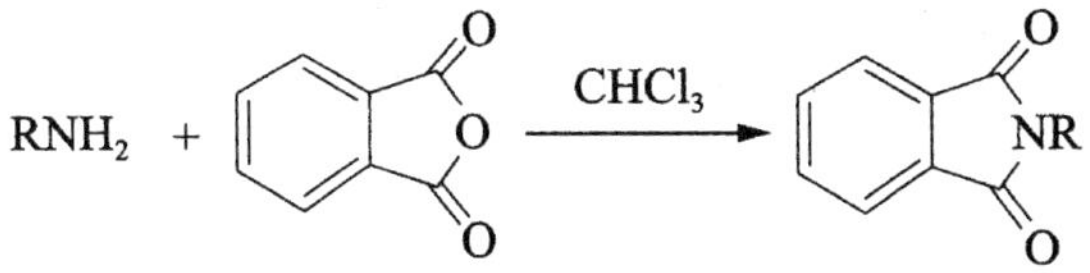

此外,在核苷酸合成的磷酸化反应中,对甲氧苯酰基、苯酰基和异丁酰或 2-甲基丁酰基可以分别保护胞嘧啶、腺嘌呤和鸟嘌呤中的氨基。另外,伯胺能以酰胺的形式加以保护,这就防止了活化的 N-乙酰氨基酸经过内酯中间体发生外消旋化。

3. N-烃化和 N-硅烷化保护

(1)N-苄基胺

N-烃化保护有 N-甲基胺、N-叔丁基胺、N-烯丙基胺和 N-苄基胺等。常用的是 N-苄基胺,通常是苄氯或苄溴在碳酸钾或氢氧化钠存在下与氨基反应生成。相对于前述羟基的苄基保护,氨基的苄基化更为容易,伯胺可以生成 N-单苄基仲胺,再次苄基化生成 $N,N$-二苄基叔胺。苄基胺对于碱、亲核试剂、有机金属试剂、氢化物还原剂等是稳定的。常用钯-碳催化氢化或可溶性金属(钠-液氨)还原脱除苄基保护基。与脱苄基醚相比,通常需要更高的氢气压力、反应温度和催化剂用量。

氨基酸中氨基的苄基化保护时,常常生成一苄和二苄两种衍生物。当用钯-碳催化氢解时常可选择性去除二苄基衍生物中的一个苄基。

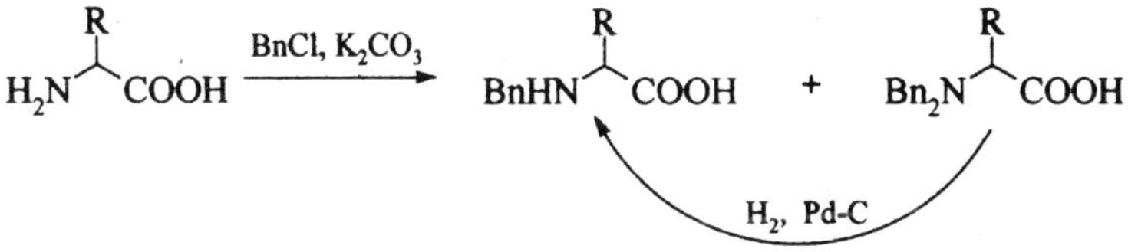

合成治疗青光眼的中草药生物碱包公藤甲素时,最后一步脱苄基选用氢气(3atm)和60℃,方能获得好结果。

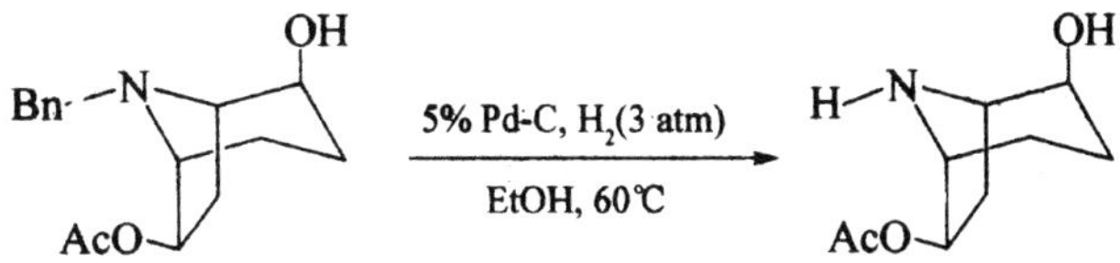

合成麻痹剂 Saxitoxin 时,最后采用钯黑和 0.1mol/L 甲酸的乙酸溶液处理,选择性脱除苄基保护基而不影响 $S,S$-缩酮保护基和众多功能基。

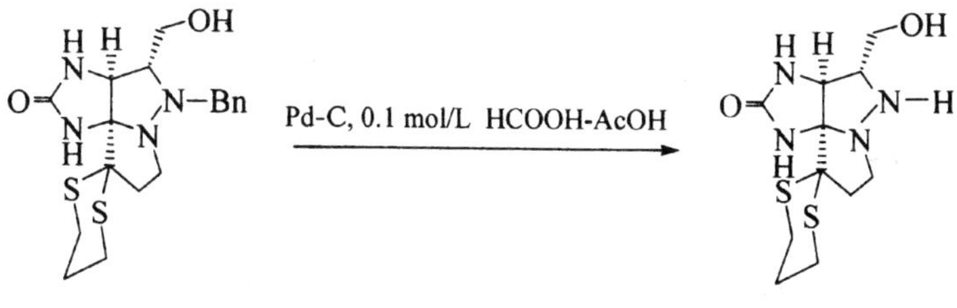

（2）N-三甲基硅胺

常用而简单的 N-硅烷化保护是 N-三甲基硅胺（TMS-N），在有机碱三乙胺或吡啶存在下三甲基硅烷与伯胺、仲胺反应制得。由于硅衍生物通常对水汽高度敏感，在制备和使用时均要求无水操作，这也限制了它们的实际应用。脱保护容易，水、醇即可分解。若采用位阻较大的叔丁基二苯基硅胺可选择性保护伯胺，仲胺不受影响。

### 7.3.3 羰基的保护

醛、酮的羰基比较活泼，能与多种亲核试剂发生反应，因此在很多反应需要保护羰基。保护羰基常用的方法有两种：一种是使用醇或者二醇，生成缩醛或缩酮；另一种是用硫醇，生成二硫代缩醛或缩酮，还可生成单硫代缩醛、缩酮。

#### 1. 缩醛或缩酮保护基

醛、酮和两分子醇反应，便可得到缩醛、缩酮。反应需要酸的促进，如对甲基苯磺酸、氯化氢。

缩醛、缩酮在 pH=4～12 时通常比较稳定，同时对碱、氧化剂、还原剂稳定，但对酸的水溶液和 Lewis 酸敏感。因此缩醛、缩酮在完成保护基使命后，一般能够存酸的水溶液中被去除。

可以用两分子甲醇和醛、酮反应制备缩醛、酮。醛、酮与甲醇生成的缩二甲醇结构鉴定相对容易，在核磁共振谱上甲醇的峰比较容易识别，脱去保护基产生的甲醇也容易除去。1,2-乙二醇是一类普遍应用的醛、酮保护试剂，它容易与醛、酮反应生成环状缩醛、酮。

$p$-TsOH 等质子酸、Lewis 酸可以作为 1,2-乙二醇生成缩醛或缩酮的反应的催化剂。此外，TMSCl 也是一个很好的试剂，它在反应中既有催化作用又能够脱水。

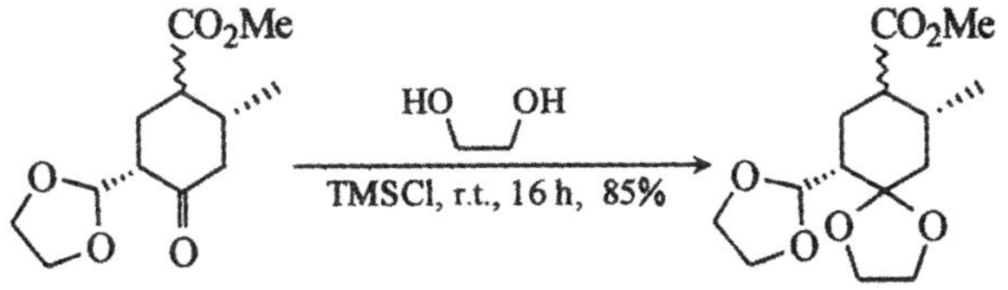

不同类型的环状缩醛、酮生成的难易程度有所差异，几种醛、酮的活性顺序为：

醛基＞链状羰基（环己酮）＞环戊酮＞$\alpha,\beta$-不饱和酮＞苯基酮

空间位阻对缩醛、酮保护基的引入有很大影响。位阻大的酮难以形成缩酮，但是一经形成就很难脱去，所以可以通过控制条件选择性的保护羰基化合物中位阻小的羰基。

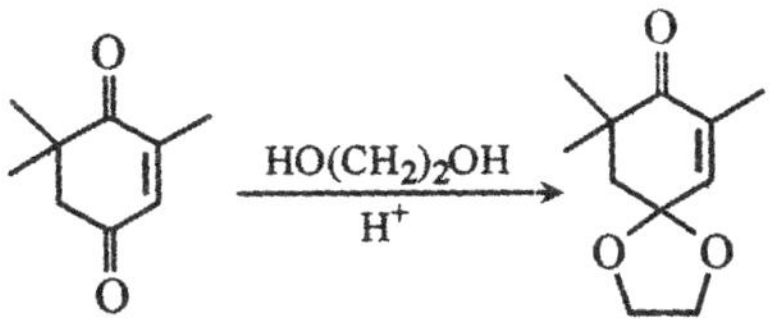

有时共轭醛、酮生成缩醛、缩酮后，双键的位置发生转移，这与催化剂的酸性有很大关系。使用乙二醇的双（三甲基硅基）衍生物和 $Me_3SiOTf/CH_2Cl_2$ 保护烯醇，不会引起双键位移。而且共轭的羰基相对反应性要弱一些。例如：

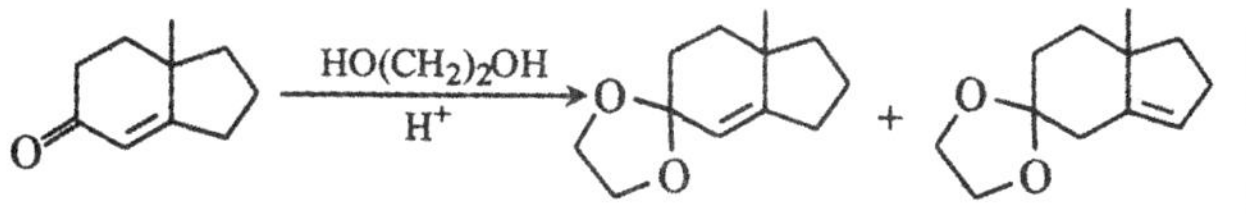

| 酸 | p$K_a$ | A/B |
|---|---|---|
| $HCO_2H$ | 3.03 | 10:0 |
| 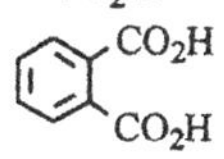 邻苯二甲酸 | 2.89 | 7:3 |
| $(CO_2H)_2$ | 1.23 | 8:2 |
| $p$-TsOH | <1.0 | (0:10) |

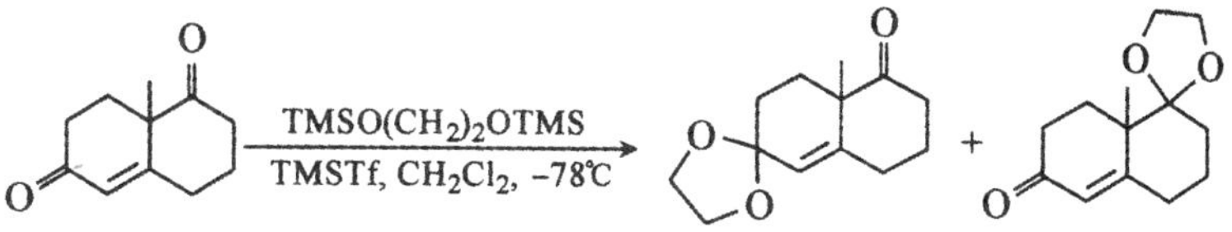

1,3-二醇也容易与醛酮反应生成六元环，引入缩醛或缩酮保护基，并在有机合成中广泛应用。

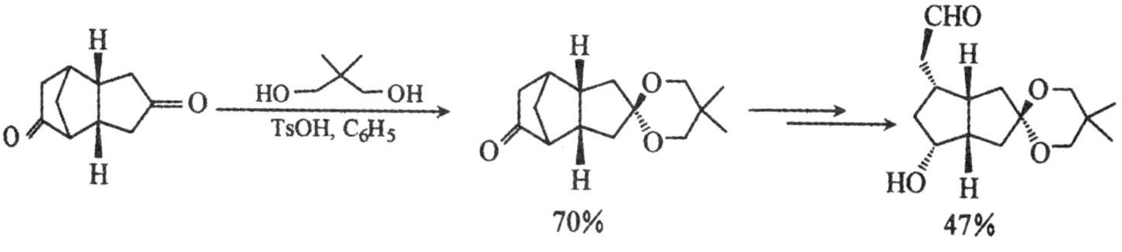

70%　　　47%

**2. 二硫代缩醛、缩酮保护基**

硫代缩醛、酮对酸稳定性较好，在 pH＝1～12 时稳定，不与氢化锂铝等还原剂、有机金属试剂、亲核试剂和过碘酸等部分氧化反应。但是对某些氧化剂敏感，可使一些金属催化剂

失活。

　　二硫代缩醛、缩酮的制备类似于二醇的缩醛、酮制备,即在 Lewis 酸或质子酸存在下,硫醇与醛酮反应。常用的催化剂是 BF₃·Et₂O、ZnCl₂、Zn(OTf)₂ 等。

脱保护常用 HgCl₂ 水溶液,可用银盐、铜盐、钛盐、铈盐、铝盐等重金属盐作催化剂。

　　另外,N-溴代或氯代丁二酰亚胺、碘-DMSO 等也可脱去保护。使用硫烷基化试剂,如MeI、Me₃OBF₄、EtOBF₄、MeOSO₂CF₃ 脱保护,条件比较温和。

当邻基参与反应时,硫缩酮的去保护能用氟化氢实现,氟化氢通常不会影响这个基团:

3. 单硫代缩醛、缩酮保护基

将醛、酮转化为 O,S-缩醛酮是保护羰基的一类方法。

$O,S$-缩醛、酮的去保护条件和前面提到的缩醛、缩酮有类似之处。通常较后者速率快,但它通常缺乏稳定性,从而限制其保护功能。$O,S$-缩醛、缩酮也可以被选择性去除。

### 7.3.4　羧基的保护

由于羧基是由羟基与羰基组成的 $p$-$\pi$ 共轭体系,使羰基的活性显著降低,羟基的活性却很高,同时,其羧基的质子具有一定酸性。

羧基的保护实际上是羧基中羟基的保护。羧酸通常以酯的形式被保护,水解是去保护的重要方法。

#### 1. 羧酸甲酯或乙酯保护

酸与醇直接反应,常用的醇有甲醇、乙醇和异丙醇。在质子酸或弱酸(如对甲苯磺酸)的催化下得到羧酸酯,也可以在中性条件下[如 DEAD 与三苯基膦(PPh₃)组成的体系]反应得到。

$$RCOOH + R'OH \xrightarrow[\text{或 DEAD/PPh}_3]{H^\oplus} RCOOR'$$

在甲醇溶液中,三甲基氯硅烷可以促使羧酸与甲醇反应生成羧酸甲酯。反应过程中,羧酸先被转化为羧酸硅烷酯,然后转化为甲酯。这一方法被用于下列多羟基氨基酸中羧基的保护。

$\beta,\beta,\beta$-三氯乙醇在 DCC/DMAP 的条件下与羧酸作用生成高产率的三氯乙醇羧酸酯。

羧酸甲酯的水解比较困难,反应条件比较苛刻。但在甲醇或四氢呋喃的水溶液中,用金属氢氧化物或碳酸盐水溶液处理可实现甲基的离去。

### 2. 叔丁基酯保护

与伯烷基酯相比,由于叔丁基酯产生的空间位阻作用,使得亲核试剂不容易进攻羰基,因此,在碱性溶液中,叔丁基酯的水解速率低于伯烷基酯。但在醋酸-异丙醇-水溶液体系中反应 15h 后,几乎定量得到叔丁基脱去的产物,而羧酸甲酯不被水解。

一种方便的方法是用吸附于 $MgSO_4$ 上的浓 $H_2SO_4$ 做催化剂,羧酸与多种醇发生酯化反应。

另一种温和条件下的制备方法是二环己基碳二酰亚胺(DCC)与 4-($N$,$N$-甲氨基)-吡啶(DMAP)组成的催化体系可使叔丁醇直接与羧酸反应生成酯。

在酸性溶液中(如三氯乙酸的二氯甲烷溶液、甲酸、催化量的对甲苯磺酸),叔丁基酯可以发生水解反应脱去保护基。例如,在 10% 的对甲苯磺酸的苯溶液中回流,下列反应可以顺利进行,叔丁基被脱去。

由于叔丁基碳正离子的稳定性相对较高,也是较强的亲电试剂,为防止与底物分子发生反应,常加入苯甲醚或苯甲硫醚类化合物作为碳正离子的捕获试剂,以避免副反应的发生。

# 第8章 不对称合成

## 8.1 不对称合成的基本概念

### 8.1.1 手性的意义

手性优择(chirality preference)是自然界的本质属性之一,尤其是作为生物体的大分子不仅都是手性的,而且都以单一的对映体存在,例如,构成蛋白质的氨基酸都是 L-氨基酸,酶本身是手性化合物,肠道中催化蛋白质代谢的胰凝乳朊酶分子中含 251 个手性碳。由于生命体系的手性环境,手性化合物的一对对映体或非对映体常表现出不同的生理和药理作用。例如,治疗帕金森氏综合征的药物 L-多巴(L-dopa)在体内可以被脱羧酶催化脱羧,产生活性药物多巴胺(dopamine),而 D-多巴不能被催化脱羧。青霉胺(penicilla-mine)的 D 对映体适用治疗 Wilkinson 症和胆管硬化症,也可以用做汞、铅等重金属中毒的解毒剂,但其 L-异构体却会对身体产生危害。沙利度胺(thalidomide)又称为反应停,其 R-异构体有止吐和镇静作用,而 S-异构体则有强烈的致畸作用。由于立体异构体的生理活性差异和潜在的危害,单一立体异构体是手性药物的基本要求。这些实例客观上推动了不对称合成的基本研究。

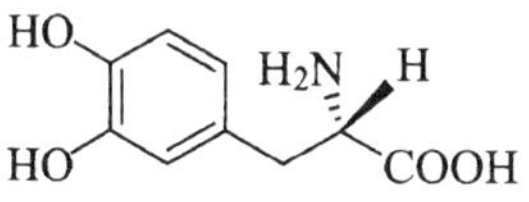

L-多巴 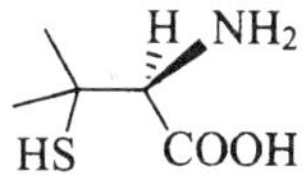        D-青霉胺

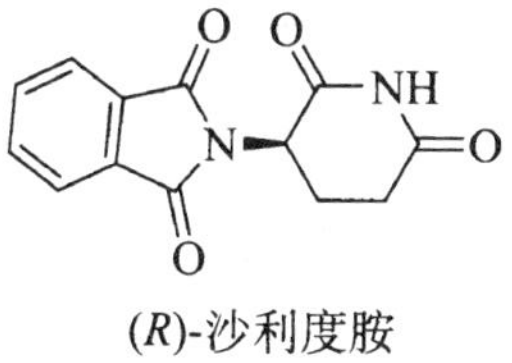

(R)-沙利度胺 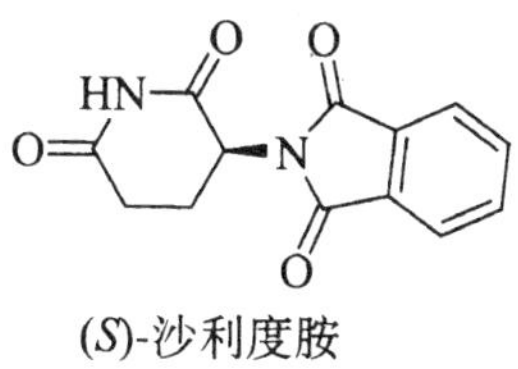        (S)-沙利度胺

此外,手性农药、香料、食品添加剂等同样也需求单一异构体。例如,甜味剂阿斯巴甜(aspartame),其(S,S)-异构体的甜度是蔗糖的 200 倍,而其他异构体却呈苦味。因此近十几年来手性化合物的合成技术——不对称合成蓬勃发展,已成为有机合成最重要的前沿研究领域。

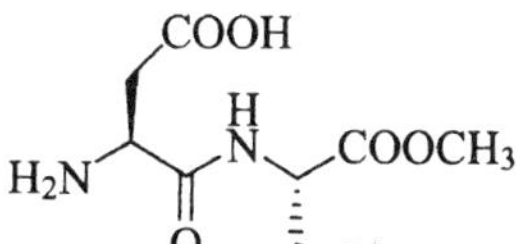

(S, S)- aspartame

### 8.1.2　对映选择性和非对映选择性

优先生成一个(或多个)构型异构体的反应叫做立体选择性反应。立体选择性反应分为对映选择性和非对映选择性反应两种。

反应生成的两种立体异构产物为对映异构体,且其中一种对映体的量多于另一种,则这种反应叫做对映选择性反应。例如:

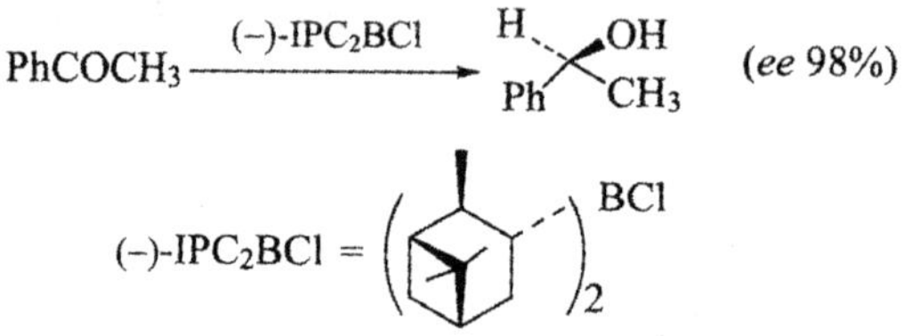

如果反应物分子中两个相同基团 X 之间有对称面或对称中心,则它们是对映基团。如果反应物分子中含有 $sp^2$ 杂化碳双键(C═C 和 C═O),同时分子的对称面(双键和 A、B 所在的平面)内没有对称轴,则垂直平分该对称面的平面为对映面。对映基团的转换反应或对映面上的加成反应,一般生成对映异构体:

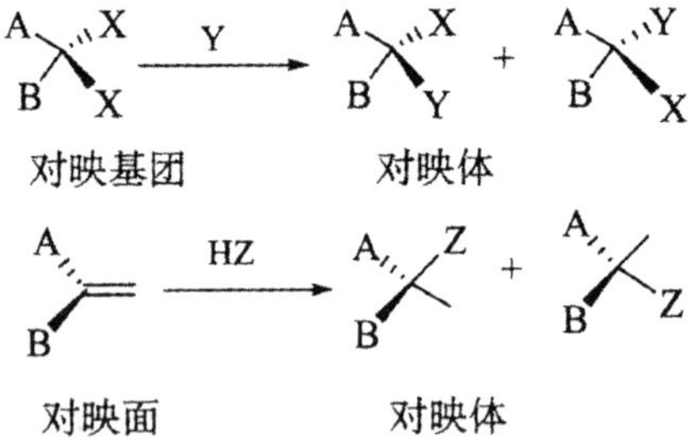

例如:

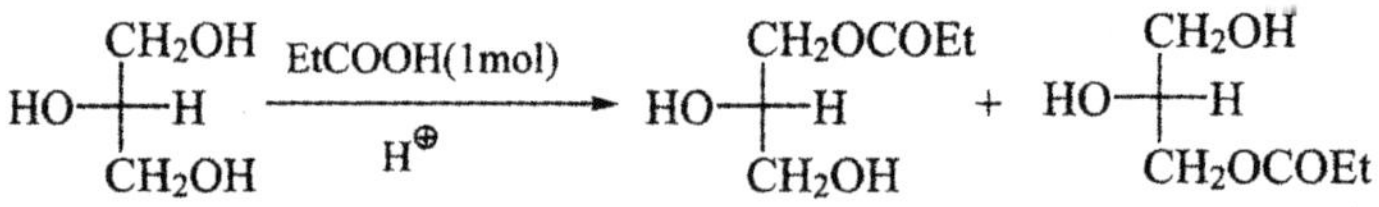

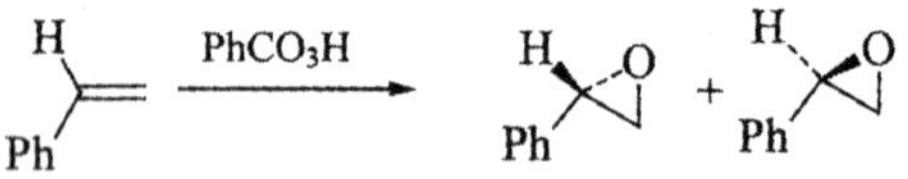

如果反应中选择性地进攻某一个对映基团或对映面,则是对映选择性反应。例如:

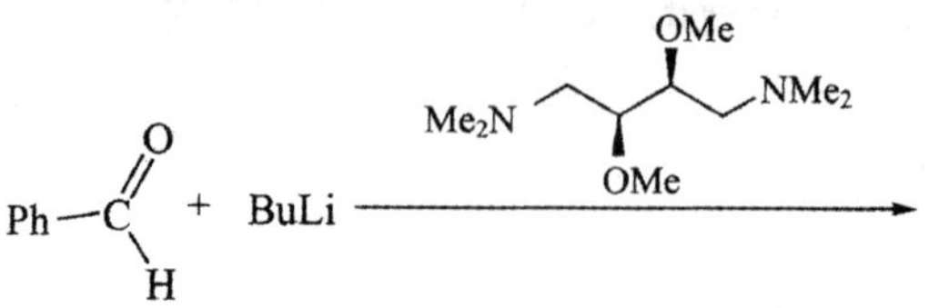

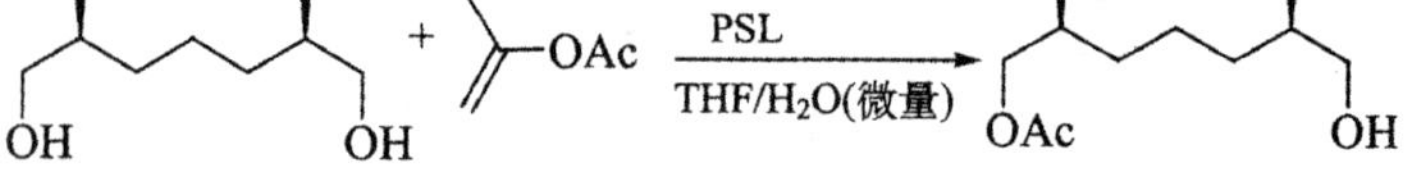

PSL=假单胞菌脂肪酶　　*(ee 95%)*

142

如果分子中两个相同基团 X 不能通过任何对称操作互换,则它们是非对映基团。如果分子中双键所在的平面既不是对称面,也不存在对称轴,则该平面是非对映面。非对映基团的转换或非对映面上的加成反应生成非对映异构体:

非对映基团      非对映体

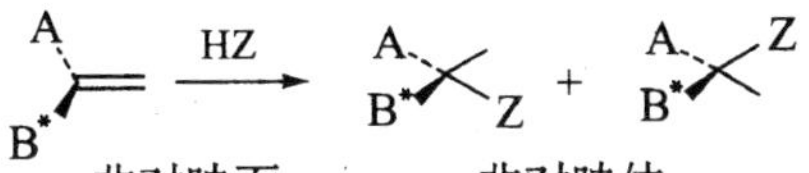

非对映面      非对映体

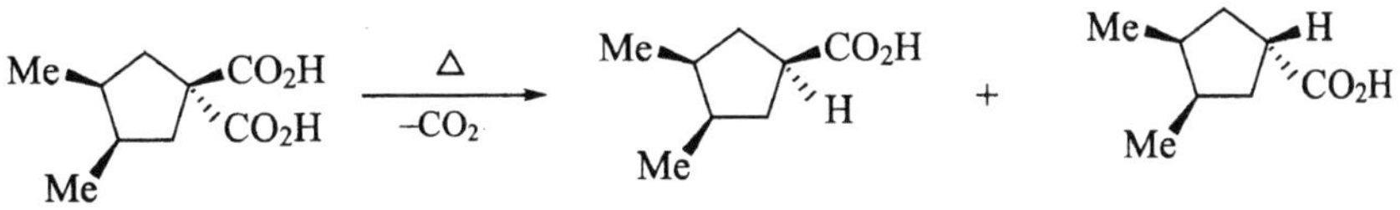

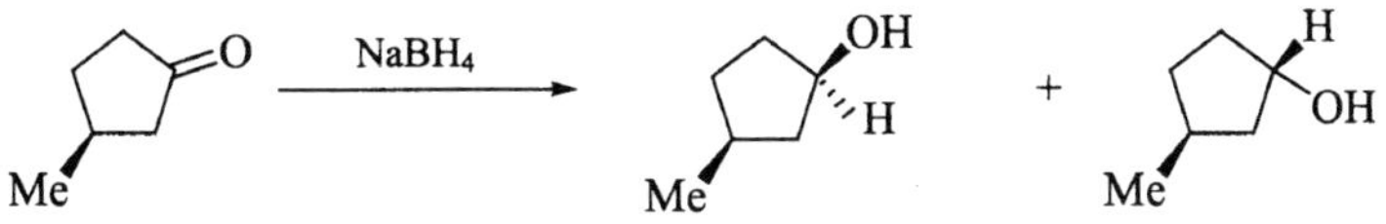

如果反应中选择性地进攻某一个非对映基团或非对映面,则是非对映选择性反应。例如:

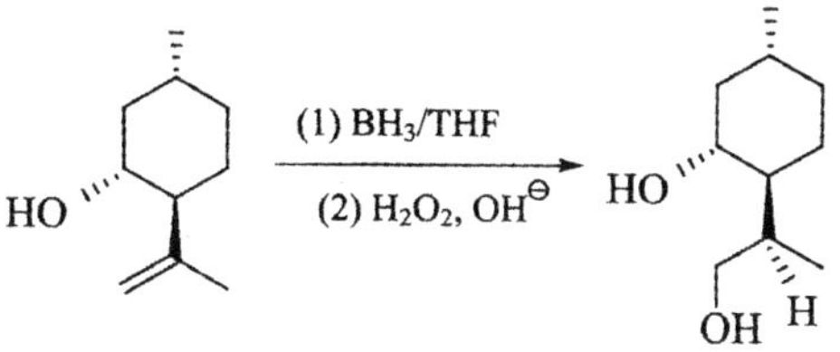

主要立体异构体产物

有些反应既有对映选择性也有非对映选择性。

### 8.1.3 不对称合成的效率

不对称合成实际上是一种立体选择性反应,它的反应产物可以是对映体,也可以是非对映体,且两种异构体的量不同。立体选择性越高的不对称合成反应,产物中两种对映体或非对映体的数量差别越悬殊。正是用这种数量上的差别来表征不对称合成反应的效率。

不对称反应效率的表示方法有两种。一种是对应异构体过量百分数,如果产物互为对映体,则用某一对映体过量百分数(简写为 e.e)来衡量其效率:

$$e.\,e = \frac{[R] - [S]}{[R] + [S]} \times 100\%$$

或是非对应异构体表示方法,如果产物为非对映体,可用非对映体过量百分数(简写为 d.e)表示其效率:

$$d.\,e = \frac{[S^*S] - [S^*R]}{[S^*S] + [S^*R]} \times 100\%$$

上述两式中[S]和[R]分别表示主产物和次产物对应异构体的量;[S*S]和[S*R]分别表示主次要产物非对应异构体的量。

第二种不对称合成反应效率用产物的旋光纯度来表示,旋光性是手型化合物的基本属性,在一般情况下,可假定旋光度与立体异构体的组成成直线关系,不对称合成的对映体过量百分率常用测旋光度的实验方法直接测定,或者说,在实验误差可忽略不计时,不对称合成的效率用光学纯度 OP 表示:

$$OP = \frac{[\alpha]_{实测}}{[\alpha]_{纯样品}} \times 100\%$$

在实验误差范围内两种方法相等。若 e.e 或旋光度 OP 为 $90\%$,则对映体的比例为 $95:5$非对应异构体的量可以用 $^1$H-NMR、GC 或 HPLC 来测定。

# 8.2  不对称合成中的基本方法

### 8.2.1  底物控制法

底物控制反应(又称手性源不对称反应)即第一代不对称合成是通过手性底物中已经存在的手性单元进行分子内定向诱导。在底物中新的手性单元通过底物与非手性试剂反应而产生,此时反应点邻近的手性单元可以控制非对映面上的反应选择性。底物控制反应在环状及刚性分子上能发挥较好的作用。

底物控制法的反应底物具有两个特点:

①含有手性单元。

②含有潜手性反应单元。

在不对称反应中,已有的手性单元为潜手性单元创造手性环境,使潜手性单元的化学反应具有对映选择性。

手性底物控制不对称合成反应原料易得,但缺点是往往没有简捷、高效的方法将其转化为手性目标化合物。对于一些多手性中心有机化合物的合成,这种不对称合成思想尤为重要。只要在起始步骤中控制一个或几个手性中心的不对称合成,接下来就可能靠已有的手性单元来控制别的手性中心的单一形成,避免另外使用昂贵的手性物质。这类合成在药物合成上的应用研究比较多,有一些出色完成实际药物合成的实例。

(1)青蒿素的合成

青蒿素(arteannuin)

(+)-香茅醛

这项全合成的成功的关键在于用光氧化反应在饱和碳环上引入过氧键,用孟加拉玫红作光敏剂对半缩醛进行光氧化得 α-位过氧化物,合成设计中巧妙地利用了环上大取代基优势构象所产生的对反应的立体选择性。

(2)(S)-(-)-心得安合成(propranol01)

(S)-(-)-心得安作为 β-受体阻断剂类药物,其药效比(R)-(+)-构型体高 100 倍,并且它在体内有更长的半衰期。一种由天然产物 L-山梨糖醇出发合成的路线如下,在这个合成中保留了天然山梨糖醇中与目标分子中构型一致的手性中心。

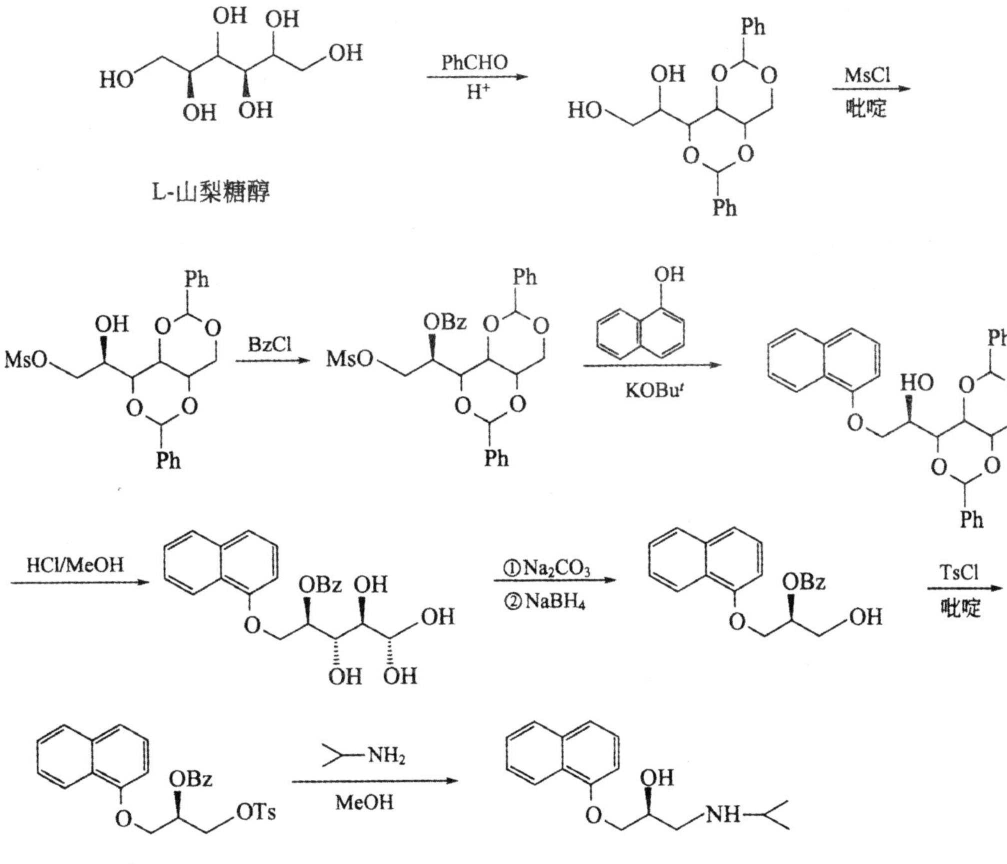

(S)-(-)-propranolol

### 8.2.2　手性辅助基团控制法

辅基控制中的底物与手性底物诱导中的底物一致,为潜手性化合物。它需要手性助剂来诱导反应的光学选择性。在反应中,底物首先和手性助剂结合,后参与不对称反应,反应结束后,手性助剂可以从产物中脱去。此方法为底物控制法的发展,它们都是通过分子内的手性基团来控制反应的光学选择性;只不过前者中的手性单元仅在参与反应时才与底物结合成一个整体,同时赋予底物手性;后者在完成手性诱导功能后,可从产物中分离出来,并且有时可以重复利用。其控制历程为:

$$S \xrightarrow{A^*} S\text{-}A^* \xrightarrow{R} P^*\text{-}A^* \xrightarrow{-A^*} P^*$$

其中，S 为反应底物，A* 为手性辅剂，R 为反应试剂，* 为手性单元。

虽然手性辅助基团控制不对称合成方法很有用，但该过程中需要手性辅助剂的连接和脱出两个额外步骤。关于该方法的报道不少，也有一些工业例子。如，工业上利用此方法生产药物(S)-萘普生。手性助剂酒石酸与原料酮类化合物发生反应时在保护羰基的同时又赋予底物手性。接着发生溴化反应，生成单一构型产物，再经重排和属解得到目标产物。

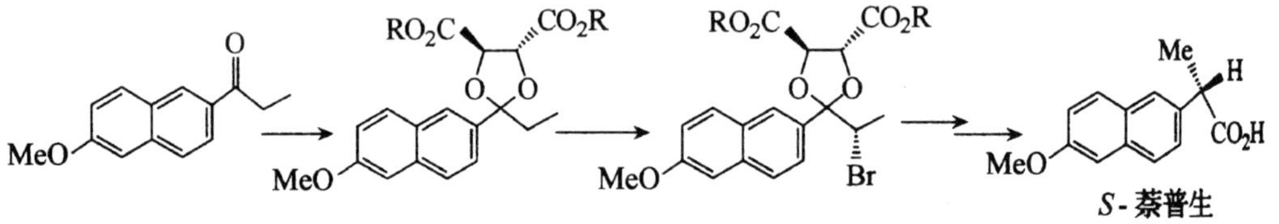


### 8.2.3 试剂控制法

试剂控制法的底物为潜手性化合物，反应活性为光学活性物质(如图 8-1)。在反应试剂的不对称环境下，两者反应生成不等量的对映体产物。这种方法简单灵活，往往得到较高光学纯度的目标产物。因此，在不对称合成中得到较为广泛的应用，同时也派生出许多有用的手性试剂。

$$S \xrightarrow{R^*} P^*$$

S—反应底物；R* —手性反应试剂；* —手性单元

**图 8-1 试剂控制法示意图**

例如：

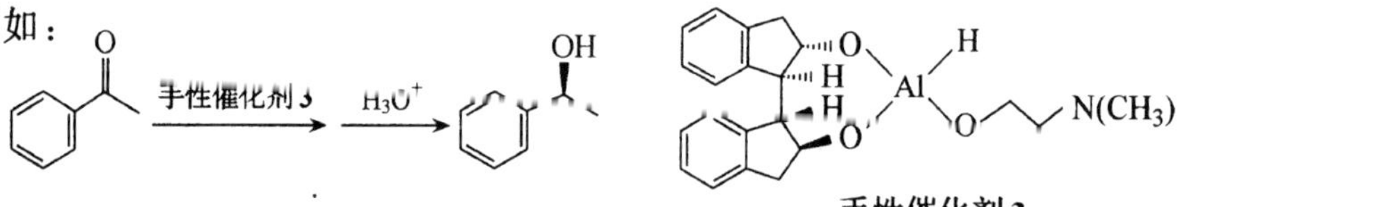


手性催化剂3

### 8.2.4 催化法

催化法以光学活性物质作为催化剂来控制反应的对映体选择性，如图 8-2 所示。它可以分为两种：生物催化法和不对称化学催化法。

$$S+R \xrightarrow{酶} P^* \qquad S+R \xrightarrow{手性催化剂} P^*$$

S—反应底物；R* —手性反应试剂；* —手性单元

**图 8-2 试剂控制法示意图**

酶催化法使用生物酶作为催化剂来实现有机反应。酶是大自然创造的精美的催化剂，它能够完美地控制生化反应的选择性。酶催化的普通不对称有机反应主要有水解、还原、氧化和碳—碳键形成反应等。

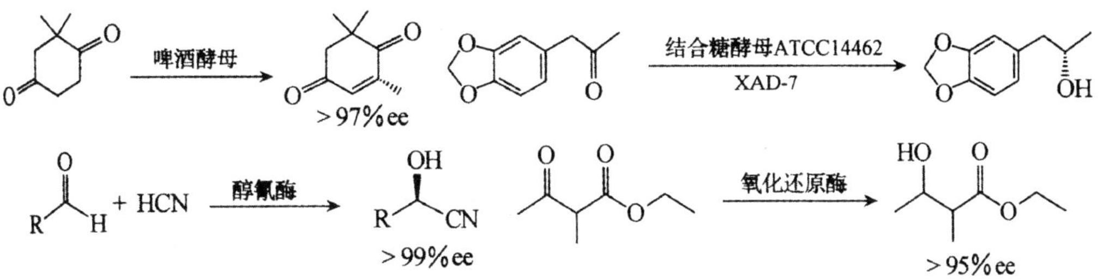

手性化学催化剂控制对映体选择性的不对称催化是最有发展前途的方法。因为它能够手性增殖,仅用少量的手性催化剂,就可获取大量的光学纯物质。这既避免了用一般方法所得外消旋体的繁琐拆分,又不像化学计量不对称合成那样需要大量的光学纯物质。尽管酶催化法也能手性增殖,但生物酶比较娇嫩,常因热、氧化和 pH 不适合而发生失活,而手性化学催化剂对反应环境有较强的适应性。

## 8.3  不对称合成的基本反应

### 8.3.1  不对称氢化及其他还原反应

19 世纪 70 年代初,Monsanto 公司成功地用不对称催化氢化的方法生产治疗帕金森综合症的药物 L-DOPA。这是不对称催化反应工业化的第一个例子,在不对称反应发展过程中具有里程碑的作用。手性氢化反应也被广泛应用于人工合成香料铃兰醛中间体、(S)-构型的奈普森、用于治疗帕金森病的 L-多巴以及除草剂、布洛芬等。早在 19 世纪 30 年代,科学家们发现手性分子修饰的负载金属催化剂显示出对前手性底物的对映选择性加氢活性。

例如,烯酰胺在手性铑催化下的不对称氢化:

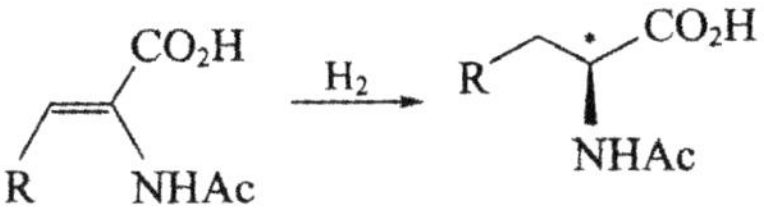

手性醇可以由酮的不对称氢化制得,BINAP-Ru（Ⅱ）催化剂对于官能化酮的不对称氢化是极为有效的:

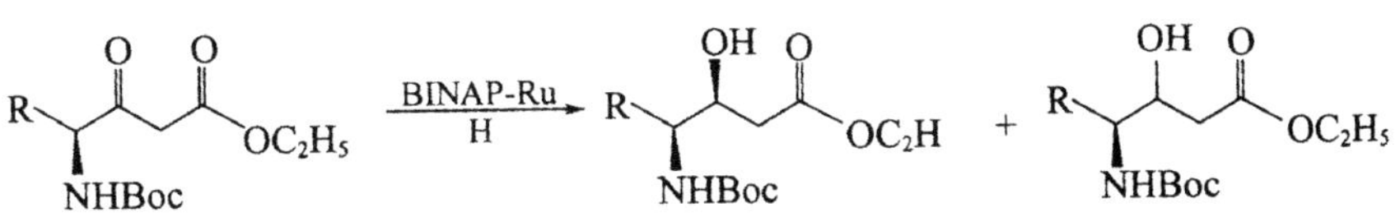

带 2-氮杂降冰片基甲醇手性配体的钌配合物是芳族酮对映选择性转氢化的有效催化剂。

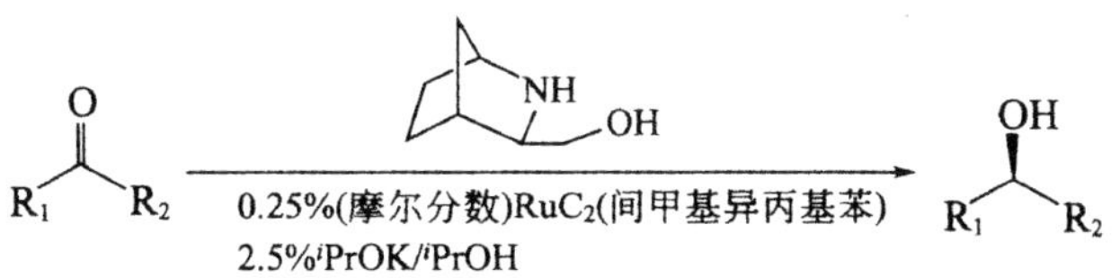

### 8.3.2 不对称烷基化反应

利用手性烯胺、腙、亚胺和酰胺进行烷基化,其产物的 e.e 值较高,是制备光学活性化合物较好的方法。

（1）烯胺烷基化

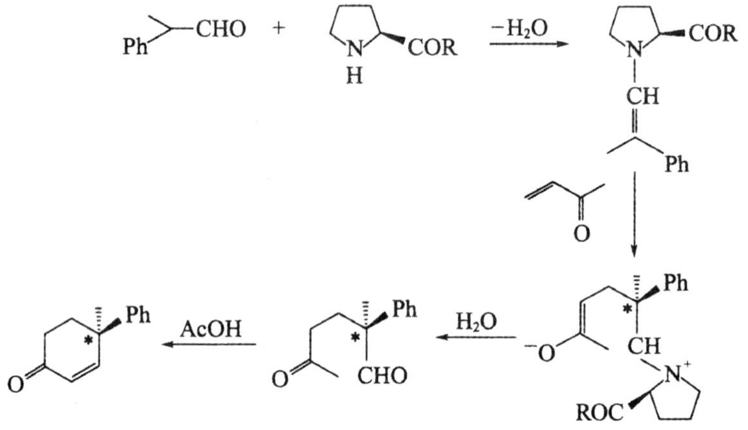

（2）腙烷基化

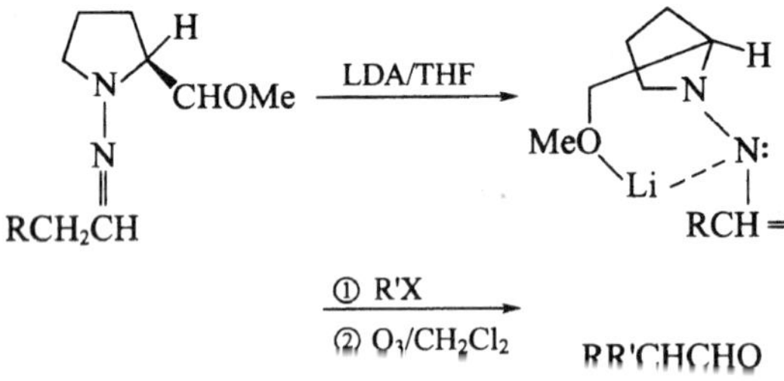

R=Me,Et,'Rr,$n$-heX
R'X=PhCH$_2$Br,MeI,Me$_2$SO$_4$

### 8.3.3 不对称 Diels-Alder 反应

不对称 Diels-Alder 反应一般通过下列四种手性因素之一的诱导来实现:
① 亲二烯体上的手性辅基。
② 二烯体上的手性辅基。
③ 亲二烯体和二烯体上的手性辅基。
④ 手性催化剂。

前三种方法一般也需要使用催化剂,Lewis 酸催化剂能够提高反应的立体选择性。

不对称 Diels-Alder 反应是合成光学活性六元环体系最有效的方法之一,可以同时形成四个手性中心,而且在很多情况下,可以对反应的立体化学进行预见,因此这种反应对构建复杂的手性分子,特别是天然产物有重要的意义。Kagan 等人首次报道了有机催化不对称 D-A 反应,生物碱等可作为催化剂。

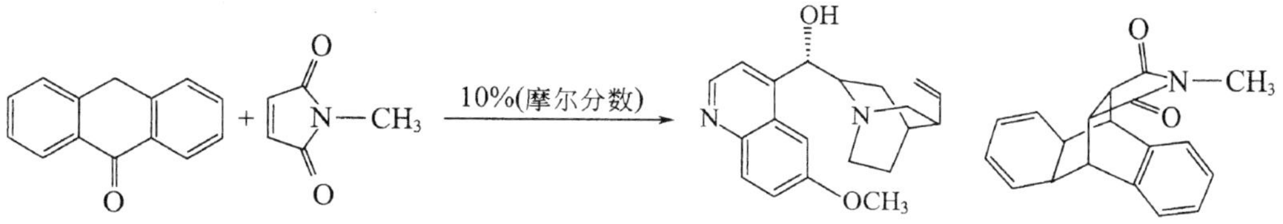

(97%产率　61% e.e)

## 1. 不对称 Diels-Alder 反应方法

### (1)手性催化剂

在不对称 Diels-Alder 反应中使用的手性催化剂一般是手性配体的铝、硼或过渡金属配合物或手性有机小分子。例如：

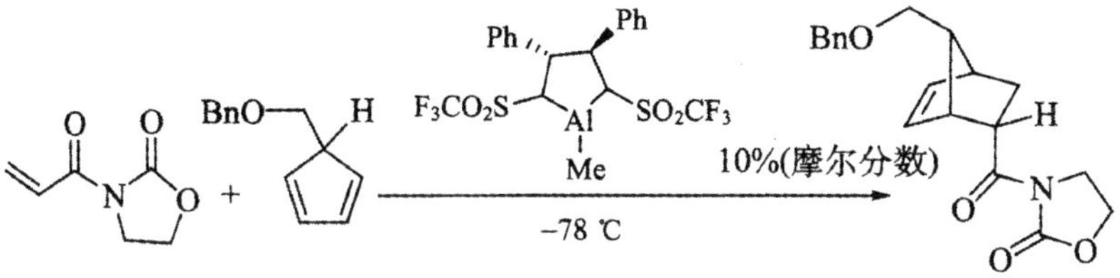

(e.e 94 %)

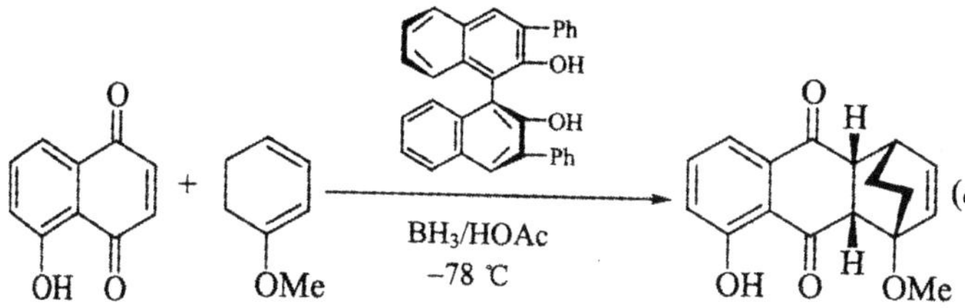

(e.e 94 %)

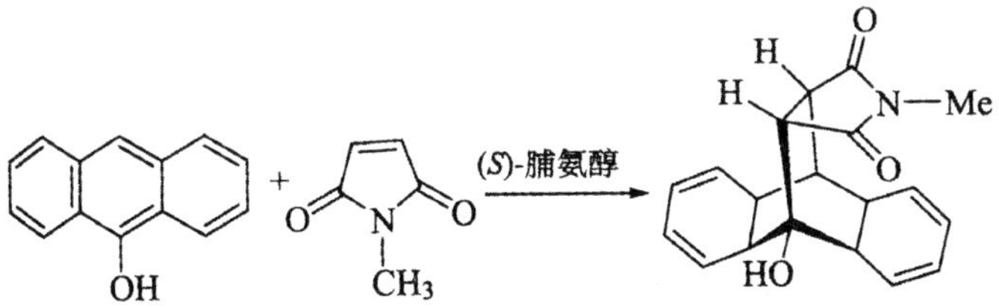

(产率:86%; (e.e 61 %)

和 Diels-Alder 反应相似,1,3-偶极环加成反应也可以采用以上手段来实现。

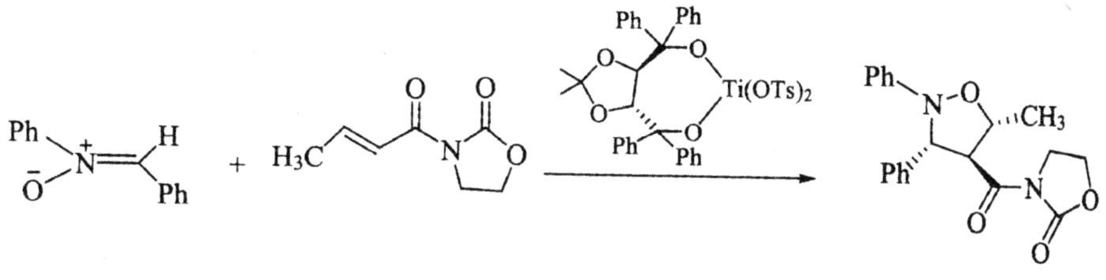

(endo 95%; d.e 93%)

### (2)在二烯体和亲二烯体中导入手性辅基

在二烯体和亲二烯体中导入手性辅基是实现 Diels-Alder 反应的常用方法：

应用 Evans 试剂为手性辅基。当用路易酸催化时,形成环状螯合中间体。二烯体从亲二烯体立体位阻较小的 Re 面趋近得到立体选择性产物。

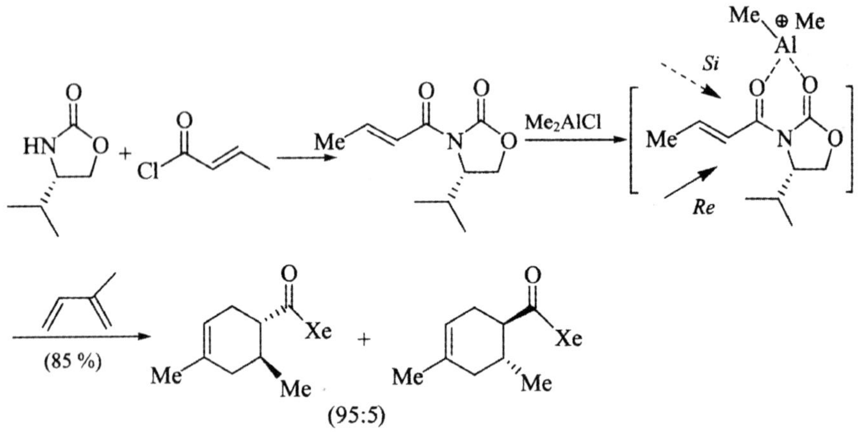

应用樟脑磺酰胺为手性辅基。

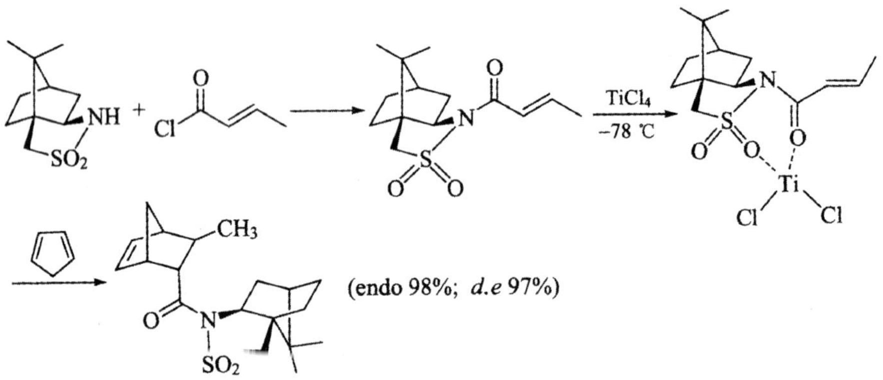

(endo 98%; *d.e* 97%)

（3）使用手性二烯体或亲二烯体

由于二烯体趋近亲二烯体的 *Si* 面位阻较小,因而有面选择性,所以得到较高 e.e 值的对映选择性产物。

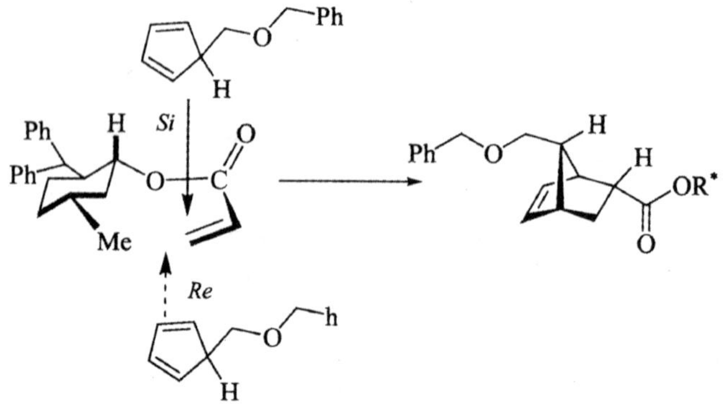

2. 内型规则

Diels-Alder 反应能形成 4 个新的手性中心,理论上可能生成 16 种立体异构体。但在动力学控制条件下由于次级轨道互相作用，内型过渡状态较稳定，因此内型产物为主要产物，这一规律常叫做 endo 规则。路易斯酸作催化剂时可增加内型/外型(endo/exo)的比例。反应式如下：

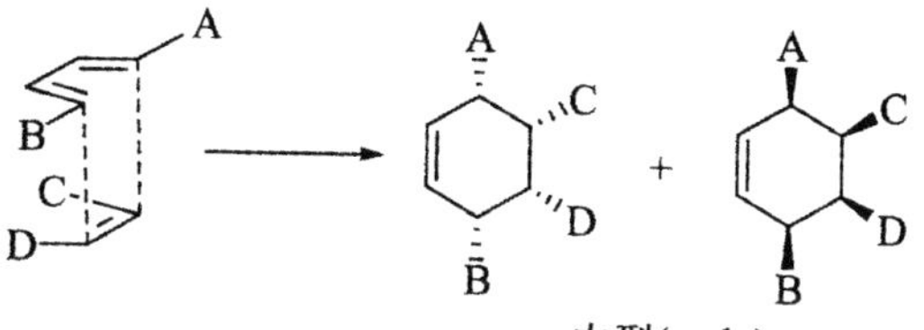


内型(endo)

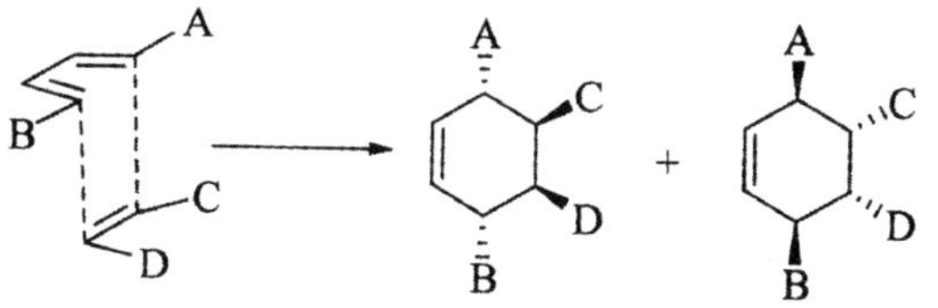


外型(exo)

例如：

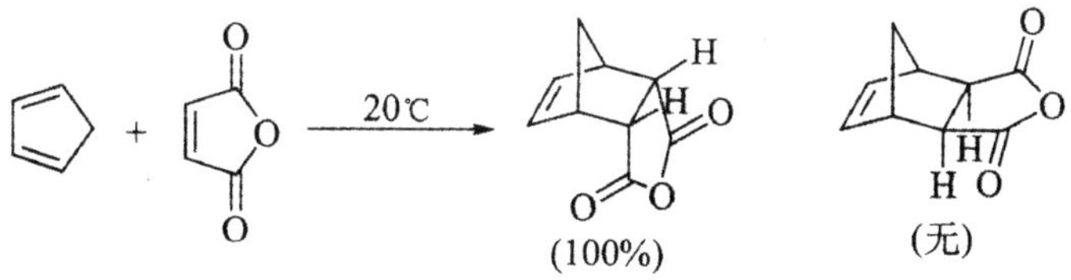


endo产物　　exo产物

在非手性条件下，Diels-Alder 反应虽遵循 endo 规则，但缺乏面选择性，因此得到 endo 形式的外消旋体。例如，2-甲基-1，3-戊二烯和丙烯酸乙酯起 Diels-Alder 反应，由于二烯体能在亲二烯体的上面和下面互相趋近，因此得到 endo 形式的外消旋体。反应式如下：

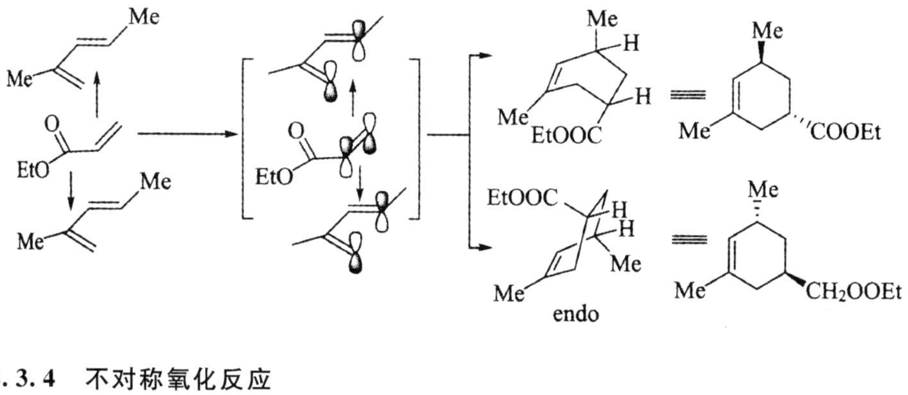


外消旋体

## 8.3.4　不对称氧化反应

### 1. 烯烃的不对称环氧化

烯烃的不对称环氧化是制备光学活性环氧化物最为简便和有效的方法，如图 8-3 所示。反应的关键在于对手性催化剂的选择，目前较好的手性催化剂主要有：

①sharpless 钛催化剂。

②手性(salen)金属络合催化剂。

③手性金属卟啉催化剂。

④手性酮催化剂。

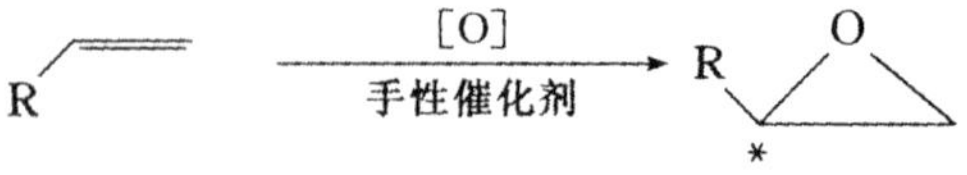

图 8-3  不对称环氧化

sharpless 钛催化剂是一般由烷氧基钛和酒石酸二酯及其衍生物形成,主要适用于烯丙伯醇类底物的不对称环氧化。对于大部分丙烯伯醇类底物,不管是顺式的还是反式的,一般能给出较高的 e.e 值;而且可以根据底物的 Z 或 E 构型来预见生成手性中心的绝对构型。

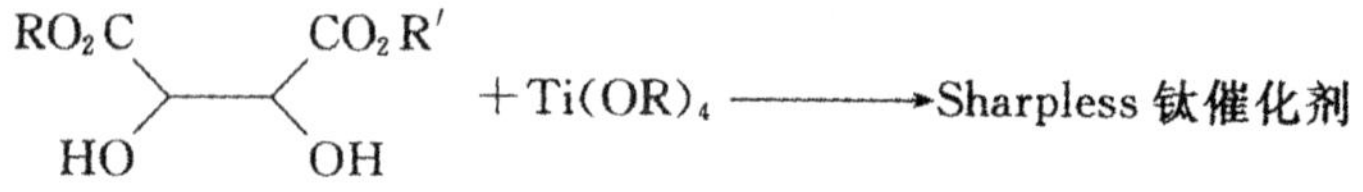

如果反应底物为手性的,反应存在底物与催化剂的匹配问题。例如,在四异丙氧基钛催化手性底物的不对称环氧化反应中,如果不使用手性诱导剂酒石酸二乙酯,相应非对映产物的比例为 2.3:1;如果使用(+)-或(-)-酒石酸二乙酯进行手性诱导,非对映产物的比例分别为 1:22 和 90:1。

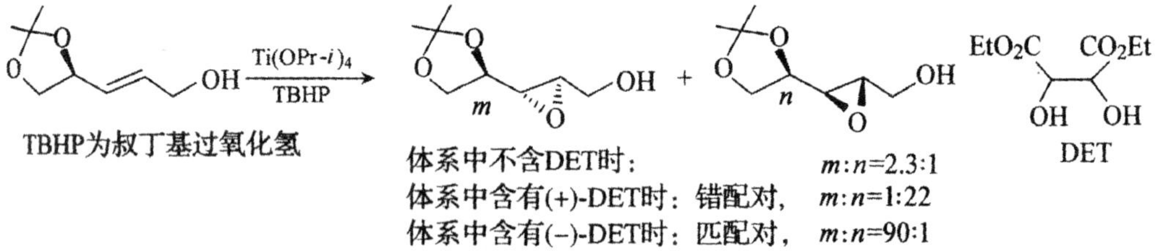

TBHP为叔丁基过氧化氢

体系中不含DET时:

体系中含有(+)-DET时:错配对,  $m:n=1:22$

体系中含有(-)-DET时:匹配对,  $m:n=90:1$

$m:n=2.3:1$

手性金属卟啉催化剂是卟啉类化合物和金属形成的络合物,而生物体中的氧化酶细胞色素 P45O 为卟啉 Fe(Ⅲ)络合物结构。可见,这种催化剂是一种仿生物质,它的催化中心金属通常是锰离子,也可为钌和铁等金属离子。这类催化剂比轼适合反式烯烃,尤其是一些缺电子末端烯烃。

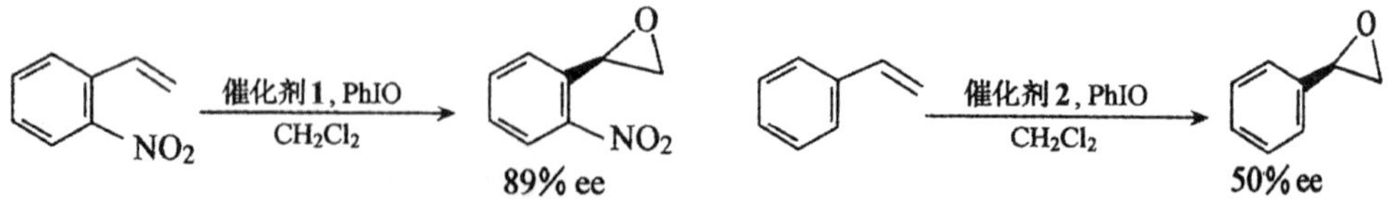

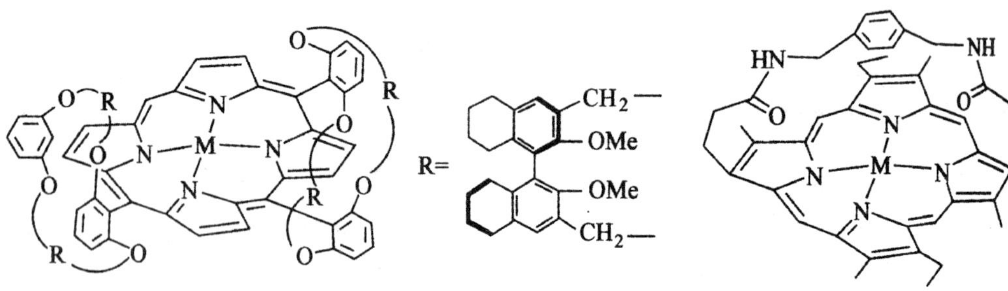

89% ee

50% ee

1  M=FeCl₂

2  M=MnCl₂ 或 FeCl₂

手性酮化合物也可作为不对称环氧化的催化剂。反应中酮被过氧硫酸氢钾氧化成二氧杂环丙烷中间体；接着把双键氧化，同时手性酮催化剂得到再生，重新进入下一个循环，如图 8-4 所示。

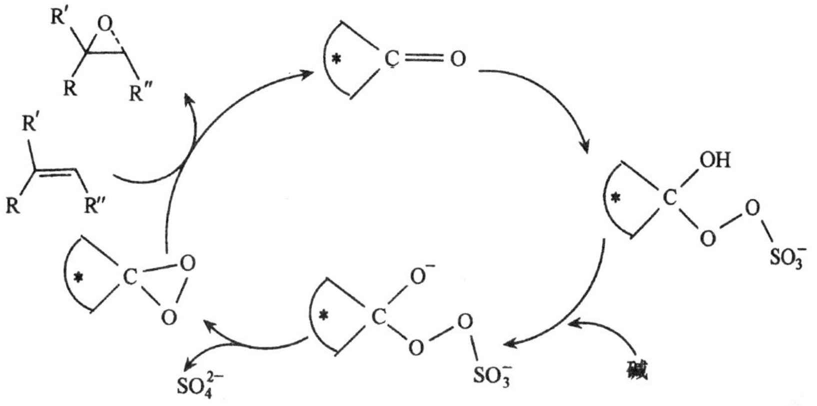

图 8-4　酮催化烯烃环氧化的途径之一

### 2. C—H 键的不对称氧化

一些官能团的 α-位的 C—H 键的活性较大，为不对称氧化提供了可能性。如以手性Cu(Ⅱ)络合物为催化剂，用过氧苯甲酸叔丁酯做氧化剂来实现烯丙型 C—H 键的氧化反应。如：

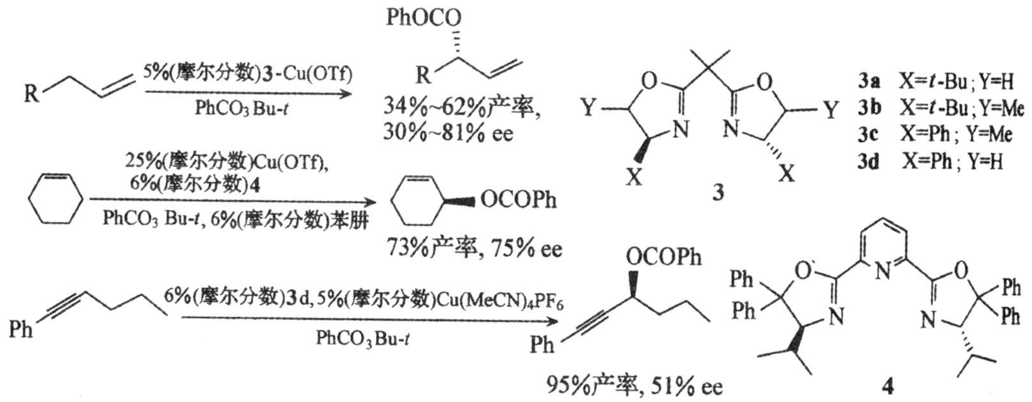

醚类化合物 α-C 的不对称氧化用 salen-Mn（Ⅲ）络合物作催化剂，以 PhIO 氧化剂，反应得到具有光学活性的邻羟基醚。下面的例子中得到了中等水平的光学选择性。

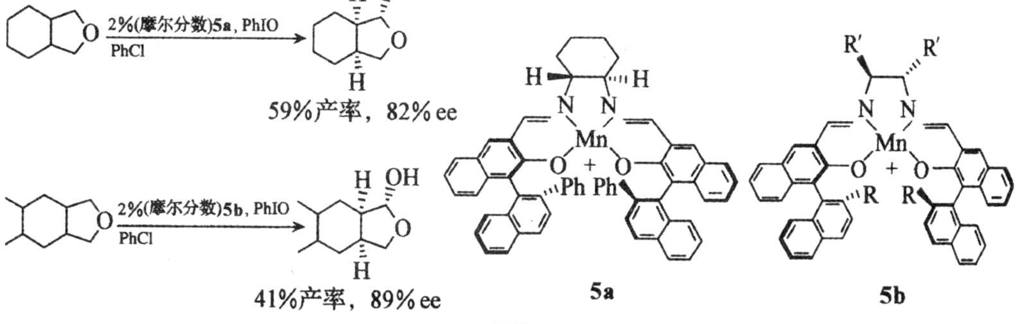

3. 烯烃的不对称双羟化和氨基羟基化反应

烯烃的不对称双羟化是合成手性 1,2-二醇的重要方法之一，它是在催化量的 $OsO_4$ 和手性配体存在下，利用氧给予体对烯进行双羟化反应，如图 8-5 所示。氧给予体可以是氯酸钾、氯酸钠或过氧化氢，但它们会使底物部分过氧化而降低双羟化反应产率。后来发现，N-甲基-N-氧吗啉（NMO）和六氰合铁（Ⅲ）酸钾有较好的氧化效果，因此目前的不对称双羟化反应的氧给予体一般是这两种化合物。

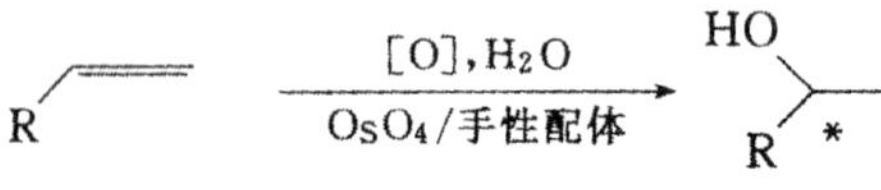

**图 8-5　烯烃的不对称双羟化**

用于烯烃的不对称双羟化的配体很多，迄今有 500 多种。其中，金鸡纳碱衍生物的效果最为突出。例如，$(DHQ)_2PHAL$、$(DHQD)_2PHAL$ 在很多烯烃底物的双羟化反应中表现出良好的手性诱导性能，而且可以控制羟基的从底物的羟基 $\alpha$ 或 $\beta$ 面进攻。其中，$(DHQ)_2PHAL$ 控制烯烃 $\alpha$ 面发生反应，$(DHQD)_2PHAL$ 则相反。它们按一定比例分别与 $K_3Fe(CN)_6$、$K_2CO_3$ 和锇酸钾形成的混合物已经商品化，前者被称为 AD-mix-$\alpha$，后者为 AD-mix-$\beta$。

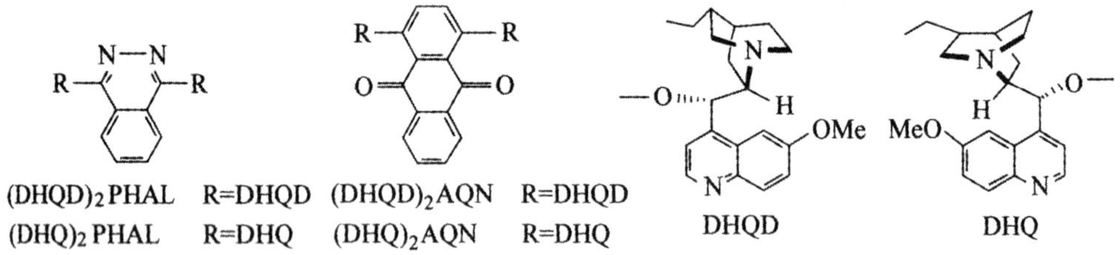

$(DHQD)_2PHAL$　R=DHQD　$(DHQD)_2AQN$　R=DHQD
$(DHQ)_2PHAL$　R=DHQ　$(DHQ)_2AQN$　R=DHQ
DHQD　　DHQ

如果双羟化反应体系的供氧试剂改为氧化供氮试剂，则烯烃发生不对称氨羟化反应，见图 8-6；产物为 $\beta$-氨基醇，是许多生物活性分子的关键结构单元。反应的机理和不对称双羟化反应类似，后者所用的催化剂体系也在氨羟化反应中同样适用。

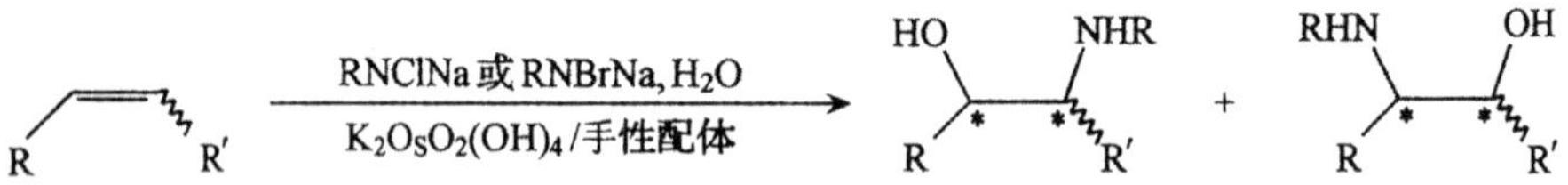

**图 8-6　烯烃的不对称氨基羟基化反应**

4. 硫醚的不对称氧化

硫醚的不对称氧化是合成手性亚砜最为直接的方法。反应体系为 Kagan 试剂，即：反应中的催化剂体系为 $Ti(Opr-i)_4$ 和（＋）-DET 催化剂及氧化剂中加入一些水来促进反应的进行。氧化剂通常是 $t$-BuOOH，而 $PhCMe_2OOH$ 的效果较佳。

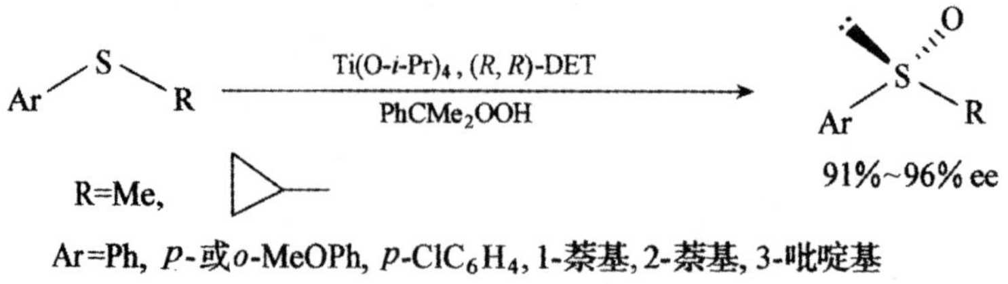

R=Me,　△

Ar=Ph, $p$-或 $o$-MeOPh, $p$-ClC$_6$H$_4$, 1-萘基, 2-萘基, 3-吡啶基

联萘酚也可作为配体替代酒石酸乙酯,而且原位形成的催化剂效果较好。例如,在 2.5%(摩尔分数)的这种催化剂作用下,一些芳基硫醚的反应对映选择性可达到 84%～96%。当反应的催化剂非原位生成时,仅得到中等水平的对映选择性。

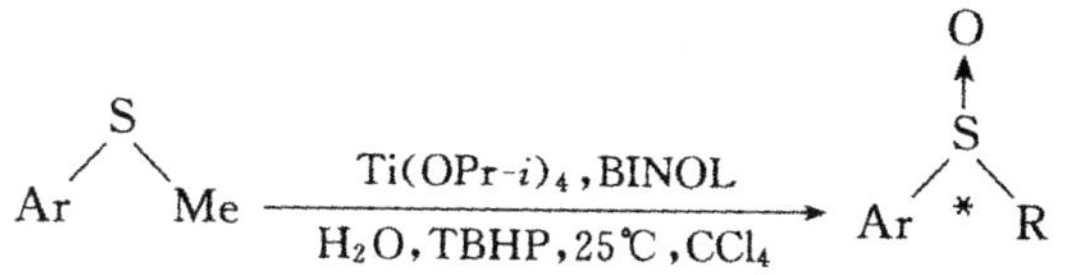

$$Ar=Ph,p\text{-}MePh,p\text{-}BrC_6H_4,2\text{-}萘基 \qquad 84\%～96\%ee$$

### 8.3.5　其他不对称反应

1. 醇醛缩合反应

(1)醇醛缩合反应的非对映选择性

醇醛缩合反应能生成四种非对映异构体。反应通式如下:

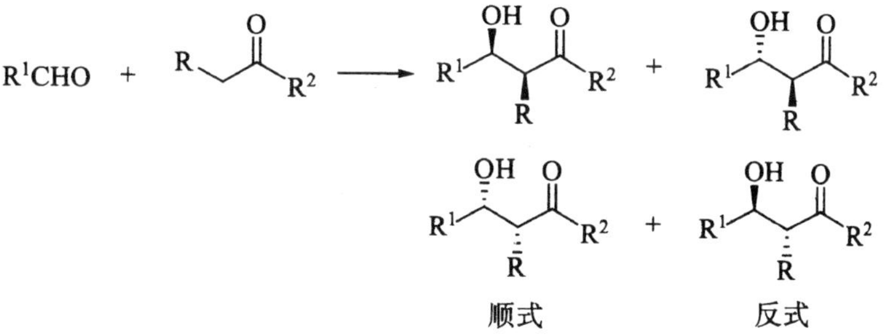

醇醛缩合反应的非对映选择性,即 *syn/anti* 产物的比例主要取决于烯醇盐的构型。一般来说,在动力学控制条件下,(*Z*)-烯醇盐的醇醛缩合得到 *syn* 产物,(*E*)-烯醇盐得到 *anti* 产物。反应通式如下:

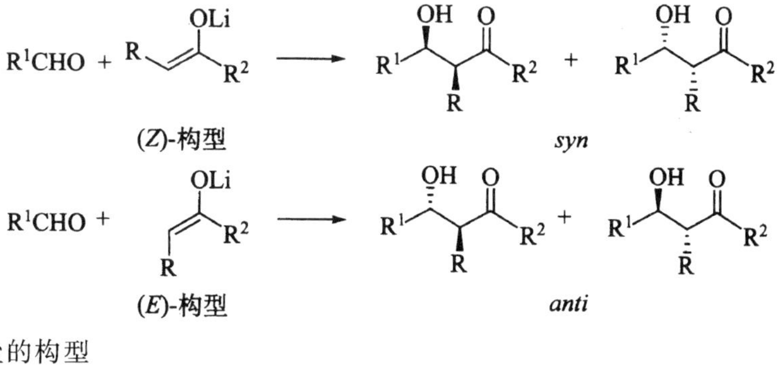

(2)烯醇盐的构型

①烯醇锂盐。在强碱(LDA)、低温、较短的反应时间的动力学控制条件下,具有较大取代基的酮烯醇锂盐主要是 *Z* 构型。

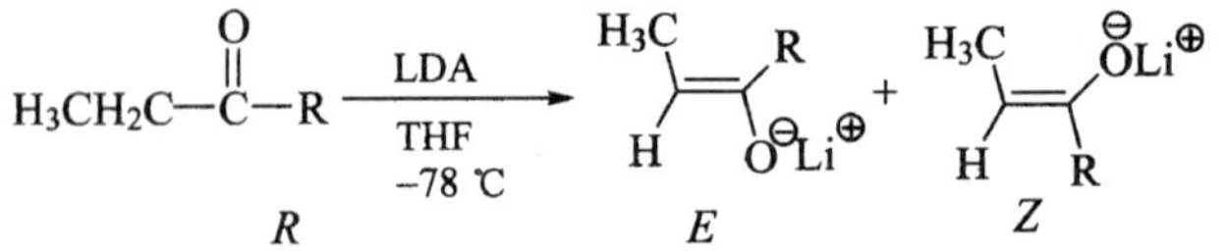

| R | E | Z |
|---|---|---|
| —CH₂CH₃ | 70% | 30% |
| —CH(CH₃)₂ | 40% | 60% |
| —C(CH₃)₃ | 2% | 98% |
| —NEt₂ | 3% | 97% |
| —OCH₃ | 95% | 5% |
| 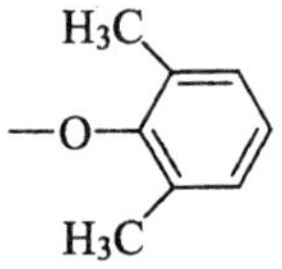 (2,6-二甲基苯氧基) | 2% | 98% |

形成 Z/E 构型的相对比例可以用下式解释：

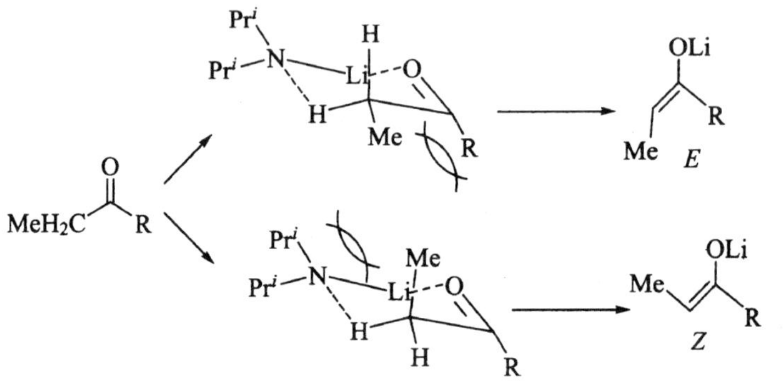

当 R 为较大取代基时［如—C(CH₃)₃、—NEt₂、—OCH₃ 等］，它们与处于平伏键位置的甲基有较大的斥力，迫使甲基转变成直立键，这样形成的烯醇盐为 Z 构型（注意按照次序规则，—OR 优先于—OLi，因此对丁酯而言，这里的 Z 构型实际上应为 E 构型）。

②烯醇硼盐。烯醇硼盐一般可用下列方法制备。

二烃基硼与 α、β-不饱和羰基化合物共轭加成主要生成 Z 构型的烯醇硼盐。

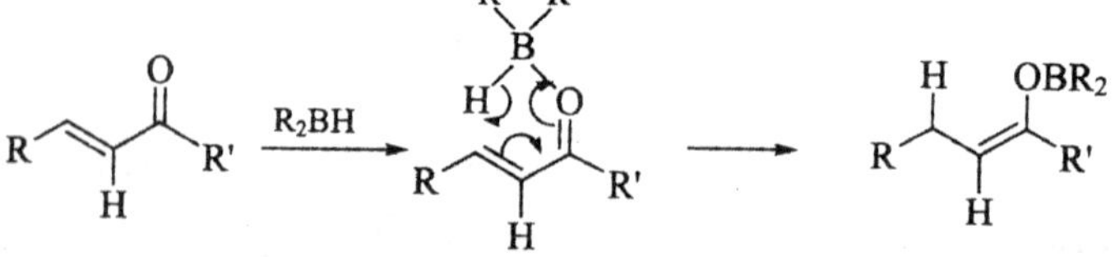

酮或酯在位阻较大的叔胺存在下，与三氟甲磺酸二烃基硼酯反应生成的产物主要是 Z 构型。例如

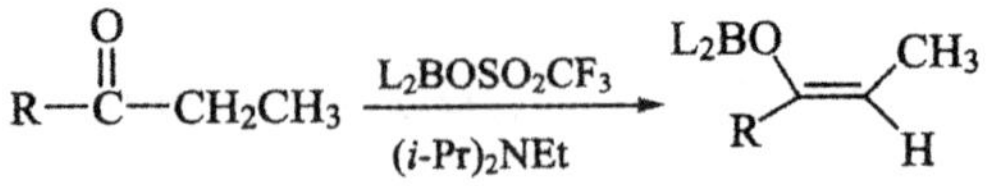

卤硼烷（如 9-BBMBr）与烯醇硅醚（不管 Z 还是 E 构型）作用一般得到 Z 构型产物。

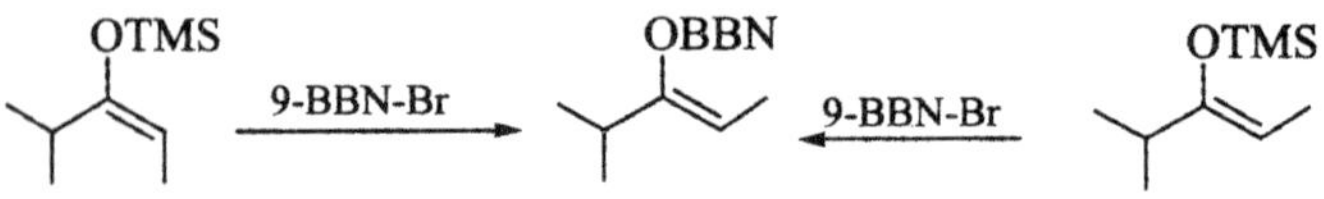

③烯醇硅醚。烯醇硅醚由烯醇盐与氯化三烃基硅烷(如 TMSCl)反应得到。烯醇硅醚的构型取决于烯醇盐的构型。

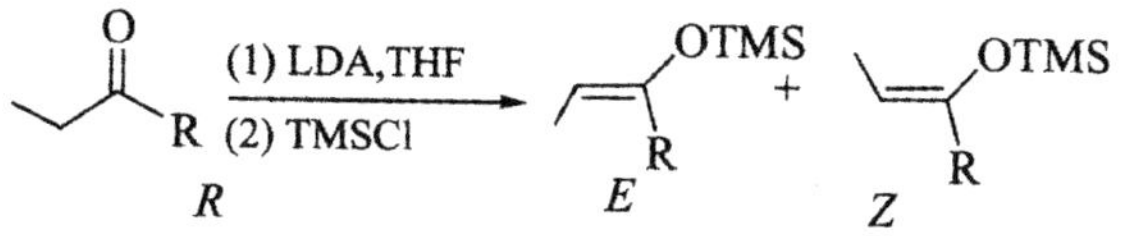

| R | E | Z |
|---|---|---|
| —CH₂CH₃ | 70% | 30% |
| —C(CH₃)₃ | 2% | 98% |
| —OCH₂CH₃ | 94% | 6% |

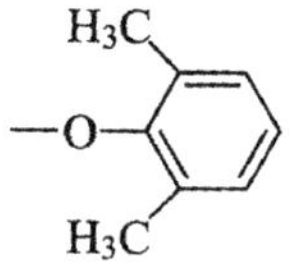

（2,6-二甲基苯氧基结构） 2%　98%

由于溶剂对烯醇盐的 $Z/E$ 构型的比例有很大的影响,因此在不同溶剂中可得到相应比例的不同构型的烯醇醚。例如,一般的酯在动力学条件下 THF 溶剂中,一般形成($E$)-烯醇酯,而在非质子性极性溶剂 HMPA 中,却主要形成($Z$)-烯醇酯。反应式如下:

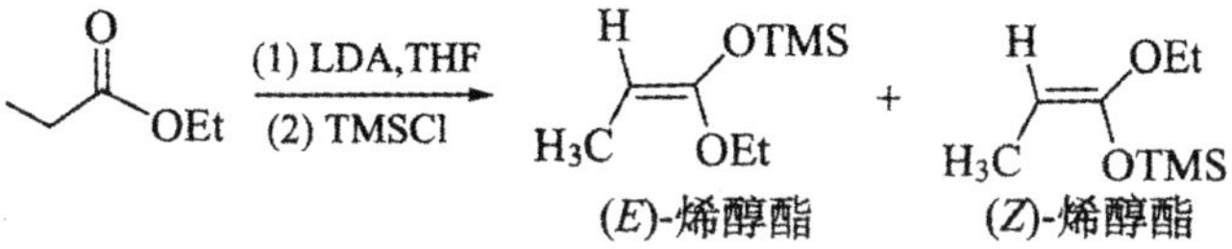

($E$)-烯醇酯　　　($Z$)-烯醇酯

| | ($E$)-烯醇酯 | ($Z$)-烯醇酯 |
|---|---|---|
| THF | 94% | 6% |
| HMPA | 18% | 82% |

**2. Grignard 试剂的不对称偶联反应**

不对称偶联反应包括 Grignard 试剂和乙烯基、芳基或炔基卤化物的。反应中的 Grignard 试剂通常是外消旋化合物,而且一对对映体可以迅速转化。在手性催化剂诱导下,其中一个对映体转化成光学活性偶联产物;另一个对映体会发生构型翻转来维持一对对映异构体量的平衡。因此理论上这种外消旋物质可以全部转化成某一立体构型的偶联产物。

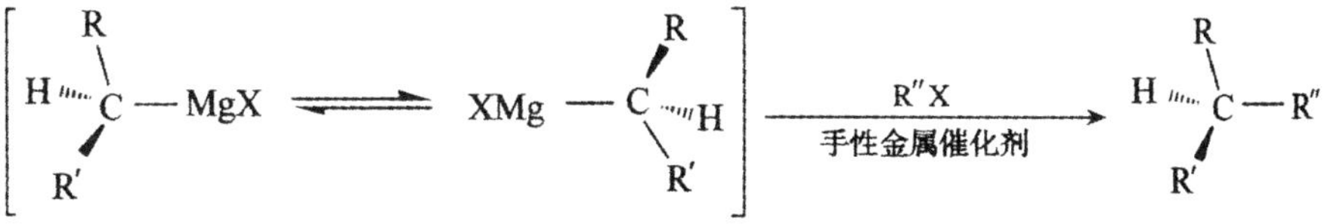

反应的催化中心金属通常是镍和钯。下面是分别两个配体与镍和钯形成的手性催化剂在相应类型的反应中,得到产物的 e. e 值分别为 95% 和大于 99%。

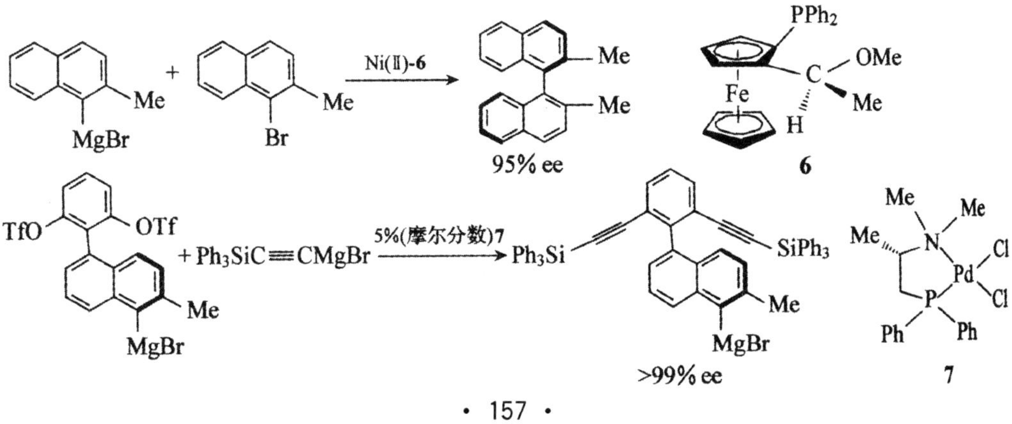

95% ee

6

>99% ee

7

# 8.4 手性有机小分子催化的不对称合成

手性有机小分子催化不对称合成始于 20 世纪 70 年代，Hajios 和 Parrish 独立研究发现 2-烃基-1,3-环二酮与 $\alpha,\beta$-不饱和酮起 Michael 加成反应生成的三酮产物在手性脯氨酸催化诱导下可生成立体选择性环化产物。这一不对称 Robinson 成环反应称为 Hajios-Parrish 反应。反应通式如下：

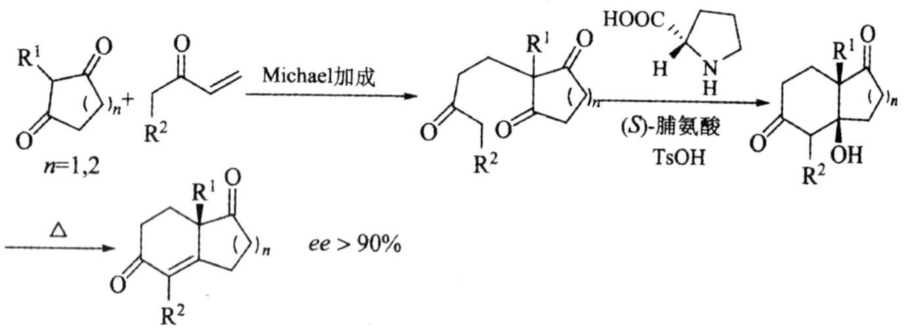

例如，2-甲基环戊酮与甲基乙烯基酮和起 Michael 加成反应生成三酮，三酮和（S）-（－）-脯氨酸通过两个氢键形成刚性构象的三环过渡状态，脯氨酸骨架和甲基处在反式位置，因而新的碳碳键在甲基相反的一边生成，得到顺式稠合的双环羟基二酮，后者经共沸脱水得到产物。反应机理如下：

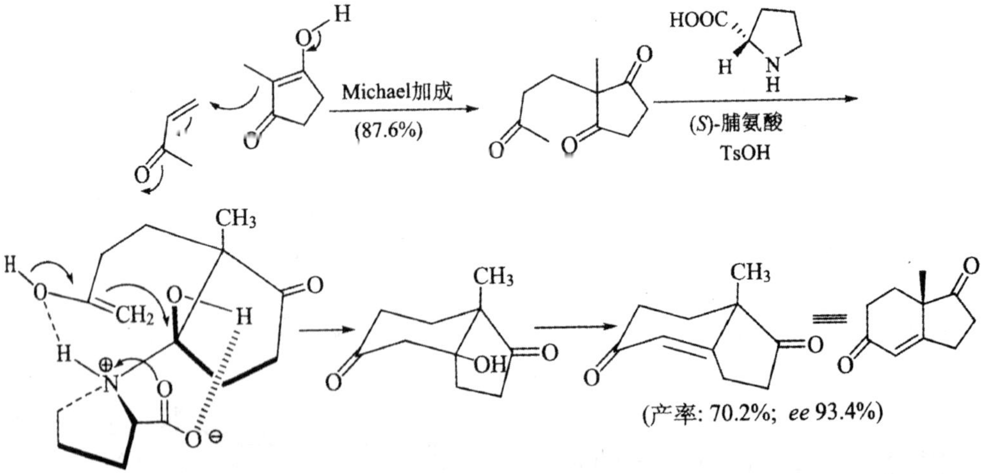

（产率：70.2%；ee 93.4%）

## 1. 手性有机小分子催化 Aldol 缩合反应

21 世纪初，List 和 BarbsⅢ 发现丙酮和芳醛在脯氨酸催化下可得到对映异构体产物。例如：

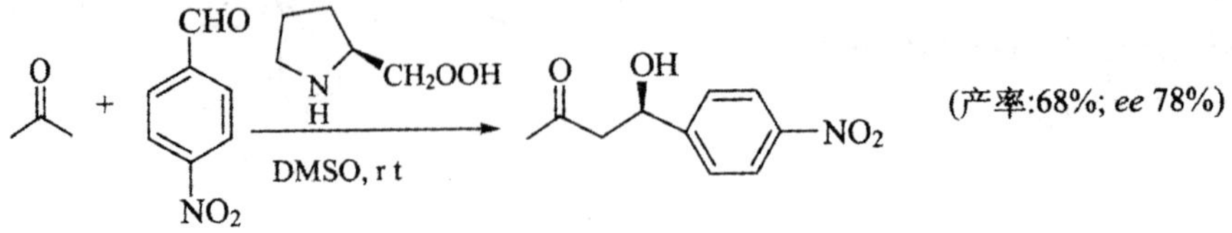

（产率：68%；ee 78%）

丙酮和脯氨酸的氨基缩合脱水形成烯胺,羧基质子活化醛羰基。反应通过类椅式六元环状过渡状态完成烯胺对羰基 *Re* 面的亲核进攻。脯氨酸的手性骨架控制了产物的立体构型。

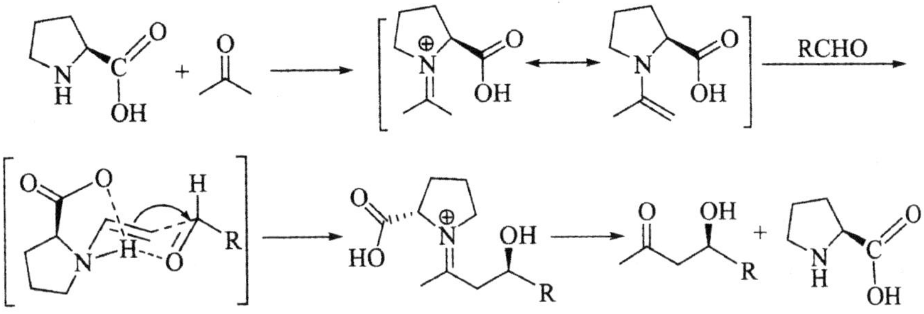

*Re* 面进攻

用脯氨酸催化已实现醛与羟基丙酮衍生物、醛与醛之间的不对称羟醛缩合,得到 *anti* 式立体构型产物。例如:

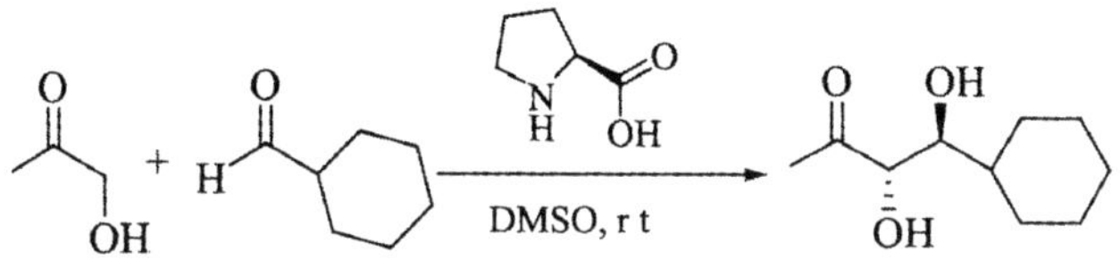

(*anti* : *syn* =20:1; *ee* 99%)

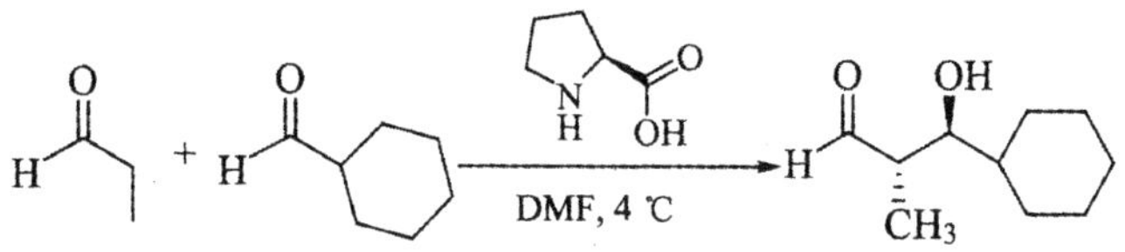

(*anti* : *syn* =14:1; *ee* 99%; 产率: 87%)

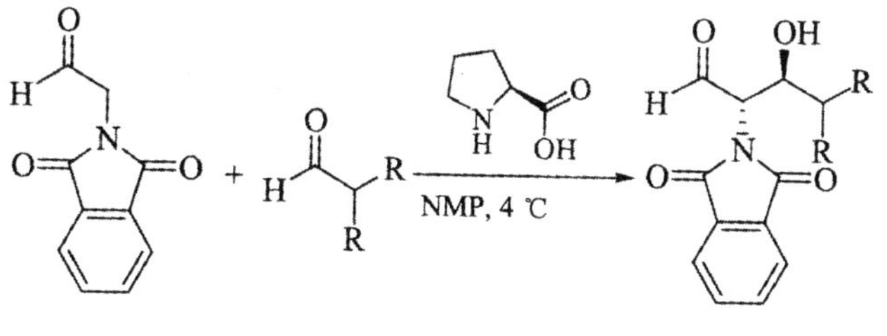

(*anti*: *syn* = 100 : 1; *ee* 99.5%; 产率: 76%)

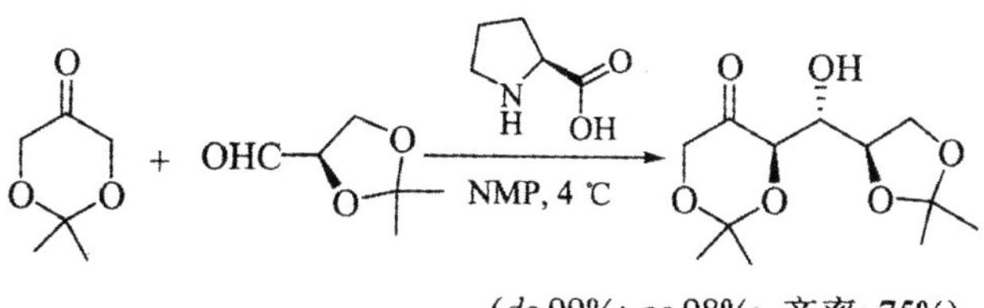

(*de* 99%; *ee* 98%; 产率: 75%)

用脯氨酸催化醛与醛之间的不对称羟醛缩合反应已成功应用于六碳糖和一些天然产物的合成中。例如:

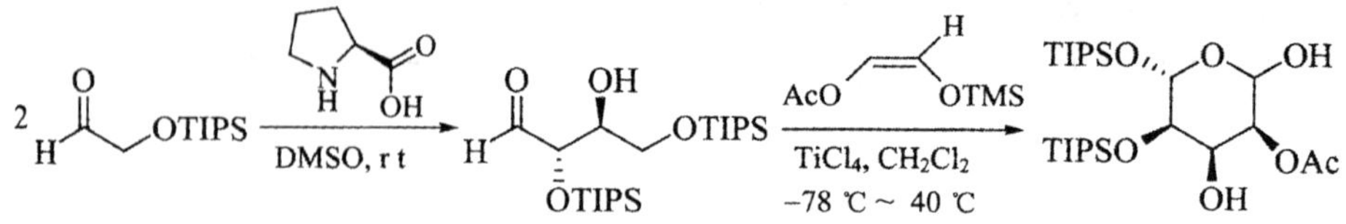

**(*dr* 97:3; *ee* 95%; 产率:97%)**

### 2. 手性有机小分子催化 Mannich 反应

用 L-脯氨酸催化羟醛缩合反应得到 *anti* 式主要产物。但用 L-脯氨酸催化 Mannich 反应,却得到 *syn* 式主要产物。例如:

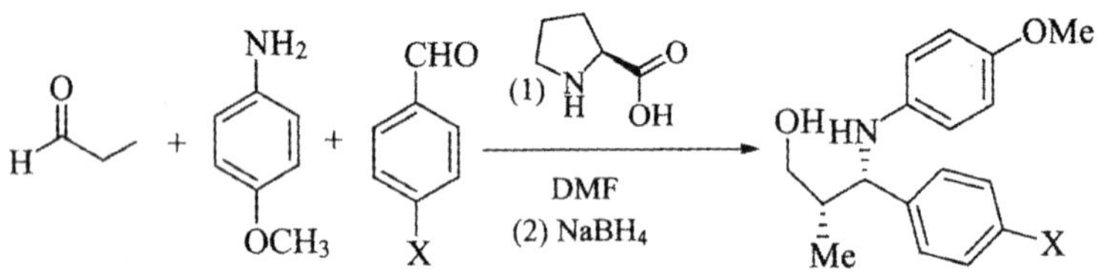

X= NO₂, Cl, Br, CN

**(*dr* 138:1; *ee* 99%; 产率:65%~90%)**

### 3. Shi 不对称环氧化反应

Shi 等发现果糖衍生物为催化剂,过硫酸氢钾(KHSO₅)或 H₂O₂ 为氧化剂可以对映选择性地实现孤立烯键的环氧化。Shi 不对称环氧化反应和 Jacobsen 不对称环氧化反应互为补充。反应通式如下:

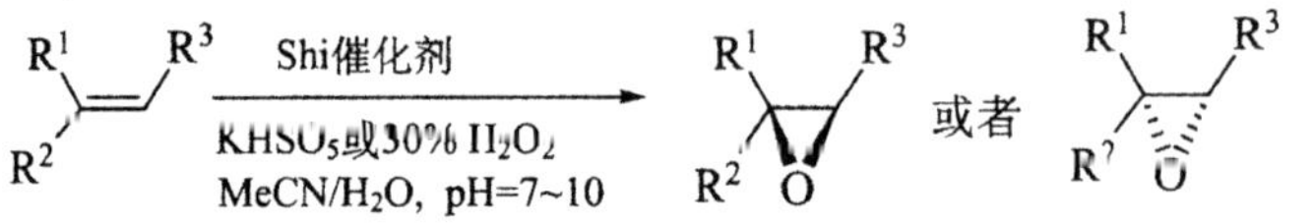

由D-果糖制备的Shi催化剂(D-S) 由L-果糖制备的Shi催化剂(L-S)

例如:

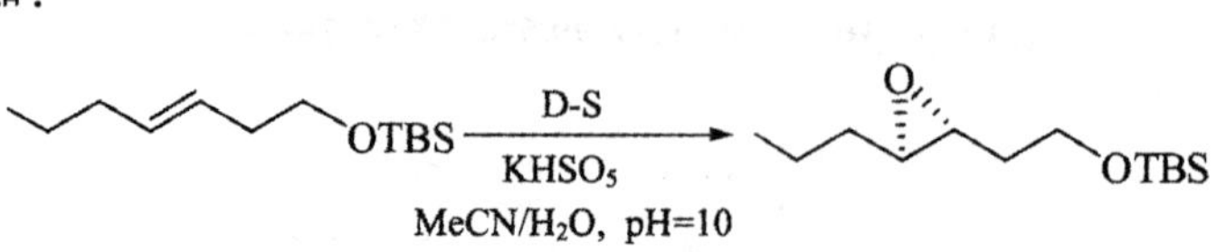

**(*ee* 95%; 产率:73%)**

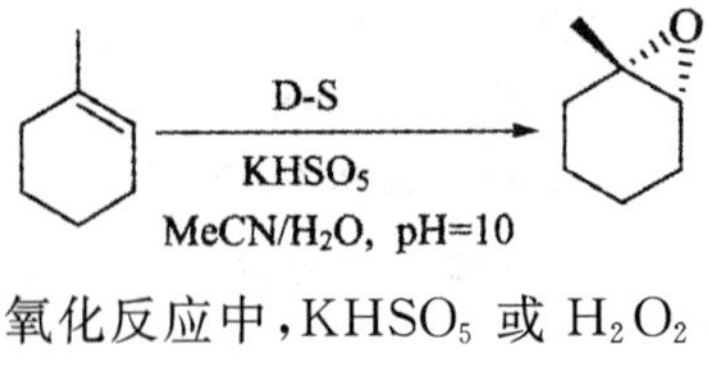

**(*ee* 91%; 产率: 69%)**

在 Shi 不对称环氧化反应中,KHSO₅ 或 H₂O₂ 将果糖的羰基转变为双环氧乙烷衍生物,

由于果糖的立体控制,双环氧乙烷只能在烯键的一面进攻。反应机理如下:

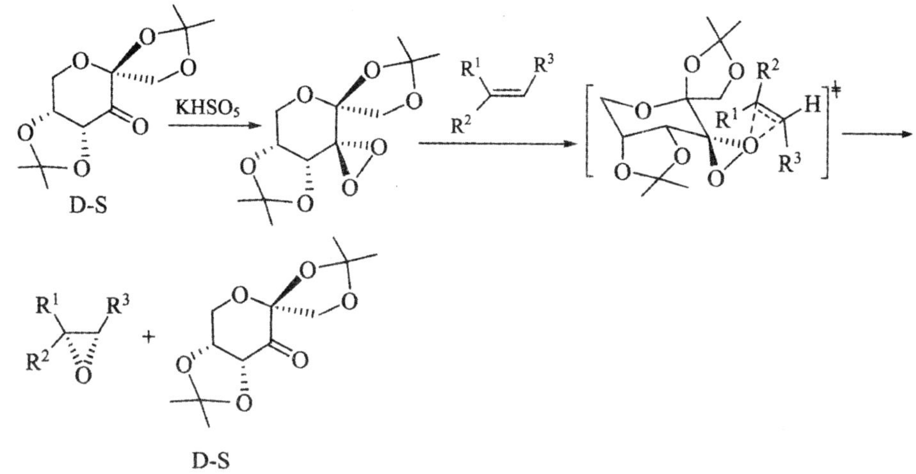

控制反应的 pH＝10 左右,主要是为了抑制催化剂的 Baeyer-Villiger 氧化。Baeyer-Villiger 氧化的反应式如下:

Shi 不对称环氧化反应已成功应用于天然产物的合成中。例如,在天然产物 glabrescol 的合成中,利用 Shi 不对称环氧化反应一步导入四个手性环氧基,生成八个手性中心。反应式如下:

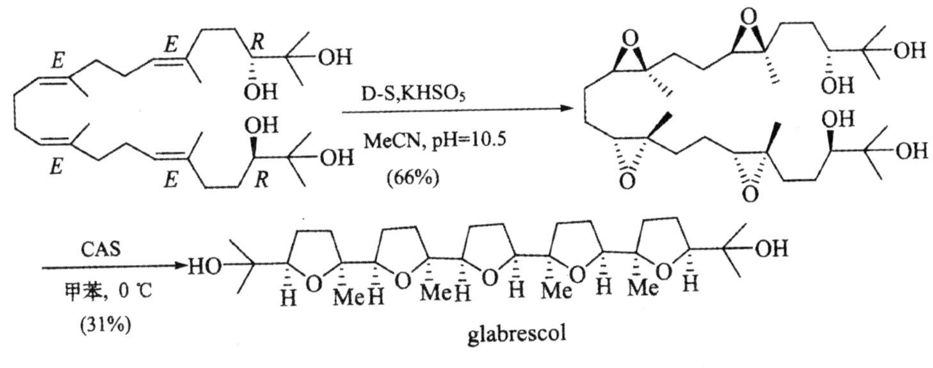

## 8.5　手性源

手性源是一类足够便宜的可用于作为有机合成的起始物质的易得的天然产物的集合。手性源的策略是把一类化合物的部分或全部结合到目标分子中。手性源化合物可用作拆分试剂、催化剂和手性辅助剂等。下面我们讨论几个基于手性源策略的不对称合成。

1. 氨基酸

有一些目标很明显地能看出含有氨基酸的结构。存在于甲状腺中的甲状腺激素甲状腺素121含有一个氨基酸酪氨酸122的骨架,而且的确可以从酪氨酸制备得到。

**121;甲状腺素**　　　　**122;酪氨酸**　　　　**6;脯氨酸**

脯氨酸6的结构清楚地包含在抑制剂卡托普利(captopril,123)中。在其他的一些情况下这种关系并不那么明显。其他的 ACE 抑制剂,有治疗高血压的功效,如雷米普利(ramipril,124)和福辛普利(fosinopril,125),同样也含有脯氨酸的单元。

**123;captopril**　　　　**124;ramipril**　　　　**125;fosinopril**

(1)卡托普利的合成

第一个切断如 123a 所示:从分子中间的酰胺键切断可以得到脯氨酸6。硫醇酸126中处于1,3-位 SH 和 C=O,可以通过共轭加成来制备。

**123a;captopril**　　　　**6;脯氨酸**　　　　**126**　　　　**127**

硫羟乙酸128被用作亲核的 SH 的试剂,能很好地实现共轭加成反应。消旋的产物129和保护的脯氨酸130偶联,然后水解特丁基酯得到131的非对映异构体的混合物。这些混合物的盐可以被分离,而在切断硫醇酯后,拆分出正确的异构体就能得到卡托普利。

**128**　　　　**129**　　　　**130**　　　　**131**

(2)雷米普利的合成

雷米普利(ramipril,124),Hoechst ACE 抑制剂,首先从酰胺处切断,我们可以看到在酸135中含有一个丙氨酸的结构。胺136看起来像脯氨酸,但是没有反应能实现相应的切断的键的形成。

**124a;雷米普利** **135** **136** **6**

事实上,136 并不是从脯氨酸制备的。而是如 136a 所示,打开另外一个更加官能团化的环,通过烯烃 137 的自由基环化反应来实现。碘化物可以从羟基经过官能团转化(FGI)得到,而 138 则可以从烯丙基溴 139 和另一个氨基酸——丝氨酸 140 和反应得到。

**136a** **137** **138** **139** **140;丝氨酸**

141 的自由基环化反应在合成中起重要作用,能够以很好的产率给出两个非对映异构体,两者可以在转化为双苄基酯 143 和 144 后得到分离。

**141;Z = CO₂Bn** **142;88% 产率** **143** 1.25:1 **144**

136 的酯现在被用作拆分试剂和雷米普利分子的剩余部分偶联。丙氨酸和酮酯 145 发生共轭加成以 2∶1 的比例得到 146 和其非对映异构体的混合物。与 136 偶联可以分离到正确的化合物,从而完成雷米普利的合成。

**145** **146;2:1非对映异构体** **124**

### 2. 羟基酸

有效的酶(氨肽酶)抑制剂 Bestatin161 为氨基酸和羟基酸之间提供了另一个完美的桥梁。初看 bestatin 像是个二肽,但是其中只有一个成分——亮氨酸 163 是一个正常的 α-氨基酸。另一半 162 是一个 β-氨基酸,同时也是一个 α-羟基酸,于是可用同样绝对构型的二级醇的苹果酸 34 作为一个手性源起始原料。

**161；bestatin**　　**162**　　**163；亮氨酸**　　**34；苹果酸**

首先一定要把苄基加上。苹果酸二乙酯 164 的二锂衍生物在 OLi 基团的背面发生烷基化。两个酯基需要分辨出来。三氟乙酸酐与游离的二酸反应再和乙醇作用得到 166。

**164；苹果酸二乙酯**　　**165**　　**166**

叠氮基磷酸二苯酯 167 与游离酸基团作用转化成胺。这个过程是先经过 Curtius 重排，迁移基团构型保持，得到异氰酸酯 168，异氰酸酯被羟基捕获得到环氨基甲酸酯 169。使用一个水溶性的碳二亚胺(EDC)作为试剂，$N$-甲基吗啉(NMM)作为碱和羟基苯并三唑(HOBt)作为催化剂与亮氨酸甲酯发生肽偶联得到 170，与 bestatin 161 只有微小的差别，具有所有的正确的立体化学。

**167**　　**168**　　**169**　　**170**

### 3. 氨基醇

#### (1)喹啉酮抗生素的合成

以 ofloxacin 200 为代表的喹啉酮抗生素与 $\beta$-内酰胺、四环素等其他类抗生素完全不同，它们所起作用的途径是不一样的。这给延缓抗药性带来了希望。这类抗生素都有"喹啉酮"这个核心基团：一个苯环并着一个 $\gamma$-吡啶酮。大多数有各种胺取代基，而 ofloxacin 有一个氟原子。断开烯胺键就得到了一个多杂原子取代($N,N,O,F$)的苯环，苯环上带有氟原子，因此这个合成中可以应用很多的亲核取代反应。

**200；ofloxacin**　　**201**　　**202**

四氟苯甲酰氯 203 可以与丙二酸二乙酯烯醇镁 204 发生酰化作用得到 205。这种螯合结构的烯醇镁的化合物避免了氧原子上的乙酰化。和原甲酸三乙酯发生缩合反应可以引入一个修饰的醛基团,而 206 接下来就可以继续发生芳香亲核取代。

和手性源氨基醇化合物丙氨醇 207 反应形成烯胺 208,并引入了唯一的一个手性中心。前两个取代基通过桥连得到了控制。胺基只可以从邻位进攻得到喹啉酮 209,而接下来羟基只可以进攻间位关环得到 210。F 原子被 N 原子取代得到 209 是通过羰基的活化而实现的,但是 F 原子被 O 原子取代得到 210 并不是这样。

只剩下哌嗪环需要引入。酯水解后 N-甲基哌嗪 212 取代了酮对位的氟原子,从而形成了 ofloxacin。

（2）噁唑烷酮类抗生素

噁唑烷酮类的一般结构为 213,这类抗生素与其他抗生素的作用机理不同。通过酰胺键的断裂得到胺 214,进而可以回推到叠氮化合物 215,再回推到醇 216。

断开噁唑烷酮环得到了一个三碳的链状化合物 217,它的每个碳上都有个官能团。环氧丙醇是一个理想的起始原料,它的两个对映体都是易于得到的。

这类抗生素中的 224 已经被 upjohn 从 Cbz 保护的芳香胺 219 和代替环氧丙醇的酯 222 出发制得。219 的锂衍生物进攻环氧释放出一个氧负离子,进而进攻 Cbz 基团（220）释放出 $PhCH_2O^-$,$PhCH_2O^-$ 接下来断开丁酸酯,最终以"一锅煮"反应,85% 的产率得到 221。

**219**　　　**220**　　　**221;85% 产率**

　　221 甲磺酰化再被叠氮取代得到 223,叠氮进一步被还原成胺,最后经乙酰化就完成了整个合成。化合物 224 就是 U100766,一种和万古霉素有类似效果的抗生素,但是不会像 β-内酰胺那样迅速激发产生抗性。

**223**　　　**224;85% 产率来自 221**

# 第9章 生物催化合成

## 9.1 概述

### 9.1.1 生物催化发展过程

生物催化(Biocatalysis)是指利用酶或有机体(细胞、细胞器等)作为催化剂进行化学转化的过程,也称生物转化(Blotransformation)。不对称合成(Asymmetric Synthesis)是指无手性或潜手性的底物,在手性条件下,通过手性诱导产生手性产物的过程。所以,生物催化的不对称合成就是指利用酶或有机体催化无手性或潜手性的底物生成手性产物的过程。

人类利用细胞内酶作为生物催化剂实现生物转化已有几千年的历史。我国从记载的资料得知,4000多年前的夏禹时代酿酒已盛行。酒是酵母发酵的产物,是细胞内酶作用的结果。2500多年前的春秋战国时期,我国劳动人民就已能制酱和制醋,在酿酒工艺中,利用霉菌淀粉酶(曲)对谷物淀粉进行糖化然后利用酵母菌进行酒精发酵曲种有米曲霉、酵母菌、根霉、红曲霉或毛霉等微生物。真正对酶的认识和研究还应归功于近代科学技术的发展。酶(Enzymes)这一术语在1878年由库内(Kuhner)创造用以表述催化活性。1894年,费歇尔(Fischer)提出了"锁钥学说"用来解释酶作用的立体专一性。1896年,德国学者布赫奈纳(Buchner)兄弟发现用石英砂磨碎的酵母的细胞或无细胞滤液和酵母细胞一样将1分子葡萄糖转化成2分子乙醇和2分子$CO_2$,他把这种能发酵的蛋白质成分称为酒化酶,表明了酶能以溶解状态、有活性状态从破碎细胞中分离出来而非细胞本身,从而说明了上述化学变化是由溶解于细胞液中的酶引起的。这些工作为近代酶学研究奠定了基础。

1848年巴斯德借助放大镜、用镊子从外消旋酒石酸钠铵盐晶体混合物中分离出(+)-和(一)-酒石酸钠铵盐两种晶体,随后的分析测试表明它们的旋光性相反,标志着人类对物体手性认识的开始。1858年他又研究发现外消旋酒石酸铵在微生物酵母或灰绿青霉生物转化下,天然右旋光性(+)-酒石酸铵盐会逐渐被分解代谢,而非天然的(一)-酒石酸铵盐被积累而纯化,该过程被称为不对称分解作用。1906年,瓦尔堡(Warburg)采用肝脏提取物水解消旋体亮氨酸丙酯制备L-亮氨酸。1908年,罗森贝格(Rosenberg)用杏仁(D-醇氰酶)作催化剂合成具有光学活性的氰醇。这些创造性研究工作促进了生物催化不对称合成的研究与发展。1916年,纳尔逊(Nelson)、格里芬(Griffin)发现转化酶(蔗糖酶)结合于骨炭粉末上仍有酶活性。1926年,姆纳(Sumner)从刀豆中分离纯化得到脲酶晶体。1936年,姆(Sym)发现胰脂肪酶在有机溶剂苯存在下能改进酶催化的酯合成。1952年,彼得逊(Peterson)发现黑根霉能使孕酮转化为$11\alpha$-羟基孕酮,使原来需要9步反应才能在11位引入$\alpha$-羟基的反应用微生物转化一步即可完成,产物产率高、光学纯度好,从此解决了甾体类药物合成中的最大难题。生物催化的不对称合成已成功地用于光学活性氨基酸、有机酸、多肽、甾体转化、抗生素修饰和手性原料

(源)等制备,这是有机合成化学领域的一项重要进展。

### 9.1.2 生物催化反应的特点

生物催化之所以在有机合成特别是在不对称合成中得到快速的发展,其原因与生物催化的特点有关。

酶是生物催化剂,它们经过进化而具有专一性催化结构,具有化学催化剂的一般特征,即加快反应的速率。通常酶催化加快反应的速率是化学催化剂的 $10^6 \sim 10^{13}$ 倍,有时高达 $10^{17}$ 倍。酶催化时,催化剂的用量少。在化学催化反应中,催化剂用量一般为 $0.1\% \sim 1\%$(摩尔比),而酶催化反应中酶的用量为 $10^{-3}\% \sim 10^{-4}\%$(摩尔比)。除此之外,酶还有以下显著的特点。

(1)高度的专一性

酶通常与底物特异性地结合在一起,从而表现出高度的区域、立体和对映选择性。即酶催化一种立体异构体发生某种化学反应,而对另一种立体异构体则无作用。例如,乳酸脱氢酶只能催化($R$)-酸脱氢变为丙酮酸,对($S$)-酸无作用。在催化反应中,虽然底物本身没有手性但反应却是立体专一的。例如,延胡索酸酶催化延胡索酸生成苹果酸时,水的加成以立体专一的方式加入到底物。正是因为酶催化剂具有高度的对映体选择性,才使得不对称合成成为生物催化最具吸引力的应用领域。

(2)反应条件温和

化学催化反应经常在强酸、强碱或高温条件下进行,在这样的条件下进行反应,很难避免发生分解、消除、重排、异构化、消旋等副反应。酶催化反应则不同,酶催化反应温度一般在 $20\% \sim 40\%$;pH 值为 $5 \sim 8$,通常为 7 左右。这样的反应条件,可以减少不必要的副反应。

## 9.2 生物催化剂

酶是有生物细胞产生的具有催化化学反应的一类生物催化剂。生物催化剂有各种不同的类型,包括离体酶、固定化酶、微生物细胞、固定化形式使用的微生物细胞、植物及动物细胞等。在生物体内存在两类生物催化剂,一类是以蛋白质为主要成分称为酶(Enzyme),另一类则以核糖核酸为主称为核酶(Ribozymes)。迄今人们已经发现和鉴定的酶约有 8000 多种,其中有 200 多种得到了结晶。但用于催化有机合成的酶为数还不多,有待于进一步开发利用。

### 9.2.1 酶的分类与命名

国际酶学委员会(International Enzyme Commission)曾经制定了一套完整的酶的分类系统。主要根据酶催化反应的类型,将酶分为 6 大类。

①氧化还原酶(Oxidoreductase)——催化分子发生氧化还原反应。

②转移酶(Transferase)——催化分子间基团的转移。

③裂解酶(Lyase)——催化分子裂解成两个部分,其中之一含有双键,这与水解酶不同。这类酶催化的反应具有可逆性,裂解的键可以是 C—C、C—O、C—N、C—S、C—X、P—O 等键。

④水解酶(Hydrolase)——催化水解反应。

⑤异构化酶(Isomerase)——催化分子进行异构化反应。

⑥合成酶(Ligase)——催化两分子连接成一个分子。

酶的命名是根据酶学委员会的建议,每一种酶都给以两个名称:一个是系统名,一个是惯用名。系统名要求能确切地表明底物的化学本质及酶的催化性质,所以它包括两部分,底物名称及反应类型。如果酶反应中有两种底物起反应,则这两种底物均需表明,当中用":"分开,例如,草酸氧化酶其系统名称为草酸:氧氧化酶。

系统名一般都很长,使用起来很不方便,因此一般叙述时可采用惯用名。惯用名要求比较简短,使用方便,虽然也反映底物名称及作用方式,但不需要非常精确。通常依据酶所作用的底物及其反应类型来命名。如催化乳酸脱氢变为丙酮酸的酶称乳酸脱氢酶。对于催化水解作用的酶。一般在酶的名字上省去反应类型,如水解蛋白的酶称蛋白酶,水解淀粉的酶称淀粉酶。此外还有酯酶、脲酶、酰胺酶等。有时为区别同一类酶,还可以在酶的名称前面标上来源。如胃蛋白酶、胰蛋白酶、木瓜蛋白酶等。

### 9.2.2 酶催化的特点

酶作为一种高效生物催化剂,具有高度的区域选择性和立体专一性,并且在十分温和的条件下,能起高效催化的作用,因此,它有着化学催化剂无可比拟的优越性,已经广泛应用于食品、制药和洗涤剂工业。随着酶催化理论的突破,近年来,酶催化聚合反应的研究十分活跃,特别是利用酶催化技术成功合成了化学方法难以实现的功能高分子,而且该技术具有节能和对环境无不良影响等优点。酶作为催化剂的特点如下:

①酶催化的专一性。酶催化具有高度专一性,包括底物专一性和产物专一性。酶活性中心的特殊结构使酶只能对特定的底物起特定作用,能有效地催化一般化学反应内较难进行的反应。底物专一性包括立体专一性和非立体专一性。立体专一性包括对映体专一性、顺反专一性、异构专一性等。非立体专一性则是从底物分子内部的键以及组成该键的基团米分类的专一性。产物专一性则指生产产物的立体结构的专一性。

②反应条件温和。酶催化反应一般在温和条件下进行,反应的 pH 值为 5～8,一般在 7 左右,反应温度在 20℃～40℃,一般为 30℃左右,投资小,能耗少,且操作安全性高。在这样的反应条件下,还可以减少不必要的副反应。

③催化效率高。酶催化的反应速率比非酶催化的反应速率一般要快 $10^6$～$10^{12}$ 倍,酶催化的反应中酶的用量为 $10^{-5}$～$10^{-6}$(物质的量比),具有极高的催化效率。与其他催化剂一样,酶催化仅能加快反应速率,但不影响热力学平衡,酶催化的反应往往是可逆的。

④可以用于手性化合物的合成。酶是高度手性的催化剂,其所催化的反应具有高度的立体选择性。在手性技术中,无论是手性合成还是手性拆分都涉及生物催化法。因此,生物催化的手性合成具有巨大的发展潜力。生物催化剂不像无机金属催化剂,它使用后可被降解,是环境友好的催化剂;生物催化反应具有高度的立体选择性,能使潜手性化合物只生成 2 个对映体中的一种,避免了另一种无用对映体的生成,从而减少了废物的排放,这是绿色化学研究的重要组成内容。

⑤环境友好。酶本身来自天然,本身是可以生物降解的蛋白质,是理想的绿色催化剂,赵地顺对产物和环境影响极小。

酶作为生物催化剂也有其缺点,一般都有其最适的条件如温度、pH 值、离子强度等,一旦超出其范围,将会使酶失活。此外,酶在非水介质中活性较低,许多酶在底物或产物浓度较高时,也会使酶的活性降低,因此,使用酶作为催化剂要多加注意。利用生物技术对现有的酶进行改性,提高酶的活性和耐久性,拓宽了工业催化剂的应用领域,可以得到更广阔的应用前景。近年来这方面的研究主要集中在极端菌(耐高温、低温、高盐度)的探索研究、非水相酶的研究以及分子水平的定向进化等。

生物催化合成和传统化学合成各有优缺点,一般可以互相补充,达到良好的效果。

### 9.2.3 酶催化的反应机制

酶活性中心与底物的结合大多是通过短程的非共价键。反应产物易同酶—底物复合物分开;也有部分酶与底物的结合是通过共价键,则产物难以释放出来,使酶作为催化剂的效率就会变低。实验表明,酶的催化功能部分受到活性中心内具有一定空间位置的带电荷基团的影响,这些基团是酶蛋白中某些氨基酸残基的电离侧链,通过酶蛋白分子二级结构和三级结构的卷曲使其与酶的活性中心靠得很近。催化基团的精确位置对酶促反应甚为重要,酶蛋白的变性使空间排列受到破坏,酶因而失活。酶促反应包括酶与底物的结合和催化基团对反应的加速 2 个过程,酶促反应是各种效应的综合。

1. 酶降低反应的活化能

一个简单的单底物的酶促反应可表示为:

$$E+S \rightleftharpoons ES \rightarrow P+E$$

式中,E,S,P 和 ES 分别表示酶(Enzyme)、底物(Substrate)、产物(Product)以及酶与底物形成的复合物。一个底物要转化为产物必须克服活化能障,升高反应温度可以增加具有克服活化能障的底物分子数,但活化能并没有降低。

降低活化能同样可提高反应速率,这正是催化剂的功能。作为生物催化剂的酶比无机催化剂效率更高,能使反应更快地达到平衡点,但酶也和其他催化剂一样,可通过降低活化能提高反应速率,但反应的平衡点不会改变。图 9-1(b)表示的是酶促反应过程中自由能的变化,可以看到,酶存在下的反应活化能要比无催化剂时[见图 9-1(a)]反应的活化能低。

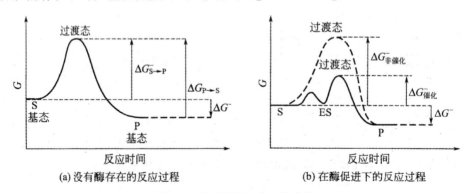

(a) 没有酶存在的反应过程　　　　(b) 在酶促进下的反应过程

图 9-1　反应过程中自由能变化

2. 多元催化

在酶催化反应中,常常是几个基元催化反应配合在一起共同作用。这些基元催化反应主要有广义酸碱催化、共价催化(亲核催化和亲电催化)以及金属离子的催化。

大多数的酶所催化的反应中都包含有广义的酸碱作用。酶分子中含有数个能作为广义酸碱的功能团,如氨基、酪氨酸、酚羟基、羧基、巯基和组氨酸咪唑基等。

共价催化是指酶催化过程中的亲核催化和亲电催化过程。如果催化反应速率是将底物从催化剂接受电子对这一步控制,称之为亲核催化;如果催化反应速率是催化剂从底物接受电子对这一步控制,称之为亲电催化。

金属离子在许多酶中是必要的辅助因子。它的催化作用与酸的催化作用相似,但有些金属可以带上不止一个正电荷,作用比质子强,而且它还具有配合作用,易使底物固定在酶分子上。

3. 邻近效应(Proximity)和定向效应(Orientation)

一个底物分子和酶的一个催化基团在进行反应时,必须相互靠近,彼此间保持适当的角度构成次级键(氢键、范德华力等)。反应基团的分子轨道要互相重叠,这好像是把底物固定在酶的活性部位,并以一定的构象存在,保持正确的方位,才能有效地发挥作用。若底物分子间的距离和定向都达到最适合的时候,催化效率则最高。

4. 微环境的影响

每一种酶蛋白都有特定的空间结构,而这种酶蛋白的特定的空间结构就提供了功能基团发挥作用的环境,这种环境称为微环境。在酶活性部位的裂隙里,相对来说是非极性的。在这个环境中,介电常数较在水环境中或其他极性环境中的介电常数低,在非极性环境中,两个带电物之间的电力比在极性环境中显著增高。催化基团在低介电环境包围下处于极化状态。当底物分子与活性部位相结合时,催化基团与底物分子敏感键之间的作用力要比极性环境还要强,因此这种疏水的环境促进催化总速率的加快。

5. 底物变形(Strain,Distortion)

许多活性部位开始与底物并不相适合,但为了结合底物,酶的活性部位不得不变形(诱导契合)以适合底物。一旦与底物结合,酶可以使底物变形,使得敏感键易于断裂和促使新键形成。

Fischer 提出酶是一个刚性的模板,像一把"锁",只能接受像"钥匙"一样的底物,这样的酶很少。现在人们也用锁钥理论来解释酶的特异性以及酶的催化作用。但"钥匙"是过渡态(或有时是一个不稳定的中间产物),而不是底物。当一个底物与一个酶结合时,可以形成一些弱的相互作用,开始并未真正达到互配,但酶会引起底物扭曲变形。迫使底物朝过渡态转化。只有当底物达到过渡态时,底物和酶之间的弱的相互作用才能达到所谓的"契合"。即只有在过渡态,酶才能与底物分子有最大的相互作用。如图 9-2 所示,酶与底物结合使底物变形生成产物。

图 9-2　诱导契合和底物形变示意图

### 9.2.4 酶催化反应的动力学

酶反应动力学是研究各种反应条件对酶反应速度影响的关系,影响酶反应速度的因素很复杂,每一个酶都有各自的特性,使用时必须具体研究。下面讨论一些共同的规律。

1. 底物浓度对酶反应速度的影响

(1)酶反应的底物数

底物是酶反应动力学首先要讨论的重要因素,酶作用的底物有单、双、三底物之分。对有水参与的双底物酶,因水的浓度可视为饱和而恒定,在动力学上不作为一个有意义的底物,这些有水参加的反应服从单底物的酶反应动力学,称为假单底物反应。对双、三底物的酶来说,如果一(或二)个底物的浓度很大,其中只有一个底物是限速因子,则其反应也符合单底物动力学。所以单底物动力学是最基本、也是最重要的动力学。

(2)Michaelis-Menten 方程

酶作为生物催化剂,与其他催化剂一样,其催化反应的速度直接取决于酶的浓度。在过量底物存在时,反应速度随酶浓度的增加而增加,如图 9-3 所示。

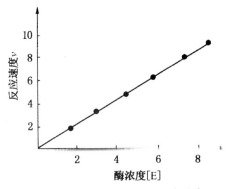

**图 9-3 酶浓度对反应速度的影响**

当酶浓度一定而增加底物浓度时,可以看出底物浓度增加,反应速度上升极快。然而,当底物浓度不断增加时,反应速度的增加逐渐变慢,底物浓度增加到相当大时,反应速度达到最大,而不再进一步改变,如图 9-4 所示。

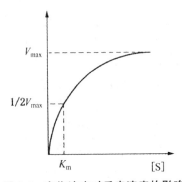

**图 9-4 底物浓度对反应速度的影响**

早在 20 世纪初,Michaelis 和 Menten 就对这种实验现象进行了研究,并提出了酶的中间

产物理论学说,酶先和底物结合形成中间体 ES 后,酶催化底物转化为产物,其过程表示为:

$$E+S \underset{k_1}{\overset{k_2}{\rightleftharpoons}} ES \overset{k_3}{\longrightarrow} P+E$$

反应式中,E 代表酶,S 代表底物,ES 代表酶和底物两者形成的中间体复合物,P 代表产物,$k_1$,$k_2$,$k_3$ 表示各反应的速度常数。据此提出了著名的 Michaelis-Mentea 方程式:

$$v=\frac{V_{max}[S]}{K_m+[S]}$$

式中,$v$ 是在一定底物浓度[S]时测得的反应初速度,$V_{max}$ 在底物浓度饱和时的最大值,$K_m$ 称为米氏常数,mol/L,$K_m=\frac{k_2+k_3}{k_1}$。

当底物浓度[S]较低时,[S]相对于 $K_m$ 很小,[S]忽略不计,则 $v=\frac{V_{max}}{K_m}[S]$,初速度 $v$ 与 [S]成正比,属一级反应。[S]$\gg K_m$ 时,$K_m$ 可忽略不计,则 $v=V_{max}$,构成零级反应。如果[S] 与 $K_m$ 值差别不大,则构成一级与零级反应之间的混合级反应。当 $v=\frac{1}{2}V_{max}$ 时,$K_m=$[S],即 $K_m$ 等于最大反应速度一半时的底物浓反应速度。

2. 温度和 pH 值对酶催化反应速度的影响

温度升高可加快反应速度,但温度过高时,酶就可能变性失活(耐高温酶除外)。一定的条件下,反应速度达到最大时的温度称为酶的最适温度。就整个生物界而言,动物组织的各种酶的最适温度一般在 35℃～40℃,植物和微生物各种酶的最适温度范围较大,大约在 32℃～60℃之间。少数酶的最适温度在 60℃以上。

pH 值的改变会引起酶活性的变化,所以酶催化反应具有最适 pH 值。各种酶在一定的条件下都有一定的最适 pH 值。一般来说大多数酶最适 pH 值在 5～8 之间,植物和微生物酶的最适 pH 值多在 4.5～6.5 左右,动物体内的酶最适 pH 值在 6.5～8.0 左右。

3. 抑制剂对酶催化反应速度的影响

凡使酶的必需基团或酶活性部位中基团的化学性质改变而降低酶活力甚至使酶完全丧失活性的物质,称为抑制剂。按作用将酶催化反应分为不可逆抑制和可逆抑制。

### 9.2.5　廉价多样的生物催化剂——微生物

微生物在生物催化合成中有着重要的用途,它能提供廉价和多样的生物催化剂——酶,或以完整细胞直接进行生物催化,后者又称为微生物生物转化。微生物可产生多种酶,能催化多种非天然有机物发生转化反应,其中有些反应是化学法难以或不可能完成的。微生物生物转化法的优点是不需要酶的分离纯化和辅酶再生,缺点是副产物多,产物分离纯化困难。

微生物是指那些个体微小,结构简单,必须借助显微镜才能看清它们外形的一群微小生物。大多数微生物是单细胞(如细菌、酵母等),只有少部分是多细胞(如霉菌等)。这些微生物虽然形态各不相同,大小各异,但是它们在生活习性、繁殖方式、分布范围等方面有许多相似之处。

①种类多、分布广。目前已发现的微生物在 10 万种以上。不同种类的微生物具有不同的

代谢方式,能分解各种有机物质和无机物质。由于微生物营养普及广,营养要求不高,生长繁殖速度特别快等原因,它在自然界中的分布极其广泛。

②体积小,面积大。微生物的个体都极其微小,一般用微米来衡量其大小。正是由于微生物体积非常小,其比表面积(单位体积所占有的表面积)就相当大,大肠杆菌的这一比值高达30万。微生物巨大的比表面积导致了微生物与环境广泛的接触,特别有利于微生物与周围环境进行物质、能量和信息交换,同时这也是许多微生物具有很高代谢速率的原因。从单位重量来看,微生物的代谢强度比高等动物的代谢强度大几千倍,甚至几万倍。

③繁殖快、转化力强。在生物界中,微生物的繁殖速度最高,其中以二均分裂方式繁殖的细菌尤为突出。在理论上可达到几何级数的增殖速度。在适宜的条件下,大肠杆菌能 $20\sim30min$ 繁殖一代,24h 可繁殖 72 代。后代菌种数目可达 $4.7\times10^{23}$ 个。

④适应性强、易培养。微生物具有极强的适应性,这是高等动、植物所无法比拟的。高等植物和动物体内的酶系无法应付环境条件的较大变化。而微生物在环境条件变化时,可通过自身的调节机制诱导某些特殊酶系的生成,以使其能适应该环境的特殊要求。

⑤易变异。

# 9.3 生物催化在有机合成中的应用

### 9.3.1 生物催化的氧化反应

氧化反应是向有机化合物分子中引入功能基团的重要反应之一。化学氧化方法主要采用金属化合物如六价铬、七价锰衍生物以及乙酸铅、乙酸汞和有机过氧酸等作氧化剂,化学氧化法缺少立体选择性、副反应多,且金属氧化剂会造成环境污染。采用生物催化氧化可以解决这些问题,这对有机合成来说用处很大。生物催化剂可使不活泼的有机化合物发生生物氧化反应,如催化烷烃中的碳—氢键羟化反应,反应具有区域和对映选择性。生物催化氧化反应主要由三大类酶所催化,单加氧酶、双加氧酶和氧化酶,它们所催化的反应可表示为:

$$\text{Sub} + \text{NAD(P)H} + O_2 \xrightarrow{\text{单加氧酶}} \text{SubO} + \text{NAD(P)}^+ + H_2O$$
$$\underset{\text{辅酶循环}}{\overline{\qquad\qquad\qquad\qquad}}$$

$$\text{Sub} + O_2 \xrightarrow{\text{双加氧酶}} \text{SubO}_2$$

$$O_2 + 2e^- \xrightarrow{\text{氧化酶}} O_2^- \xrightarrow{+2H^+} H_2O_2$$

$$O_2 + 4e^- \xrightarrow{\text{氧化酶}} 2O_2^- \xleftarrow{+4H^+} 2H_2O_2$$

单加氧酶和双加氧酶能直接在底物分子中加氧,而氧化酶则是催化底物脱氢,脱下的氢再与氧结合生成水或过氧化氢。脱氢酶与氧化酶相似,也是催化底物脱氢,但它催化脱下的氢是与氧化态 $\text{NAD(P)}^+$ 结合,而不是与氧结合,这是两者的主要区别。氧化反应表面上看是加氧或脱氢,其本质是电子的得失。单加氧酶、双加氧酶和氧化酶是催化底物氧化失去电子,并将电子交给氧,即氧是电子的受体;脱氢酶催化底物氧化失去电子,它将电子交给 $\text{NAD(P)}^+$,然后还原型 $\text{NAD(P)H}$ 再通过呼吸链或 $\text{NAD(P)H}$ 氧化酶将电子最终交给氧并生成水。

1. 单加氧酶催化的氧化反应

(1) 单加氧酶催化反应的机理

单加氧酶(mono-oxy renase)可以使氧分子($O_2$)中一个氧原子加入到底物分子中,另一个氧原子使还原型 NADH 或 NADPH 氧化并产生水。细胞色素 $P_{450}$ 类(CytochromeP4$_{50}$ type, $CytP_{450}$)是一种以卟啉为辅基的单加氧酶,其卟啉环的结构为:

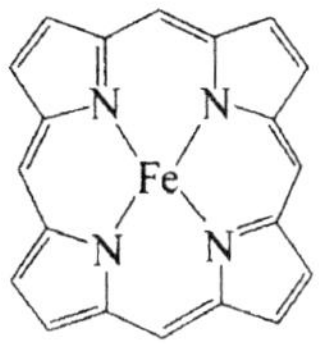

因还原型 $P_{450}$ 与一氧化碳结合的复合物在 450nm 有一强吸收峰而得名。虽然存在于动物体肝脏或许多微生物中的 $CytP_{450}$ 酶之间有差别,但在绝大多数 $CytP_{450}$ 单加氧酶的蛋白分子中与血红素相连的一段氨基酸序列(26 个氨基酸残基)都相同。生物催化氧化过程中的活泼氧是由酶和辅基与氧分子相互作用而产生的。以过渡态金属(Fe,Cu)中为辅基的单加氧酶大多数属于细胞色素 $P_{450}$ 类,它们的催化机制可以用恶臭假单胞菌樟脑羟化酶为例加以说明:

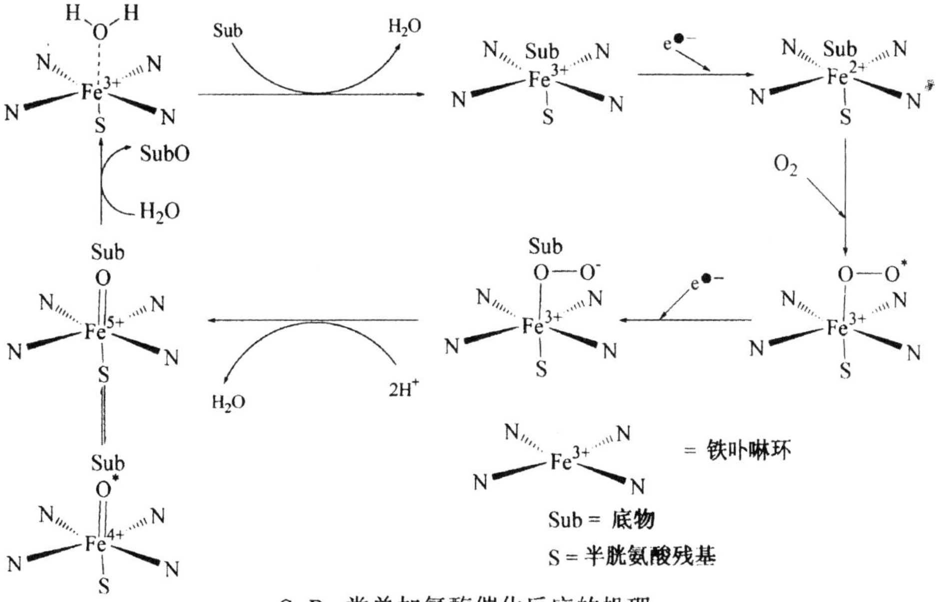

CytP$_{450}$类单加氧酶催化反应的机理

铁卟啉环中 $Fe^{3+}$ 与卟啉环平面上的四个氮原子分别形成两个共价键和两个配位键,在卟啉环正上方与水分子形成一个配位键,在正下方与酶蛋白分子中的半胱氨酸残基的硫原子形成一个配位键。当底物结合到酶分子中时,底物将取代水分子与铁卟啉环接近。通过电子传递系统(NADH、FMN、Fe-S、Cyth5 等)将电子转移给铁卟啉环中的铁,使 $Fe^{3+}$ 被还原为 $Fe^{2+}$。分子氧与 $CytP_{450}$ 结合形成氧合 $CytP_{450}$,然后氧从铁中获得电子,$Fe^{2+}$ 被氧化为 $Fe^{3+}$。氧合 $CytP_{450}$ 再从电子传递系统接受一个电子,使氧分子的共价键弱化,最终氧分子裂解,其中一个氧与 2 个氢离子形成水而离去,另一个氧使 $Fe^{3+}$ 氧化为 $Fe^{4+}$ 或 $Fe^{5+}$,后者可作为强亲电试剂进攻底物,并促使氧与底物结合,最后酶将单加氧产物[SubO]释放,同时使铁的价态恢复为 $Fe^{3+}$,酶恢复原形完成一个催化循环。黄素类单加氧酶是以核黄素为辅基的单加氧酶。其反应机制与 $CytP_{450}$ 不同。反应过程中 NADPH 首先还原酶-FAD 复合物,产生酶-FADH,后者再被分子氧氧化为氢过氧化物(FAD-4a-OOH),然后脱去质子形成过氧阴离子,它可作为亲核试剂进攻底物中羰基生成四面体中间体,后者通过分子内碳骨架重排形成酯或内酯,最后从 FAD-4a-OH 中脱去水分子恢复为酶-FAD 复合物原形:

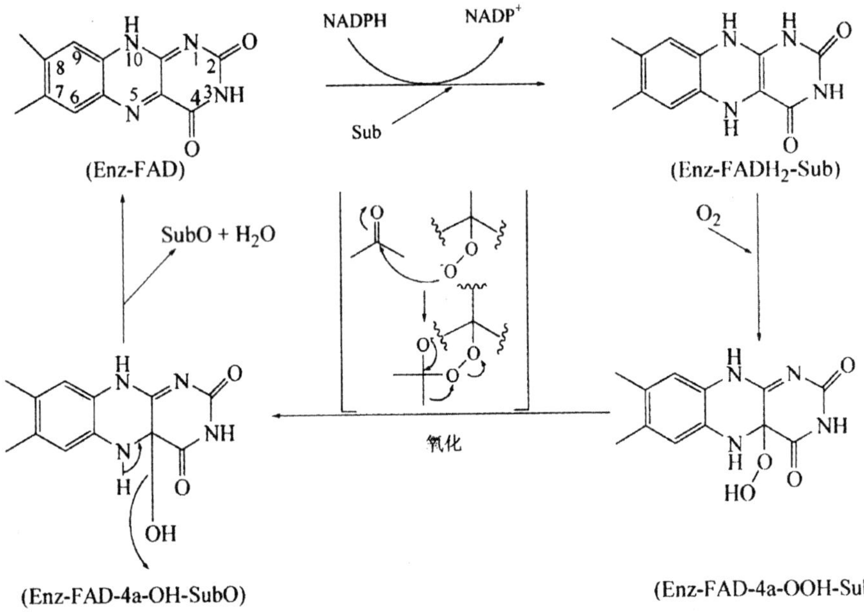

许多单加氧酶结合在细胞膜上,很难分离。因此,单加氧酶催化的反应往往用完整的微生物细胞作为生物催化剂。

(2)单加氧酶催化的羟基化

烷烃中的 C—H 键活泼性差,传统的有机合成几乎不能直接进行羟基化反应,利用单加氧酶的生物催化可以实现这种转化。烷烃立体选择性羟化反应的研究始于 20 世纪 40 年代甾体羟基化研究。例如,少根根霉或黑曲霉能立体选择性催化孕甾酮的 $11\alpha$-羟化,这样可省去常规有机合成中的许多步骤,大大降低 $11\alpha$-羟基孕甾醇酮的生产成本。石胆酸的 $7\beta$-羟化可用木贼镰孢生物催化,并具有高度的选择性。该化合物可以溶解胆固醇,用于治疗胆石症。

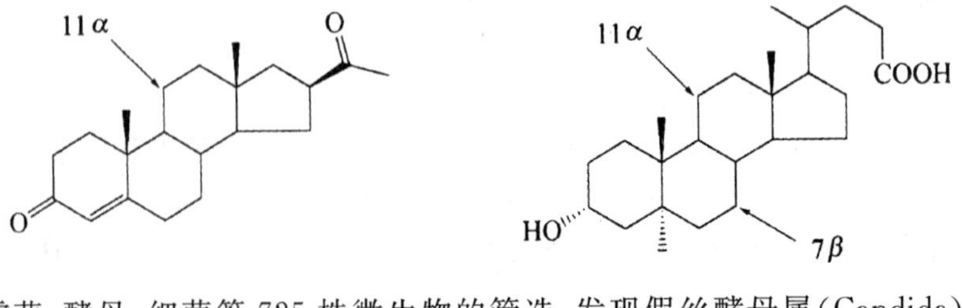

通过对霉菌、酵母、细菌等 725 株微生物的筛选,发现假丝酵母属(Candida)、假单胞菌属(Pseudomonas)能较好地催化 C—H 键的羟基化,并有较好的对映选择性。例如,恶臭假单胞菌在 30℃、pH 值 6.8 的条件下催化 2-乙基苯甲酸生物转化 3 天后得到了内酯,转化率为

80%,对映体过量率为99%:

80%, 99%ee

就单加氧酶而言,目前尚不能对一个底物的氧化位点作出预测。但有三种方法可以用来改进生物羟化反应的区域选择性和立体选择性:一是改变培养条件,二是增加细胞代谢压力、广泛筛选不同的微生物菌种,三是底物修饰。

化学法催化苯环羟化常用重氮盐水解或其他取代法,需要多步反应且副产物多。单加氧酶能催化邻、对位取代芳烃区域选择性地羟化,但间位取代芳香族化合物的羟化比较困难。例如,假单胞菌或芽孢杆菌催化烟酸转变为 6-羟基烟酸:

(3)单加氧酶催化烯烃的环氧化

手性环氧化合物是一种重要的手性合成前体,可与多种亲核性试剂反应产生重要的中间体。近几年来,许多研究都在致力于开发新的方法。Sharpless 的不对称环氧化广泛地用于有机不对称合成。单加氧酶催化的烯烃环氧化反应可用于制备小分子环氧化物。例如,食油假单胞菌(Pseudomonas Oleovorans)中的 $\omega$-羟化酶能催化烯烃环氧化。最近的研究发现一些微生物可催化非末端烯烃的环氧化。分枝杆菌和黄杆菌可将 2-戊烯氧化为$(R,R)$-2,3-环氧戊烷,对映体过量率分别为 74% 和 78%。

(4)单加氧酶催化烯烃的 Baeyer-Villiger 氧化

拜尔—维利格(Baeyer-Villiger)反应是指利用过氧酸氧化酮生成酯或内酯,这是一个具有很高应用价值的有机合成反应。利用生物催化进行拜尔—维利格氧化,无论反应历程还是基团迁移的区域选择性,与化学方法相同。拜尔—维利格单加氧酶(Baeyer-Villiger monooxy-genases,BVMOs)可分为两大类型:Ⅰ型酶以 FAD 为辅基、NADPH 为辅酶;Ⅱ型酶以 FMN 为辅基、NADH 为辅酶,它们均需要双辅酶。大多数催化拜尔—维利格反应的单加氧酶是以 NADPH 为辅酶。虽然 NADPH 的循环使用困难,但在恶臭假单胞菌中催化拜尔—维利格反应的单加氧酶以 NADH 为辅酶,它的循环相对较容易。有许多微生物的 BVMO 已被分离纯化,但绝大多数制备性反应仍采用完整微生物细胞作为催化剂,以解决 NAD(P)H 循环使用问题,在完整细胞中进行转化反应,细胞内的水解酶能使产物酯或内酯进一步水解。为了使酯或内酯在转化液中积累,可采下列三种方法:一是添加水解酶的特异性抑制剂(如四乙基焦磷酸或二乙基对硝基磷酸苯酯)抑制水解反应,二是筛选缺陷内酯水解酶的突变菌株,三是底物为非天然酮,则产物不易被水解酶水解。一种不动杆菌(Acinetobacter)的环己酮单加氧酶,可将潜手性酮不对称氧化为相应的内酯,氧的插入位置取决于 4-位取代基的性质,其产物的立体构型取决于中间体中基团的迁移能力。在大多数情况下,产物为 S 构型,但当 4-位为正丁基时,其产物转变为 R 构型:

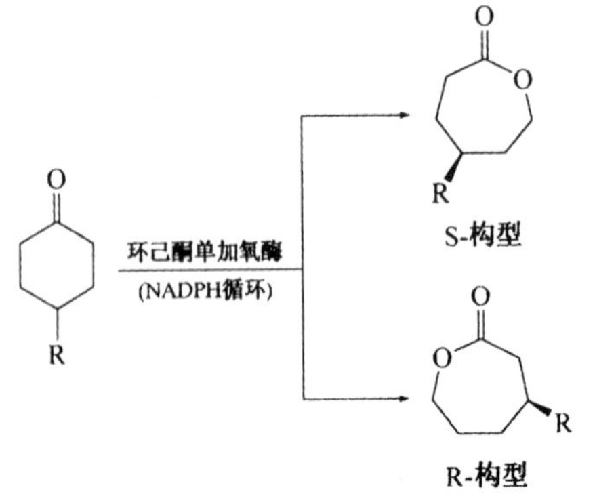

R = CH$_3$O，S-构型，75%ee

Et，S-构型，>98%ee

$n$-Pr，S-构型，>98%ee

$t$-Bu，S-构型，>98%ee

$n$-Bu，R-构型，52%ee

## 2. 双氧酶催化的氧化反应

双氧酶(dioxygenases)，又称双加氧酶，能催化氧分子中两个氧原子都加入到一个底物分子中。这类酶一般含有紧密结合的铁原子，如血红素铁。双氧酶催化的典型反应有以下三种：

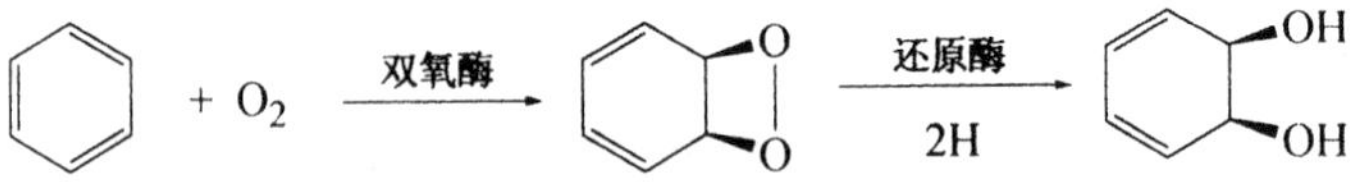

例如，大豆脂氧酶是一种非血红素铁双加氧酶，它催化分子氧加到多不饱和脂肪酸如亚油酸的非共轭1,4-双烯中，形成共轭烯烃氢过氧化物：

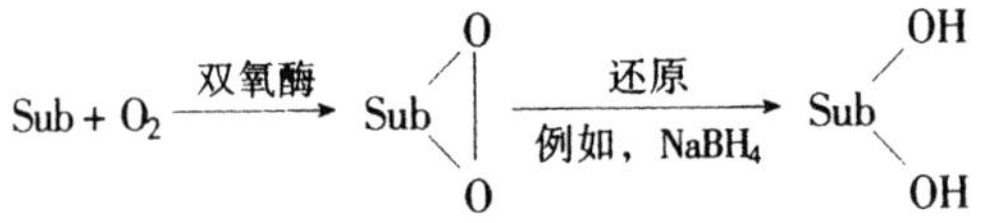

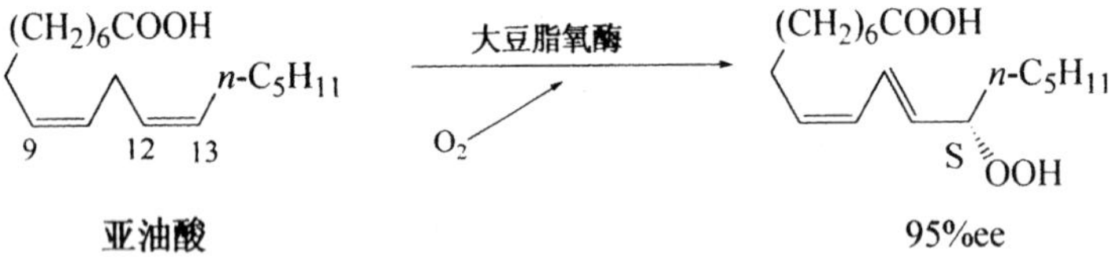

**亚油酸**                                95%ee

反应发生在脂肪酸远端13位。经过仔细的设计底物，大豆脂氧酶也可用于非天然(Z,Z)-1,4-二烯的氧化，反应具有区域选择性，通常发生在远端，少量在近端，光学纯度都较高：

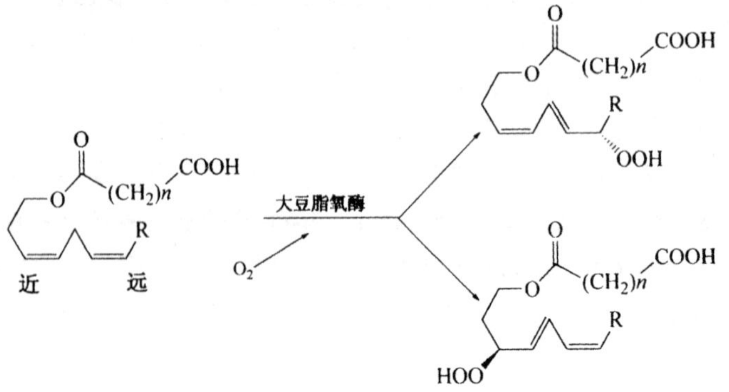

R = C$_5$H$_{11}$，S-构型，98%ee

(CH$_3$)$_2$CHCH$_2$，S-构型，

96%ee

PhCH$_2$，S-构型，98%ee

PhCH$_2$OCH$_2$，R-构型，

97%ee

CH$_3$C(O)(CH$_2$)$_3$，S-构型，

97%ee

氧化酶催化电子转移到分子氧中,以氧作为电子受体,最终生成水或过氧化氢。氧化酶有黄素蛋白氧化酶(氨基酸氧化酶、葡萄糖氧化酶)、金属黄素蛋白氧化酶(醛氧化酶)和血红素蛋白氧化酶(过氧化氢酶、过氧化物酶)等。其中一些酶具有非常高的应用价值,例如,D-葡萄糖氧化酶和过氧化氢酶在食品工业上有着广泛的应用。

### 9.3.2 生物催化的还原反应

生物催化的还原反应在不对称合成中有着重要的应用。脱氢酶被广泛用于醛或酮羰基以及烯烃碳—碳双键的还原,这种生物催化反应可使潜手性底物转化为手性产物:

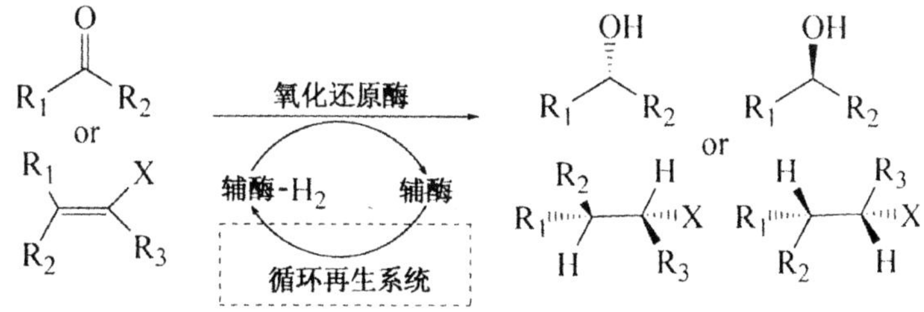

反应中氧化还原酶需要辅酶作为反应过程中氢或电子的传递体。常用辅酶有烟酰胺腺嘌呤二核苷酸 NADH 和烟酰胺腺嘌呤二核苷酸磷酸 NADPH,它们是氧化还原酶的主要辅酶;少数氧化还原酶以黄素单核苷酸 FMN 和黄素腺嘌呤二核苷酸 FAD 作辅酶。以 NADH 为例,辅酶在还原羰基时的作用机制可表示为:

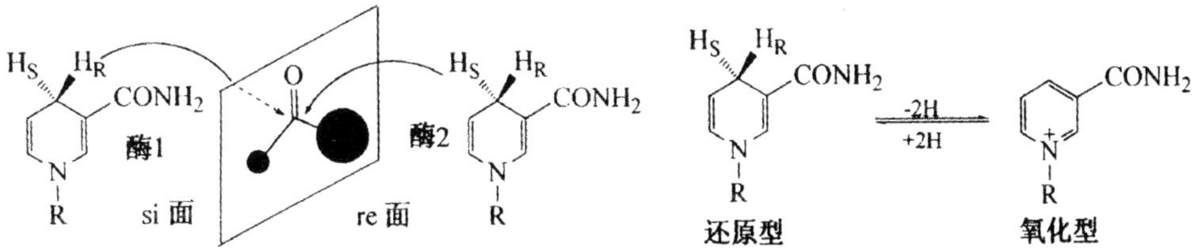

反应由还原型辅酶 NADH 提供的氢,在氧化还原酶的作用下从 R 或 S 面进攻羰基生成相应的单一对映体醇。同时辅酶被转化成氧化型 $NAD^+$。为了使反应一直进行下去,需要不断地补充还原型辅酶 NAD(P)H。但该类辅酶一般不稳定,价格昂贵,而且不能用一般的合成物所代替,不可能在反应过程中加入化学计量需要的辅酶,所以反应中产生的氧化态辅酶需要再生为还原态,这样能使辅酶保持在催化剂量水平,从而降低成本。

#### 1. 辅酶的再生循环方法

(1)底物偶联法

底物偶联法是在反应过程中添加辅助底物(供体),在相同酶催化下实现主要底物和辅助底物同时转化,但两者方向相反。为了使反应朝向所需方向进行,一般使辅助性底物过量,以保证转换数。虽然这种方法原则上适用于氧化反应和还原反应,但主要在还原反应中使用,这是由于脱氢酶催化反应的平衡倾向于还原反应过程。底物偶联的辅酶循环过程:

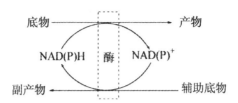

底物偶联的辅酶循环再生系统使用简单,缺点是酶要同时作用于底物和辅助底物,酶催化效率必然降低,有时高浓度辅助底物会抑制酶活性,另外反应后还需将产物与辅助底物分离。

(2)酶偶联法

酶偶联途径是利用两个平行的氧化还原反应酶系统,一个酶催化底物转化,另一个酶则催化辅酶循环再生。为了达到最佳效果,两个酶的底物应相对独立,以免两个底物竞争同一酶的活性中心。酶偶联循环过程:

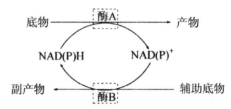

甲酸脱氢酶(Formate Dehydrogenase,FDH)广泛用于 NADH 循环再生,它使甲酸氧化生成 $CO_2$ 的同时使氧化态辅酶还原。该方法的最大优点是辅助底物甲酸和反应产物 $CO_2$ 对酶无毒和易于除去。FDH 稳定性好、易于固定化,且已可商品化供应。缺点是 FDH 成本较高。葡萄糖和葡萄糖脱氢酶(Gucose Dehydmgenae,GDH)系统是另一种 NADH 或 NADPH 再生系统。由于葡萄糖的氧化产物葡萄糖酸内酯会自发转变为葡萄糖酸,所以反应朝有利于 NAD(P)H 生成的方向进行。蜡状芽孢杆菌(Bacillus Cereus)葡萄糖脱氢酶稳定性好,并且对 $NAD^+$ 或 $NADP^+$ 都有很高的比活性,该方法的缺点也是 GDH 价格昂贵,并且广物与葡萄糖酸分离困难。6-磷酸葡萄糖脱氢酶(G6PDH)可将 6-磷酸葡萄糖(G-6-P)氧化为 6-磷酸葡萄糖酸内酯,后者再自发转变为 6-磷酸葡萄糖酸,并产生 NADPH。因此,这也是一个很好的 NADPH 再生系统。肠系膜状明串珠菌的 G6PDH 价格便宜、稳定,适用于 $NAD^+$ 和 $NADP^+$ 的再生循环。乙醇—醇脱氢酶(Alcohol Dehydmgenae,ADH)系统已被用于 NADH 和 NADPH 的循环再生。ADH 价格适中,乙醇与乙醛具有挥发性,这是该系统的优点。酵母 ADH 可使 $NAD^+$ 还原;肠系膜状明串珠菌 ADH 能使 $NADP^+$ 还原。由于 ADH 氧化还原能力低,只有活化的羰基底物(如醛或环酮)才能有效被还原。氢化酶(hydrogenase)能催化 NADH 再生,这种酶以分子氢直接作为氢的供体,氢有很强的还原能力,同时对酶和辅酶无毒。该系统无副产物生成,具有很好的应用前景。谷氨酸脱氢酶、丙酮酸—乳酸脱氢酶均可使 $NAD^+$ 或 $NADP^+$ 再生循环。该酶系统比活性高,酶源价廉,但易失活是其致命弱点。

(3)全细胞原位再生法

利用全细胞还原体系进行辅酶循环再生,比游离酶还原体系具有优势。全细胞原位再生循环过程:

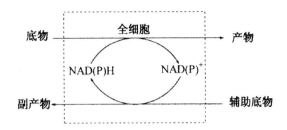

2. 羰基化合物的还原

(1)脂肪酮的还原

微生物可以催化脂肪酮的不对称还原,且可以获得很高的立体选择性。这类反应最先使用的是面包酵母,生成相应的具有较高 ee 值 S-醇。但只有长链甲基酮才能被面包酵母不对称催化。Nakamura 等利用白地霉(Geotrichum Candidum)对 2-丁酮至 2-癸酮进行还原,其对应的 S-型醇 ee 值基本上均大于 99%。同时 Stampfer 等发现红球菌(Rhodococcus Ruber DSM 44541)可以不对称还原 2-辛酮、2-癸酮和 3-辛酮。其 S-型产物的 ee 值分别大于 99%和 97%。Yadav 等发现胡萝卜根的小切块对 2-丁酮、2-戊酮、2-己酮和 2-庚酮有不对称还原能力,生成 S-型的手性醇。

(2)芳香酮的还原

刘湘等报道面包酵母可以还原最简单的芳香酮—苯乙酮。Nakamura 等发现白地霉对苯乙酮也有很好的催化作用,他们还发现加入树脂反应时生成的产物为 S-型,而在厌氧条件下其产物主要是 R-型。Bruni 等考察了 9 种食用植物对苯乙酮的不对称还原情况,发现胡萝卜的根、茴香的茎以及西葫芦的果实对其有很好的催化作用,产物全为 S-型,其中胡萝卜在 3 天的转化率可以达到 100%。同时 Yadav 等也发现胡萝卜根对苯乙酮和对位的氯、溴、氟以及羟基苯乙酮均有较好的不对称还原能力,生成 S-型产物。

(3)羰基酯的还原

有好几种生物催化剂已被用于不同羰基酯的还原。在这些羰基酯类化合物中 4-氯乙酰乙酸乙酯的不对称还原研究得最多。其对应的 R-和 S-产物(4-氯-3-羟基丁酸乙酯)通过各种生物催化的方法均可得到。例如乳酸克鲁维酵母还原 4-氯乙酰乙酸乙酯为 S-产物而假丝酵母 IFO1396 则还原为 R-产物:

R-型产物是合成 L-肉碱或其他手性药物的手性砌块;S-产物也是合成各种手性药物的重要手性前体。Yoshizako 等分别利用 7 种真菌和 3 种绿藻对 2-甲基-3-羰基丁酸乙酯进行还原,发现羰基可以被选择性地还原,其对映体和非对映体选择性都很高。环状 $\beta$-酮酯被酵母还原总是产生顺式 $\beta$-羟基酯:

这可能是由于在这种结构中 $\alpha,\beta$-碳碳键不能旋转,增加了分子的刚性所致。

（4）二羰基化合物的还原

含有两个羰基以上的化合物,在酶的作用下还原,根据条件的不同所得的产物也会有所不同。例如直链 1,4-二酮中的两个羰基均能被酵母不对称催化还原:

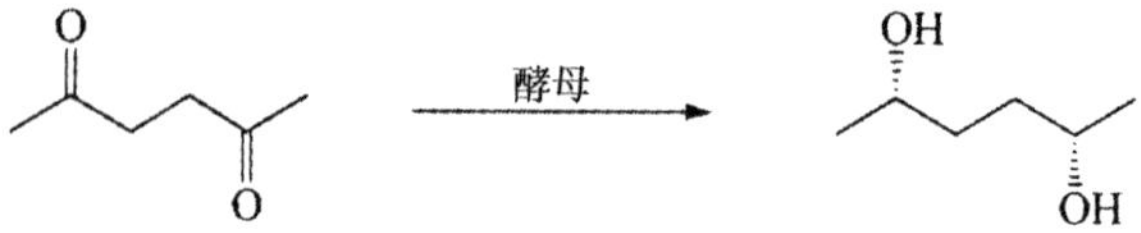

环状 $\beta$-二酮可被选择性地还原为 $\beta$-羟基酮,而不产生二羟基化合物:

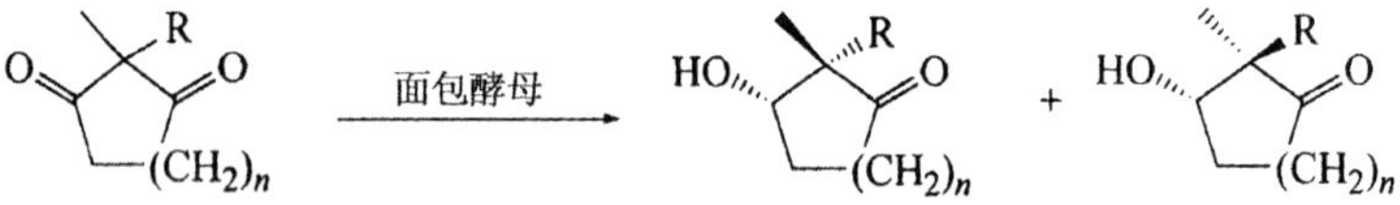

值得注意的是这种化合物中 $\alpha$-碳原子上的氢具有酸性,容易导致底物与乙醛形成化学缩合物,这种反应在酵母发酵过程中经常出现。新生成的仲醇手性中心的立体化学可以用 Prelog 规则预测。对于小环来说,顺式产物优先生成具有极性高的光学纯度。但是,当环扩大后,其产物的非对映选择性难以预测,且收率下降。有些二酮利用从其他微生物中提取的氧化还原酶可以对其进行选择性的不对称还原。

### 3. 烯烃化合物的还原

生物催化潜手性烯烃双键的还原具有立体选择性,这是常规化学还原法所无法实现的。负责这种还原反应的酶一般是 NADH 依赖的烯酸还原酶,这类酶存在于多种微生物中,如梭状芽孢杆菌、变形杆菌属和面包酵母等。虽然烯酸还原酶已被分离纯化和鉴定,但使用纯酶作催化剂时需要辅酶循环,所以绝大多数制备性生物转化中仍采用完整细胞作为酶源。烯酸还原的立体化学过程已被阐明,氢反式加成到 C≡C 双键中,在植物细胞培养中（如烟草）却发现了顺式加成。烯酸还原酶对连有吸电子基团的烯烃双键表现出更高的还原活性。

（1）$\alpha,\beta$-不饱和酯的还原

酵母催化 2-氯-2-烯酸甲酯还原可以得到高光学活性的 2-氯烷基羧酸。在这种还原反应中,产物的绝对构型可以通过起始烯烃的顺、反（Z、E）异构体来控制,从而分别产生（R）-或（S）-型取代烷基酸。烯酸还原酶对各型烯酸的手性识别很好,而对 E-型烯酸识别较差,产物的 ee 值低。微生物对烯酸酯是先水解后还原,所以微生物还原反应实际发生在烯酸阶段:

β-取代的 α,β-不饱和五元环内酯中 C=C 双键很容易被面包酵母还原为（R）-型产物，后者是萜类化合物合成的 C5 原料。取代基团硫的极性对反应的立体化学过程有重要影响。硫醚和亚砜很容易被高选择性地转化：

而极性较大的砜则收率和光学纯度均较低。

（2）丙烯醇和共轭烯酮的还原

α-取代或 β-取代的烯丙醇中 C=C 双键可被还原生成手性醇。牻牛儿醇被还原为香茅醇：

1,3-共轭二烯仅 α,β-双键被还原：

Das 等发现面包酵母能将化合物中与芳香环共轭的 C=C 双键还原，而其他 C=C 双键不被还原：

手性合成中的应用则很少,在此不作介绍。

### 9.3.3 生物催化的水解反应

水解酶(hvdmlases)是最常用的生物催化剂,占生物催化反应用酶的65%。它们能水解酯、酰胺、蛋白质、核酸、多糖、环氧化物和腈等化合物。生物催化的水解反应类有:

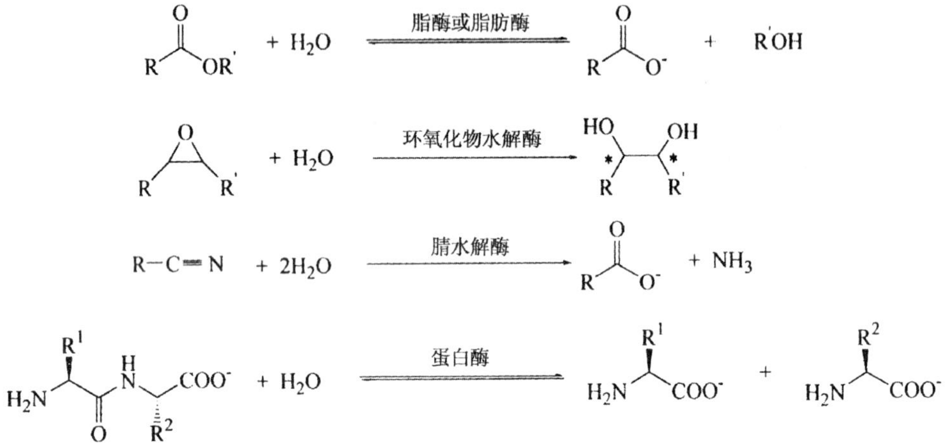

其中酯酶、脂肪酶和蛋白酶是生物催化手性合成中最常用的水解酶。

1. 水解反应的机理

酶催化底物水解反应的机理与底物在碱性条件下的化学水解反应机理很相似。丝氨酸型水解酶活性中心的 Asp、His、Ser 组成三联体,其中丝氨酸的羟基作为亲核基团向底物酯或酰胺中的羰基碳进行亲核进攻,形成酶—酰基中间体,然后其他亲核试剂(水、胺、醇、过氧化氢等)进攻酶—酰基中间体,酶将酰基转移到酰基受体上,酶自身恢复原形。

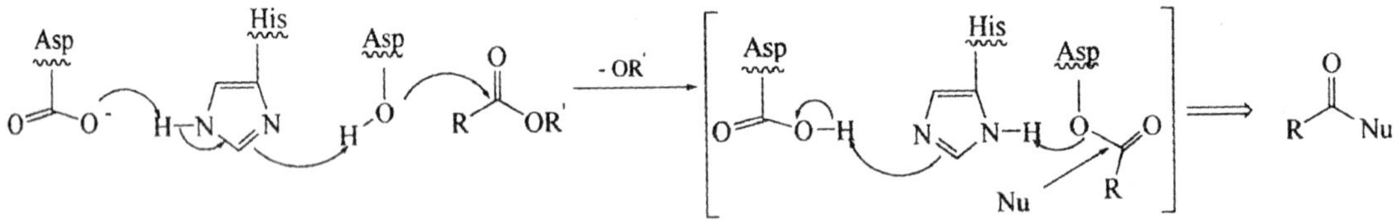

Nu = H_2O, R^1OH, R^2NH_2, H_2O_2 等

酶—酰基中间体

2. 酯的水解

猪肝酯酶(Pig Liver Esterase,PLE)是常用的一种酯酶,PLE可在温和反应条件下进行催化酯水解。例如,前列腺素 $E_1$ 甲酯的水解:

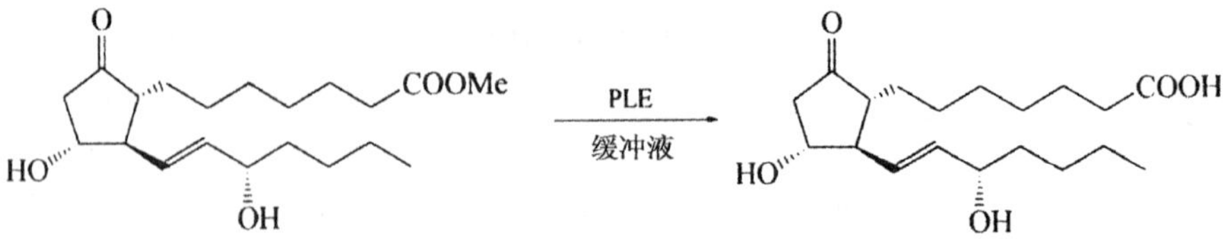

酯酶催化水解反应具有区域选择性和对映选择性。完整微生物细胞能直接用于催化

酯立体选择性水解。枯草杆产氨短杆菌、凝结芽孢杆菌、豆酱毕赤氏酵母和黑色根霉等是常用于酯水解的微生物。例如,芽孢杆菌完整细胞内的酯酶能立体选择性地催化乙酸仲醇酯水解而叔丁基醇酯不能被水解:

脂肪酶在水解反应中,应用非常广泛。

3. 环氧化物水解

环氧化物是一类重要的有机化合物,是许多生物活性物质的合成原料。一般可用化学法制备环氧化物,但反应的立体选择性不高。环氧化物水解酶能催化环氧化物进行区域和对映选择性水解从而通过生物拆分法制备所需构型的环氧化物。例如,顺式 2,3-环氧戊烷的外消旋体被微粒体环氧化物水解酶 MEH(Microsomal Epoxide Hydrolase)催化水解后,产生(2R,3R)-苏式-2,3-戊二醇和未水解的(2R,3S)-2,3-环氧戊烷,两者均具有极高的光学纯度:

4. 酰胺和腈的水解

氨基酸中的酰胺键水解,很少用酶来催化。但是 N-乙酰基取代的氨基酸中的酰胺键,在酶的作用下水解却非常重要。酰化氨基酸水解酶能够选择性地使 L-构型的反应物水解,而 D-构型的反应物不受影响,并可从混合物中分离出来:

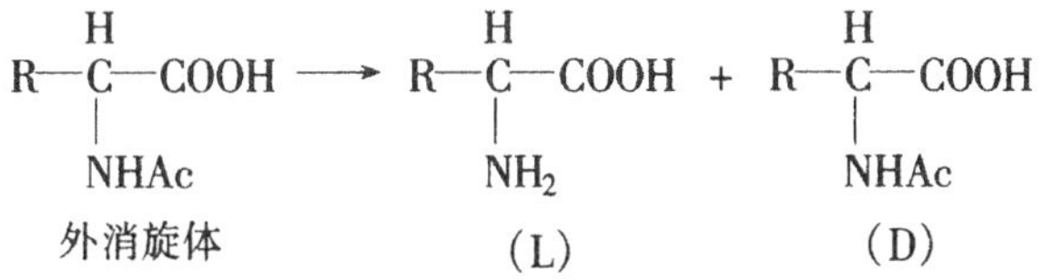

另外,腈的水解可以用酶来催化。在腈水解酶的作用下,可以使腈转化为酰胺,也可以将腈转化为羧酸:

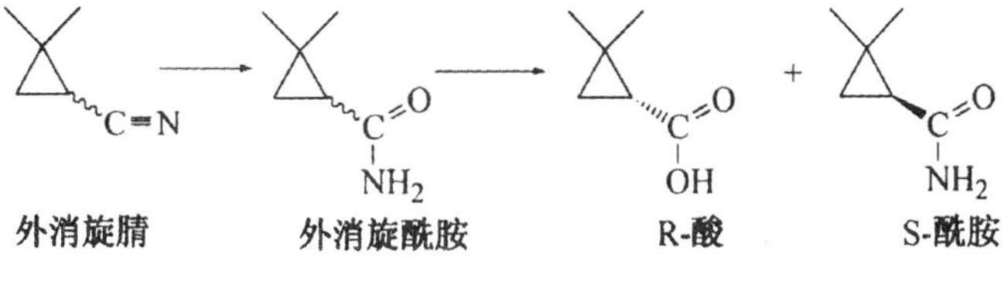

### 9.3.4　生物催化的裂合反应

裂合酶(lyases)能催化一种化合物分裂为两种化合物或其逆反应。这类酶包括醛缩酶、水合酶和脱羧酶等。

**1. 醛缩酶**

醛缩酶(Aldolases)能催化不对称 C—C 键的形成,并能使醛分子延长 2～3 个碳单位,对有机合成极为有用。醛缩酶常用于糖的合成,如氨基糖、硫代糖和二糖类似物的合成。醛缩酶的底物专一性不高,能催化多种底物反应。根据醛缩酶的来源和作用机制,将醛缩酶分为Ⅰ型和Ⅱ型两大类。Ⅰ型 Aldolase 主要存在于高等植物及动物中,不需要金属辅因子,通过 Schiff 碱中间体来催化 Aldol 反应。供体首先与酶上赖氨酸的氨基形成 Schiff 碱而共价键合到酶上,接下来攫取 H_S 导致形成烯胺,然后烯胺以不对称的方式亲核进攻醛受体的羰基,这样就立体专一性地形成了两个新的手性中心。这两个手性中心的相对构型(苏型或赤型)依酶而定,最后水解 Schiff 碱释出产物及再生酶:

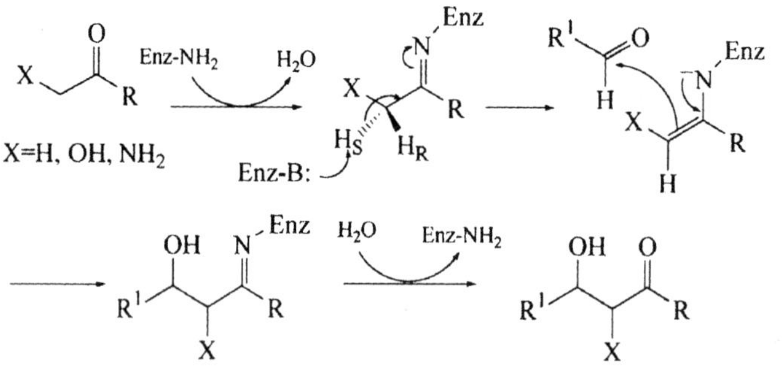

Ⅱ型 Aldolasee 主要存在于细菌及真菌中,需要 Zn^{2+} 作为其辅因子,其机理为:

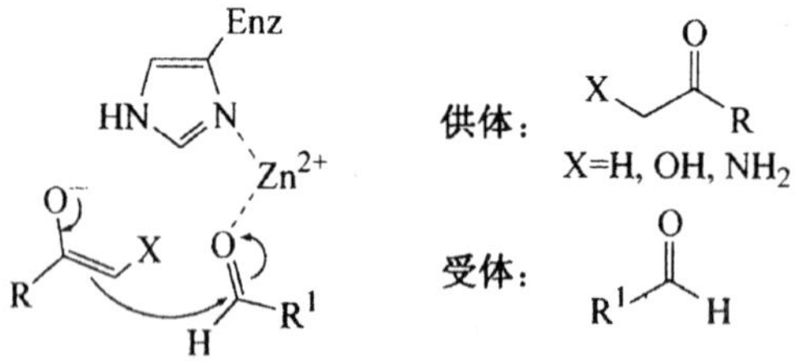

在不同的反应机理中,两个新生手性中心的立体构型由醛缩酶的特异性决定。醛缩反应产物的立体构型主要由酶分子所决定,与底物的结构关系不大。因此,新生 C—C 键中碳原子的构型可以通过选择不同的酶而加以控制。

醛缩酶一般以酮为供体、醛为受体。绝大多数醛缩酶对供体底物(亲核试剂)结构要求很高,但对受体底物(亲电试剂)的结构特异性要求不高。根据供体底物的类型,可以将醛缩反应分为四组,受体均为醛,反应后受体醛的碳链分别延长 2～3 个碳单位。

第一组醛缩酶以磷酸二羟基丙酮(DHAP)为供体。依赖这种供体的醛缩酶有四种,每一种酶所催化的不对称醛醇缩合反应,立体化学不同,可以选择合适的酶获得所需构型的产物。例如,FDP 醛缩酶催化醛缩反应得到苏式产物,而 Fuc-l-P 醛缩酶则得到赤式产物:

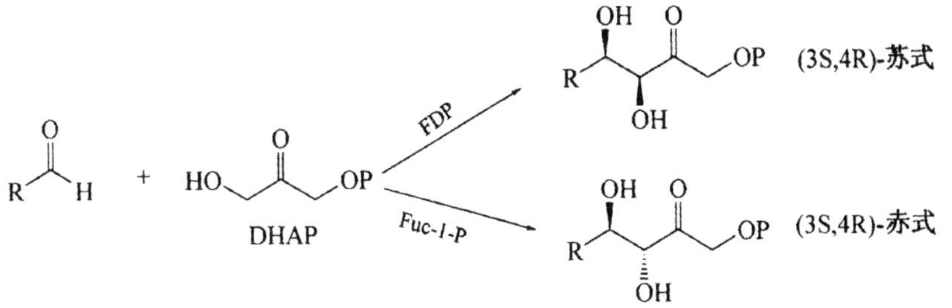

如果醛分子中 $\alpha$-碳原子是手性的,立体选择性会降低。

　　第二组醛缩酶以丙酮酸或磷酸烯醇式丙酮酸为供体。唾液酸缩醛酶能催化丙酮酸加到 $N$-乙酰甘露糖胺上形成唾液酸。唾液酸缩醛酶可用于 $\alpha$-酮酸衍生物的制备:

与 FDP 醛缩酶对底物的要求相比,唾液酸缩醛酶对供体丙酮酸表现出绝对专一性。

　　第三组醛缩酶以乙醛为供体。其中 2-脱氧核糖-5-磷酸醛缩酶在体内催化乙醛和 D-甘油醛-3-磷酸进行醛醇缩合反应,生成 2-脱氧核糖-5-磷酸。该醛缩酶还是唯一能催化两分子醛缩合形成醛糖的醛缩酶。它对供体和受体醛都表现出较好的适应性,除了乙醛以外,丙酮、氟丙酮和丙醛都可以作为供体,但是反应速度很慢。

　　第四组醛缩酶以甘氨酸为供体。这组醛缩酶最大的特点是它们能以氨基酸作为供体,反应后生成 $\beta$-羟基-$\alpha$-氨基酸。例如:

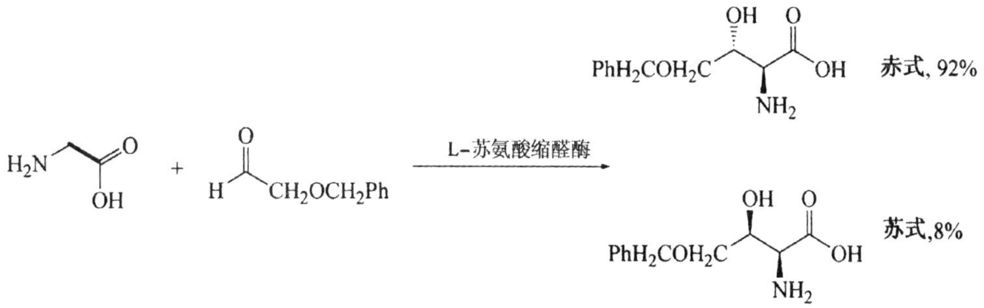

### 2. 双烯合成酶

　　Diels-Alder 反应是一个在富电子的 1,3-双烯和缺电子的亲双烯体之间的[4+2]环加成反应。Diels-Alder 反应引发了六元环的形成,并且根据不同的原料可以形成多达四个新的立体中心。有一些间接证据表明,自然界中存在能催化 Diels-Alder 反应的酶。至今发现了三种双烯合成酶,它们是 Solanapyrone 合酶、Lovastationnonaketide 合酶和 Macrophomate 合酶。和醛缩酶一样,人们已开发了有 Diels-Alder 活性的催化抗体。而且,除了酶以外,还有其他催化 Diels-Alder 反应的生物催化剂。自 20 世纪 80 年代以来,核酶作为非蛋白质生物催化剂的概念已被广泛接受。Tarasow 和 Jascke 小组非常成功地利用了核酶的催化性能,最近已分离出了能从合成组合库(Synthetic Combinatorial Libraries)中催化 C—C 键形成的

Diels-Alder 核酶。例如,有一种核酶能催化一种蒽衍生物和有生物素基的马来酰亚胺的结合:

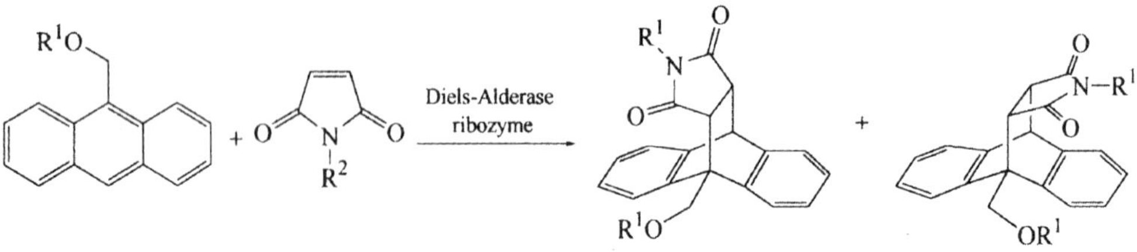

虽然这些例子离工业应用尚远,但它们强调了 RNA 作为一种催化剂令人瞩目的潜力。

### 3. 醇腈酶

醇腈酶(Oxynitrilase)催化氢氰酸不对称加成到醛或潜手性酮分子的羰基上,形成手性氰醇。由于氰醇中氰基水解或醇解可产生手性 $\alpha$-羟基酸或 $\alpha$-羟基酸酯,所以氰醇是一种重要的有机合成原料。醇腈酶具有很高的立体选择性,(R)或(S)-醇腈酶能立体选择性地催化潜手性底物生成(R)-或(S)-醇腈。例如,Menendea 等报道了 $\omega$-溴乙醛和外消旋的氰醇的氰化-转氰反应,首次用一锅方法合成了具有光活性的(S)-酮,(R)-醛基氰醇。合成的具有光活性的 $\omega$-溴乙醛可以作为合成(R)-2-氰基四氢呋喃和(R)-2-氰基四氢吡喃的原料。而这些多功能杂环化合物是非常重要的,它们是一些具有生物活性的化合物的基本骨架:

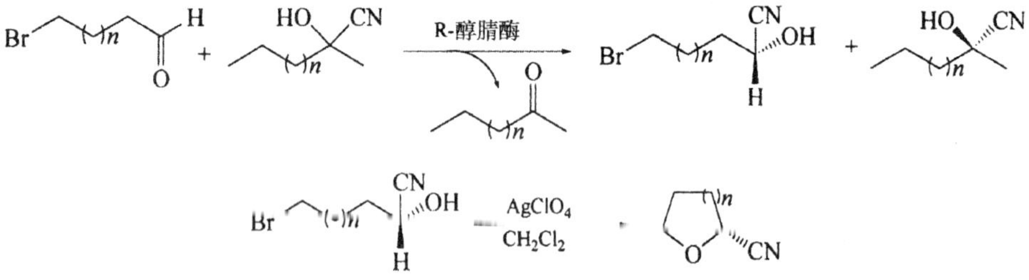

### 4. 转酮醇酶

转酮醇酶(Transketolases)以 $Mg^{2+}$ 和焦磷酸硫胺素(TPP)为辅酶,催化羟甲基酮基从一个磷酸酮糖分子转移到另一个磷酸醛糖分子中,生物体内转酮醇酶主要在磷酸戊糖途径中发挥作用。转酮醇酶可从酵母和菠菜中提取,虽然这些方法产生的量有限,但目前已有用大肠杆菌高表达酵母转酮醇酶的报道。转酮酶能催化醛糖链立体选择性地延伸两个碳单元,它是很有前途的生物催化剂。

生物催化这一新的合成方法在有机合成中得到了广泛应用,但仍处于发展阶段。利用生物催化剂(如各种细胞和酶)实现有机物的生物转化和生物合成是一门有机合成化学与生物学密切相关的交叉学科,是当今有机合成特别是绿色有机合成的研究热点,也将是今后生物有机化学和生物技术研究的新生长点。在我国,还需要更多的化学与生物工作者参与研究和开发更高效、高选择性的温和的生物催化体系,并拓宽其在有机合成中的应用。

## 9.4　抗体酶的催化

抗体是一种免疫球蛋白，在机体免疫系统中起着重要作用。它以特异性地结合侵入机体的外来物质——抗原。这种结合作用是高度专一性的，与酶分子对底物的结合作用相似。理论上哺乳动物的免疫系统能够产生出 $10^8$ 种以上的抗体。几乎所有的分子进入机体后，都可以诱导免疫系统产生抗体。如果用反应的过渡态类似物作半抗原（hapten），与载体蛋白连接后对动物进行免疫，诱导产生的抗体与反应过渡态在空间上和电荷上呈互补，就能识别反应过程中真正的过渡态，具有酶的催化特性。所以又把这种具有酶催化特性的催化抗体称为抗体酶。

1986 年 12 月，R. A. Lerner 和 P. G. Schultz 同时报道了他们成功地获得能催化酯水解的抗体酶。现代生物学认为，生物的免疫系统所产生的免疫球蛋白（抗体）是一种折叠状的大分子多肽，它们可以与有机物高亲和性及高选择性地结合。为了保护生物自身机体，抗体具有对病菌、病毒和寄生物等外来入侵者的识别，这种识别是建立在包括氢键、范德华力以及静电作用等弱键间的相互作用上的。抗体—抗原的结合与酶—底物的结合在结合方式、动力学过程等方面都非常类似，人们一直试图对抗体进行修饰以便使其获得酶的属性。实际上，催化抗体所催化的反应的确可与酶催化反应相匹敌，有些甚至超过了酶催化，生成具有高选择性且与反应底物互补的蛋白是催化抗体的设计关键。抗体酶的制备是一项难度较大的工作，它一般包括以下几方面的过程。

（1）过渡状态类似物（半抗原）的构建

首先设计底物的过渡状态化学模型，制备的半抗原应在价键取向、电荷分布等方面都与过渡态类似的结构稳定的类似物。

某水解反应过渡态　　　　　过渡态类似物（半抗原）

（2）抗原的制备

将过渡态类似物（半抗原）用化学方法与载体蛋白连接，形成一个抗原。常用的载体蛋白为牛血清蛋白（BSA），连接用的偶合剂有 N-（3-二甲基氨基丙基)-N′-乙基碳化二亚胺和 N-羟基琥珀酰亚胺酯等。

（3）用单克隆抗体筛选技术制备抗体酶

癌细胞可在体外无限增殖，淋巴细胞 B 不能无限增殖但能产生抗体。它们的杂交细胞既能无限增殖，又可针对一种半抗原产生特异抗体，由此克隆（clone）产生完全均一的抗体。操作时先用某抗原对动物免疫，取出脾脏后分离出淋巴细胞 B，与癌细胞杂交、培养，最后再进行筛选得到单克隆抗体（McAb）。

抗体酶催化的有机化学反应几乎包括了所有有机化学反应的类型，抗体酶的应用使得许多不能应用酶促反应的有机合成得以实现，其前景令人鼓舞，示例见表 9-1。

表 9-1 抗体酶催化的有机反应示例

| 反应类型 | 过渡态类似物 | 反应 |
|---|---|---|
| Claisen 重排 | 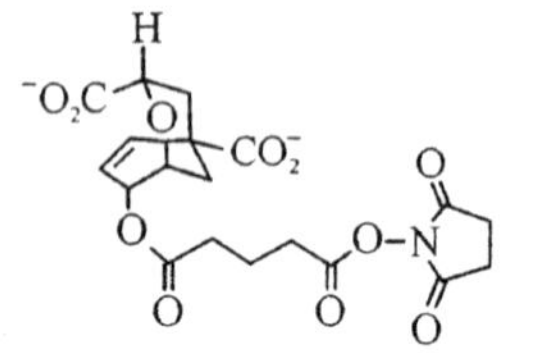 | 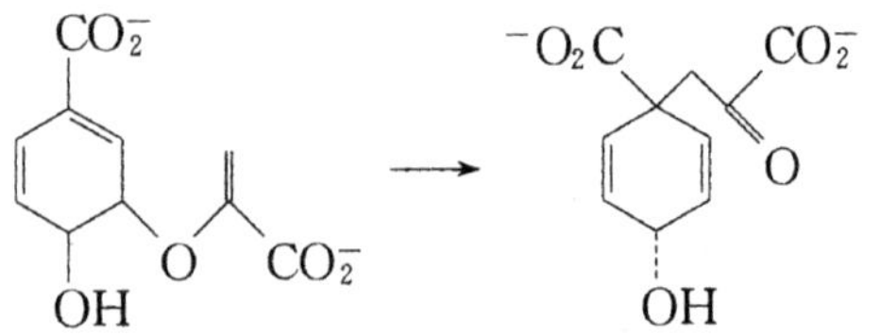 |
| Diels-Alder 缩合 | 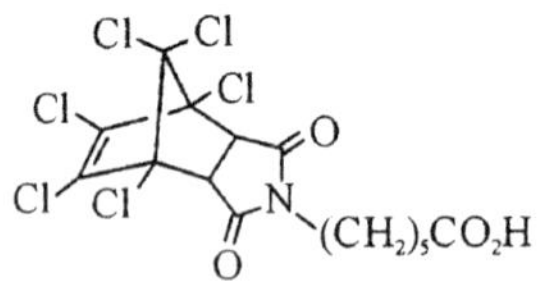 | 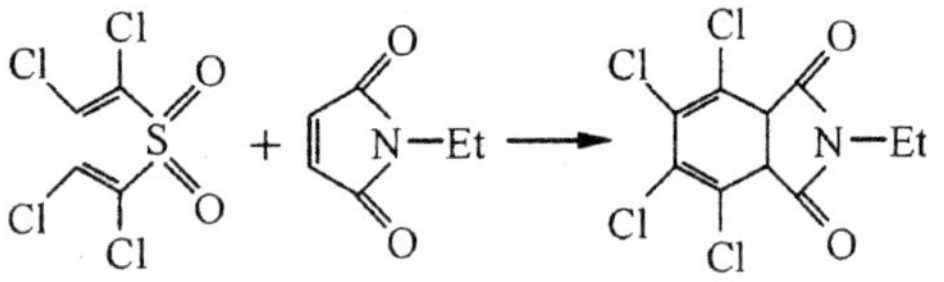 |
| 脂解反应 | 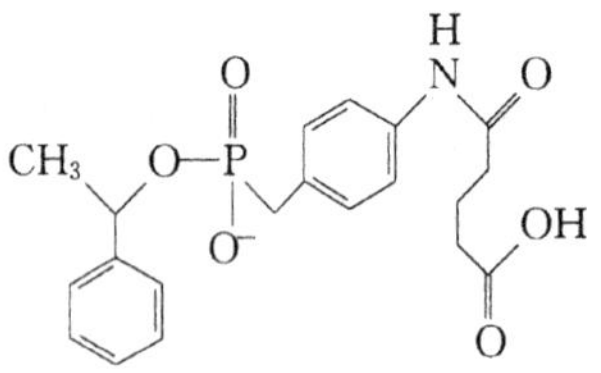 | 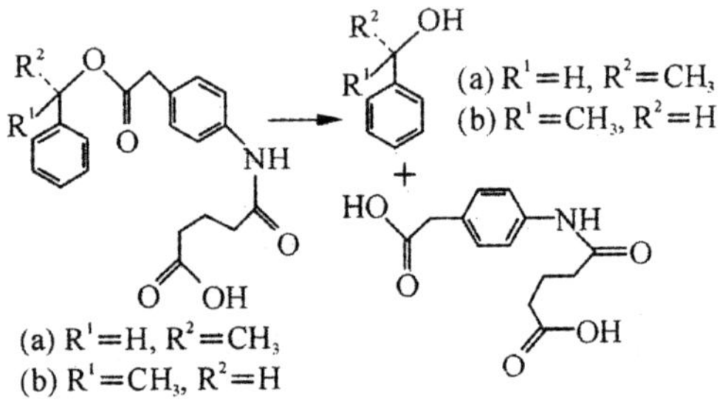 (a) R¹=H, R²=CH₃ (b) R¹=CH₃, R²=H |

（脂解反应过渡态类似物下标注）(a) R¹=H, R²=CH₃ (b) R¹=CH₃, R²=H

# 9.5 仿酶的催化

模拟酶或人工酶是一些具有专一性、高效性且比天然酶简单得多的催化性功能分子。它们是从天然酶中拣选出起主导作用的一些因素，如活性中心结构、疏水微环境与底物的多种非共价键相互作用及其协同效应等，用以设计合成既能表现酶的优异功能又比酶简单、稳定的非蛋白质分子或分子集合体，模拟酶对底物的识别、结合及催化作用。它们是基于对天然酶的结构与作用机理的了解而设计的，在这些仿酶模型中删去了大部分对活性不太重要的结构，其相对分子质量比天然酶要小得多。

天然酶的结合部位是利用蛋白质的自发的折叠装配起来的，人工合成可以突破这个限制，设计和合成各种立体形状的分子，更有预见性地安排结合部位。合成模拟酶研究中最常使用的模板有卟啉、环糊精、冠醚以及酞菁等类衍生物。

1. 以卟啉为模板

卟啉是含四个吡咯分子的大环化合物，它的母体是卟吩，当其中的吡咯质子被金属离子取代后即为金属卟啉。卟啉化合物广泛存在于自然界的生命体中，对生命活动起着重要作用。叶绿素、血红素、维生素 B₁₂ 等都可以看作是金属卟啉类化合物，它们在生命过程中，对氧的传递（血红蛋白）、贮存（肌红蛋白）、活化（细胞色素 P-450）和光合作用（叶绿素）等起着十分重要的作用。

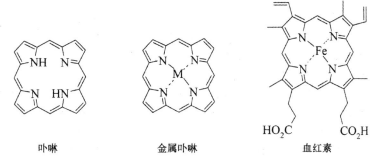

卟啉　　　　　　　　　金属卟啉　　　　　　　　　血红素

　　卟啉及其金属配合物种类繁多,分子具有刚性结构,周边功能基团的位置和方向可加
以控制,且分子有较大表面,其轴向配体周围的空间大小和相互作用的控制余地较大。故
作为受体有显著优点,可进行分子大小、形状、官能团和手性异构体的识别。已知苏氨酸卟
啉对氨基酸的分子可进行识别,而氨基酸是组成蛋白质的基本单位,对氨基酸及其衍生物
的分子识别是蛋白质合成的关键步骤。另外利用卟啉周边官能团的氢键作用,还可识别糖
分子。例如 meso-四(4-磺酸基苯基)卟啉(TPPS)与麦芽糖在氢键作用下可形成 1∶2 结合
物,表现出对麦芽糖的选择性识别能力,而对其他双糖、单糖分子则无识别作用。利用卟啉
环芳香取代基上酚基的二重、四重氢键作用可识别醌类分子。

　　卟啉或金属卟啉与环糊精的包结作用研究在卟啉化学以及人工酶模拟中占有不可低
估的地位。环糊精类似于血红素外面的蛋白附属物,血红蛋白中的蛋白质部分除了能给血
红素的活动中心提供一个疏水性的环境外,还能作为一个载体,将血红素转移到适当的细
胞环境中。同样,在环糊精与卟啉的包结作用中,环糊精的作用类似于蛋白质附属物,改善
卟啉的某些性质,如水溶性等。由于包结卟啉后,给卟啉提供了一个疏水性的环境,阻碍了
卟啉进一步形成聚集体,而且像一个分子货车一样,将卟啉运送到适当的细胞环境中去。
此外,卟啉的部分结构单元被包含于环糊精的腔体中,仍然显示了它在自然状态下的性质。
此外,在氧化过程中保护卟吩环与它的芳香取代基不受其他活性基团的侵扰。卟啉与环糊
精的包结可作为一类极具潜力的人工酶模型。

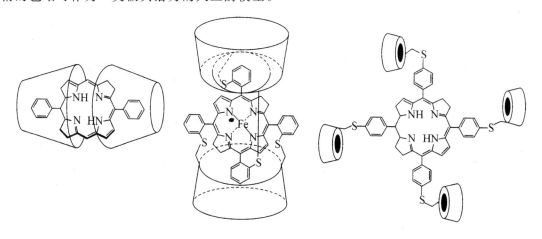

## 2. 以环糊精为模板

环糊精(cyclodextrins,简称 CD)模拟酶是在环糊精上以共价键接上催化活性功能团产生的人工酶。环糊精是环糊精葡萄糖转移酶作用于淀粉产生的一类环状低聚糖,是由六、七或八个 D-(＋)-吡喃葡萄糖经 $\alpha$-1,4-糖苷键连接形成,分别被称作 $\alpha$-,$\beta$ 和 $\gamma$-CD(表 9-2,图 9-5)。

表 9-2 环糊精物理性质

| 环糊精 | 葡萄糖残基数 | 相对分子质量 | 水溶性/(g/100mL 溶液) | $[\alpha]_D^{25}$ | 外周直径/nm | 空腔直径/nm | 空腔深/nm |
|---|---|---|---|---|---|---|---|
| $\alpha$ | 6 | 972 | 14.5 | ＋150.5 | 1.46 | ≈0.49 | ≈0.79 |
| $\beta$ | 7 | 1135 | 1.85 | ＋162.5 | 1.54 | ≈0.62 | ≈0.79 |
| $\gamma$ | 8 | 1297 | 23.2 | ＋177.4 | 1.75 | ≈0.79 | ≈0.79 |

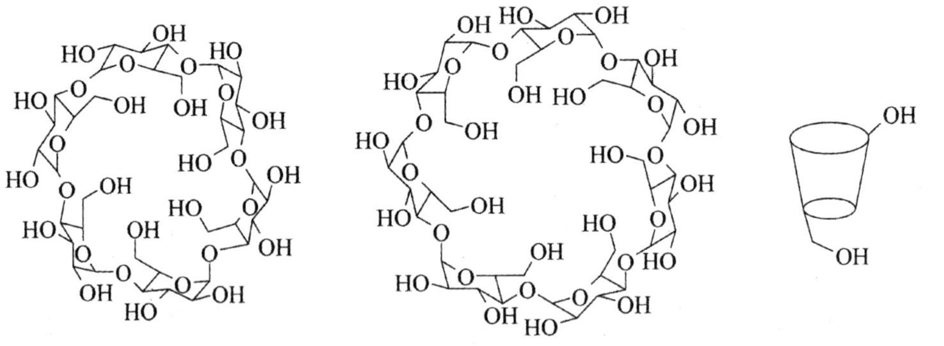

图 9-5 环糊精的结构式和示意式

环糊精的形状像一个无底的盆,其结构特点是具有不同的内径空腔,该空腔内除了醚键之外就是碳氢键,所以具有疏水性。空腔内能配合有机分子或无机分子,形成单分子包络物,通常都是形成 1∶1 的包络物,该性质与酶对底物的识别非常相似。因此,环糊精被广泛用来构筑模型酶。另外,环糊精圆柱体两端还连有伸向外的羟基,伯羟基和仲羟基分别位于环糊精圆筒的较小和较大开口端,众多的羟基导致环糊精具有良好的水溶性。环糊精在碱性溶液中相当稳定,但却极易受酸催化水解。环糊精两端的羟基可以与客体分子中的相应摹团,如酯基、羰基、酰氨基等形成氢键,类似于酶的广义酸碱催化机制。环糊精的这种结构与性质决定了它的某类酶性质,例如,$\alpha$-环糊精催化的乙酰苯酚酯水解反应。

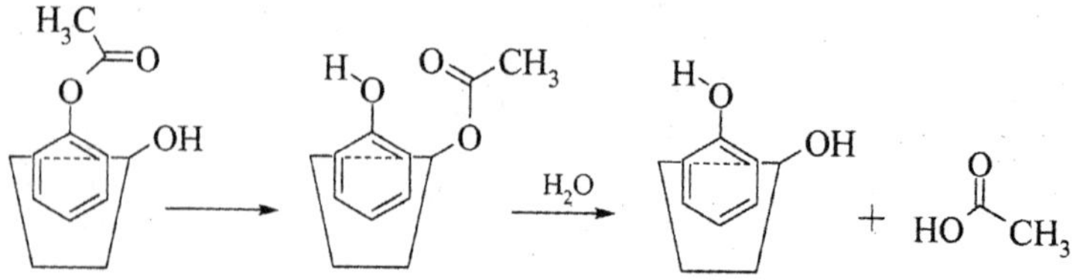

利用环糊精模拟酶的催化作用,就是利用环糊精的疏水空腔包络适当的底物,并在环糊精的较大或较小开口端的羟基进行适当修饰,引入具有催化作用的基团促进相关反应的进行。环糊精模拟酶就是利用疏水空腔对底物的识别和开口端的催化基团达到催化作用的。

例如,在环糊精开口端上引入适当基团所产生的邻近效应能够促进某些反应的发生,在 $\alpha$-CD 仲羟基上引入的咪唑基可以显著提高 CD 对酚酯水解的催化作用(提高 $100\%$);而在 $\alpha$-CD 伯羟基上引入的咪唑基团因其与酰基间的相对位置起不到邻近效应,故而没有催化活性。

无催化活性　　　　　　　　　　　催化活性显著提高

又如,将仲羟基置换为乙二胺后的环糊精可用于催化 $\beta$-酮酸盐的脱羧反应。

### 3. 以冠醚为模板

自从冠醚化合物在 1967 年首次被报道以来,就被应用在当时发现不久的相转移催化反应中。在酶的模拟中,冠醚化合物与环糊精相反,典型的冠醚和穴醚具有亲水性的洞穴和疏水表面,利于结合金属离子而不利于结合非极性底物,因此它们被用来模拟酶时常通过金属起作用。冠醚化合物中还时常引入 N、S 等杂原子,模拟金属酶特别是细胞色素和铁硫蛋白的功能,或者通过双核金属,进行仿生分子 $O_2$ 和 $N_2$ 的活化。

如果在冠醚环亲水内腔中结合了过渡金属离子后,对磷酸二酯水解就会有较好的催化活性。按照酶学理论,冠醚具有主客体识别功能,被认为是第一代仿酶基体。各种类型的冠醚结构模拟酶至今仍是研究热点之一。

**4. 以酞菁为模板**

酞菁是一个平面大环化合物,环内有一空穴,空穴的直径约为 $2.7 \times 10^{10}$ m,可以容纳铁、铜、钴、铝、镍、钙、钠、镁、锌等许多金属元素。酞菁环本身是一个具有 18 个 $\pi$ 电子的大 $\pi$ 体系,环上的电子密度分布相当均匀,分子中的 4 个苯环几乎没有变形,各个碳—氮键的长度几乎相等。金属原子取代位于酞菁平面分子中心的 2 个氢原子后形成金属酞菁。酞菁周边的 4 个苯环上有 16 个氢原子,它们可以被许多原子或基团取代,制成多种酞菁衍生物。为改善金属酞菁衍生物的催化性能,可以在酞菁分子外围的苯环上引入多种取代基,甚至用非芳香环或稠环取代异吲哚环中的苯基。取代基的引入,一方面可以改善金属酞菁衍生物在有机溶剂或水中的溶解度,另一方面可以改变酞菁环的供电子和吸电子能力以及共轭性,从而影响其催化活性。研究证明,供吸电子效应对不同类型反应的催化效果影响不同。

金属酞菁衍生物的化学性质非常稳定,催化反应可以通过反应物分子与金属的轴向配位而发生,芳香环既具有电子给予体的特性,又具有电子受体的特性,其给受电子的能力可以通过变换金属及酞菁环周边的取代基进行调节。这些特征决定了金属酞菁衍生物的优良催化性能,特别是金属酞菁衍生物具有与金属卟啉类似的结构,作为金属辅酶模型的研究长期以来一直是酞菁研究中一个十分活跃的领域。金属酞菁衍生物可以催化氧化反应、还原反应、羰基化反应、分解反应、脱卤反应、脱羧反应、聚合反应和傅—克反应等多种类型的反应。

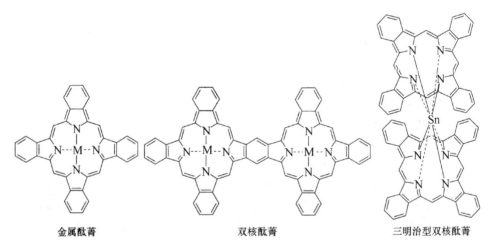

金属酞菁　　　　　　　　双核酞菁　　　　　　　三明治型双核酞菁

由于其与卟啉的类似结构,所催化的氧化反应中有一些与生物体内的反应相同,其金属主要是 Fe(Ⅲ) 和 Co(Ⅱ)。金属酞菁还可以通过共享一个或多个苯环共平面横向聚合起来形成单种金属或多种金属多聚酞菁。这种金属酞菁中配体相连使其共轭性较单体酞菁大,对配体的吸、供电性产生影响,相应的催化活性也发生变化;在另一方面,多聚酞菁可以将多种金属离子引入聚合物中形成多金属酞菁聚合物,已知双金属离子的存在通常会增强酞菁衍生物的催化活性。

# 第10章　有机光化学合成

## 10.1　有机光化学基础

### 10.1.1　光化学合成的基本原理

光化学反应与热化学反应不同。在光化学反应中,反应物分子吸收光能,反应物分子基态跃迁至激发态,成为活化反应物分子,而后发生化学反应。分子从基态到激发态吸收的能量,有时远远超过热化学反应可得到的能量。故有机光化学合成,可完成许多热化学反应难以完成、甚至不能完成的合成任务。

有机化合物的键能一般在 $200\sim500kJ \cdot mol^{-1}$ 范围内,当吸收了 $239\sim600nm$ 波长的光后,将导致分子成键的断裂,进而发生化学反应。

反应物分子 M 吸收光能的过程,称为"激发"。激发使物质的粒子(分子、原子、离子)由能级最低的基态跃迁至能级较高的激发态 $M^*$。处于激发态的分子 $M^*$ 很不稳定,可能发生化学反应生成中间产物 P 和最终产物 B,也可能通过辐射退激或非辐射退激,失去能量回到基态 M。

| | |
|---|---|
| 激发过程 | $M \rightarrow M^*$ |
| 辐射退激过程 | $M^* \rightarrow M + h\nu$ |
| 无辐射退激过程 | $M^* \rightarrow M + 能量$ |
| 生成中间产物 | $M^* + N \rightarrow P$ |
| 生成最终产物 | $P + A \rightarrow B$ |

光具有微粒性和波动性双重性。普朗克(Planck)光量子理论指出,发光体在发射光波时是一份一份发射的,如同射出的一个个"能量颗粒"。每一个能量颗粒,称为这种光的光量子或光子。光量子的能量大小,仅与这种光的频率有关:

$$e = h\nu$$

式中,$e$ 为光子具有的能量,J;$h$ 为普朗克常数,$h = 6.02 \times 10^{-34}$ J·s;$\nu$ 为光的频率。

$$\nu = c/\lambda$$

式中,$c$ 为光的速度,$c = 2.998 \times 10^{17} nm \cdot s^{-1}$;$\lambda$ 为被吸收光的波长,nm。

可见,分子吸收和辐射能量是量子化的,能量的大小与吸收光的波长成反比:

$$E = N_A h\nu = Nhc/\lambda$$

式中,$E$ 为 1mol 光子吸收的能量,J·$mol^{-1}$;$N_A$ 为阿伏伽德罗常数,$N_A = 6.02 \times 10^{23}$。

$$E = 1.197 \times 10^5/\lambda$$

根据上式,可计算一定波长的有效能量。表 10-1 为不同波长光的有效能量。

表 10-1　不同波长光的有效能量

| 波长/nm | 能量(kJ·mol$^{-1}$) | 波长 nm | 能量(kJ·mol$^{-1}$) | 波长/nm | 能量(kJ·mol$^{-1}$) |
|---|---|---|---|---|---|
| 200 | 598.5 | 350 | 342.0 | 500 | 239.4 |
| 250 | 478.8 | 400 | 299.3 | 550 | 217.6 |
| 300 | 399.0 | 450 | 266.0 | 600 | 199.5 |

可见,光的波长越短,其能量越高。氯分子光解能量为 250kJ·mol$^{-1}$,碳氢键的键能为 419kJ·mol$^{-1}$,碳碳 σ 键的键能为 347.3kJ·mol$^{-1}$。吸收波长小于 345nm 的光,足以使反应物分子碳碳键断裂,进而发生化学反应。

光源发出的光,并不都被反应物分子所吸收,光的吸收遵循朗伯—比尔(Lamber-beer)定律:

$$\lg(I_0/I)=\varepsilon cl=A$$

式中,$I_0$ 为射光强度;$I$ 为透射光强度;$l$ 为溶液的厚度,cm;$c$ 为吸收光的物质的浓度,mol·L$^{-1}$;$A$ 为吸光度或光密度;$\varepsilon$ 为摩尔吸光系数,$\varepsilon$ 反映了吸光物质的特性及其电子跃迁的可能性。

光化学过程的效率以量子产率表示:

$$\varPhi=\frac{单位时间单位体积内发生反应的分子数}{单位时间单位体积内吸收的光子数}=\frac{产物的生成速度}{所吸收辐射的光强度}$$

量子产率 $\varPhi$ 值与反应物结构、反应条件(温度、压力和浓度)有关。多数光化学反应的 $\varPhi$ 值在 0~1 之间,这类反应因光能消耗太多、反应速率太慢而工业较少应用。自由基链反应的 $\varPhi$ 值大于 1,可达 10 的若干次方,例如,烷烃的自由基卤代反应 $\varPhi=10^5$,吸收一个光子可引发一系列链反应,故有机光化学合成多用于自由基链反应。

### 10.1.2　光化学中使用的光源

根据光化学第一定律,只有被分子吸收的光才能引起光化学变化。因此,光化学研究中首先是针对不同的光化学反应体系选择适用的光源。光源的选择是受反应物的吸收光谱制约的。当光化学反应体系确定之后,首先应测量反应物在该体系中的吸收光谱和光源的发射光谱,而后按反应物吸收光谱与光源发射光谱相匹配的原则,选择发射光谱与反应物吸收光谱有更多重叠的光辐射源做该光化学反应的光源。

#### 1. 太阳光

太阳光是一种巨大的能源。它具有数量巨大、时间长久、普照大地、清洁安全的优点。太阳的发射光谱被大气层反射回宇宙的能量约占 30%,被大气层吸收的能量约占 23%,达到日地平均距离地球表面的能量只占大气层外表面的 47%。日地平均距离处单位时间单位面积所接受的太阳辐射能的光谱分布为:紫外辐射(<400nm)区的受光密度近似 117.7W·m$^{-2}$,可见光(400~720nm)区的受光密度为 542.6W·m$^{-2}$,红外(>720nm)区的受光密度约 692.6W·m$^{-2}$。在大气层外和地球表面不同大气质量下的太阳辐射光谱如图 10-1 所示。

196

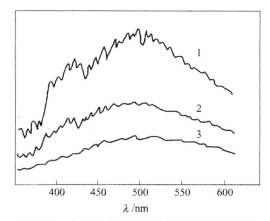

**图 10-1　大气层外界和地面上太阳辐射的分布**

1—大气层外界；2—大气相对质量 $m=1.306$ 的地表面处；

3—大气相对质量 $m=2.200$ 的地表面处

太阳光用于光化学研究，能在广泛的光谱范围内满足要求。但也存在一些缺点，如：分散性、间断性和不稳定性。因此，在光化学研究中，经常采用聚光措施来提高被辐照光化学体系的受光密度。

2. 汞灯

汞灯辐射的光谱波长分布随汞灯的类型变化，它们所发射的光子波长在 $185\sim750$ nm 范围内，覆盖了整个光化学适用的光波范围。广泛应用与光化学反应中，尤其是液相光化学反应体系中。

汞灯发光的基本原理大体相同，但由于不同类型汞灯的汞蒸气压强的差别，引起谱线压力加宽和多普勒加宽的情况不同，使它们之间的发射光谱产生十分显著的差别。汞灯发光的原理是，在含有汞蒸气的惰性气体（He、Ne、Ar）中，少量电子被加速之后，使惰性气体分子电离，电离生成的离子与电子复合，产生惰气原子的激发态。随后惰气原子激发态把激发能传递给汞原子。生成汞原子的激发态，激发态的汞原子辐射退激到基态，发射出光子。这一发光过程的机理可用下列式子来表示。

$$Ne+e^- \rightarrow Ne+2e^-$$
$$Ne^+ +e^- \rightarrow Ne^*$$
$$Ne^* +Hg \rightarrow Hg^* +Ne$$
$$Hg^* \rightarrow Hg+h\nu$$

汞灯按压强来划分可分为：高压汞灯、中压汞灯和低压汞灯 3 种类型。

(1)高压汞灯

由于原子光谱线的线宽是随压力和温度升高而加宽的，所以高压汞灯的发射光谱是有较明显波峰的连续光谱，见图 10-2。由图可见，高压汞灯发射光谱在 $200\sim600$ nm 范围是连续的，是紫外辐射很强的光源。由于高压汞灯具有发射光谱覆盖的波长范围大、紫外辐射强度高、电功率转换为光输出功率的效率较高、可做成容量大的灯，灯的寿命长。因此，它是光化学应用研究中广泛使用的光源。

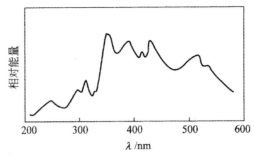

图 10-2　高压汞灯的发射光谱

（2）中压汞灯

中压汞灯在近紫外—可见光范围内辐射有多条清晰分开的较狭窄的谱带，其发射光谱如图 10-3 所示。中压汞灯与不同类型的单包器配套使用，可以获得强度较大的单色光或狭窄谱带。例如、254nm、265～266nm、313nm、334nm、365～366nm、405～408nm、436nm、545nm、577～579nm 等单色光和窄谱带可以从中压汞灯辐射中分割出来。由于中压汞灯具有结构简单、容量大、发光强度高、寿命长和容易从其辐射中分割出强度较大的中色光或窄谱带等优点，因此它是光化学中使用最广泛的光源。

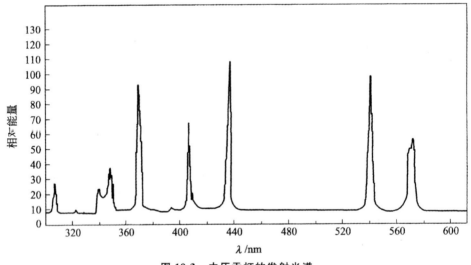

图 10-3　中压汞灯的发射光谱

（3）低压汞灯

当汞蒸气压为 0.1 Pa 数量级时，为低压汞灯。它主要发射 184.9nm 和 253.7nm 两条狭窄的强谱带，其余的辐射谱带强度都很低。其发射光谱图如图 10-4 所示。

低压汞灯在光谱学和光学仪器中也有广泛的应用。由于低压汞灯辐射的波长主要在短紫外区，而且光强度低，光源的容量也不能制作得很大，因此，在应用光化学领域中使用受到一定限制。

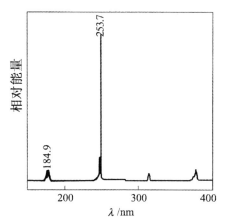

图 10-4　低压汞灯的发射光谱

### 3. 荧光灯

荧光灯所依据的原理是利用低压气体放电,灯内壁所涂荧光体的发光作用。这类灯发射的主要是可见光,发射的光谱波长范围取决于所涂荧光体的化学组成,荧光灯的灯壁温度为 $40℃\sim60℃$。这类光源适用于产物的量子产率较高和不希望光化学反应温度过高的光化学体系。

### 4. 高压氙灯

高压氙灯是有效的高强度照明光源。由于它的发射光谱比较稳定,在光化学适用的波长范围内有较强的辐射,因此,它也是光化学应用研究中常用的光源。高压氙灯的发射光谱如图 10-5 所示。由图 10-5 可见,高压氙灯在紫外—可见光范围内的发射光谱是较平滑的连续光谱,只在 $400\sim500nm$ 区间呈现有小峰。

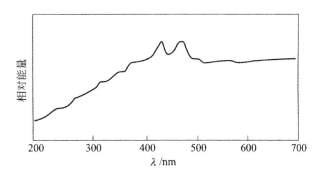

图 10-5　高压氙灯的发射光谱

### 5. 碳弧灯

由于碳的发光效率高、耐高温,因此它是可见光和红外辐射的理想光源。从理论上说,碳弧灯的功率输出是不受限制的,但由于技术上的原因,制造供电装置的难度大,使碳弧灯输出功率的增大受到限制。尽管如此,碳弧灯的输出功率一般能达到几个 $kJ\cdot s^{-1}$。作为一种高强度的碳弧光源,其阴极辉光的温度大约为 3900K。碳弧光用于光化学研究时,通常采用透镜和反射镜光学系统把碳弧光会聚并投射到光化学反应池中。碳弧作为标准光源广泛应用于对涂料、染料和塑料的耐候试验。在波长较短的紫外区域,封闭式碳弧的辐射强度比日光低,在350～380nm近紫外区域,有两个比日光强的峰。

上面介绍了光化学中较为广泛使用的几种光源类型,但是在涉及具体某个反应时,选择光源遵循以下几个原则。

①最佳匹配原则。所选用光源的发射光谱应与体系中反应物吸收光谱有最大重叠,并尽可能使产物的量子产率高的波长有最大的重叠,在光源发射光谱的波长范围内,尤其在光源辐射能量较高的波长范围内,体系中的溶剂或其他组分无吸收,或虽然有吸收,但无不希望的副反应发生。

②结构简单、便于操作。所选用的光源外形和结构要简单,便于安装和操作,便于采取灵活、高效的冷却方式。

③经济合理原则。所选用光源的电功率转换为光功率的效率高,有效波长范围的辐射能量占总辐射能量的百分率高,光源的容量大、寿命长。

### 10.1.3 光化学反应中的光催化剂

目前所研究的催化剂多为过渡金属半导体化合物,如 $TiO_2$、$ZnO$、$CdS$ 和 $WO_3$ 等。由于 $TiO_2$ 具有化学稳定性好、耐光腐蚀,并且具有较深的价带能级的特点,可使某些化学反应在被光辐射的 $TiO_2$ 表面得到实现和加速,加之 $TiO_2$ 对人体无毒,使其成为研究最为广泛的催化剂。$TiO_2$ 是一种 N 型半导体催化剂,它的能带结构是由一个充满电子的低能价带(VB)和一个空的高能导带(CB)组成。价带与导带之间存在一个禁带,禁带的宽度称为带隙能,$TiO_2$ 的带隙能为 $310～312eV$,相当于波长为 $387.15nm$ 的光子能量。当其受到外界光源(如 UV 光源)照射时,一旦发射的光子能量大于或等于 $TiO_2$ 的带隙能,位于价带的电子就可被激发跃迁到导带,生成高活性的电子($e^-$),而在价带上留下带正电的空穴($h^+$)。生成的电子和空穴会向 $TiO_2$ 表面迁移,吸附溶解在 $TiO_2$ 表面的氧俘获电子形成 $·O_2^-$,而空穴则将吸附在 $TiO_2$ 表面的 $OH^-$ 和 $H_2O$ 氧化成具有高度活性的 $·OH$,其具体反应如式下所示。

$$TiO_2 + h\nu \rightarrow TiO_2(e^- + h^+)$$
$$H_2O + h^+ \rightarrow ·OH + H^+$$
$$O_2 + e^- \rightarrow ·O_2^-$$
$$·O_2^- + H^+ \rightarrow HO_2·$$
$$2HO_2· \rightarrow O_2^- + H_2O_2$$
$$H_2O_2 · + ·O_2^- \rightarrow ·OH + OH^- + O_2$$

$TiO_2$ 主要有锐钛型、金红石型和板钛型,其中锐钛型的光催化活性最高。早期光催化氧化的研究多以悬浮相光催化为主,$TiO_2$ 粉末以悬浮态存在于水溶液中,由于催化剂难以回收,活性成分损失较大,在水溶液中易于凝聚而很难成为一项适用的技术。近年来,为了开发高效实用的光化学反应器,固定相光催化的研究工作逐步活跃起来,其焦点是负载型光催化剂的制备。

1. 负载型 $TiO_2$

$TiO_2$ 本身具有光催化活性,如果将其负载到载体上制成负载型光催化剂,其光催化活性将大大增加。近年来,人们在此方面作了大量的研究工作。Anna 等在光反应器中,采用光沉积法,制备了 $Au/TiO_2$ 光催化剂,并研究了其光催化降解苯酚的行为,发现 $Au/TiO_2$ 体系去除水中苯酚的光催化活性远远高于纯 $TiO_2$。I. M. Arabatzis 等将纳米 $TiO_2$ 负载于玻璃上,再采用电子溅射的方法将 Au 负载于纳米 $TiO_2$ 上制得光催化剂,并进行了光催化降解模型化合物甲基橙的研究,发现 Au 负载量为 $0.8\mu g\cdot cm^{-2}$,光催化效率与未负载 Au 的相比提高 $100\%$,并且循环使用 5 次光催化活性无衰减。其他一些金属如 Pt、Pd、Cu 等负载于 $TiO_2$ 上也都表现出了良好的光催化活性。Li 等研究了 $PW_{11}O_7$-39/$TiO_2$ 复合膜对偶氮染料的降解活性,发现 $350℃$ 下焙烧 $PW_{11}O_7$-39/$TiO_2$ 具有高的光催化活性,并且体系的酸度对光催化过程有重要的影响,使用几次后光催化效率有微小的变化。

**2. 亲油性纳米 $TiO_2$ 光催化剂**

由于纳米 $TiO_2$ 表现出独特的光化学特性,近年来许多研究者报道了各种纳米结构半导体材料的制备与表征。$TiO_2$ 纳米粒子在水溶液中表现出良好的光催化活性。$TiO_2$ 表面连接有羟基,是亲水性的,只能在水相中稳定悬浮存在。而绝大部分含硫化合物是存在于油相中的,只有转移到水相才能发生氧化反应。如能将亲水性 $TiO_2$ 改为亲油性,使其在油相中悬浮稳定存在,无疑会提高脱硫效果。李发堂以非离子表面活性剂 span-40 为改性剂在乙醇中对合成的纳米 $TiO_2$ 进行了表面改性,利用傅里叶红外光谱进行了表征,结果表明,纳米 $TiO_2$ 表面有 span-40 存在,并能稳定悬浮存在于油相中,制备出亲油性纳米 $TiO_2$。其制备过程为:在水/油体积比为1:1、亲油性纳米 $TiO_2$ 加入量为 $1\ g\cdot L^{-1}$ 的条件下,以 $500W$ 高压汞灯为光源照射 2h 后,催化裂化(FCC)汽油的脱硫率为 $92.8\%$,提高了其催化活性。

**3. 负载钛分子筛**

沸石分子筛由于其独特的孔结构和具有酸中心,被广泛应用于各类催化反应的催化剂、催化剂载体和吸附剂。近年来,人们对沸石分子筛负载 $TiO_2$ 的光催化性能进行了研究,负载 $TiO_2$ 的沸石分子筛具有较高的光催化活性。这主要归于沸石分子筛具有较高的吸附性、具有一定的酸性和独特的结构。

**4. 复合半导体法**

复合半导体法可以看作是一种颗粒对另一种颗粒的修饰,在众多的复合体系中 CdS-TiO_2 被研究得最深入。因 CdS 对可见光有吸收,当入射光不足以激发 $TiO_2$ 时,却可激发 CdS 使其电子从价带跃迁到导带,由于能级差别,跃迁的电子向 $TiO_2$ 导带迁移,而空穴则聚集在 CdS 的价带上,从而达到了电子—空穴对的有效分离,提高了催化剂的催化效果。

近年来,人们研究发现过渡金属取代或改性的杂原子分子筛是一类很有希望的高效光催化剂材料。研究的钛硅分子筛光催化剂有 Ti-TMSF、Ti-MCM-41、Ti-MCM-48、Ti-$\beta$ 分子筛和 Ti-FSM-16 等,其中最有意义的是 M. Anpo 等的工作,他们通过水热合成法制备了钛硅中孔分子筛 Ti-MCM-41 和 Ti-MCM-48,用于光催化还原 $CO_2$,并用原位光声光谱、漫反射红外光谱、ESR 和 XAFS 等手段进行表征。结果表明,这 2 种分子筛催化剂在 328K 对 $CO_2$ 与水光催化还原为甲烷和甲醇有较高的催化活性。除钛硅分子筛具有光催化活性外,研究发现钒硅微孔分子筛 VS-1、中孔分子筛 V-HMS 也具有光催化活性。在钒硅分子筛中存在高度分散的含有一个 V=O 键的四面体配位钒氧物种,在紫外线照射下它们对 NO 分解为 $N_2$ 和 $O_2$

具有光催化活性。

### 10.1.4 光敏剂

光敏作用有两类即二线态—三线态能量传递和单线态—单线态能量传递。如果用直接光照无法实现对某种分子的激发时,可试用这两类光敏作用来产生激发态,故光敏作用是完成光化学反应的一种重要方法。其中三线态—三线态能量传递更为重要。三线态光敏作用的机理可概括为在光的作用下形成光敏剂 D 激发单线态,经系统间穿越转化成三线态;再经分子之间能量传递形成反应物 A 的三线态。这一过程可表示为:

$$D(S_0) \xrightarrow{h\nu} D^*(S_1) \xrightarrow{ISC(系统间穿越)} D^*(T_1)$$
$$(\uparrow\downarrow) \qquad (\uparrow\downarrow) \qquad\qquad\qquad (\uparrow\downarrow)$$

$$D^*(T_1) + A(S_0) \longrightarrow D(S_0) + A^*(T_1)$$
$$(\uparrow\uparrow) \qquad (\uparrow\downarrow) \qquad\quad (\uparrow\downarrow) \quad (\uparrow\uparrow)$$

利用光敏作用进行化学反应必须要有一个合适的光敏剂。理想的光敏剂必须满足下面 3 个条件:①必须能被光辐射所激活;②应有足够高的浓度,并能吸收足够量的光子;③必须能把自己的激发能量传递给反应物。

例如,我们知道丁二烯(单链双烯)能吸收 $220\sim250\text{nm}$ 波长的光,而不能在 $400\text{nm}$ 波段下被激活。若在丁二烯中加入少量丁二酮,再用可见光辐射($\lambda>400\text{nm}$),将发生如式下列光化学反应。

二聚中间体

顺二乙烯基环丁烷　　　反二乙烯基环丁烷　　　4-乙烯基环己烯

水油两相中噻吩的氧化降解研究中,为了提高光氧化的量子效率,常在反应体系中加入光敏剂。Shirai 等考察了光敏剂二苯甲酮(BZP)对脱硫效果的影响。结果发现,BZP 的加入会提高二苯并噻吩在正十四烷中的脱除效果,经过 10h 照射后,用 BZP 的脱硫量大约是不用 BZP 的 7.6 倍。但是上述光敏剂价格昂贵,而一般价格低廉的光敏剂多为有机染料,随着光氧化反应的进行,这些染料本身也会发生降解,从而失去光敏作用。hiraishi 等以 9,10-二氰基蒽(DCA)为光敏剂、以乙腈为萃取剂,当乙腈与轻质油品体积比为 3∶1 时,照射 10h 后油品硫含量由 0.18% 降低到 0.005%。Zhao 等研究发现,核黄素不仅本身具有光敏作用,而且其降解之后的产物也有光敏作用。

# 10.2　有机光化学合成技术

有机光化学合成技术是研究有机光化学反应的必要手段,包括光源的选择、光强的测定、光化学反应器、光化学中间体的鉴别和测定等。对于产物的检出和分析以及反应过程动力学的研究,一般可以采用标准的化学方法来完成。

## 10.2.1　光源与波长的选择

### 1. 光源的选择

常用的普通光源有碘钨灯、氙弧灯和汞弧灯。以石英玻璃制成的碘钨灯可提供波长低于 200nm 的连续的紫外光;低压氙灯可提供 147nm 的紫外光;汞弧灯分为低压、中压和高压三种类型,低压汞灯主要可提供波长为 253.7nm 和 184.9nm 的紫外光,中压汞灯可提供主要波长为 366nm、546nm、578nm、436nm 和 313nm 的紫外光或可见光;高压汞灯可提供 300~600nm 范围内多个波长段的紫外光或可见光。另外 Zn 和 Cd 弧灯可提供 200~230nm 的紫外光。激光器也是常用的光源,可提供不同波长的单色光。激光器的工作模式有连续波(CW)、脉冲式及混合型。一些重要激光器的波长为:$N_2$ 激光器(337nm);准分子(如 KrF)激光器(246nm);Ar 离子激光器(458~514nm);可调谐染料激光器(200~1100nm)。

### 2. 波长的选择

有机光化学反应的初级过程(分子吸收光成为激发态分子,解离后生成各种自由基、原子等中间体的过程)和量子效率均与光源有关。理想的光源应该是单色光,这可使绝对光强的测定大大简化。除激光器外,大多数光源都是多色光,通常要采用某种光学方法来得到狭窄的某个波段的光。单色器(光栅型或棱镜型)是将光的波长变窄的常用仪器,不过分离后的光强不够理想。加一片或多片滤光片以及能允许某个波段光透过的溶液也是常用的方法。

光源波长的选择应根据反应物的吸收波长来确定。常见的几类有机化合物的吸收波长为:烯 190~200nm;共轭脂环二烯 220~250nm;共轭环状二烯 250~270nm;苯乙烯 270~300nm;酮 270~280nm;苯及芳香体系 250~280nm;共轭芳香醛酮 280~300nm;$\beta$-不饱和酮 310~330nm,由于并且有机化合物的电子吸收光谱往往有相当宽的谱带吸收。因此光源的波长应与反应物的吸收波长相匹配。

### 10.2.2　有机光化学合成装置

光化学反应器一般由光源、透镜、滤光片、石英反应池、恒温装置和功率计等构成,如图10-6所示。光源灯发出的紫外光,通过石英透镜变成平行光,再经滤光片将紫外光变成某一狭窄波段的光,通过垂直于光束的石英玻璃窗照射到反应混合物上,未被反应物吸收的光投射到功率计,由功率计检测透射光的强度。

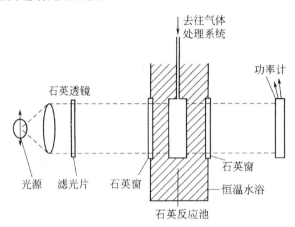

**图 10-6　典型光化学反应实验装置**

### 10.2.3　光强度的测定

为了考察反应体系对不同波长的吸收情况和计算量子产率,需要测定吸收前后光的强度,下面介绍几种常用的方法。

**1. 紫外分光光度法**

若在紫外分光光度计中装入与光化学反应实验相同的光源,则利用空白液和反应物混合液的吸光度值,可算出反应体系在给定波长下的吸光分率。因此,人们常常将紫外分光光度计改装为光化学反应器,集反应和检测于一体。不过这一方法仅能测出相对值。

**2. 光电池法**

光电池是光照下可产生电流的一种器件,光强与电流成正比,根据电流大小可计算出光的强度,不过光电池需要预先校准。光电池法的优点是灵敏度比热堆法高,温度的起伏对它影响很小,另外实验室的杂散光对它影响不大,不必严格地加以排除。

**3. 热堆法**

利用光照在涂黑物体表面温度升高的原理,将热电偶的外结点涂成黑色,根据热电偶测出的温度值来折算光的强度。这一方法的缺点是热电偶对室温起伏很敏感,往往会带来误差。

**4. 化学露光剂法**

化学露光剂法是利用量子产率已精确知道的光化学反应的速率进行测量的一种方法。这种性质的化学体系在光化学中称为化学露光剂,又叫做化学光量计。最常用的化学露光剂是

$K_3Fe(C_2O_4)_3$ 的酸性溶液,当光照射时,$Fe^{3+}$ 被还原成 $Fe^{2+}$,$C_2O_4^{2-}$ 则同时被氧化成 $CO_2$,生成的 $Fe^{2+}$ 和 1,10-菲咯啉形成的红色配合物可作为 $Fe^{2+}$ 的定量依据,测定 $Fe^{2+}$ 的浓度和已知的量子产率便可计算出光的强度。若将露光剂放在反应器前面,则可测出入射反应器的光强;若放在反应器之后,则可测出透射反应器的光强,如图 10-7 所示。

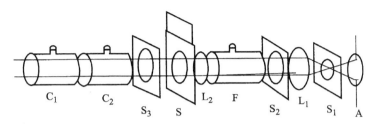

**图 10-7　化学光亮度测定量子产率示意图**

A—光源;$S_1$、$S_2$、$S_3$—狭缝;F—滤波器;$L_1$—短焦距凸透镜;
$L_2$—长焦距凸透镜;$C_1$—反应器;$C_2$—化学光量计;S—快门

常用的气相化学露光剂是丙酮,当波长为 $200 \sim 300$nm,温度高于 125℃和压力低于 6.7 kPa 时,生成 CO 的量子产率为 1。

### 10.2.4　有机光合成的优缺点

**1. 有机光合成的优点**

①可合成出许多热化学反应所不能合成出的有机化合物。热反应遵循热力学的规律,光反应遵循光化学的规律。对于在恒温恒压和无非体积功的条件下,$\Delta G > 0$ 的某些反应,热反应是不能发生的,但光反应有可能发生,热反应都会使体系的 $\Delta G$ 减小,而不少光化学反应却能使体系的 $\Delta G$ 增加。

②受温度影响不明显,一般在室温或低温下就能发生,只要光的波长和强度适当即可,并且反应速率与浓度无关。可见,利用光化学反应,则可能将高温高压下进行的热化学反应转变到常温常压下进行。

③化学反应容易控制。通过选择适当的光的波长可提高反应的选择性,通过光的强度可控制反应速率。

④具有高度的立体专一性,是合成特定构型分子(如手性分子)的一种重要途径。

⑤产物具有多样性。即使对热化学能发生的某些反应,若利用光化学反应可生成更多种类的产物。这是因为光化学反应的机理较复杂,不同波长的光照会产生不同的激发态,同一个激发态又可产生不同的反应过渡态和活化中间体,同一个活化中间体与不同的物质进行热反应可生成不同的产物。光合成产物的通道理论上可有无穷个,从而使光化学为合成具有特定结构、特定功能或特定用途的有机化合物提供了可能。

**2. 有机光合成的缺点**

①需要特殊的专用反应器。

②有机光化学合成能耗大。这是因为电子激发所需的能量比热反应加热所需的能量大得多。如 1mol 敏化剂吸收波长为 200nm 的紫外光,理论上就需要 598kJ 的能量,大大超过了一

一般 C—C 单键的键能 $346kJ \cdot mol^{-1}$。况且,大部分有机光化学反应的量子产率相当低,从而使能量的消耗相当大。

③一般来说,有机光化学合成的副产物比较多,纯度不高,分离比较困难。

# 10.3　有机光化学合成的基本反应

### 10.3.1　光氧化、光还原、光消除反应

1. 光氧化

光氧化过程有两种途径:一种是有机分子 M 的光激发态 $M^*$ 和氧分子的加成反应,另一种是基态分子 M 与氧分子激发态 $O_2^*$ 的加成反应,如下所示。

Ⅰ型光敏化氧化:

$$M \xrightarrow[\text{敏化剂}]{h\nu} M^* \xrightarrow{O_2} MO_2$$

Ⅱ型光敏化氧化:

$$O_2 \xrightarrow[\text{敏化剂}]{h\nu} O_2^* \xrightarrow{M} MO_2$$

以上两种途径都需要敏化剂参与,并且一般都是通过敏化剂的激发三线态进行的,常用的光氧化反应的敏化剂主要是氧杂蒽酮染料如玫瑰红、亚甲基蓝和芳香酮等。对于Ⅰ型光敏化氧化,敏化剂激发态从反应分子 M 中提取氢,使分子 M 生成自由基,然后自由基接着将 $O_2$ 活化成激发态,然后激发态氧分子与反应分子 M 反应。

(1)Ⅰ型光敏化氧化

异丙醇的二苯酮光敏化氧化是Ⅰ型光敏化氧化的一个很好的例子。二苯酮吸光后成为激发单线态,经系间窜越,形成激发三线态,三线态的二苯酮提取异丙醇中的氢,异丙醇成为自由基,异丙醇自由基接着与基态氧作用生成过氧化自由基,过氧化自由基再与异丙醇作用生成过氧化物,进一步分解生成酮和过氧化氢。氢化二苯酮自由基能与过氧化自由基作用而生成二苯酮,在此过程中二苯酮没有消耗,只起到敏化剂的作用。

(2)Ⅱ型光敏化氧化

这一类型的光敏化氧化是通过激发三线态的敏化剂将激发能转移给基态氧,使氧生成激发单线态,单线态的氧与反应分子生成过氧化物。对于不稳定的过氧化物还可进一步分解。

激发单线态的氧很容易与烯烃发生加成反应：

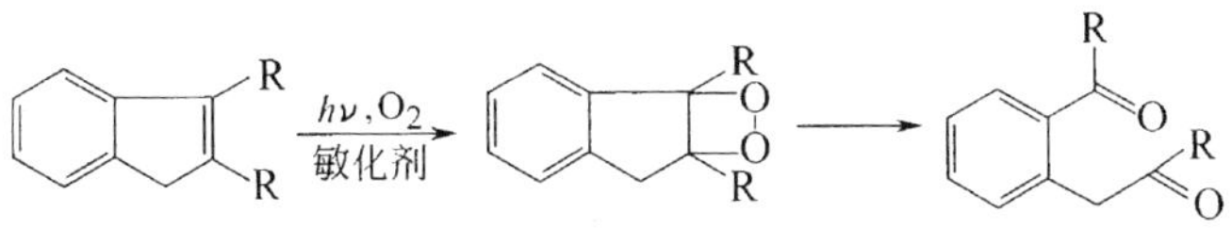


许多(内)桥环过氧化物是热不稳定的，加热时剧烈分解，甚至发生爆炸，并且(内)桥环过氧化物也是光不稳定的，见光重排成双环氧化物。

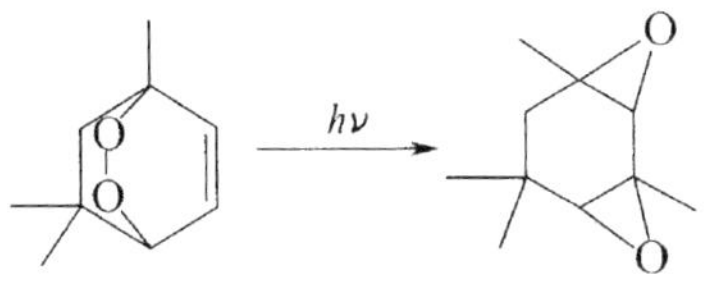


2. 光还原反应

光还原反应是光照条件下氢对某一分子的加成反应，研究较多的是羰基化合物的光还原反应。由于激发态酮中羰基氧原子一般是亲电的，因而能与氢或一个适当的氢给予体反应。若氢是本身分子上的，则为分子内还原，即羰基还原为羟基；若氢是由另一分子提供的，则发生分子间的氢提取反应。光谱研究表明，光还原反应是通过羰基 $n\rightarrow\pi^*$ 激发的三线态进行的。因此，光还原反应对氧和其他三线抑制剂的存在是敏感的从而光还原反应常与其他光化学反应竞争，产物相对比较复杂，并且溶剂对量子产率影响很大。

如苯二酮的光还原反应：

$$Ph_2CO \xrightarrow{h\nu} Ph_2CO\ (S_1) \longrightarrow Ph_2CO\ (T_1) \xrightarrow{RH} Ph_2\dot{C}OH + R\cdot$$

$$2Ph_2\dot{C}OH \longrightarrow Ph{-}\underset{OH}{\overset{Ph}{C}}{-}\underset{OH}{\overset{Ph}{C}}{-}Ph$$

$$2R\cdot \longrightarrow R{-}R$$

$$Ph_2\dot{C}OH + R\cdot \longrightarrow Ph_2\overset{R}{\overset{|}{C}}OH$$

其他反应：

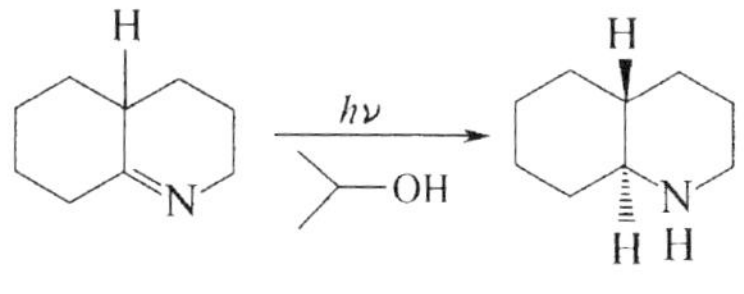


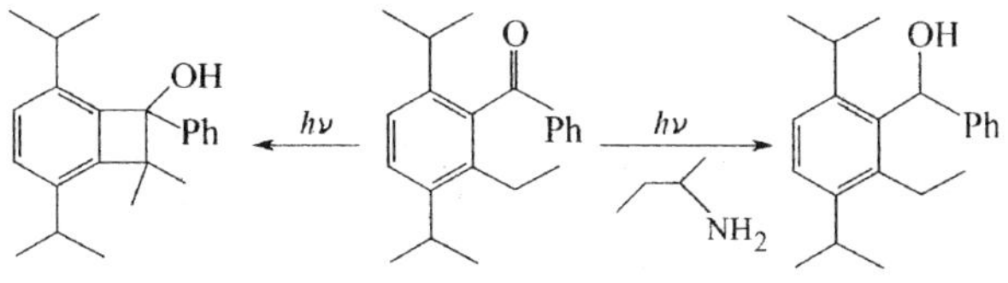


3. 光消除反应

光消除反应是指那些受光激发引起的一种或多种碎片损失的光反应。光消除反应可导致羰基化合物的反应中有一氧化碳、分子氮、氧化氮和二氧化硫等的损失。

光消除氮的反应：

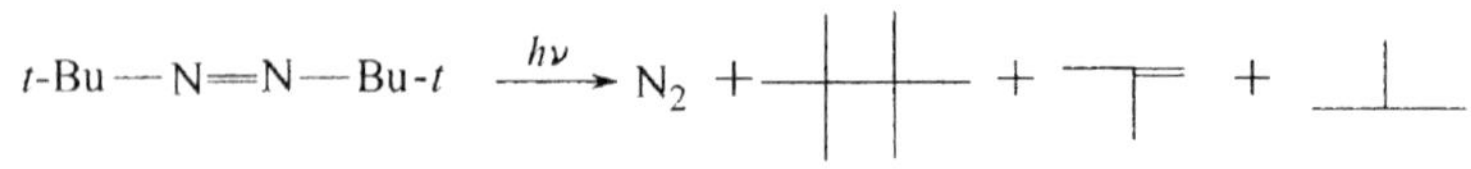

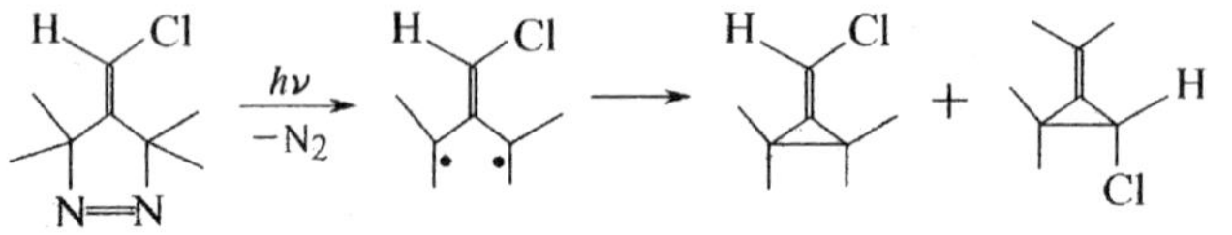

光消除一氧化氮的反应：

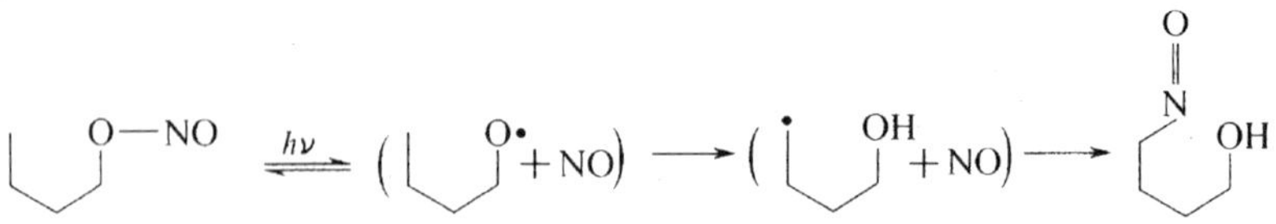

在以上反应中，δ-位碳上的氢原子转移是该反应的关键步骤。这一反应是应用光化学反应合成有机分子最成功的实例之一，称为 Barton 反应。

光消除二氧化碳的反应：

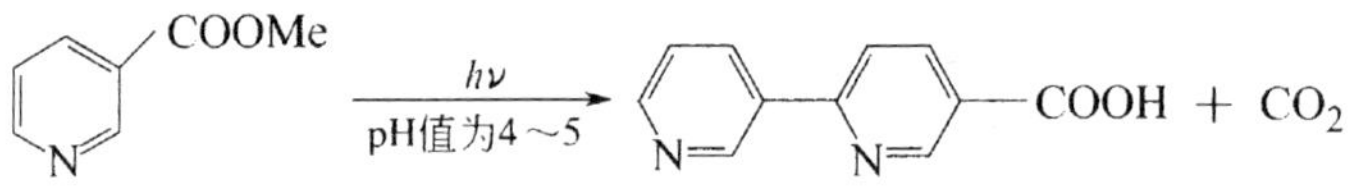

光消除二氧化硫的反应：

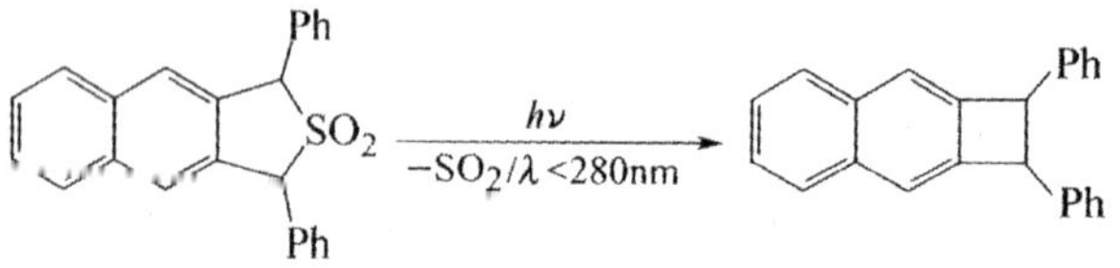

脱羰基的光化反应

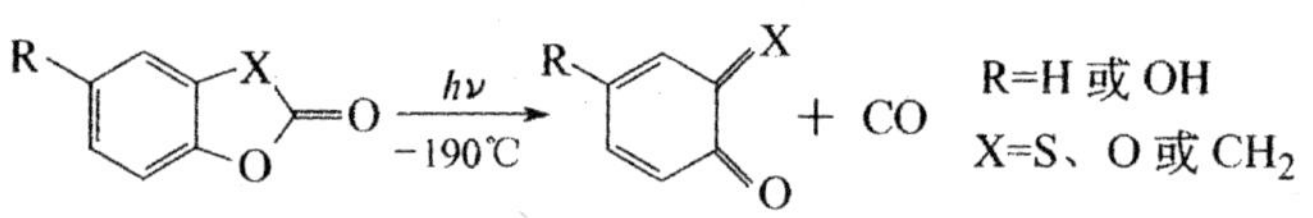

脱羧基的光化反应

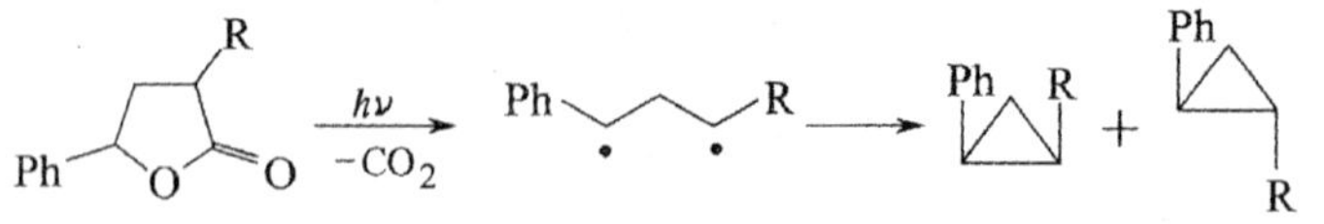

### 10.3.2　烯烃的光化学反应

**1. 光诱导的顺—反异构化反应**

烯烃虽然也可通过热反应进行顺反异构化，但主要得到的却是热力学上更稳定的反式异构体，而光异构化的结果却不一样，例如，在光照条件下，顺式二苯乙烯或反式二苯乙烯均可生成顺式占 93％、反式占 7％的混合产物。

烯烃的光异构在制药工业中有一些成功的应用,例如由反二烯酮光异构生成的顺-2-(亚环己基亚乙基)-环己酮,是合成维生素 $D_2$ 一类化合物的必要中间体。

### 2. 激光加成反应

激发态比基态往往具有更大的亲电或亲核活性,烯烃在光照条件下加上质子后可再进行亲核加成反应,取向与马氏规则一致。但在三线态光敏剂存在下,常得到反马氏规则的加成产物。例如:

$$Ph_2C=CH_2 \xrightarrow[\text{MeOH,光敏剂}]{h\nu} Ph_2CHCH_2OCH_3$$

烯烃也能发生分子内光加成反应,如

### 10.3.3  周环反应

电环化反应、环加成反应和 $\sigma$ 迁移反应均是通过环状过渡而进行的反应,故称为周环反应。在这些反应过程中,新键的生成和旧键的断裂同时发生,反应只经历一个过渡态而没有自由基或离子等中间过程,这类反应是一步完成的基元反应,不存在中间体。周环反应又是一种协同反应。

### 1. 电环化反应

在电环化反应中,一个共轭 π 体系中两端的碳原子之间形成一个 σ 键,构成少一个双键的环体系。并且这类反应在光照和加热条件下的成键方式是不同的。例如丁二烯型的化合物在加热和光照条件下环化,将得到不同构型的环丁烯型产物。

对于己三烯型的化合物，加热和光照的环化成键旋转方式与丁二烯型化合物正好相反，通过实验总结出的电环化规则见表 10-2。这一规则可以用前线轨道理论和分子轨道对称守恒原理给予解释。需要指出的是，电环化反应是可逆反应，开环反应也服从这一规则。

表 10-2　共轭多烯的电环化结构

| $\pi$ 电子数 | 反应条件 | 成键旋转方式 | $\pi$ 电子数 | 反应条件 | 成键旋转方式 |
| --- | --- | --- | --- | --- | --- |
| $4n$ | 加热 | 顺旋 | $4n+2$ | 加热 | 对旋 |
| | 光照 | 对旋 | | 光照 | 顺旋 |

利用电环化规则可合成一些具有较大张力的分子，例如由不饱和内酯的环化产物的光化学脱羧可生成环丁二烯三羰基铁，如下所示。这一方法已成为合成这种金属有机化合物的重要手段之一。

利用光开环反应合成维生素 $D_3$ 前体。通过控制光的波长和反应进度，可得到以维生素 $D_3$ 前体为主的开环产物，进一步进行热允许[1,7]σ 迁移、氢迁移而得到维生素 $D_3$。这是光环化反应在精细有机合成工业中的一个成功例子。

麦角甾醇　　　　维生素 $D_3$ 前体　　　　维生素 $D_3$

### 2. 环加成反应

光环化加成反应是指两个共轭体系、烯烃或双键互相结合生成一个环状化合物的反应，是光化学反应中应用最广泛、最有用的一类反应。在环加成反应中，发生加成的两个双键变为 2 个单键，同时生成 2 个新的单键，构成少 2 个双键的环体系。

环加成反应种类较多，主要分为分子内环加成和分子间环加成两大类。还可以按参与环化反应的各组分原子数来分，这样，烯烃的二聚为[2+2]环加成，Diels-Alder 反应为[4+2]环加成等。

（1）分子内光环化加成

分子内光环化加成是指含多个双键的分子通过光加成形成环状化合物的反应，可生成不同立体结构的化合物（如笼状化合物），例如：

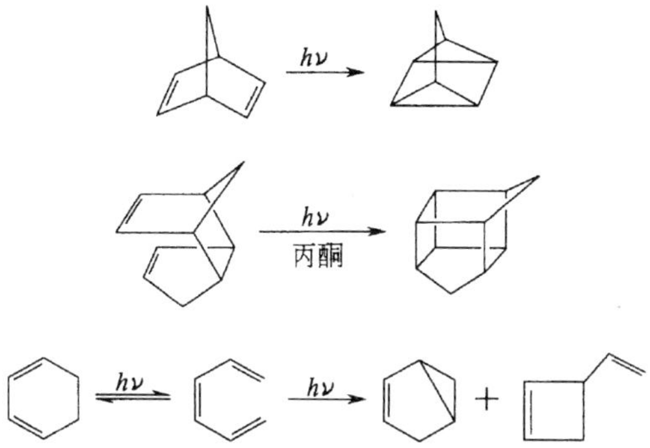

下面的反应被认为是一个储能体系，双烯反应物受光激发，由于它带有苯乙烯基（Ar）而能直接吸收长波光发生环合加成反应生成笼状产物，而笼状产物又能放出能量返回生成反应物，因此被认为是太阳能储存的体系之一，且该反应的量子产率相当高（0.4～0.56）。

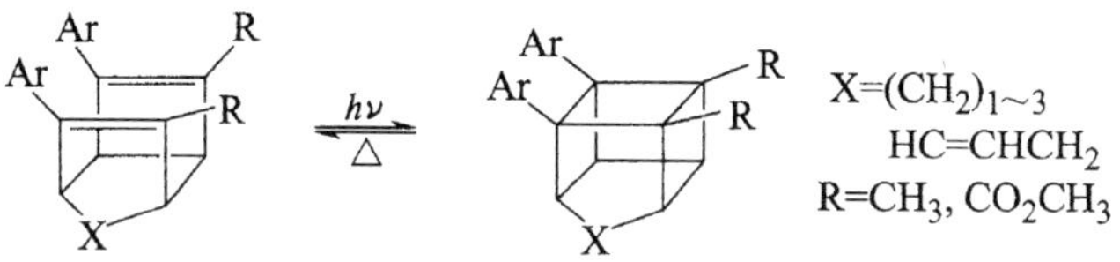

X=(CH_2)_{1～3}
HC=CHCH_2
R=CH_3, CO_2CH_3

（2）分子间光环化加成

分子间光环化加成是指含双键的两个分子通过光加成形成环状化合物的反应，如：

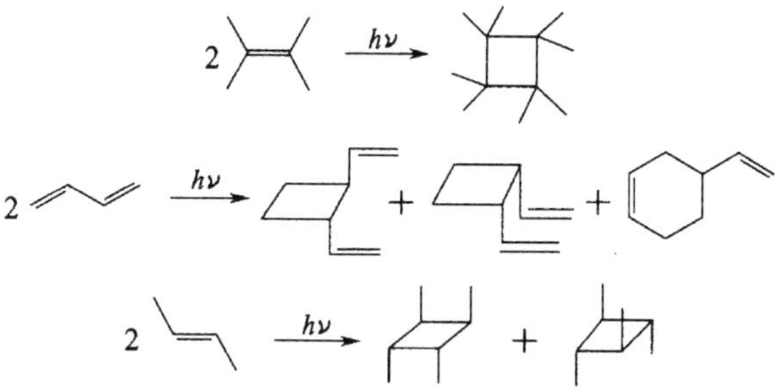

可见分子间光环化加成的产物比较多，有的甚至有十几种产物。

除烯烃外，羰基化合物及含杂原子的 $\pi$ 体系上也可发生光环化加成反应，如：

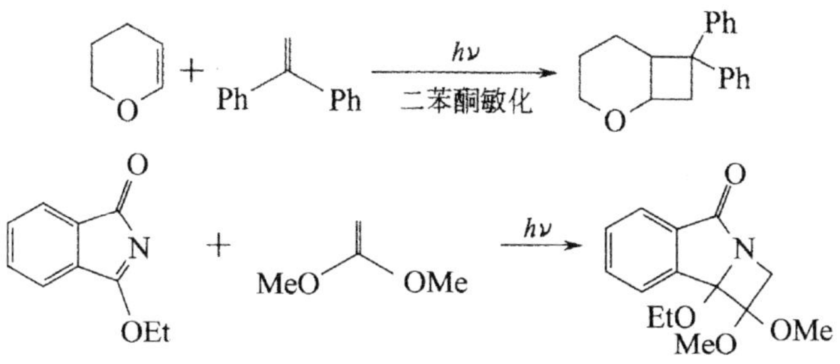

3. $\sigma$ 迁移反应

$\sigma$ 迁移是指共轭烯烃体系中一端的 $\sigma$ 键移位到另一端，同时协同发生 $\pi$ 键的移位过程，这一过程也经过环状过渡态,但δ迁移的结果不一定生成环状化合物。根据 H 原子从碳链上转移的位置,有[1,3]、[1,5]、[1,7]等类型的 σ 迁移,如下所示:

根据 Woodward-Hoffman 定则,光致[1,3]、[1,7]迁移是同面的,而 [1,5]迁移是多面的。σ 键迁移反应是有机光化学中常遇到的一类反应,例如:

### 10.3.4 芳香族化合物的光化学反应

**1. 苯的光化学反应**

苯的光化学性质活泼,用 166~200nm 的光照射苯,可得到富烯(亚甲茂)、盆烯和杜瓦苯:

富烯　　　盆烯　　　杜瓦苯

实验结果表明,苯在其激发态类似于一个共轭双自由基:

通过实验结果,人们认为苯生成其中间体的光化学反应如下:

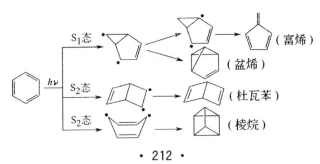

## 2. 芳环的光取代反应

芳香族化合物芳环上的光化学取代位置与热化学取代有着显著的差别。例如：

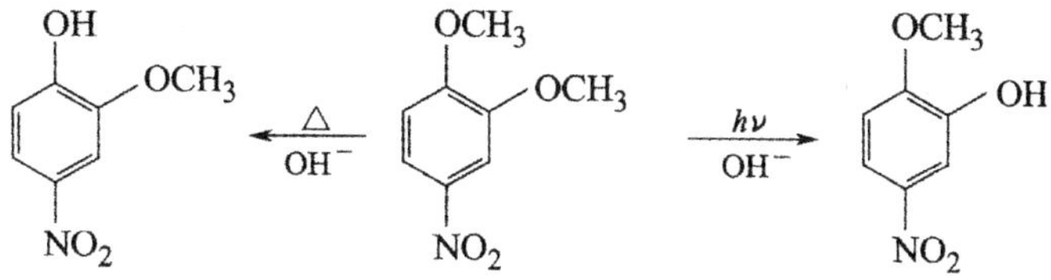

这种现象与发生电子激发时碳环上电子密度的变化密切相关。并且当用不同波长的光照射时，激发态碳环上的电子密度分布也有差别，因而有可能导致不同波长光的照射时，芳环上的取代位及产物不相同。在光化学反应中，芳环 $\pi \to \pi^*$ 激发产生单线态，继而通过单线激发态进行反应，这是芳环上光取代的主要反应方式，但也有一些三线态发生的反应。人们发现光取代的定向作用与热取代相同，这很可能是形成了激发态后迅速发生内部转换，变为基态的高振动能级，因而得到与基态反应相同的取代结果，例如：

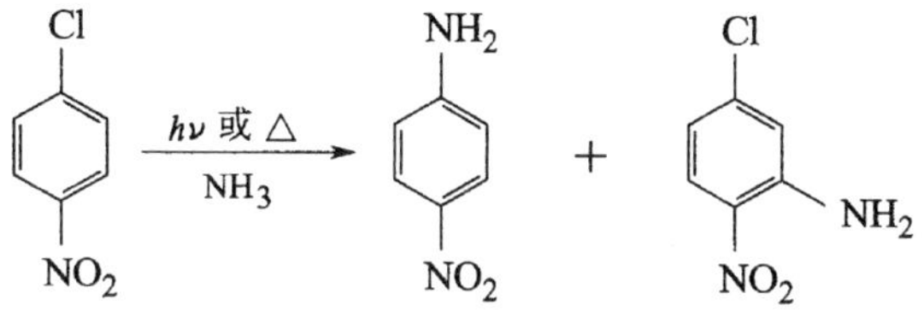

芳环上光取代反应的类型较多，历程也较复杂，并非都有一定的普遍规律，举例如下：

①卤素间的相互光取代，较轻的卤素原子在光照下置换较重的卤素原子：

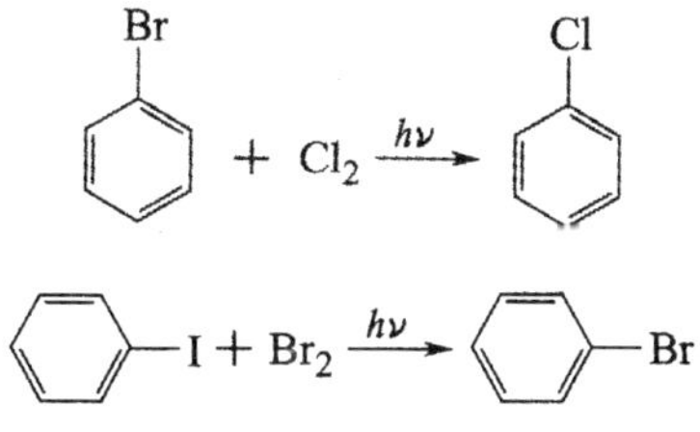

②亲核取代：

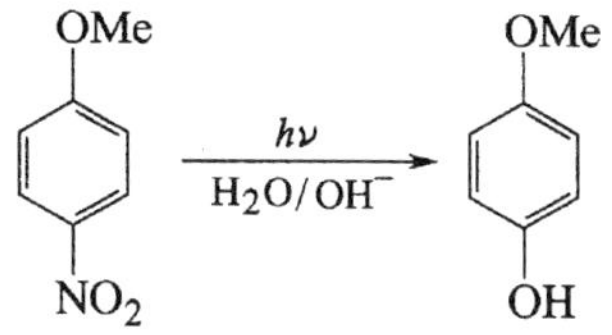

③亲电取代：

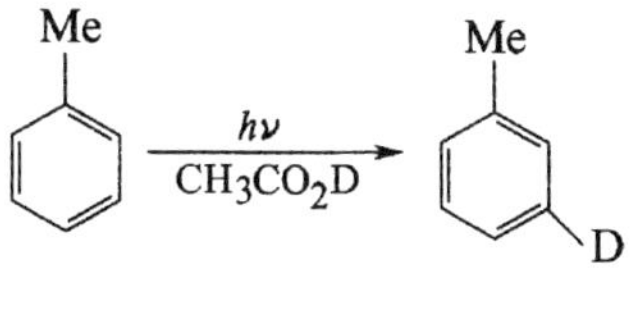

④分子内取代：

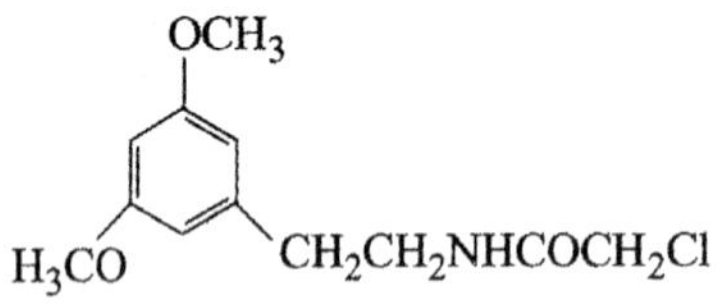

### 3. 光加成反应

苯在光照下产生的单线态中间体可以与烯烃发生 1,2-、1,3-和 1,4-加成反应，1,3-加成常得到立体专一性产物，例如：

苯在光照下的加成：

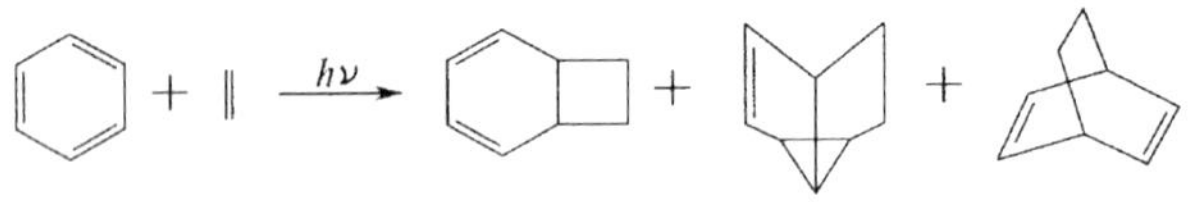

苯光解产物的加成：

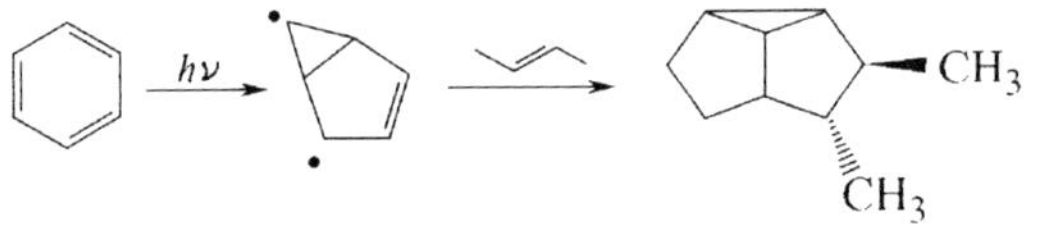

芳香族化合物的分子内加成：

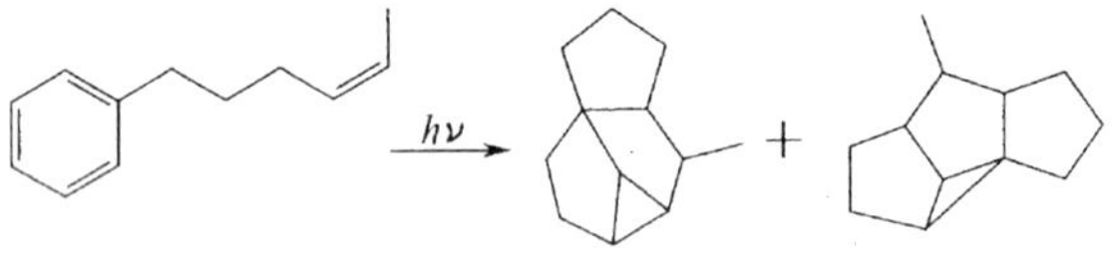

### 4. 重排反应

在光照条件下，苯环上的取代基可发生重排，改变取代位置，这些取代位置与生成苯环激发态的结构有关，例如：

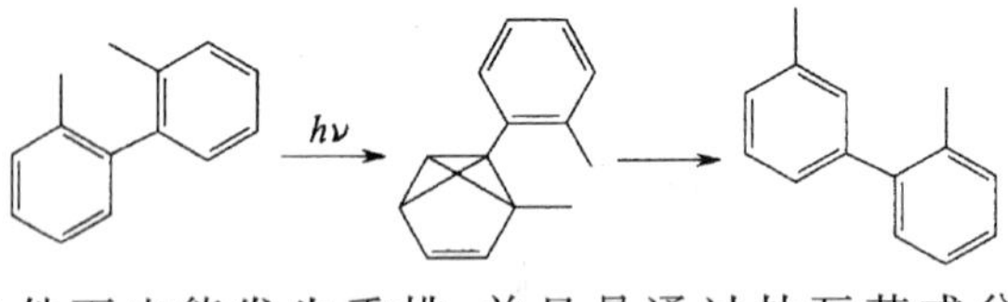

芳香杂环在光照条件下也能发生重排，并且是通过杜瓦苯或盆烯结构的激发态重排的，如：

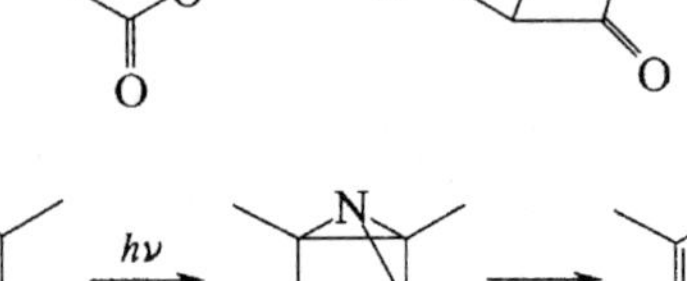

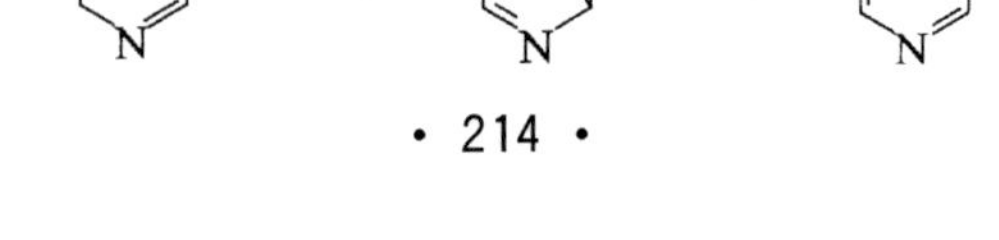

在光激发下,芳香化合物还可发生侧链重排。例如芳香酚酯在光激发下发生的 Fries 重排,虽然重排产物与热反应 Fries 重排的相同,但反应历程很不相同。光 Fries 重排的反应历程是通过激发三线态,发生 O—C 键断裂,形成自由基对,在溶剂笼中自由基对再结合成产物,并且反应几乎完全是在分子内发生的。

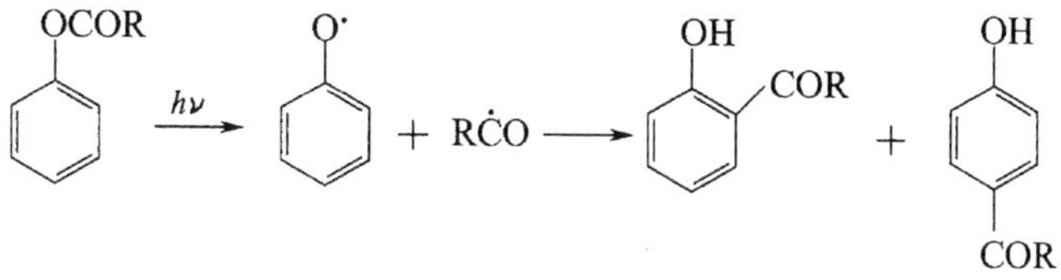

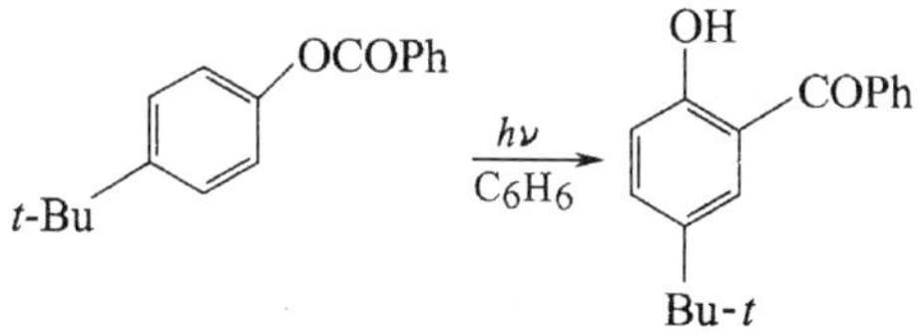

除芳香酚酯外,酰基苯胺、芳香醚等也可发生侧链的光重排反应,不过反应不完全是分子内的,有分子间反应过程存在。

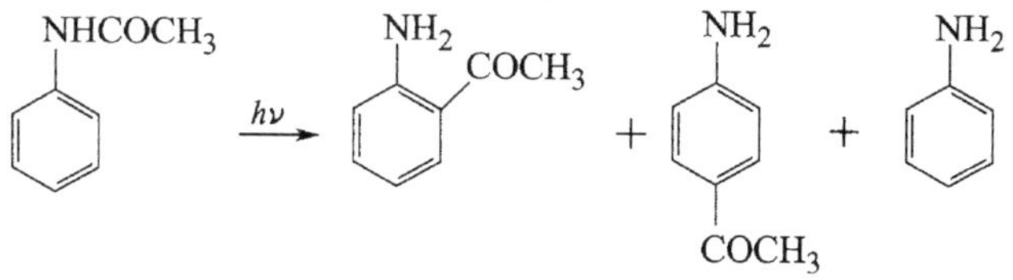

### 10.3.5　酮的光化学反应

羰基的双键与碳-碳双键是不同的,碳-碳双键中没有未成键电子,只能发生 $\pi \rightarrow \pi^*$ 激发;而羰基中的氧原子有两对未成键的孤对电子,所以可发生两类激发:$n \rightarrow \pi^*$ 和 $\pi \rightarrow \pi^*$。因非键轨道($n$)能量介于 $\pi$ 与 $\pi^*$ 之间,从能量上来看,$n \rightarrow \pi^*$ 激发比 $\pi \rightarrow \pi^*$ 激发更为有利,因此羰基化合物的大多数光化学反应是由 $n \rightarrow \pi^*$ 激发引起的。同样 $n \rightarrow \pi^*$ 激发也要产生单线态($S_1$)和三线态($T_1$)两个激发态,如图 10-8 所示。

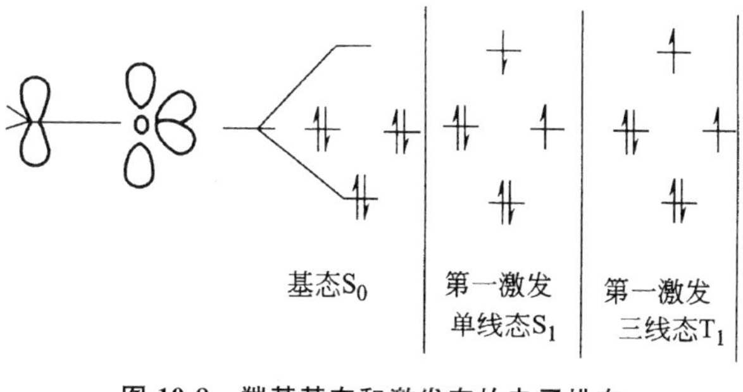

图 10-8　羰基基态和激发态的电子排布

酮类化合物激发态的系间间穿越很有效,所以很容易从单线态转移到三线态,而通过三线态进行反应。

脂肪族醛、酮类化合物 $n \rightarrow \pi^*$ 的吸收波长范围为 $340 \sim 230nm$。例如丙酮的 $n \rightarrow \pi^*$ 吸收在气相时为 $280nm$，在液相时为 $265nm$。虽然 $n \rightarrow \pi^*$ 激发容易，但羰基化合物发生 $n \rightarrow \pi^*$ 吸收的强度却较低。此外，由于非键电子强烈的溶剂化作用，所以 $n \rightarrow \pi^*$ 跃迁受溶剂极性的影响较大，溶剂的极性大，使 $n \rightarrow \pi^*$ 跃迁的能级间隔增大，吸收向波长较短的方向移动，即发生蓝移现象，反之可发生红移现象。

### 1. Norrish I 型反应

在激发态的酮类化合物中，邻接羰基的 C—C 键最弱，因此首先在此处断裂，生成酰基和烃基自由基，然后再进一步发生后续反应，该反应称为 NorrishI 型反应。在不对称羰基化合物中，断裂发生在羰基的哪一边则取决于生成自由基稳定性的相对大小。例如：

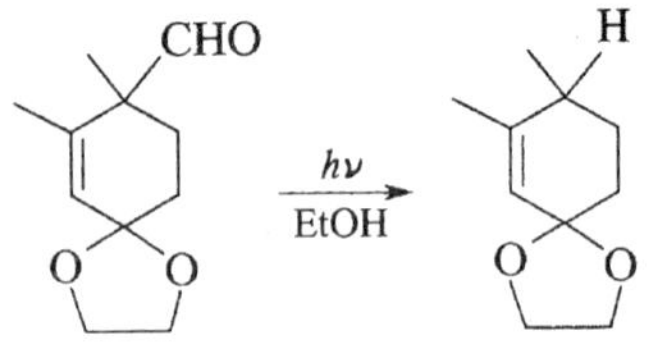

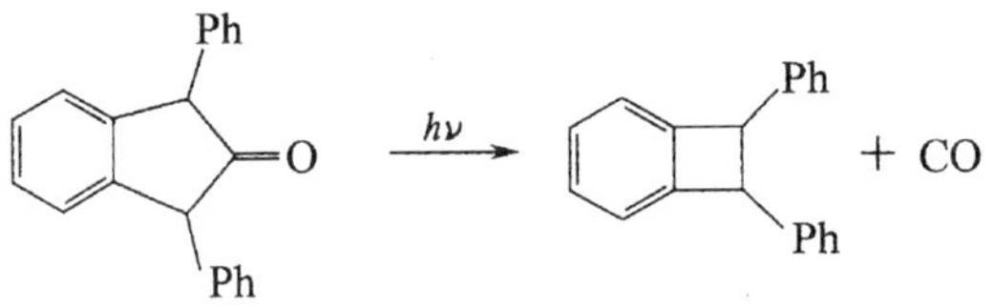

通过 Norrish I 型光解反应，还可发生异构化、重排等的结果，如：

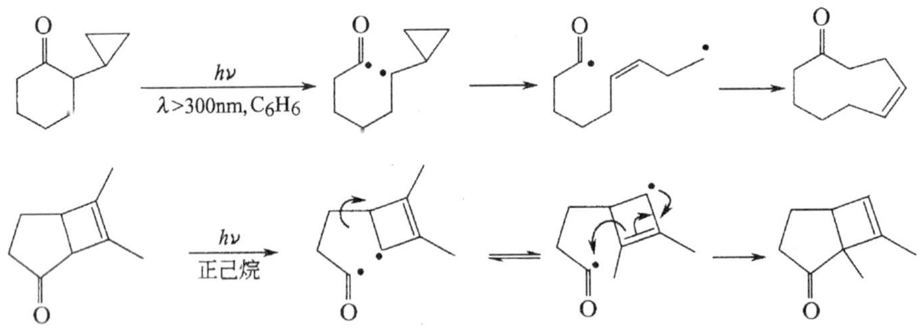

### 2. Norrish II 型反应

当酮的羰基上的一个取代基是丙基或更大的烷基时，光激发态的羰基从羰基的 γ 位夺取氢形成 1,4-双自由基，然后分子从 $\alpha$、$\beta$ 处发生键断裂，生成小分子的酮和烯，双自由基也可环化生成环醇。这一反应称为 Norrish II 型反应。

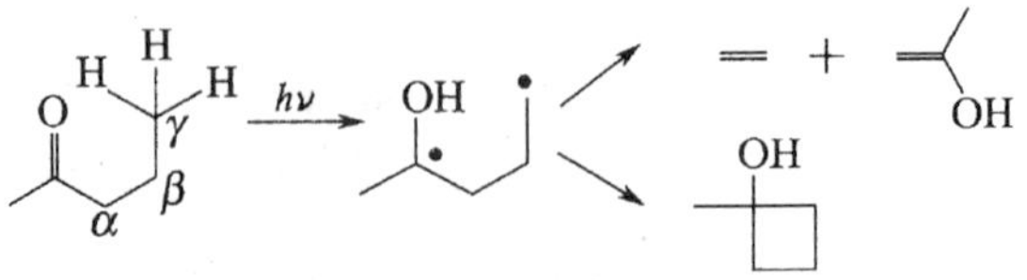

键断裂和键形成相互竞争导致光外消旋体的形成，也就是 $\gamma$-氢的逆向转移造成了光消旋。

Norrish Ⅱ型分子内消除反应在有机合成中也有许多重要应用。例如,脱去糖类的保护基团。

Norrish Ⅱ型反应还可应用于杂环体系。

羰基激发时,也可能夺取 δ-氢或更远的氢。究竟夺取哪一位置上的氢,取决于形成双基稳定性的大小。

烯酮在激发态时也有 $n \rightarrow \pi^*$ 和 $\pi \rightarrow \pi^*$ 两种跃迁类型。烯酮中的羰基和 C—C 双键都有可能参与光化学反应,也就是说烯酮的光化学反应兼有酮和烯的反应性质。烯酮中的羰基氧和在共轭体系端头的碳原子都能提取氢,形成自由基中间体,发生类似于 Norrish Ⅱ 型反应。烯酮也能发生 Norrish Ⅰ 型断裂($\alpha$-断裂),还可发生二聚、2+2 环加成、重排及异构化等反应。

端头碳的氢提取反应:

羰基氧的氢提取反应:

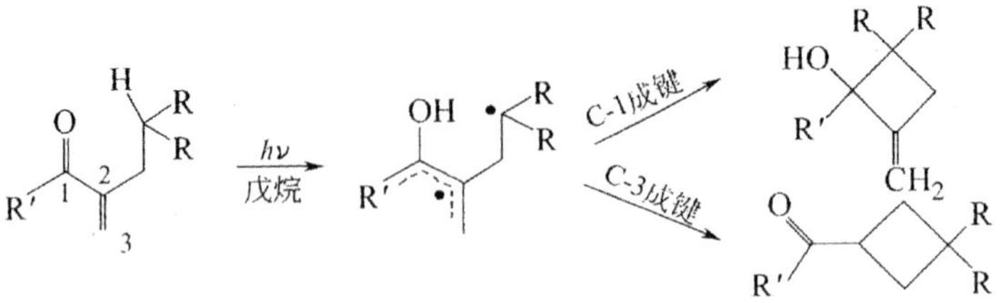

α-键不断裂也可发生重排,例如环己烯酮型化合物的光重排反应:

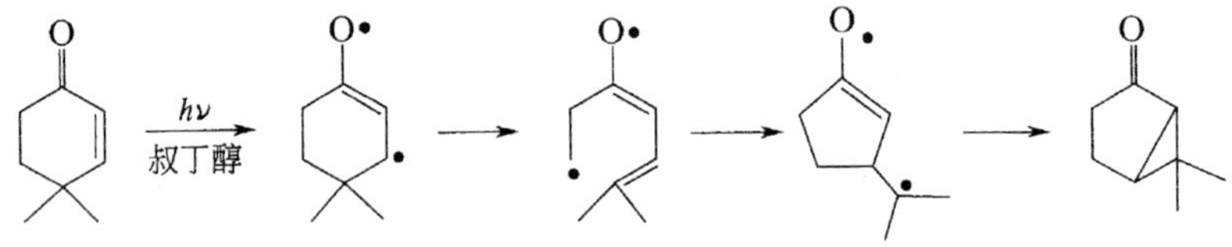

烯酮发生 Norrish I 型断裂(α-键断裂)引起的重排反应:

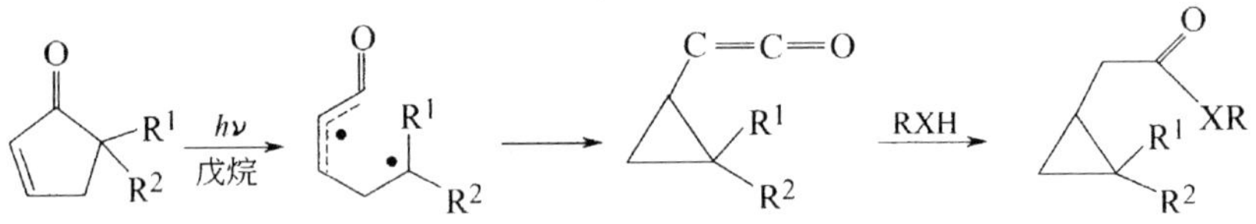

烯酮可以与烯烃发生光环加成反应,烯烃加成到烯酮的 C-C 双键上(2+2 加成),形成环丁烷衍生物。

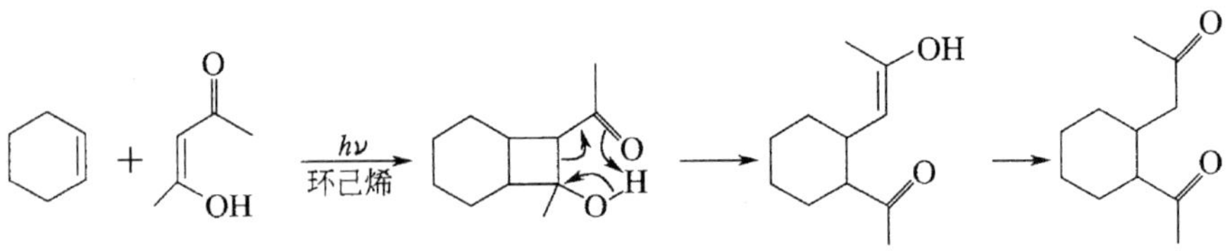

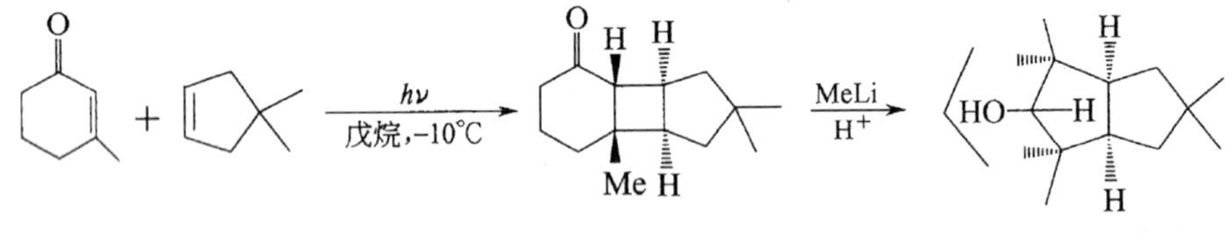

α-石竹素醇

烯酮的光二聚反应:

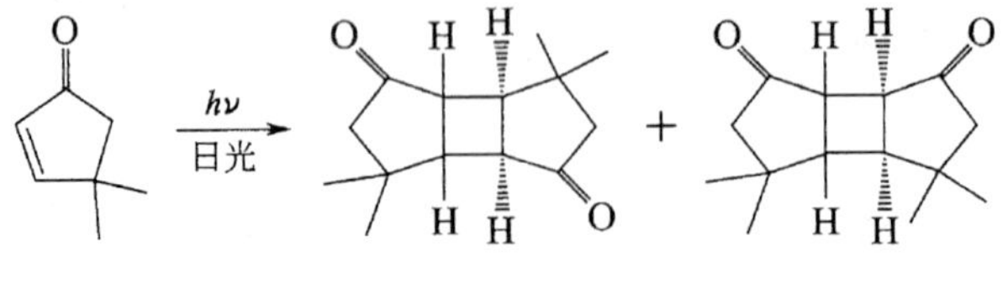

# 第 11 章　相转移催化合成

## 11.1　概述

### 11.1.1　相转移催化概念与特点

相转移催化(Phase Transfer Catalysis,PTC)是 20 世纪 60 年代末发展起来的新的化学合成方法。这种合成方法简化了操作,缩短了反应时间,提高了产品收率和质量,甚至能够使某些原来难以进行的反应能在较缓和的条件下顺利完成,从而引起了化学家和工业界的普遍重视和兴趣。自 60 年代起,这方面的研究工作不断深入,其应用范围日益扩大。

当反应物分别处于两相之中时,不同分子间的碰撞机会很少,就使得反应很难进行。如溴代正辛烷与氰化钠水溶液放在一起,即使加热 14 天氰化反应仍不进行。但是,若在这两相溶液中加入少量某种催化剂,如季铵盐或季磷盐,搅拌不到 2h,氰化反应就完成了 99%。反应能如此顺利进行,其原因是所用的催化剂在两相反应物之间不断来回地运输,把反应物由一相迁移到另一相,使原来分别处于两相的反应物能频繁地相互碰撞接触而发生化学反应,这种现象被称为相转移催化。具有此功能的催化剂即为相转移催化剂(也简称 PTC,Phase Transfer Catalyst)。

$$n-C_8H_{17}Br + NaCN \xrightarrow{PTC} n-C_8H_{17}CN + NaBr$$

相转移催化反应欲取得良好的效果,首要的一点是要有利于相转移活性离子对的形成,而且在有机相中要有较大的分配系数,而该分配系数与所用相转移催化剂的结构、溶剂的极性等因素密切相关。

相转移催化与常规操作相比具有下列突出的优点:

①不要求无水操作,不再需要昂贵的无水溶剂或非质子溶剂。

②提高反应速率。

③降低反应温度。

④产品收率高。

⑤合成操作简单,特别适用于产品分离操作。

⑥在碳阴离子烷基化等反应中,可以用氢氧化钠水溶液代替常规方法所需要的金属钠、醇钠、氨基钠等危险试剂。

⑦广泛适应于各种合成反应,并有可能完成其他方法不能实现的合成反应。

⑧副反应易控制。

由此可见,相转移催化剂与其他有机合成方法相比,具有许多优越性,推广和发展这项新技术具有非常重要的意义。

### 11.1.2 影响相转移催化的因素

影响催化剂反应的主要因素有催化剂、搅拌速度和溶剂等。

1. 相转移催化剂

(1) PTC 的结构

以溴代正辛烷与苯硫酚盐的反应为例，在苯—水系统中，各种 PTC 对该反应相对速率的影响如表 11-1 所示。

$$C_6H_5S^-M^+ + Br-C_8H_{17} \xrightarrow{PTC} C_6H_5S-C_8H_{17} + MBr$$

**表 11-1　苯-水系统中催化剂的有效性**

| 催化剂 | 缩写 | 相对速率 |
|---|---|---|
| $(CH_3)_4NBr$ | TMAB | $<2.2\times10^{-4}$ |
| $(C_3H_7)_4NBr$ | TPAB | $7.6\times10^{-4}$ |
| $(C_4H_9)_4NBr$ | TBAB | 0.70 |
| $(C_4H_9)_4NI$ | TBAI | 1.000* |
| $(C_8H_{17})_3NCH_3Cl$ | TOMAC | 4.2 |
| $C_6H_5CH_2N(C_2H_5)_3Br$ | BTEAB | $<2.2\times10^{-4}$ |
| $C_6H_{13}N(C_2H_5)_3Br$ | HTEAB | $2.0\times10^{-3}$ |
| $C_8H_{17}N(C_2H_5)_3Br$ | OTEAB | 0.022 |
| $C_{10}H_{21}N(C_2H_5)_3Br$ | UIEAB | 0.032 |
| $C_{12}H_{25}N(C_2H_5)_3Br$ | LTEAB | 0.039 |
| $C_{16}H_{33}N(C_2H_5)_3Br$ | CTEAB | 0.065 |
| $C_{16}H_{33}N(CH_3)_3Br$ | CTMAB | 0.020 |
| $(C_6H_5)_4PBr$ | TPPB | 0.34 |
| $(C_6H_5)_3PCH_3Br$ | MTPPB | 0.23 |
| $(C_4H_9)_4PCl$ | TBPC | 5.0 |
| $(C_6H_5)_4AsCl$ | TPAsC | 0.19 |
| 二环己基-18-冠醚-6 | DCH-18-C-6 | 5.5 |

\* TBAI 为催化剂时的比速率定为 1.0000。

由表 11-1 可见，选用季铵盐作为催化剂，在苯-水两相体系中，其催化效果存在如下规律。

① 大的季铵离子比小的效果好。

② 季铵盐或季膦盐离子的四个取代基中，碳链最长的烷基链越长越好。

③ 对称的取代基比不对称的效果好。

④季铵盐或季膦盐取代基脂肪族的比芳香族的效果好。

这四个可归结为:中心氮原子的正电荷被周围取代基包裹得越周密,其催化性能越好。因为,这种季铵离子与被它携带到有机相中的负离子之间结合得不牢,负离子更加裸露,其亲核性也更强。

⑤季膦盐与相应的季铵盐相比,前者催化效果好,且热稳定性高。

(2)催化剂的稳定性

在中性介质中,优良的相转移催化剂应该具有 15 个或是更多的碳原子。通常使用的相转移催化剂在室温下可以稳定数天,高温下会分解。例如,季铵盐类高温下易分解。

(3)催化剂的用量

催化剂的用量与反应类型有关。多数反应催化剂用量为反应物质量分数的 1%～5%。对于酯类水解反应来说,水解速率随催化剂用量的增加而加快,但催化剂用量是否存在最佳值,还有待于进一步研究。就醚的合成而言,催化剂的最佳用量为反应物醇或酚质量分数的 1%～10%。

(4)催化剂的分离和再生

由于只有催化剂可溶于水,因此在合成反应后,将催化剂从产品中分离出来通常不会遇到什么困难,有时用水反复洗涤反应混合液即可。在其他情况下,可将原有的溶剂蒸除,残留物用水处理,再用溶剂反复萃取。例如,回收 18-冠醚-6 的操作为:反应混合液用酸性氯化钾饱和溶液反复洗涤,合并几次洗涤液,用旋转蒸发器蒸发,固体残留物用二氯甲烷反复萃取,合并的萃取液经硫酸镁干燥、过滤、蒸发,得粗产物。所得固体产物含有氯化钾,可在 6.67Pa、130℃～140℃下升华或者用乙腈重结晶。

2. 搅拌速度

搅拌是有机合成中必不可少的。搅拌可以使物料混匀或增加两相的接触机会。通过搅拌可以使水相中的负离子和催化剂形成的离子对迅速向有机相转移。一般说来,反应速率随搅拌速度的增加而提高,当反应速率达到一定值后,反应速率变化就不大。搅拌速度一般可按下列条件调节:对于在水/有机介质中的中性相转移催化,搅拌速度应大于 200r/min;对于固液相反应以及有氢氧化钠存在的反应,应大于 750～800r/min;对某些固液相反应,可能需要高剪切式搅拌。

3. 溶剂

如果有机反应物或目的产物在反应条件下是液态的,一般不需要使用另外的有机溶剂。如果有机反应物和目的产物在反应条件下都是固态的,就需要使用非水溶性的非质子型有机溶剂。选择溶剂时,应充分考虑下列因素:

①溶剂不与亲核试剂、有机反应物或目的产物发生化学反应。

②溶剂对于亲核负离子 $Nu^-$ 或 $[Q^+Nu^-]$ 离子对有较好的提取能力。

③溶剂对有机反应物和目的产物有较好的溶解性。

可以考虑的溶剂有二氯甲烷、氯仿、1,2-二氯乙烷、石油醚(烷烃)、甲苯、氯苯和醋酸乙酯等。对于离子型反应,溶剂能影响反应的方向,如乙酰丙酮的烷基化反应,极性大的非质子溶剂有利于形成 O-烷基化产物,而极性小的溶剂,容易生成 C-烷基化产物。如表 11-2 所示。

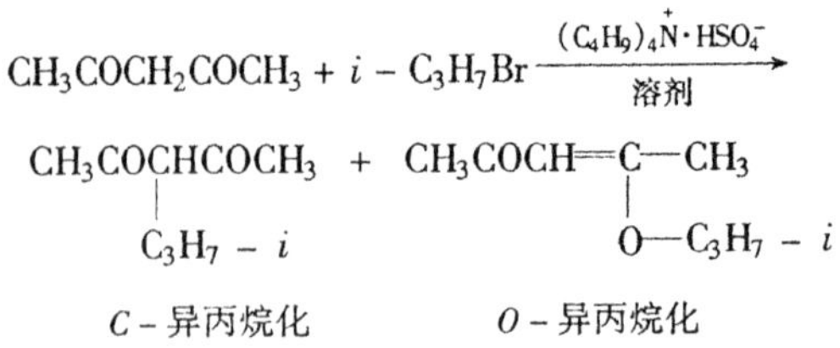

$$CH_3COCH_2COCH_3 + i - C_3H_7Br \xrightarrow[\text{溶剂}]{(C_4H_9)_4\overset{+}{N}\cdot HSO_4^-}$$

$$CH_3COCHCOCH_3 \quad + \quad CH_3COCH{=\!=}C\!-\!CH_3$$

$$\underset{C_3H_7-i}{|} \qquad\qquad\qquad \underset{O\!-\!C_3H_7-i}{|}$$

$$C-\text{异丙烷化} \qquad\qquad O-\text{异丙烷化}$$

**表 11-2　溶剂对产物结构的影响**

| 溶剂 | C-：D-异丙烷化产物（质量比） |
|------|------|
| DMSO | 0.72：1 |
| $CH_3COCH_3$ | 0.72：1 |
| $CH_3CN$ | 0.92：1 |
| $CHCl_3$ | 1.04：1 |
| $C_6H_5CH_3$ | 13.8：1 |

此外,在两相反应中,为使反应物溶解或离子化,一般加少量水是需要的,但加水过多会使反应物浓度和催化剂的浓度明显减少,反而使反应速度变慢。

### 11.1.3　相转移催化反应体系

一般相转移催化反应按所在的体系可分为固—液转移催化、液—液转移催化、气—液转移催化、固—固—液转移催化、液—液—固转移催化、液—液—液转移催化,以下分别介绍。

#### 1.固—液转移催化反应体系

相转移催化反应最重要的一步是催化剂有能力将反应物阴离子转移到有机相发生反应,固—液相转移催化技术直接使用电解质试剂固体而不是它的水溶液。

固—液反应体系的相转移催化剂有冠醚、叔胺、季铵盐、联氨和穴位配体等,最常用的是冠醚,甚至可以说固—液相间的相转移催化是和冠醚催化剂一起问世的。通常就固—液相转移催化过程来说,冠醚的催化作用要比季铵离子好得多,为使固—液相转移催化过程获得成功,催化剂必须从固体矩阵中移去离子对,镓盐催化剂不含具备未共享电子对的螯合杂原子,而这种未共享电子对却正适合于这种移去离子对的过程。

该反应有如下优点:有机溶剂易得,催化剂易复活,产物与反应物易分离,避免副反应发生。同时试剂阴离子的反应性能也能得到进一步提高,例如,试剂阴离子比液—液相转移催化时更少受溶剂的影响,反应性能很高,因而称为"裸阴离子"。

苄基卤化物的羰基化反应属于典型的液—固相转移催化反应体系,通常用 $Co_2(CO)_8$ 为催化剂,在相转移催化条件下,常温常压即可得到高产率的羧酸。若用两性离子铑配合物 $(COD)Rh^+(\eta^6\text{-}C_6H_5B\text{-}Ph_3)$ 催化,主要得到羧酸酯。若用铑的配合物则主要得到酸和酮。反应如下所示,反应历程如图 11-1 所示。

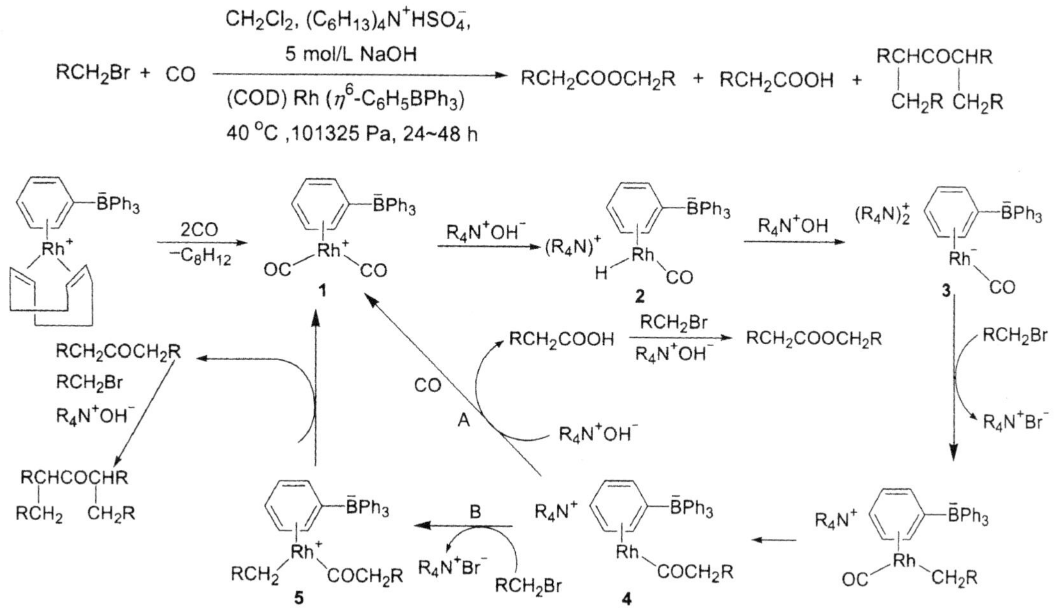

$$RCH_2Br + CO \xrightarrow[\substack{(COD)Rh(\eta^6\text{-}C_6H_5BPh_3) \\ 40\ ^\circ C,101325\ Pa,24\sim48\ h}]{\substack{CH_2Cl_2,(C_6H_{13})_4N^+HSO_4^-, \\ 5\ mol/L\ NaOH}} RCH_2COOCH_2R + RCH_2COOH + \underset{\underset{CH_2R\ CH_2R}{|\quad\ |}}{RCHCOCHR}$$

图 11-1 苄基卤化物的羰基化反应

铑的两性离子与 CO 反应得到 1,再与 $R_4N^+OH^-$ 连续生成氰化物 2 和双阴离子 3,3 与卤化物反应,经配体转移得到 4,4 按 A 和 B 两种不同路径反应决定了产品的分布。由于该配合物 $\eta^6$ 配位带有三苯基硼阴离子取代基的苯环,阻碍了中间体 5 的生成。所以,主要按 A 途径生成酯。

### 2. 液—液转移催化反应体系

相转移催化最初应用于水—有机相两相体系,即液—液相转移催化反应体系,反应物分别处于油—水两相,一种反应物为电解质,它在水中的溶解度较大(一般使用高浓度),而另一种反应物则溶解在一种适当弱极性的非质子性有机溶剂(如二氯甲烷、卤仿、苯、乙腈及醚类)。液—液相转移催化是目前应用最广泛的相转移催化剂,几乎所有的相转移催化剂都可以应用于液—液反应体系。在有机合成反应方面(如烃化反应、缩合反应、亲核取代反应、消除反应以及加成反应等)都有许多成功的实例,现举例来介绍液—液相转移催化技术。

Campbell 等将四丁基溴化铵应用于电解二氯二溴甲烷反应。反应的过程为二氯二溴甲烷首先在阳极反应生成二氯一溴甲烷阴离子,该阴离子与四丁基铵阳离子生成离子对,待离子对穿过两相界面后,二氯一溴甲烷阴离子在有机相失去溴离子生成活泼的卡宾,最终生成目标产物。

$$CBr_2Cl_2 \xrightarrow[-Br^-]{2e^-} CCl_2Br^- \ (\text{阳极})$$

$$CCl_2Br^-(\text{界面}) + Q^+(\text{界面}) \rightarrow CCl_2Br^-Q^+(\text{有机相})$$

$$CCl_2Br^-(\text{有机相}) \xrightarrow{-Br^-} :CCl_2(\text{有机相})$$

$Q^+ = $ 季铵盐

3. 气—液相催化转移反应体系

Enlco 等把典型的相转移催化剂与固体反应物或固体支持物（如硅胶、氧化铝等）同置于反应床中，首先在加热条件下形成气—液相转移催化反应体系，然后再通过反应床在出口处收集导出产物及未反应的原料气。

例如，当卤代烃通过由脂肪或芳香羧酸盐和季磷盐组成的反应床时，可以得到相应的羧酸酯。

$$RX + R^1COONa \xrightarrow[150℃]{n-Bu_4PBr} R^1COOR + NaX$$

通过卤素交换反应合成卤代烷，将氯代烷或溴代烷气体通过加热到 150℃ 的碘化钾晶体与季磷盐反应床可以得到相应的碘代烷。

$$RBr + KI \xrightarrow[150℃]{n-Bu_4PBr} RI + KBr$$

对于溴代反应，如果利用乙酸钠与溴乙烷进行气—液相转移催化反应生成乙酸乙酯残留下溴化钠的反应柱，则可实现 72% 的转化率，而在同样条件下使用市售 NaBr 的转化率则只有 7%。

此外，如果两种不同的卤代烷以气体通过填有鳞盐的氧化铝（或硅胶）的反应床，可以得到卤素交换产物。例如，氯仿与溴乙烷以一定比例在 150℃ 通过填有 $n-Bu_4PBr-Al_2O_3$ 的反应柱可以得到不同比例的反应产物。利用这样交换反应可以由易得的卤代烷制备不太易得的卤代烷。

4. 固—固—液相转移催化反应体系

关于固载 PEG 在固—固—液反应体系中的催化作用，Mackenzie 和 Sherrington 提出了两种可能机理·溶解机理和固—固接触机理。溶解机理认为，PEG 链对配合、活化溶解在有机溶液中的离子对起到催化作用。该机理适用于解释在有机溶剂中有一定溶解度的固体盐参与的反应。固—固接触机理是指催化剂和固体盐相接触时，位于催化剂表面的 PEG 链将固相盐分子直接从晶格中拉出，同时将阴离子活化参加反应，此时催化剂内部的 PEG 链通过将表面的 PEG 配合的盐分子传递进去起到催化作用。这种固—固接触对催化作用之所以有效，是因为催化剂在有机溶剂中呈溶胀状态，并非是完全的刚性体，固载化的 PEG 仍具有一定的自由度。该机理适用于解释在有机溶剂中溶解度很低的固体盐参与的反应（见图 11-2）。齐红彦等利用正溴辛烷和固体碘化钠的反应研究了固载化 PEG 的催化机理，验证了固—固接触机理的存在。由于固载催化剂催化异相反应是一个复杂的过程，到目前为止，对其催化原理的认识尚需进一步完善。

5. 液—液—固相转移催化反应体系

液—液—固相转移催化反应体系指的是三相相转移催化剂所应用的场合，下面以实例说明。

例如，固载化聚乙二醇的相转移催化作用是通过 PEG 及衍生物对金属离子的配合来实现的。PEG 或其开链醚是直链化合物，金属阳离子（正电基团）对链节上的氧离子（负电基团）可产生诱导，使 PEG 的链节以半交叉式构象重叠成螺旋形结构。该结构中的氧原子处于一边，

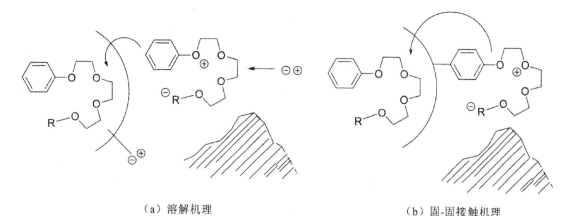

（a）溶解机理          （b）固-固接触机理

图 11-2 固载 PEG 在固—固—液反应体系中的催化机理示意

形成强的负电基团,因此具有类似于冠醚的性质,能与金属阳离子形成配合物。如下式:

$$\text{P}\!-\!O(CH_2CH_2O)_nR + A^+ \xrightarrow{n=4}$$

该配合物以催化剂的活性中心（$M^+$）与试剂阴离子（$Y^-$）呈成松、紧离子对的形式,以及裸离子的形式存在的。

$$M^+Y^- \rightleftharpoons M^+ \cdots Y^- \rightleftharpoons M^+ + Y^-$$

在液—液—固反应体系中催化剂从水溶液中萃取 $Y^-$ 的能力越强,在有机相中 $Y^-$ 的总浓度越大,反应速率也越快;催化剂的亲油性越大,离子对越疏松,自由阴离子也越多,而裸阴离子显然比离子对活泼得多,所以反应也巨烈得多。关于固载 PEG 在液—液—固反应体系中的催化作用,Steven、Regen 曾为该体系提出两种催化模型:共溶剂催化（Cosolvent Catalysis）和表面积催化（Surfacearea Catalysis）。共溶剂催化指催化剂提供了一个具有高效潜在反应物浓度的公共相和一个微环境与外部液相有很大差别的内部树脂相。表面积催化指催化剂树脂能产生相接触的小水池和小有机溶剂池,这样就增大了有机溶剂与水接触的表面积,结果导致更高的界面速度。由于固载催化剂催化异相反应是一个很复杂的过程,到目前为止对其催化机理的认识尚需进一步完善。

6. 液—液—液相转移催化反应体系

Wang 等考察了苄基氯与 NaBr 的取代反应,以甲苯作溶剂,TBAB 作相转移催化剂,实验开始时,加入少量的相转移催化剂,可发现转移一步很慢,属控制步骤,这可能是由相转移催化剂在有机相中的溶解度很小造成的。然而,随着相转移催化剂加入量的增大,当达到某一量时,反应速率有了很大的变化,有显著的提高,如图 11-3 所示。经实验观察发现,反应速率突变时催化剂的加入量正是第三液相形成时所需要加入的催化剂量。由此可知,正是催化剂液相层的形成改变了反应活性组分的转移形式,从而加速了反应的进行。

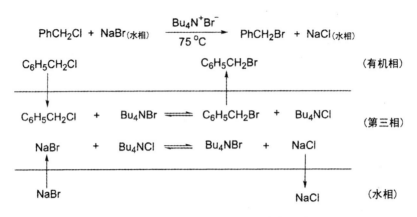

图 11-3　氯化苄与 NaBr 取代反应三液相反应机理

# 11.2　相转移催化剂的分类、性质及作用

### 11.2.1　相转移催化剂的分类

多数 PTC 反应要求催化剂把阴离子转移到有机相中，还有催化剂是把阳离子或中性离子从一相中转移到另一相中。常见的相转移催化剂有下面几种。

1. 𬬮盐类相转移催化剂

𬬮盐类相转移催化剂是应用最广泛的一类催化剂，其通式用 $Q^+X^-$ 表示。又可分为季铵盐（$R_3N^+R'X^-$）、季磷盐（$R_3P^+R'X^-$）和季钟盐（$R_3As^+R'X^-$）等，其中季铵盐的应用范围最大，价格也比较便宜，但耐碱和耐热性较差，季磷盐具有毒性，价格也较贵，应用较少。

常见的季铵盐和季铵碱的结构式如图 11-4 所示。

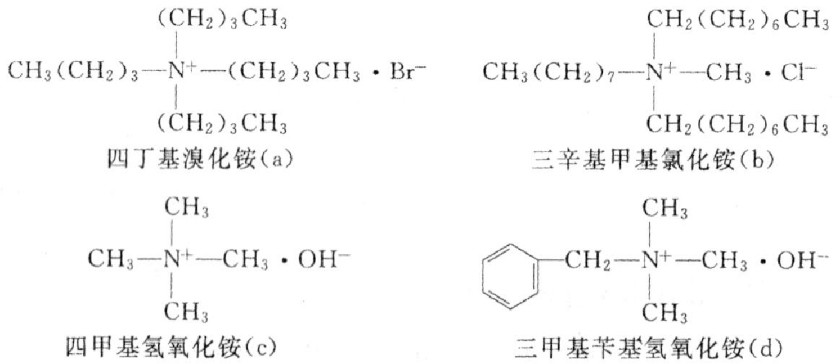

$$CH_3(CH_2)_3—N^+—(CH_2)_3CH_3 \cdot Br^-$$
上：(CH_2)_3CH_3　下：(CH_2)_3CH_3

四丁基溴化铵(a)

$$CH_3(CH_2)_7—N^+—CH_3 \cdot Cl^-$$
上：CH_2(CH_2)_6CH_3　下：CH_2(CH_2)_6CH_3

三辛基甲基氯化铵(b)

$$CH_3—N^+—CH_3 \cdot OH^-$$
上：CH_3　下：CH_3

四甲基氢氧化铵(c)

$$—CH_2—N^+—CH_3 \cdot OH^-$$
上：CH_3　下：CH_3

三甲基苄基氢氧化铵(d)

图 11-4　常见季铵盐、季铵碱相转移催化剂

2. 包结物结构的相转移催化剂

环糊精、冠醚等具有独特的结构、性能，从而成为一类重要的相转移催化剂。这类相转移催化剂都具有分子内的空腔结构，通过相转移催化剂与反应物分子形成氢键、范德华力等，从而形成包结物超分子结构并将客体分子带入另一相中释放，进而使两相之间的反应得以发生。

常见冠醚类相转移催化剂如图 11-5 所示。

脂肪族冠醚:

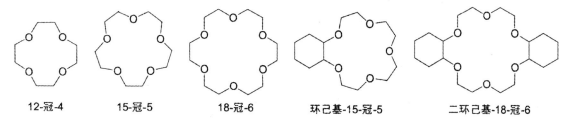

12-冠-4　　　15-冠-5　　　18-冠-6　　　环己基-15-冠-5　　　二环己基-18-冠-6

芳香族冠醚:

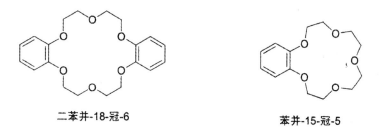

二苯并-18-冠-6　　　　　　　　苯并-15-冠-5

杂原子冠醚:

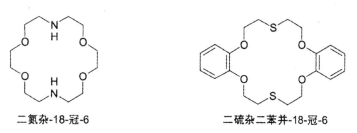

二氮杂-18-冠-6　　　　　　　二硫杂二苯并-18-冠-6

图 11-5　常见的冠醚类相转移催化剂

### 3. 开链聚醚相转移催化剂

开链聚醚相转移催化剂主要是聚乙二醇。它具有"柔性"的长链分子,可以通过折叠、弯曲与不同的待反应物分子形成超分子结构,可与不同大小的离子配合,从而使这类聚醚相转移催化剂有了更广泛的应用性。

开链聚醚主要有以下几种类型:

聚乙二醇　　　　　$HO{\leftarrow}CH_2CH_2O{\rightarrow}_n H$;

聚乙二醇单醚　　　$C_{12}H_{25}O{\leftarrow}CH_2CH_2O{\rightarrow}_n H$, $C_8H_{17}{-}\langle\phantom{x}\rangle{-}O{\leftarrow}CH_2CH_2O{\rightarrow}_n H$;

聚乙二醇双醚　　　$CH_3O{\leftarrow}CH_2CH_2O{\rightarrow}_n CH_3$, $C_6H_5O{\leftarrow}CH_2CH_2O{\rightarrow}_n C_6H_5$,

　　　　　　　　　$CH_3O{\leftarrow}CH_2CH_2O{\rightarrow}_n Si(CH_3)_3$;

聚乙二醇单醚单脂　$CH_3O{\leftarrow}CH_2CH_2O{\rightarrow}_n COCH_3$。

### 4. 其他相转移催化剂

(1)杯芳烃

这类化合物分子的形状像一个杯子,因而得名杯芳烃。它跟冠醚和环糊精一样具有穴状结构,能通过非共价键与离子以及中性分子。在杯状结构的底部有规律地排列着酚羟基,具有亲水性;杯状结构上部是由疏水基团围成的空穴,具有亲油性。图 11-6 为对叔丁基杯[4]芳烃的结构。

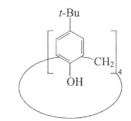

图 11-6　对叔丁基杯[4]芳烃

（2）反相相转移催化剂

反相相转移催化剂实际上是一种胶体，它是溶于水相中的一种两亲表面活性剂，该表面活性剂在水中的浓度超过临界胶束浓度时，则聚集形成水包油型胶体，胶体内核可溶解亲油的物质。如溶解在水中的表面活性剂十二烷基三甲基溴化铵的胶束聚集体就是反相相转移催化剂，用它可使 $\alpha,\beta$-不饱和酮与过氧化氢在两相介质中进行反应。水溶性的杯芳烃是有效的反相相转移催化剂，它用于烷基和芳烷基卤化物与水相中的亲核试剂的反应。环糊精在烷基卤化物与亲核试剂的含水有机两相反应中作反相相转移催化剂。

（3）三相催化剂

三相催化剂是将铵盐、钟盐、冠醚或开链多聚醚负载到不溶性高聚物（得到的不溶性固体催化剂。如图 11-7 所示。

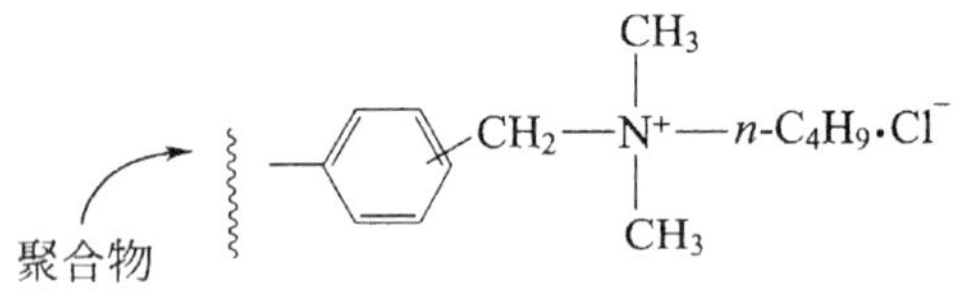

图 11-7　三相催化剂

这种催化剂的高分子部分是苯乙烯与 20% 的二乙烯基苯交联的聚苯乙烯聚合物，大约分子中 10% 的苯环被四级铵基取代。高分子载体和四级铵盐基之间也可以用一长链连接。

（4）离子液体

离子液体是由有机阳离子和无机或有机阴离子构成的，在室温或室温附近温度范围内呈现液体状态的盐类。离子液体具有强极性、低蒸汽压、对无机和有机物有良好溶解性以及对绝大部分试剂稳定等一系列特殊性质，常作为绿色溶剂和催化剂应用于有机反应中。

### 11.2.2　相转移催化剂的性质

**1. 𬭩盐类**

𬭩盐类催化剂使用范围广，价格也便宜。其中最常用的是季铵盐，同一类型的季磷盐、季钟盐等有毒、价格昂贵、制备困难而较少使用。𬭩盐类相转移催化剂如图 11-8 所示。

在碱性条件下如（i）的季铵盐与相应的季磷盐相比，化学稳定性较高，而热稳定性则较差。而且，在高温和碱性条件下直链烷基的季盐比带支链烷基的季盐稳定。值得注意的是，四苯基氯化钟（ii）和双三苯基磷氯化铵（iii），特别是多砷氯化物[（iv）、（v）]有较高的热稳定性。

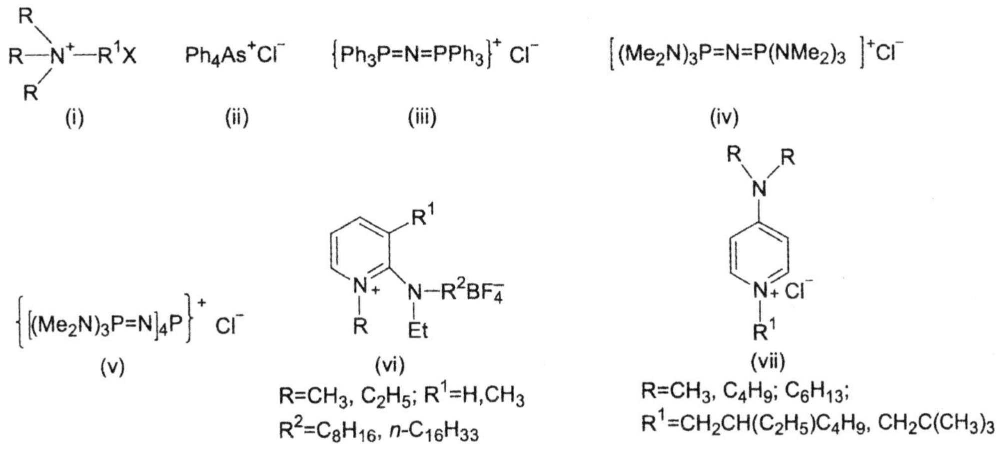

$$\left[\!\begin{array}{c}R\\R-\overset{+}{N}-R^1X\\R\end{array}\!\right]\qquad Ph_4As^+Cl^-\qquad \{Ph_3P=N=PPh_3\}^+Cl^-\qquad \left[(Me_2N)_3P=N=P(NMe_2)_3\right]^+Cl^-$$

(i)　　　　　　(ii)　　　　　　(iii)　　　　　　　　　　(iv)

$$\left\{[(Me_2N)_3P=N]_4P\right\}^+Cl^-$$

(v)

R=CH_3, C_2H_5; R^1=H,CH_3
R^2=C_8H_{16}, n-C_{16}H_{33}

(vi)

R=CH_3, C_4H_9; C_6H_{13};
R^1=CH_2CH(C_2H_5)C_4H_9, CH_2C(CH_3)_3

(vii)

图 11-8　鏻盐相转移催化剂

在碱性条件下,化合物(ii)和(iii)比通常的季铵盐更不稳定,但(iv)和(v)的季盐在高温下较为稳定。

吡啶盐通常是不能用作相转移催化剂的,但是,N-烷基-2-双烷基胺吡啶盐(vi)却是相转移烷基化反应的活性催化剂,N-烷基-4-双烷基胺吡啶盐(vii)在相转移芳香亲核取代和酯化反应中是高效催化剂。后者的热稳定性比四丁基铵溴盐高 100 倍,可以在非极性溶剂中使用,在不同溶剂情况下使用温度可高达 200℃;然而在碱性介质中这些盐很容易分解。

使用季盐时需要注意以下情况:一般来讲,根据软硬酸碱理论,亲油性大的季盐离子是软的,因此它要和溶液中软的阴离子形成离子对。选择反应条件时,必须要考虑到阳离子、阴离子、亲核试剂和取代下来的基团等因素。

2. 冠醚

冠醚是一种大环多醚化合物,亦称环聚醚,其形状似王冠故称冠醚。冠醚首先由 Pederson 于 1967 年报道。由于冠醚具有配合金属及一些离子能力,所以近年来得到广泛的应用。目前国外有几十种商品,可作为实验室的试剂。

冠醚的环中含有 9～60 个碳原子、3～20 个氧原子,每 2 个碳原子有一个氧原子相隔,有的含有氧原子和硫原子。

其中应用最多的为 18-冠-6(可命名为 1,4,7,10,13,16-六氧环十八烷),由二缩三乙二醇和 1,2-双(2-氯乙氧基)乙烷反应而成。冠醚存在一定的毒性,在制备时可能发生爆炸,应予特别注意。

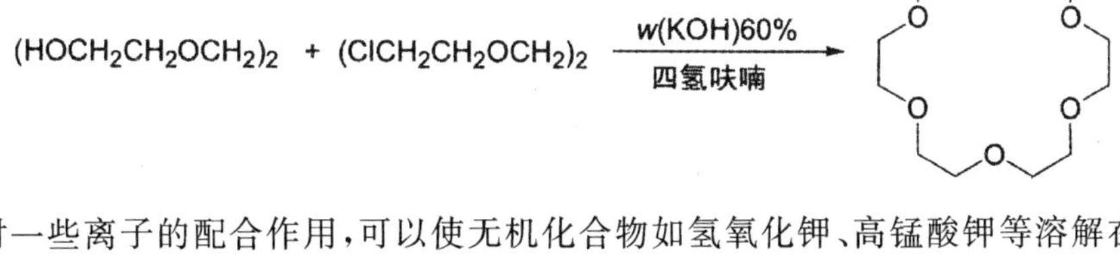

$$(HOCH_2CH_2OCH_2)_2 + (ClCH_2CH_2OCH_2)_2 \xrightarrow[\text{四氢呋喃}]{w(KOH)60\%}$$

冠醚对一些离子的配合作用,可以使无机化合物如氢氧化钾、高锰酸钾等溶解在有机溶剂中,因而提高了非极性溶剂的溶解能力,也就增加了阴离子在非极性溶剂中的活性。冠醚在

$M^+Nu^-$ 和 R-Y 反应中的相转移催化作用表示如下：

$$M^+-Nu^- + 冠醚 \rightleftharpoons 冠醚-M^+-Nu^-（形成复合物）$$
$$冠醚-M^+-Nu^- + R-Y \rightarrow 冠醚-M^+-Y^- + R-Nu$$
$$冠醚-M^+-Y^- \rightleftharpoons 冠醚 + M^+-Y^-$$

冠醚的结构和它的空穴大小、电荷分布以及所带的官能团，对反应物表现出不同的性质。例如：Landini 等人发现，在 1-溴辛烷和碘化钾的反应中，不同冠醚表现出不同的反应速率，其顺序为：二环己基-18-冠-6＞苯并-15-冠-5≈二苯并-18-冠-6＞18-冠-6。

冠醚作为相转移催化剂可以在固—液体系中起作用，冠醚还可以与盐形成复合物，如高锰酸钾和冠醚接触后，钾离子可以被冠醚环配合，而高锰酸根成了裸阴离子转移到有机相，增加了反应的活性。冠醚还可以催化固体物质进行反应，在此过程中，冠醚与固体物质所形成的配合物需要溶解在反应介质中，一般而言，冠醚的亲油性越大越易溶于反应介质中，其催化效果也越好。

### 3. 聚乙二醇

聚乙二醇(PEG)结构式为：$HOCH_2(CH_2OCH_2)_nCH_2OH$ 或 $H(OCH_2CH_2)_nOH$。是平均相对分子质量为 200～000 或 8000 以上的乙二醇高聚物的总称。聚乙二醇是环氧乙烷和水缩聚而成的混合物，有 PEG-400、PEG-600、PEG-1000、PEG-1500 等。随着平均相对分子质量的不同，性质也产生差异，从无色无臭黏稠液体至蜡状固体，毒性随分子量增加而减小，相对分子质量 4000～8000 的聚乙二醇对人体安全。

聚乙二醇的两端羟基具有伯醇性质，尤其能进行酯化和醚化反应，低分子量聚乙二醇的反应产物易与油相混，高分子量聚乙二醇的反应产物趋于水溶性。在空气加热时，聚乙二醇发生氧化作用。聚乙二醇的空穴，能与不同半径的离子配合而进行相转移催化反应，目前，作为相转移催化剂，已获得广泛应用。聚乙二醇和金属离子$M^+$配合时氧原子位于内侧，形成 6～8 个氧原子处于同一平面的假环状结构，而分子链的其余部分则弯曲在平面的一侧，形成一个配合阳离子，这个配合阳离子和亲核试剂 $Nu^-$ 形成离子对。聚乙二醇离子对如图 11-9 所示。

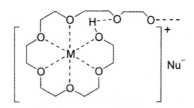

图 11-9　聚乙二醇离子对

### 11.2.3　相转移催化剂的转移作用

在相转移催化作用中，有机相中的反应物与另一相（通常是水相或固相）中试剂发生化学反应，一般是借助于相转移催化剂与反应物所形成的离子对在相间转移来实现的。反应中特定的相转移催化剂能够以离子对的形式把无机离子和有机离子溶解或萃取到有机相，在这里阴离子未被溶剂化，是裸露的，活性较大，可以加速反应的进行。在液—液相转移系统中，水与相转移催化剂共存，可能还与相应的离子形成氢键而发生溶剂化，所以考虑改善反应的关键问题是如何提高非极性溶剂中离子。大多数相转移催化反应要求将阴离子转移到有机相,在相转移催化反应的过程中,不同种类的相转移催化剂所形成的离子对有所不同,所以,离子对在非均相溶剂间的转移方式也有所不同。以下简单介绍几种离子对的相转移过程。

1. 聚乙二醇类的离子对转移

聚乙二醇类相转移催化剂存在全交叉式、重叠式、半交叉式三种构象,催化反应的活性会受到分子量大小、聚乙二醇醚 R 值的大小、温度、溶剂以及碱浓度的影响。在反应物阳离子的诱导下,它通过自身"柔性"长链分子经过折叠,弯曲"圈起来"形成螺旋构象,可自由滑动为合适的链结构,与不同大小的反应物配合。

采用开链聚乙二醇或聚乙二醇醚与碱金属、碱土金属离子以及有机阳离子配合,离子配合方式与冠醚类似,只是效果不如冠醚。它的配合能力大小和所配合的阳离子的性质有关系,聚醚链的长短也有一定的限度。例如,表面上看从五聚乙二醇开始配合常数有较大的增加,但到八聚乙二醇时配合常数反而下降,而九聚、十聚乙二醇的配合常数又有明显的增加,但十以上的聚乙二醇醚的配合常数变化很小,证明端基对配合程度影响很小,配合能力几乎完全决定于 $CH_2$—$CH_2O$ 单元的数目。

章东亚等考察了在不同分子量的聚乙二醇相转移催化条件下,对硝基氯苯合成对硝基苯甲醚的过程中聚乙二醇分子量、分子结构中—$OCH_2CH_2$—单元链节数量、氢氧化钠、催化剂浓度和用量等对反应速率的影响,阐述了 PEG 相转移催化反应的机理,如图 11-10 所示。

$$CH_3OH + NaOH \rightleftharpoons CH_3ONa + H_2O$$

$$PEG + CH_3ONa \rightleftharpoons [PEG\text{-}Na]^+OMe^- \qquad 水相$$

————————————————————————————————— 界面

$$PEG + NO_2\text{-}\phi\text{-}OMe \rightleftharpoons [PEG\text{-}Na]^+OMe^- + NO_2\text{-}\phi\text{-}Cl \qquad 油相$$

图 11-10　PEG 相转移催化反应过程

2. 𬭩盐类相转移催化的离子对转移

𬭩盐类相转移催化剂是目前应用范围最广泛的一种相转移催化剂。其离子对转移历程是催化剂的阳离子(以 $Q^+$ 表示)首先和反应物阴离子结合成离子对,然后转移到有机相中,在有机相中与另一种反应物发生反应,生成目标产物,而催化剂的阳离子和离去基团结合为新的离子对返回水相。例如,溴代辛烷和氰化钠的取代反应中离子对转移过程如图 11-11 所示。

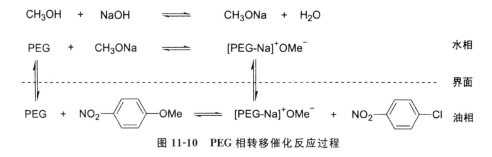

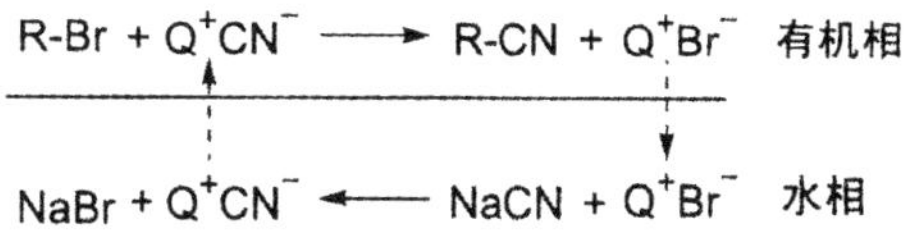

$$R\text{-}Br + Q^+CN^- \longrightarrow R\text{-}CN + Q^+Br^- \qquad 有机相$$

$$NaBr + Q^+CN^- \longleftarrow NaCN + Q^+Br^- \qquad 水相$$

图 11-11　溴代辛烷和氰化钠的取代反应中离子对转移过程

3. 吡啶类相转移催化的离子对转移

郭锡坤等考察了吡啶在邻苯二甲酸单丁酯酯化中的相转移催化行为。𬭩盐在相转移催化过程中不游离出吡啶,不贡献出苄基。$N$-苄基吡啶阳离子是稳定的,在反应过程中,依靠该阳离子把邻苯二甲酸单丁酯阴离子从水相带进油相与氯化苄反应而生成增塑剂 BBP,因而,鿅盐的催化行为如图 11-12 所示。

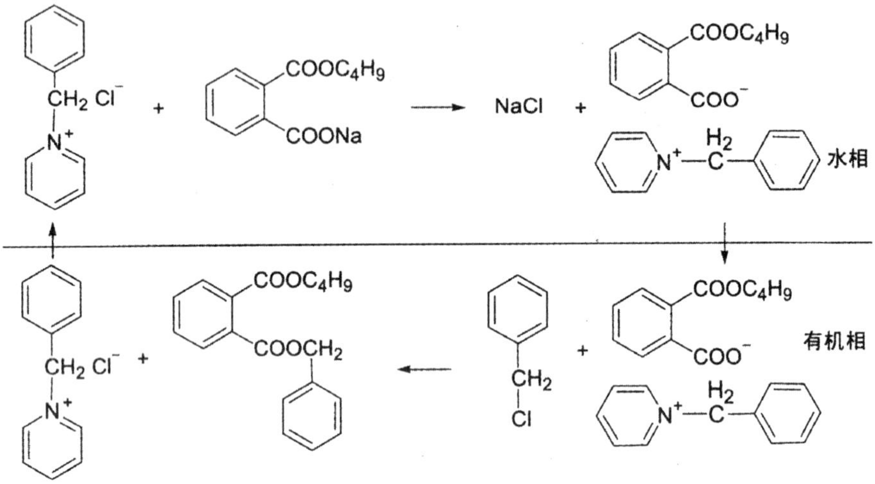

图 11-12　邻苯二甲酸丁酯酯化中的相转移催化行为

### 4. 冠醚

冠醚类也称非离子型相转移催化剂,它的化学结构为分子中具有 $(Y—CH_2CH_2—)_n$ 重复单位;式中,Y 为氧、氮或其他杂原子,属多极部分的二维体系,可紧密地靠近晶格,以致阳离子从晶格到配基所需要移动的距离很小。

冠醚反应时能与阳离子形成"伪"有机阳离子。它们不仅可以将水相中的离子对转移到有机相,而且可以在无水状态或者在微量水存在下将固态的离子对转移到有机相,所以一般应用于固—液体系反应。另外,冠醚可以和盐形成复合物,如高锰酸钾与冠醚混合后,钾离子被冠醚环配合,而高锰酸根变成了裸阴离子被暴露出来,转移到有机相,增加了反应的活性。

冠醚作相转移催化剂的前提条件是:①能与固体试剂形成配合物;②配合物能够溶解到机相中;③该有机物能够和有机相中的化合物反应,以上性能主要取决于两侧的官能团结构。

## 11.3　相转移反应原理

### 11.3.1　传统相催化转移的反应机理

整个相转移催化反应的可视为络合物动力学反应,包括两个阶段:第一阶段,在有机相中反应;第二阶段,继续转移负离子到有机相。从相转移速度看,如果第二阶段比第一阶段快,过程被负离子转移所控制,称之为"萃取型"相转移催化;相反,如果第一阶段比第二阶段快,则称之为"界面型"或"相界型"相转移催化。

### 1. 离子交换—萃取机理

相转移催化反应原理是在不溶的水相与有机相的反应体系中,水相溶解无机盐类(以 $M^+$

Nu⁻表示),有机相溶解与水相中的盐类发生反应的有机物(以 RX 表示),但两者不相溶,所以反应很慢,甚至几乎不发生反应。反应关系如下:

$$RX \quad + \quad M^+Nu^- \xrightarrow{\text{难反应}} RNu + M^+X^-$$
$$(\text{有机相}) \quad (\text{水相})$$

当向两相反应体系加入 PTC,则可使反应迅速发生。这是由于 PTC 分子中具有"大阳离子"(如季铵盐 $R_4N^+$)或是"络合大阳离子"(如冠醚与无机盐的阳离子 $K^+$ 络合物),既具有正电荷又具有较大的烃基,所以 PTC 具有两性(亲水性和亲脂性)。这种特性决定它能够在两相体系之间发生相转移催化反应。若以 $Q^+X^-$ 表示 PTC,则相转移催化反应原理可以用斯塔克斯(Starks)提出的经典交换图式表示如下:

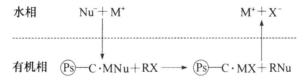

交换式中,PTC 首先在水相中与无机盐的离子按式①发生离子交换,形成离子对 $Q^+Nu^-$,又由于 PTC 具有两性性质,所以还存在式②的相转移平衡,这样交换的结果就可以将水相中的反应试剂——阴离子($Nu^-$)转移到有机相中,而与该相中的有机反应物按式③发生反应,生成产物 RNu。同样因为 PTC 具有两性性质,所以也存在式④相转移平衡。

水相是无机反应试剂阴离子的储存库,有机相是有机反应物的储存库,PTC 的作用是不断将无机反应试剂从水相转移到有机相,与该相中的有机反应物发生反应。由于有机溶剂的极性一般很小,与负离子之间的作用力不大,所以负离子 $Nu^-$ 作为反应试剂,从水相转移到有机相后立即发生去溶剂化作用(去水化层),成为活性很高的"裸负离子",提高了试剂的反应活性,使反应速率和产物产率都明显提高。离子交换是在有机相和水相界面进行的,而反应是在有机相中进行的。高分子载体相转移催化剂的催化原理与上述不同,其反应模式如下:

$$\text{水相} \qquad Nu^- + M^+ \qquad\qquad\qquad\qquad M^+ + X^-$$

$$\text{有机相} \quad \text{(Ps)}{-}C \cdot MNu + RX \longrightarrow \text{(Ps)}{-}C \cdot MX + RNu$$

其离子交换是在有机相与水相界面进行的,反应是在固体催化剂与有机相界面进行的。

**2. 络合—萃取反应机理**

**(1)冠醚类相转移催化**

冠醚催化反应即固液相反应。在这类反应中,反应物溶于有机溶剂,然后此溶液与固体盐类试剂接触,当溶液中有冠醚时,盐与冠醚形成络合物而溶解入有机相中,随即在其中进行反应。由于冠醚结构的不同,能选择络合碱金属正离子、碱土金属正离子以及铵离子等。例如,有机物被高锰酸钾氧化的反应,首先有机反应物溶解于适当的有机溶剂中,同时高锰酸钾固体在有机溶剂中被冠醚逐渐络合并溶解于有机溶剂中,然后在有机溶剂中进行氧化反应。

$$\text{KMnO}_4 + \quad \rightleftharpoons \quad \text{MnO}_4^-$$

（2）开链聚醚类相转移催化

例如，用聚乙二醇二甲醚作相转移催化剂，以高锰酸钾作氧化剂，氧化烯烃制备羧酸，得到较好的结果。

$$\text{HO}(\text{CH}_2\text{CH}_2\text{O})_n\text{H} + \text{M}^+\text{A}^- \quad \rightleftharpoons \quad \text{A}^-$$

### 11.3.2 新型相催化转移的反应机理

1. 液—液—液反应机理

液—液—液三相相转移催化剂指的是在有机相与水相之间形成了一个催化剂的液相层，反应时，有机相与水相的反应物都转移到催化剂层进行反应。催化剂层可以采用一种在有机相与水相溶解度都有限的相转移催化剂，或者采用一种不溶于有机相与水相的第三相溶剂，同时相转移催化剂在此溶剂中的溶解度较大的催化剂来实现。

2. 三相相转移催化反应机理

高聚物负载相转移催化剂、无机物负载相转移催化剂一般统称为三相相转移催化剂，它们是将催化剂活性中心通过一定方法接枝到载体上，形成既不溶于有机相也不溶于水相的高分子支载化三相相转移催化剂，与可溶性相转移催化剂相比，具有不溶于水、酸、碱和有机溶剂，能耗小，回收能力强等特点。

两相中的反应物都扩散到不溶相转移催化剂内的活性位置，反应的扩散过程包括外扩散、内扩散和本征反应。

Regen 通过动力学考察证实了反应是在树脂相内进行的，而且高聚物的结构对反应影响如图 11-13 所示。

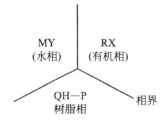

图 11-13　三相转移催化原理示意图

例如,Ford 和 Tomoi 在考察苯乙烯-二乙烯苯固载的三丁基溴化膦相转移催化过程时,发现 1-溴辛烷同 NaCN 水溶液的反应历程如图 11-14 所示。

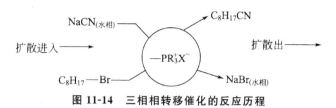

**图 11-14　三相相转移催化的反应历程**

### 3. 离子液体相转移催化反应机理

近年来,离子液体越来越广泛地应用于非均相相转移催化有机合成反应。离子液体在反应中既是反应物或溶剂,又是相转移催化剂,反应过程中,离子液体以两种不同的特定形态迁移于互不相溶的两相,在反应相,离子液体是一种反应物形式,参与反应,而反应结束后,离子液体就转换了一种形式,可以充当相转移催化剂,返回非反应相,实现反应的循环进行。

### 4. 温度相转移催化的反应机理

利用温控膦配体的"浊点"和"临界溶解温度"特性,Jin 等合成了既有水溶性,又显示非离子表面活性剂的浊点特征的非离子水溶性膦配体。由非离子表面活性剂—膦与过渡金属形成的络合催化剂在低温或室温时溶于水相,与溶于有机相的底物分处于两相。当温度升至高于浊点温度时,催化剂从水相析出并转移至有机相,催化剂和底物共存于有机相,反应在有机相进行;反应结束并冷却至浊点以下时,催化剂重获水溶性,从有机相返回水相,使最终存在于水相的催化剂可通过简单的相分离与含有产物的有机相分开。催化过程与水/有机两相催化的本质在于反应不是发生在水相,而是在有机相中进行,不受底物水溶性的限制。

## 11.4　相转移催化剂在有机合成中的应用

相转移催化反应具有原料和溶剂易得,价格便宜,工艺设备简单,操作简单方便的特点,成功用于取代、消去、加成、氧化和还原等反应中。

### 1. 烷基化反应

含有活泼氢的碳原子的烷基化反应一般采用强碱(如醇钠、氨基钠、氢化钠等)作催化剂,反应必须在无水条件下进行。若用相转移催化剂,氢氧化钠即可代替上述强碱,而且反应可在油—水两相中进行。

$$CH_2(COOC_2H_5)_2 + n-C_4H_9I \xrightarrow[\text{NaOH, H}_2\text{O, CH}_2\text{Cl}_2]{\text{TBAB}} n-C_4H_9CH(COOC_2H_5)_2$$

$$85\%$$

$$C_6H_5CH_2CN + n-C_4H_9Br \xrightarrow[\text{NaOH, H}_2\text{O}]{\text{TBAB}} C_6H_5\underset{\underset{C_4H_9-n}{|}}{C}HCN$$

$$87\%$$

2. 消去反应

(1)α-消去反应

通过 α-消去反应可以得到二氯卡宾和二溴卡宾。通常,二氯卡宾由氯仿在叔丁醇钾的作用下产生。在相转移催化下,氯仿在浓 NaOH 水溶液中可顺利地制得二氯卡宾。其过程是首先形成 $Cl_3C^- N^+R_4$ 离子对,然后抽提入有机相,在有机相中形成平衡。

$$Cl_3C^- N^+R_4 \rightleftharpoons Cl_2C\colon + R_4N^+Cl^-$$

二氯卡宾作为一种非常活泼的中间体,能与许多物质进行反应,与烯烃和许多芳烃反应得到环丙烷的衍生物。例如,由烯丙醇的缩乙醛与二氯卡宾反应后,经还原和水解可得到环丙基甲醇。

$$CH_3CH(OCH_2CH=CH_2)_2 \xrightarrow[40\sim50\ ℃]{50\%NaOH/CHCl_3/TEBA} CH_3CH(OCH_2CH-CH_2)_2$$

$$\xrightarrow[②\ H_3O^+]{①\ Na,NH_3} HOCH_2-CH-CH_2$$

在相转移催化下,二氯卡宾与 1,2-二苯乙烯和环戊二烯作用,前者经水解可得二苯环丙羰基化合物,后者经重排可得 1-氯代环己二烯。

在相转移催化下,二氯卡宾与碳-氧双键作用,经水解可得 α-氯代酸或 α-羟基羧酸(扁桃酸)。扁桃酸是某些药物的中间体。

该方法不仅操作简单,产率较高,而且避免了使用剧毒的氰化物。

二氯卡宾插入 C—H 键中得到增加一个碳原子的二氯甲基取代衍生物。例如,金刚烷的碳-氢键插入二氯卡宾可得到相应的二氯甲基衍生物。

R:H、$CH_3$;R′:H、$CH_3$

二氯卡宾若与桥环化合物反应,可在桥头引入二氯甲基,从而为角甲基化提供了一种可选择的途径。

二氯卡宾与 $RCONH_2$ 作用可以制得氰化物,在相转移催化下,长链或支链脂肪酰胺以及芳香酰胺反应产率较高。

$$RCONH_2 \xrightarrow{50\%NaOH/CHCl_3/50\%TEBA} RCN$$

反应可能经过的过程如下:

$$\xrightarrow{OH^-} R-C\equiv N + Cl_2HC-OH$$

$$\downarrow H_2O$$

$$HCOO^-$$

同样,在相转移催化下,溴仿在 NaOH 水溶液中也能产生二溴卡宾。二溴卡宾与二氯卡宾相似,也能发生许多反应。

$$PhCH=CH_2 \xrightarrow[Bu_3N]{50\%NaOH/CHBr_3} \underset{88\%}{PhCH-CH_2}$$

二溴卡宾与桥环烯烃反应,首先得到 1,1-二溴环丙烷,再开环得重排产物。

二溴卡宾与含氮杂环(如吲哚)反应,形成扩环产物溴化喹啉。

在相转移催化下,也可以产生其他卡宾,如氟氯卡宾(∶CFCl)、氟溴卡宾(∶CFBr)、氟碘卡宾(∶CFI)、硫代卡宾(∶CHSPh)等,这些卡宾也能发生许多反应。

(2)$\beta$-消去反应

下列敏化物是在固体氟化钾和少量 18-冠-6 催化剂存在下通过消除反应制备的:

敏化物在制备上属于简单的脱氯化氢反应,是在叔丁醇钾、18-冠-6、石油醚条件下进行的。例如,冰片基溴能够在 120℃、6h 条件下转变为冰片烯,收率为 92%,无杂质莰烯和三环烯生成。相转移脱溴在 90℃,甲苯、碘化钠和硫代硫酸钠水溶液及十六烷基三丁基溴化鳞存在下进行。

$$\underset{\underset{Br}{\overset{Br}{\underset{|}{\overset{|}{R\text{—}CH\text{—}CH}}}}\text{—}R'}{} \xrightarrow[\text{相转移催化剂}]{NaI,Na_2S_2O_3,H_2O} R\text{—}CH\text{=}CH\text{—}R'$$

（3）$\gamma$-消去反应

$\gamma$-消去反应在相转移催化下也能进行。例如,$\gamma$-卤代氰在碱性溶液中,相转移催化可得 $\gamma$-消去产物环丙腈。

$$XCH_2CH_2CH_2CN \xrightarrow[TEBA]{NaOH(水)} \triangleright\text{—}CN$$

### 3. 氧化反应

有的烯烃在室温下与高锰酸钾不发生氧化反应,但在油—水两相体系中加入少量的季铵盐,高锰酸负离子被季铵盐正离子带到有机相,与烯烃的氧化反应立刻进行。例如,1-辛烯。在冠醚催化下,卤代烷与重铬酸盐反应,已成为制备醛的有效方法。

$$CH_3(CH_2)_5CH\text{=}CH_2 + KMnO_4 \xrightarrow[C_6H_6,H_2O]{TOMAC} CH_3(CH_2)_5COOH$$
$$91\%$$

用次氯酸钠、重铬酸盐、高碘酸等作氧化剂,同样也可用季铵盐等作催化剂,进行两相催化氧化反应。冠醚在氧化反应中作催化剂,其作用在于首先与氧化剂如高锰酸盐、重铬酸盐的金属离子结合,使高锰酸或重铬酸负离子裸露在介质中,从而使氧化反应迅速进行。

$$BrCH_2\text{—}\underset{\underset{CH_3}{|}}{C}\text{=}CHCOOC_2H_5 + K_2Cr_2O_7 \xrightarrow{冠醚} OHC\text{—}\underset{\underset{CH_3}{|}}{C}\text{=}CHCOOC_2H_5 \quad 95\%$$

### 4. 还原反应

相转移催化可用于硼氢化钠(钾)在油—水两相中的还原反应。例如,以季铵盐作催化剂,季铵盐正离子与硼氢负离子结合成离子对(如 $R_4\overset{\oplus}{N}BH_4^{\ominus}$),并转移到有机相,可使有机相中的酰氯、醛、酮还原成相应的醇。

$$CH_3CO(CH_2)_5CH_3 + KBH_4 \xrightarrow[C_6H_6,H_2O]{TOMAC} CH_3\underset{\underset{OH}{|}}{C}H(CH_2)_5CH_3$$

### 5. 金属有机反应

金属有机反应领域中相转移催化发展很快,应用广泛。下述异构化是在铑催化剂存在下进行的。例如,三氯化铑以 $[NR_4]^+[RhCl_4]^-$ 形式被萃取;另一种反应是在 $[Rh(CO)_2]_2$、8mol·$L^{-1}$ NaOH 溶液及 $Q^+X^-$ 存在下进行。

羰基金属催化剂同一氧化碳、浓氢氧化钠水溶液一起反应,催化卤素化合物转变为羰基或羧基化合物。

二茂铁可在 THF 介质中,室温和少量 18-冠-6 存在下,由氯化亚铁、环戊二烯、固体氢氧化钾制备。由 $Fe_3(OH)_{12}$ 或 $CO_2(CO)_8$、浓苛性碱水溶液及相转移催化剂可以制备一些还原产物。例如,芳香族硝基化合物被还原及 $\alpha$-溴酮脱卤。

### 6. 羰基化反应

近年来,相转移试剂与金属配位催化剂结合用于羰基化反应的应用,使羰基化反应可以在更温和条件下进行,开辟了羰基化合物合成的新途径。苯乙酸是一种具有广泛用途的药物中间体。目前工业上用氰化法生产苯乙酸,虽然产率较高,但用的氰化物是剧毒品。在传统的均相催化羰基化的条件下,通常需要高温高压、过量的碱及长时间的反应,而且产率不高。用相转移催化技术,在非常温和的条件下,苄基卤化物即可顺利转化为苯乙酸。邻甲基苄溴羰基化时,除了预期的邻甲基苯乙酸外,还分离出少量的双羰基化合物 $\alpha$-酮酸。

类似于八羰基二钴钯的配合物也可对苄基溴羰基化进行催化合成苯乙酸。

不活泼的芳基卤代物的羰基化反应,用八羰基二钴作催化剂,四丁基溴化铵作相转移试剂,还必须在光照射条件下才能顺利进行,产率达 95% 以上。

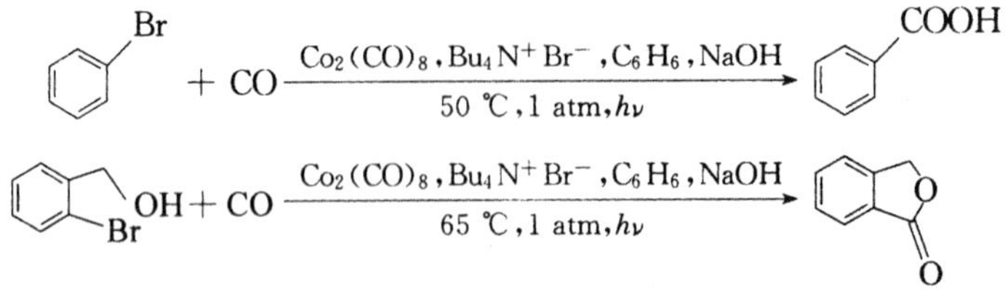

如果用 Pd(diphos)$_2$[diphos 为 1,2-二(二苯基膦)乙烷]作催化剂,三乙基苄基氯化铵作相转移试剂,叔戊醇或苯作有机相溶剂,二溴乙烯基衍生物羰基化可获得不饱和二酸,产率为 80%~93%。

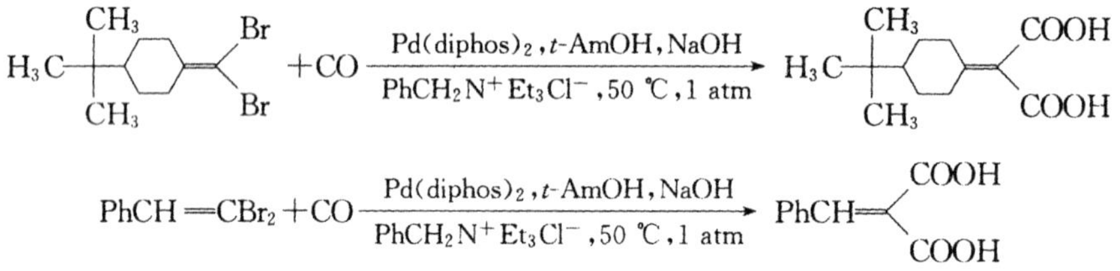

用相转移试剂 PEG-400 同时作溶剂,则仅能得到一元羧酸。由于二溴乙烯基衍生物很容易由酮类合成,故此反应是一个很有价值的同系化氧化合成方法。

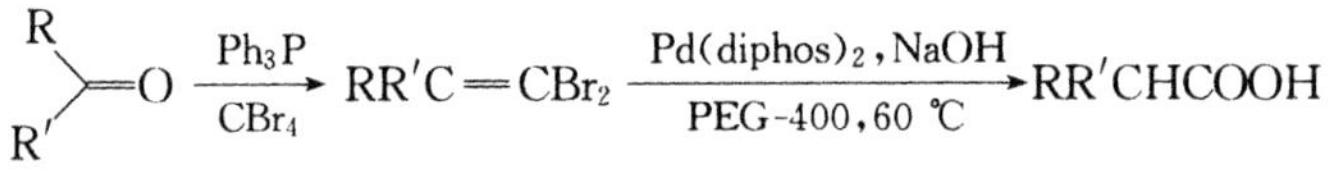

在相转移试剂存在下,氰化镍可以催化烯丙基卤代物的羰基化反应而得到 $\beta,\gamma$-不饱和酸。机理研究表明,有催化活性的是三羰基氰化镍离子 Ni$^+$(CN)(CO)$_3$,此化合物对其他相转移反应也是很有效的催化剂。

$$PhCH=CHCH_2Cl + CO \xrightarrow[Bu_4N^+HSO_4^-]{Ni(CN)_2, NaOH} PhCH=CHCH_2COOH$$

**7. 聚合反应**

相转移催化剂已应用于许多聚合反应,如苯酚与甲基丙烯酸缩水甘油酯或缩水甘油苯醚与甲基丙烯酸在 TEBA 催化下制得(3-苯氧基-2-羟基)丙基甲基丙烯酸酯。该单体加入引发剂后立即聚合,产物可用于补牙。

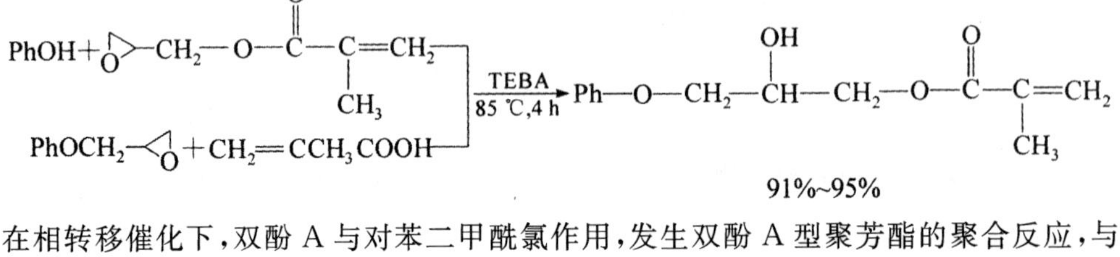

91%~95%

在相转移催化下,双酚 A 与对苯二甲酰氯作用,发生双酚 A 型聚芳酯的聚合反应,与非相转移催化相比具有速率快、反应条件温和、产物相对分子质量大等优点,易于工业化生产。

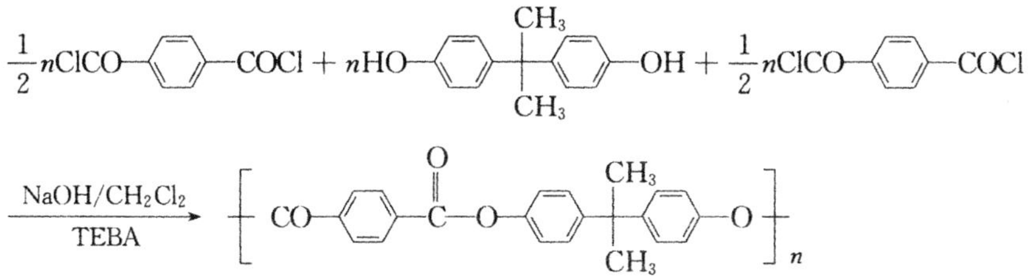

双酚 A 型聚芳酯在较高温度下仍具有优异的应变回复性和抗蠕变性。其他高分子材料（如环氧树脂、聚噁唑烷酮、聚氨基甲酸酯等）也可以通过相转移催化合成。如果将相转移催化技术与其他有机合成新技术、新方法相结合，将会使反应更具特色。

### 8. 其他反应

#### （1）Aldol 反应

Aldol 反应是合成 $\alpha$-氨基酸及其衍生物的一类重要反应。Hori-kawa 等将 Schiff 碱与醛于低温下发生 Aldol 反应，经历过渡态得到手性 $\beta$-羟基-$\alpha$-氨基酯的顺反异构体（顺：反＝1:6）。反应收率 70%，其中前者对映选择性 83%，后者 95%：

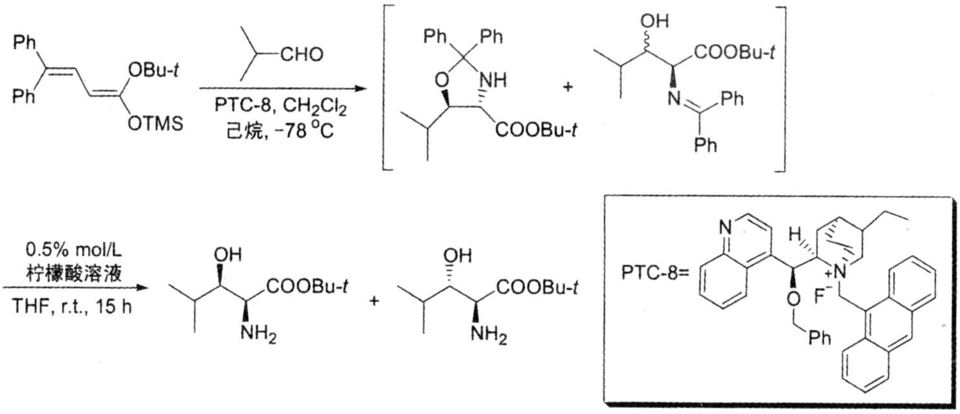

该反应主要得到反式产物，究其原因主要是在生成反式产物的一步中经历了一个环状过渡态，由于范德华吸引力使得体系能量降低，体系趋于稳定，因此该反应生成大量的反式产物和相对较少的顺式产物。

#### （2）手性氮杂环丙烷的合成

手性氮杂环丙烷已被成功地用作手性辅助试剂、过渡金属的手性配体，以及作为制备生物活性物种如氨基酸内酰胺及生物碱的手性底物。尽管已有许多有用的方法用于制备手性氮杂环丙烷，但大多数方法需要化学计量的手性底物或手性试剂，不是手性催化反应。Aires-de-Sousa 等用金鸡纳碱手性季铵盐作 PTC，用异羟肟酸对缺电子烯烃进行了对映选择性氮杂环丙烷化反应，合成了芳基氮杂环丙烷：

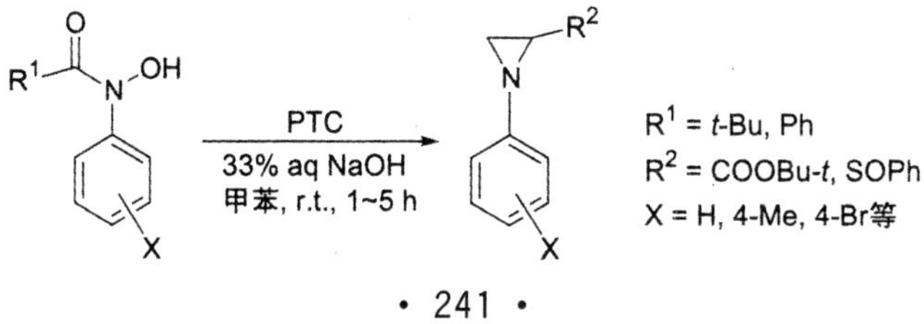

但在此反应中,相转移催化反应所得主要产物的构型相同,他们认为这是因为催化剂中的羟基对反应的对映选择性并不起重要作用。

最近,Mekonnenhe 和 Carlson 采用 PTC 法,由 2′-溴-2′-环戊烯酮与脂肪族伯胺高选择性地合成了二环-α-羰基氮杂环丙烷。该法条件温和、试剂价廉。

（3）直接 Mannich 反应

甘氨酸叔丁酯 Schiff 碱和 α-亚氨基酸酯在 N-螺型手性季铵盐 PTC-6 催化下,可合成含氮的二烃基酒石酸类似物,进一步转化为链里定内酰胺(streptolidine lactam):

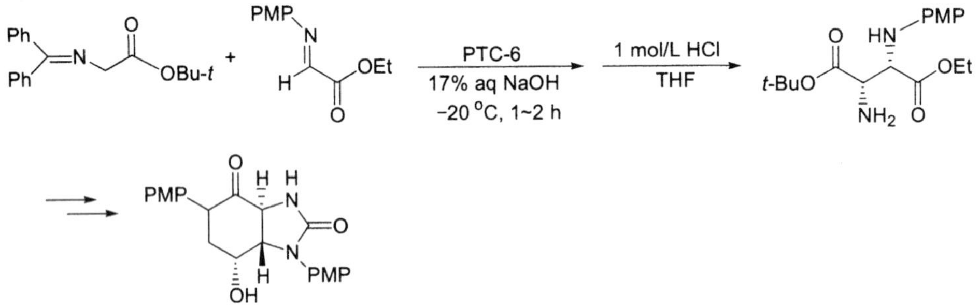

（4）Darzens 缩合反应

Darzens 反应是由 α-卤代酸酯或 α-卤代酮和醛或酮在碱彭作用下发生羟醛缩合,接着进行分子内的取代生成环氧乙烷衍生物的两步串联反应,其历程可表示为:

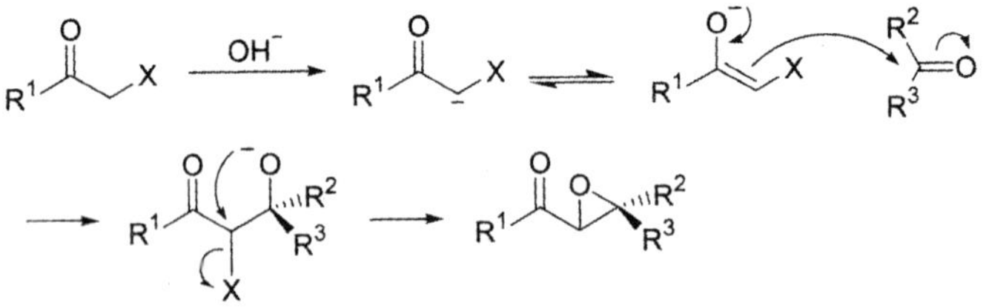

可见,Darzens 反应是一种通过完全控制两个立体中心制备来 α-环氧羰基化合物的方法。以往使用金属试剂进行不对称诱导,由于反应产生稳定的无机盐,需要加入计算量的金属试剂。若使用手性催化剂构成一个催化循环,则只需加入催化量的手性催化剂即可。在这方面 Arai 等进行了一系列的工作,设计了如下所示的催化循环:

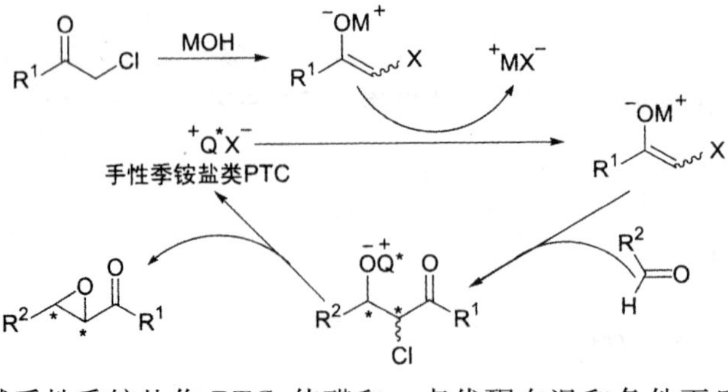

他们用金鸡纳碱手性季铵盐作 PTC,使醛和 α-卤代酮在温和条件下反应得到了相应的环氧化产物,收率较高,ee 值也较好。

# 第 12 章　其他有机合成技术

## 12.1　微波合成

### 12.1.1　微波辐照对有机反应的影响

自 1986 年加拿大化学家 Gedye 等发现微波辐射下的 4-氰基苯氧离子与氯苄的 $S_N2$ 亲核取代反应可以大大提高反应速率之后,微波促进的有机合成反应引起化学界的极大兴趣。自此,在短短的十几年里,微波促进有机化学反应的研究已成为有机化学领域中的一个热点,并逐步形成了一个引人注目的全新领域——MORE 化学(Microwave Induced Organic Reaction Enhancement Chemistry)。特别是近年来,随着人们环保意识的增强和可持续发展战略的实施,倡导发展高效、环保、节能、高选择性、高收率的合成方法,利用微波促进有机合成反应显得具有现实意义。

微波(microwave,MW)即指波长从 0.1～100cm,频率从 300MHz～300GHz 的超高频电磁波。微波加速有机反应的原理,传统的观点认为是对极性有机物的选择性加热,是微波的致热效应。极性分子由于分子内电荷分布不平衡,在微波场中能迅速吸收电磁波的能量,通过分子偶极作用以每秒 $4.9 \times 10^9$ 次的超高速振动,提高了分子的平均能量,使反应温度与速度急剧提高。但其在非极性溶剂(如甲苯、正己烷、乙醚、四氯化碳等)中吸收 MW 能量后,通过分子碰撞而转移到非极性分子上,使加热速率大为降低,所以微波不能使这类反应的温度得以显著提高。实际上微波对化学反应的作用是复杂的,除具有热效应以外,还具有因对反应分子间行为的作用而引起的所谓"非热效应",如微波可以改变某些反应的机理,对某些反应不仅不促进,还有抑制作用。说明微波辐射能够改变反应的动力学,导致活化能发生变化。此外,微波对反应的作用程度不仅与反应类型有关,而且还与微波本身的强度、频率、调制方式(如波形、连续或脉冲)及环境条件有关。

与一般的有机反应不同,微波反应需要特定的反应技术并在微波炉中进行。与常规加热方法不同,微波辐射是表面和内部同时进行的一种加热体系,不需热传导和对流,没有温度梯度,体系受热均匀,升温迅速。与经典的有机反应相比,微波辐射可缩短反应时间,提高反应的选择性和收率,减少溶剂用量,甚至可无溶剂进行,同时还能简化后处理,减少"三废",保护环境,所以被称为绿色化学。微波有机合成反应技术一般分为密闭合成反应技术和常压合成反应技术等。随着对微波反应的不断深入研究,微波连续合成反应新技术逐渐形成并得到发展。目前,微波有机合成化学的研究主要集中在三个方面:第一,微波有机合成反应技术的进一步完善和新技术的建立;第二,微波在有机合成中的应用及反应规律;第三,微波化学理论的系统研究。

### 12.1.2　微波辐照有机合成装置

微波辐照有机合成反应装置，一般由微波炉、反应器、搅拌、加料及冷凝回流装置等部分构成。微波常压有机合成的实验反应装置如图 12-1 所示。

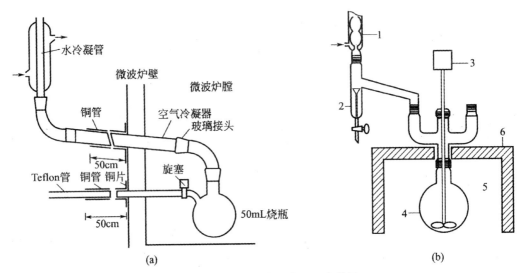

**图 12-1　微波有机合成常压反应装置**

1—冷凝器；2—分水器；3—搅拌器；4—反应瓶；5—微波炉膛；6—微波炉壁

实验室用的微波反应装置，一般选用家用微波炉或改装微波炉。反应器的材质选用不吸收微波的玻璃或聚四氟乙烯材料。加料、搅拌和冷凝过程可在微波炉外进行。改装微波炉钻孔，为防止微波泄漏，应妥善屏蔽。

基于无机固体材料不吸收 2450MHz 的微波，固相载体表面吸附的反应物，加水或极性分子，可强烈吸收微波被激活反应。因此，微波干法反应以氧化铝、硅胶、黏土、硅藻土或高岭石等多孔性材料为载体，将反应物浸渍在固相载体表面，干燥后密封于聚四氟乙烯管内，置于微波炉进行微波辐照反应。反应结束，用适当溶剂萃取纯化。

将 $Al_2O_3$ 和 $Fe_3O_4$ 垫底在玻璃容器，以酸性黏土作催化剂，邻苯甲酰基苯甲酸合成蒽醌：

由于微波干法反应只能在载体上进行，故参加反应的反应物的量受到限制。

### 12.1.3　微波辐射在有机合成中的应用

**1. 氧化和还原反应**

麻黄碱（ephedrine）原从植物麻黄中提取，现已可人工合成。苯甲醛经生物转化生成（－）-1-苯基-1-羟基丙酮，与甲胺缩合生成（R）-2-甲基亚氨基-1-苯基-1-丙醇，用硼氢化钠还原生成麻黄碱。上述合成路线利用微波技术,使缩合和还原两步反应时间分别缩短为 9min 和 10min,收率分别为 55% 和 64%。

用 $Al_2O_3$ 吸附的 $NaBH_4$ 可将羰基化合物还原为醇,反应在几秒内完成。

## 2. 烷基化反应

$\sigma$-苯磺酰基乙酸酯在微波辐射条件下,与卤代烃反应 2min 可得到 $\alpha$-取代产物,产率为 80%。

以 $K_2CO_3$ 或 $KF/Al_2O_3$ 作为碱,以四丁基溴化铵(TBAB)作为相转移催化剂,在无溶剂条件下,将苯乙腈和卤代烷微波辐射 1.5min,得到 79%~85% 产率的 $C$-烷基化产物。

$$C_6H_5CH_2CN + RX \xrightarrow[MW, 1.5min]{base, TBAB} C_6H_5\overset{\overset{R}{|}}{C}HCN$$

将氯代烷、醇和碱在相转移催化剂作用下,于 125℃ 下微波辐射加热,发生 $O$-烷基化反应,反应 5min 得到 98% 的醚。

## 3. 酯化反应

在微波辐射条件下,羧酸和醇脱水生成酯,可免去分水器来除去生成的水。1996 年,Loupy 报道了合成对苯二甲酸二正辛基酯的反应,反应 6min 完成,产率 84%。而传统的加热方法用同样的时间,产率仅为 22%。

微波常压条件下由 L-噻唑烷-4-甲酸和甲醇合成 L-噻唑烷-4-甲酸酯的实验结果,微波作用下,反应 10min 产率达 90% 以上,比传统的加热方法快 20 倍。例如:

### 4．磺化反应

萘的磺化反应如下：

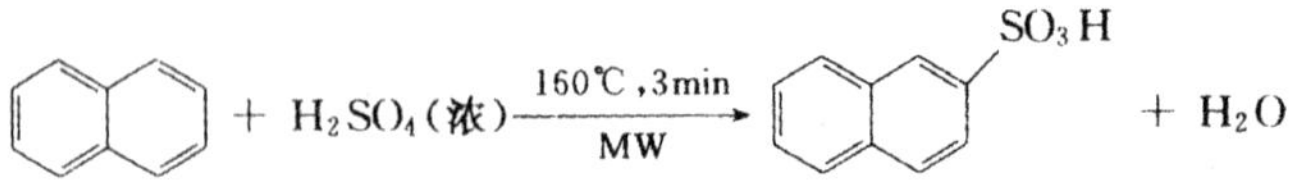

### 5．取代反应

对甲基苯酚与氯甲磺酸钠在微波照射下的反应，只需 40s，产率为 95％。传统的方法需要在 200℃～220℃下反应 4h，产率只有 77％。

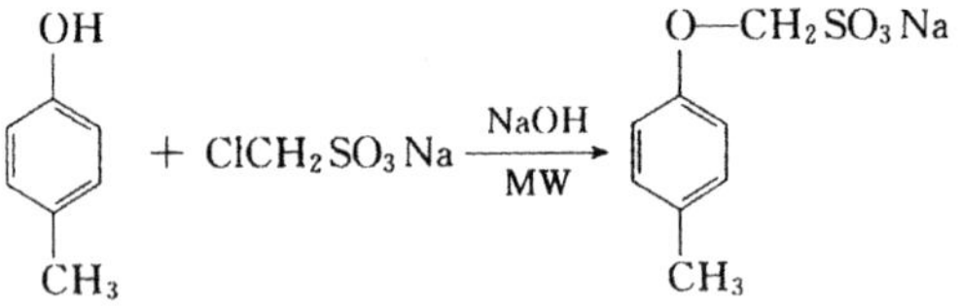

5′-D 烯内基脱氧胸腺嘧啶苷具有抗病毒活性。以糖苷与烯丙基溴在室温搅拌反应 4.5h 发生亲核取代反应得烯丙基糖苷产物，收率 75％。而在 100W 的微波作用下，反应时间缩短至 4min，收率提高至 97％。

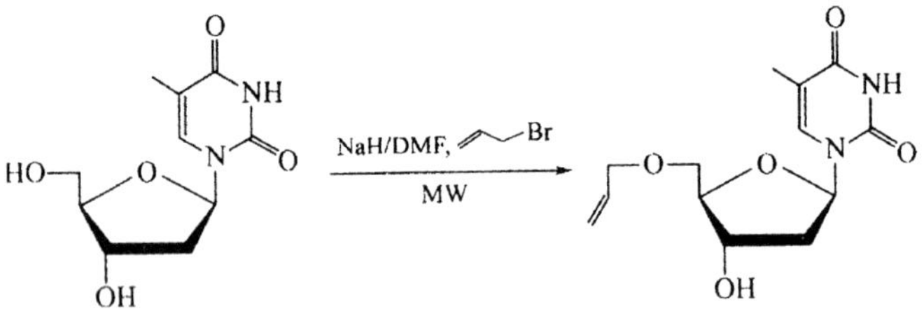

### 6．Diels-Alder 反应

在甲苯中，利用微波进行 $C_{60}$ 上的 Diels-Alder 反应 20min 得到 30％的加成产物，而传统方法回流 1h 产率仅为 22％。反应式如下：

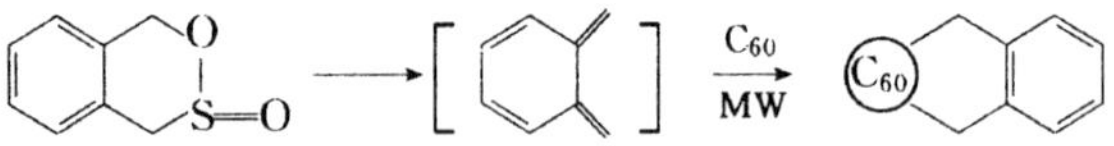

### 7．羰基缩合反应

羟醛缩合反应是醛、酮的重要反应之一，也是有机合成中增长碳链的一个重要方法。在常规条件下，芳醛和丙酮的缩合反应是在稀碱溶液中进行的，其特点是反应时间长，且产率不高，仅为 50％左右，尤其是在进行后处理时，因中和分离过程产生大量中性盐等废弃物而较难处理。近来有文献报道该反应在相转移催化剂 PEG-400 和 5％KOH 条件下进行，产率相应有所提高，但反应时间并未缩短，用适当的微波辐射功率及辐射时间，使芳醛和丙酮在碱性条件下的缩合反应快速完成，产品收率较高。反应式如下：

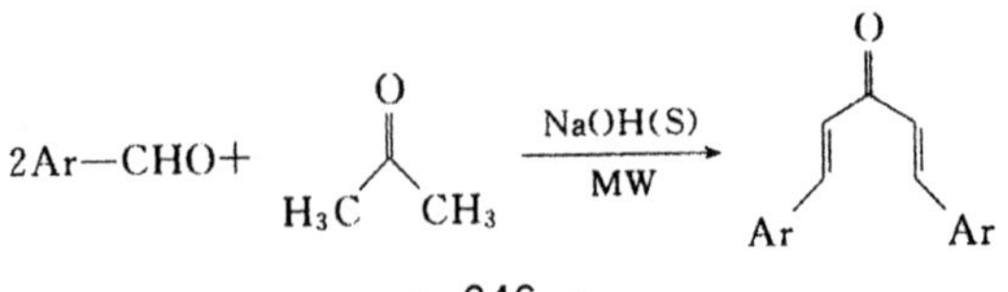

**8. Perkin 反应**

在 500W 微波辐射 4～12min 和乙酸钠的催化条件下,芳醛和乙(丙)酸酐通过缩合反应得到肉桂酸衍生物,收率为 20%～83%。反应如下:

$$R^1CHO + (R^2CH_2CO)_2O \xrightarrow{MW} R^1CH{=}CR^2COOH + R^2CH_2COOH$$

**9. Michael 加成反应**

Michael 加成反应是一类用途很广的反应,它是形成 C—C 键的方便的方法,不仅用于增长碳链,而且在成环和增环反应中也有应用,亦可通过受体与各种胺的 Michael 加成反应提供形成 C—N 键的有效途径。

用 $\alpha,\beta$-烯酮与硝基甲烷、丙二酸二乙酯、乙腈、乙酰丙酮在无溶剂条件下,以 $Al_2O_3$ 作催化剂,在 15～25min 内以 90% 的收率制得加成产物;而常规条件下该类反应往往需要十几个小时甚至十几天,且产率普遍低于微波加热所得产率。

这一类反应体现了微波方法所具有的显著优点:环境安全性和廉价试剂的使用、反应速率的提高、产率的提高及操作简便等。

**10. Wittig 缩合反应**

稳定的膦叶立德与酮进行 Wittig 反应时,反应较难进行。Spinella 等发现微波照射可以促进这类 Wittig 反应。与传统方法相比,时间更短,产率更高,并且不需溶剂。

**11. 重排反应**

Claisen 重排反应是重要的周环反应之一,微波辐射可以有效地促进这类反应的发生。例如,2-甲氧苯基烯丙基醚在 DMF 中,经微波辐射 1.5min 即可得到收率为 87% 的重排产物,而在通常条件下加热(265℃)反应 45min,只生成产率为 71% 的重排产物。

片呐醇重排成片呐酮是重排反应中的经典反应,金属离子的存在可以加速片呐醇重排成片呐酮的微波反应。

$$(H_3C)_2C\overset{\overset{\displaystyle OH}{|}}{—}\overset{\overset{\displaystyle OH}{|}}{C}(CH_3)_2 \xrightarrow[MW,15min]{AlCl_3/蒙脱土} \underset{99\%}{H_3C\overset{\overset{\displaystyle O}{||}}{C}C(CH_3)_3}$$

**12. 相转移催化反应**

以固体季铵盐作载体,由于发生离子对交换作用,形成了松散的高反应性亲脂极性离子对 $NR_4^+Nu^-$,对微波敏感。在微波促进、相转移催化剂(PTC)作用下,在 2～7min,溴代正辛烷对苯甲酸盐进行的烷基化反应可达到 95% 的产率。与油浴加热产率相当,但反应时间大大缩短。

$$Z—\langle\!\!\!\bigcirc\!\!\!\rangle—COOH + n\text{-}C_8H_{17}Br \xrightarrow[NBu_4Br]{K_2CO_3} Z—\langle\!\!\!\bigcirc\!\!\!\rangle—COOC_8H_{17}\text{-}n$$

以醇和卤代烃为起始物,在季铵盐的存在下,在微波照射下合成脂肪族醚。在 5～10min 内反应可以完成,产率 78%～92%。

### 12.1.4  微波有机合成技术面临的困难与挑战

大量的工作已经证实在很多有机合成反应中,微波加热能大大加快反应速率,因而有关微波对化学反应促进作用的研究工作迅速开展,并显示出了广阔的前景。但是,当把实验室中由家用微波炉所取得的研究成果推广到化学工业中时,却发现实际情况远比所预料的要复杂,主要问题如下。

①在大功率微波作用下,化学反应系统通常产生强烈的非线性响应,这些非线性响应对于微波系统和反应体系来说常常是有害的。例如,当用微波加快橄榄油皂化反应过程时,随着反应的进行,系统的等效介电系数突然变化,导致系统对微波的吸收突然增加,往往由于温度过高而将反应物烧毁。

②大容量的化学反应器都很难获得均匀的微波加热。反应系统的均匀加热问题直接关系到反应产物的质量和生产的效率。由于电磁场与反应系统的相互作用不同于传统加热情况,如何设计高效、对反应物加热均匀的微波化学反应器成为当今微波化学工业亟待解决的难题。

③在一定的条件下微波既能促进反应的进行,也能抑制反应的进行。在微波加快化学反应的过程中产生的一些"特殊效应"难以解释。这在科学界至今仍是有争议的问题。这主要是因为目前所用的微波反应器在设计上不够严谨、在制造上不够精密,从而导致许多有关微波加速机理的研究工作由于设备上的缺陷而缺乏足够的说服力。要解决这个问题,就需要有设计完善、制造精密的微波实验设备。

这些亟须解决的问题极大地限制了微波化学的进一步深入发展及其在工业上的广泛应用。对某一具体的化学反应是否适合于用微波加热、加热效果如何,这完全取决于反应物分子与微波发生相互作用的能力。微波对反应的作用程度除了与反应类型有关外,还与微波的强度、频率、调制方式及环境条件有关。此外,重要的是由于化学反应是一个非平衡系统,旧的物质在不断消耗,新的物质在不断生成,各相界面可能发生随机变化。与此同时,系统的宏观电磁场特性也在发生变化,而且在微波辐射下,这种变化还与所用的微波紧密相关。所有这些因素都将导致反应系统对微波的非线性响应。要解决这些问题必须首先搞清楚微波同化学反应系统之间的相互作用,才能通过计算预测反应系统对微波的非线性响应过程,同时对这些相互作用过程中所产生的非线性现象和"特殊效应"做出较为合理的解释。

# 12.2 有机电化学合成

### 12.2.1 有机电化学合成技术

有机电化学合成是指用电化学方法进行有机化合物的合成,是集电化学、有机合成、化学工程等多个学科为一体的一种边缘学科。有机电化学合成可以在温和的条件下进行,在反应过程中用电子代替那些会造成环境污染的氧化剂和还原剂,是一种环境友好的洁净合成方法。

有机电化学合成均在电解装置中进行,电解装置包括直流电源、电极、电解容器、电压表和电流表五部分,电极和盛电解液的电解容器构成电解池,也称电解槽。

直流电源通常用 20A/200V 的电源,如果电解液的导电性差,则选用 20A/100V 的电源。电解槽又称电解池或电化学反应器,分为一室电解槽和二室电解槽两大类。如果主反应的反应物和产物在电解槽内不发生反应,则用无隔膜的一室电解槽,否则须用有隔膜的二室电解槽,如图 12-2 所示。常用的电极材料有铂、石墨、铅、铁、镍等,常用的隔膜材料有两大类:非选择性隔膜和选择性隔膜。非选择性隔膜一般为多孔性无机材料和高分子材料,如石棉、多孔陶瓷、砂芯玻璃滤板、多孔橡胶等。选择性隔膜又称离子交换膜,分为阳离子交换膜和阴离子交换膜,阳离子交换膜只允许阳离子通过,阴离子交换膜只允许阴离子通过。电解方式主要有恒电位电解和恒电流电解。恒电位电解是利用恒电位仪使工作电极电势恒定的一种电解方式,优点是产物纯度高且易分离,缺点是恒电位仪价格较高,常在实验室使用恒电位电解。恒电流电解是通过恒电流仪实现的,优点是恒电流仪价格较低,缺点是产物纯度低,分离困难,只有在目标产物的生成受电位大小的影响较小时才使用,且多在工业上使用。

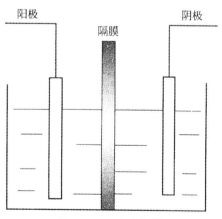

图 12-2 二室电解槽

电解合成的基本原理为通电前,电解质中的离子处于无秩序的运动中,通直流电后,离子做定向运动。阳离子向阴极移动,在阴极得到电子,被还原;阴离子向阳极移动,在阳极失去电子,被氧化。

### 12.2.2 有机电化学合成方法

近代有机电化学合成方法有间接电化学合成法、成对电化学合成法、电聚合、电化学不对称合成等。

**1. 间接电化学合成法**

直接有机电化学合成是依靠反应物在电极表面直接进行电子交换来生成新物质的一种方法。但缺点主要有：①电极反应速率太慢；②有机反应物在电解液中的溶解度太小；③反应物或产物易吸附在电极表面上，形成焦油状或树脂状物质从而使电极污染，导致电化学合成的产率及电流效率较低等。

间接有机电化学合成是通过一种传递电子的媒质（易得失电子的物质）与反应物发生化学反应生成产物，发生价态变化的媒质再通过电解恢复原来的价态重新参与下一轮化学反应，如此循环便可以源源不断地得到目标产物。

例如，以钼为媒质，高价的 $Mo^{n+}$ 将反应物 A 氧化为产物 B，自身被还原为低价的 $Mo^{(n-1)+}$，$Mo^{(n-1)+}$ 通过电氧化失去电子又变成原来的高价 $Mo^{n+}$。具体过程表示如下：

$$A \xrightarrow[-e]{\text{阳极}} I \xrightarrow[+e]{\text{阴极}} B$$

上述过程中有机反应物并不直接参加电极反应，而是媒质通过电极反应而再生，然后与反应物发生化学反应变成产物，所以这一方法称为间接有机电化学合成法。

间接电化学合成可采用两种操作方式：槽内式和槽外式。槽内式是在同一个装置中同时进行化学反应的电解反应。槽外式是将媒质先在电解槽中电解，然后转移到反应器中与反应物发生反应生成产物，反应结束后与含媒质的电解液分离，然后媒质返回到电解槽中重新电解再生。槽内式的优点是可以节省设备投资，操作简便，但使用时必需满足两个条件：①电解反应与化学反应的速率相近，温度、压力等基本条件基本相同。②反应物和产物不会污染电极表面。

在间接电化学合成中使用的媒质分为金属媒质、非金属媒质、有机物媒质、金属有机化合物媒质等，其中金属媒质最常用。可只使用一种媒质，也可以混合使用两种或两种以上媒质进行间接电化学合成。

**2. 成对电化学合成法**

成对电化学合成法是一种对环境几乎无污染的有机合成方法，被称为绿色工业。是指在阴、阳两极同时安排可以生成目标产物的电极反应，这种电极反应可以大大提高电流的效率（理论上可达 200%），可以节省电能、降低成本，提高了电合成设备的生产效率。成对电化学合成的两个电极反应的电解条件必需近似相同。根据实际情况可以决定是否使用隔膜。如果反应过程为反应物 A 在阳极氧化为中间产物 I，I 再在阴极上还原为目标产物 B。

$$A \xrightarrow[-e]{\text{阴极}} I \xrightarrow[+e]{\text{阴极}} B$$

成对电化学合成与间接电化学合成结合起来合成间氨基苯甲酸，合成原理如下：

阳极的电解氧化：　　　$2Cr^{3+} + 7H_2O - 6e \longrightarrow Cr_2O_7^{2-} + 14H^+$

间硝基苯甲酸的槽外合成：

$$\underset{NO_2}{\overset{CH_3}{\bigcirc}} + Cr_2O_7^{2-} + 8H^+ \longrightarrow \underset{NO_2}{\overset{COOH}{\bigcirc}} + 2Cr^{3+} + 5H_2O$$

阴极的电解还原：

$$Ti^{4+} + e \longrightarrow Ti^{3+}$$

间氨基苯甲酸的槽外合成：

$$\underset{NO_2}{\overset{COOH}{\bigcirc}} + Ti^{3+} \longrightarrow \underset{NH_2}{\overset{COOH}{\bigcirc}} + Ti^{4+} + H_2O$$

### 3. 电聚合

电化学聚合简称为电聚合,是指应用电化学方法在阴极或阳极上进行聚合反应,生成高分子聚合物的过程。

电聚合反应机理包括链的引发、链的增长、链的终止三个阶段。链的引发是产生活性自由基的过程。单体 R 或引发剂 A 可以在电极上转移电子成为活性中心。

$$A + e \longrightarrow A^* \text{ 或 } R + e \longrightarrow R^*$$

链的增长是活性中心转移和聚合物链不断增长的过程。

链的终止是聚合物末端的活性基团失去活性而终止聚合的过程。

不同结构和性能的功能高分子材料可通过改变电极材料、溶剂、支持电解质、pH 值、电聚合方式等获得;高聚物的聚合度和相对分子质量可通过改变电解条件来实现。

### 4. 电化学不对称合成

电化学不对称合成是指在手性诱导剂、物理作用(磁场、偏振光等)等诱导作用的存在下将潜手性的有机化合物通过电极反应生成有光学活性化合物的一种合成方法。手性诱导剂包括手性反应物、手性支持电解质、手性氧化还原媒质(在间接电化学合成中)、手性修饰电极等。与传统的不对称合成相比,电化学不对称合成具有反应条件温和、易于控制、手性试剂用量少、产物较纯、易于分离等优点。其缺点为产物光学纯度不高、手性电檄寿命不长、重现性不佳等。电化学不对称合成方法根据手性诱导剂的不同分为下列几种类型:①电解手性物质合成新的手性产物;②通过手性溶液合成手性物质;③通过手性电极合成手性物质;④通过磁场、偏振光等物理作用合成手性物质;⑤在酶催化下电解合成手性物质。

#### 12.2.3　有机电合成反应

有机电合成反应的种类比较繁杂,下面按通常有机化学反应的类型来分别介绍。

#### 1. 官能团变换反应

许多有机物的官能团通过阳极氧化或阴极还原可变为另一官能团的产物。

(1)双键的电氧化

在不同电解条件下,双键氧化的产物不同,如乙烯的电氧化：

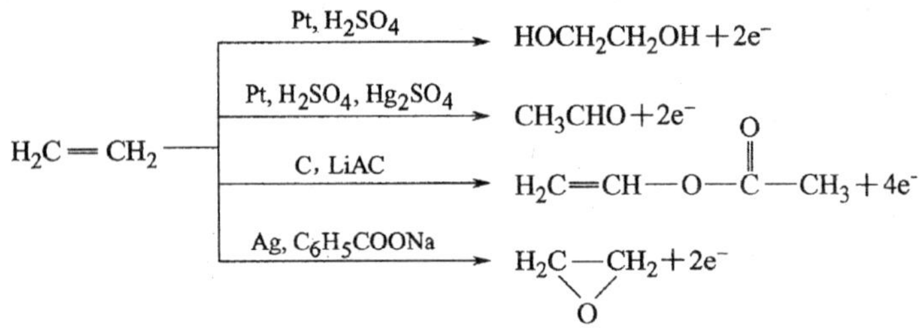

（2）芳香族化合物电氧化

芳香族化合物电氧化的类型较多，下面略举几例。

①生成醌的反应：

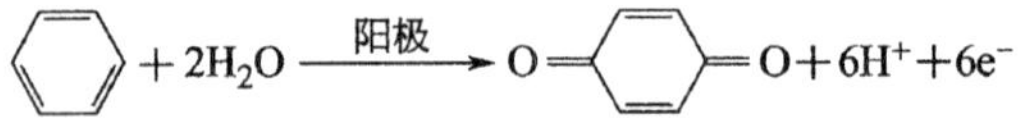

②甲基氧化：

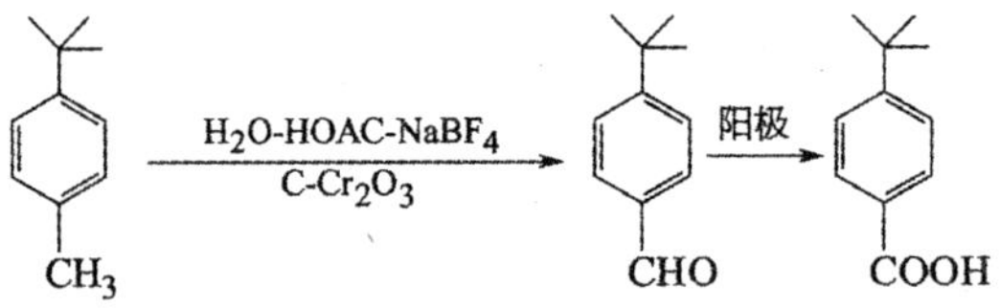

（3）杂环化合物的电氧化

杂环化合物能够发生的电氧化反应较多，下面举几例。

①呋喃的氧化：

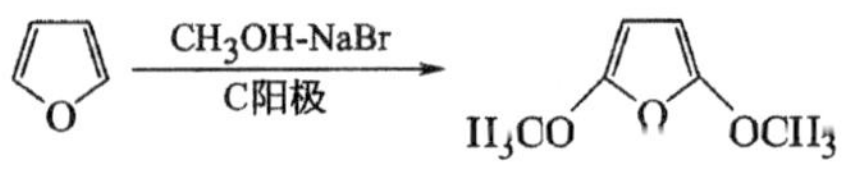

②吡啶的氧化：

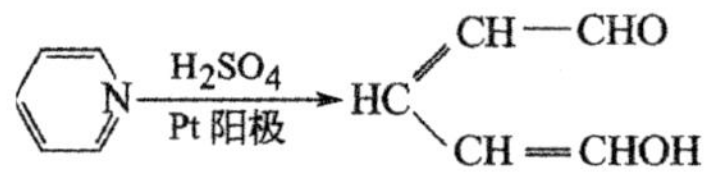

③哌啶的氧化：

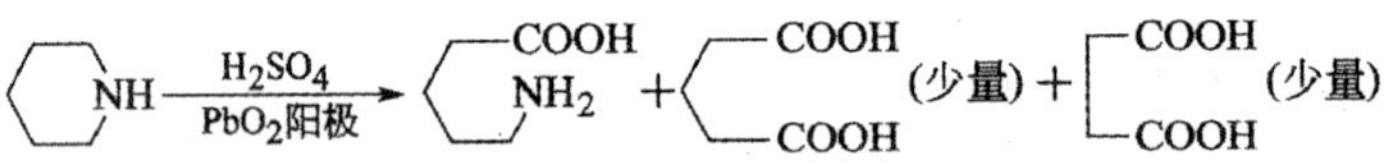

（4）羟基的电氧化

$$R-CH_2OH \xrightarrow{\text{阳极}} RCHO \xrightarrow{\text{阳极}} RCOOH$$

（5）羰基的电氧化

①羧酸盐的氧化：

$$2C_2H_5COO^- \xrightarrow[\text{Pt 阳极}]{CH_3OH} H_5C_2-C_2H_5+2CO_2+2e^-$$

②醛基的氧化：

$$OHC-CHO \xrightarrow[C\ 阳极]{HCl-H_2O} HOOC-CHO$$

③酰胺的氧化：

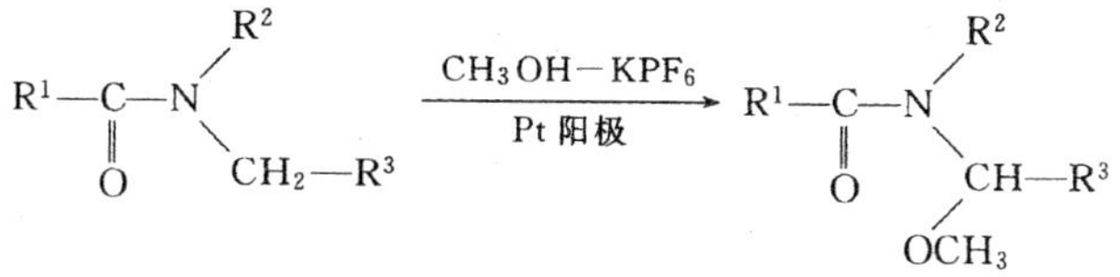

(6)苯肼氧化

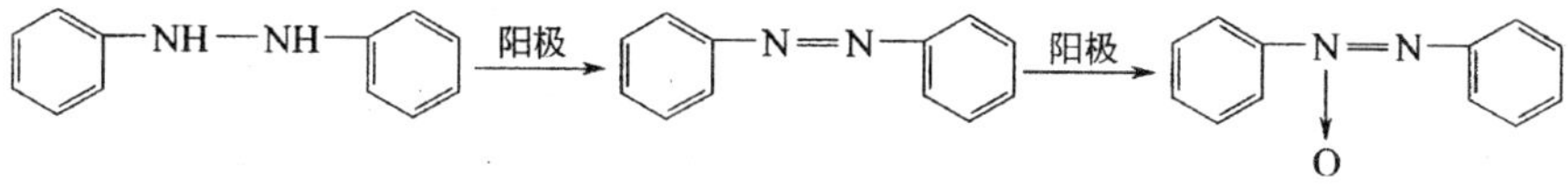

(7)羰基的电还原

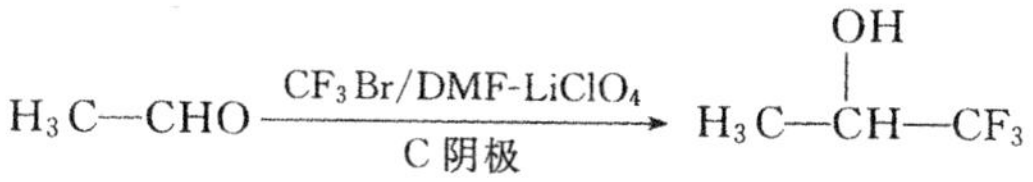

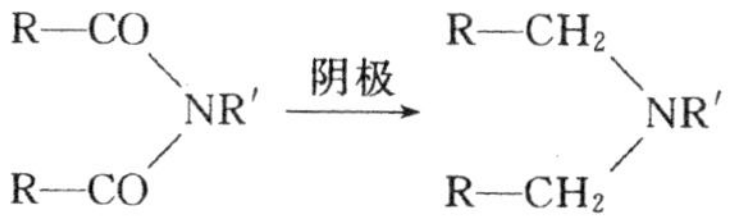

(8)酰胺的电还原

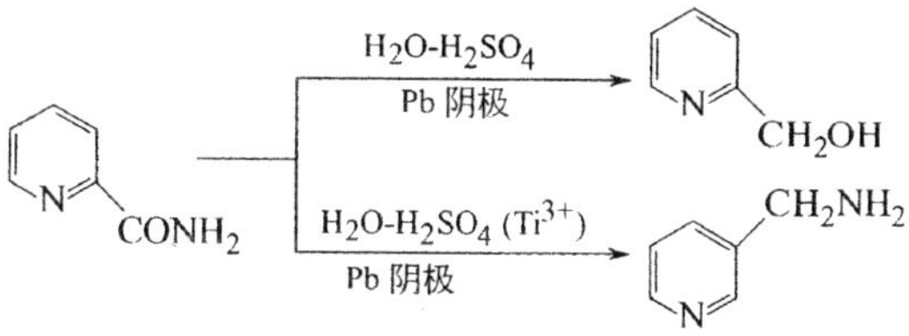

(9)腈的电还原

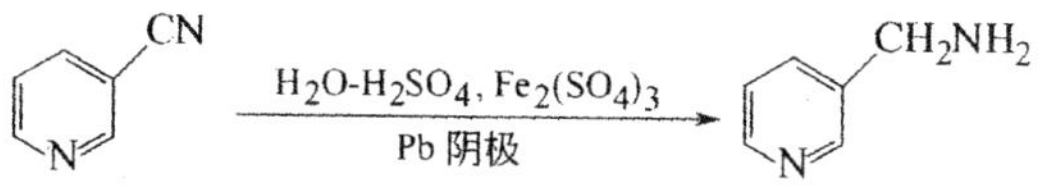

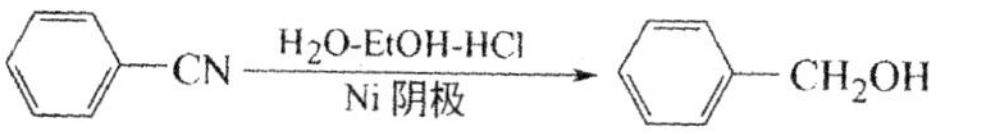

(10)偶氮化合物的电还原

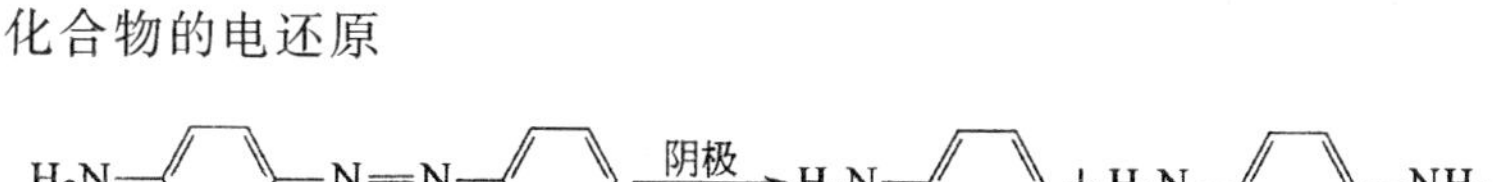

2. 加成反应

阳极加成是两个亲核试剂分子(用 Nu 表示)和双键体系加成的同时失去两个电子的反应，通式为：

$$R_2C{=}CR_2 + 2Nu^- \xrightarrow{\text{阳极}} R_2\overset{|}{C}{-}\overset{|}{C}R_2 + 2e^-$$
$$\underset{Nu\ \ Nu}{}$$

阴极加成是两个亲电试剂分子(用 E 表示)和双键体系加成的同时加两个电子的反应,通式如下:

$$R_2C{=}CR_2 + 2E^+ + 2e^- \xrightarrow{\text{阴极}} R_2\overset{|}{C}{-}\overset{|}{C}R_2$$
$$\underset{E\ \ E}{}$$

常见的电加成反应如下:

(1)烯烃的氧化加成

$$H_2C{=}CH_2 \xrightarrow[\text{C 阳极}]{H_2O\text{-}HCl\ (FeCl_3)} H_2\overset{Cl}{\underset{}{C}}{-}\overset{Cl}{\underset{}{C}}H_2$$

(2)烯烃的还原加成

(3)芳香族化合物的还原加成

(4)杂化化合物的还原加成

### 3. 电取代反应

阴极取代反应是亲电试剂对亲核基团的进攻,阳极取代反应则正好相反。阴极和阳极的取代反应可分别用以下通式表示:

阳极取代　　　　　　　$R{-}Nu + E^+ + 2e^- \rightarrow R{-}E + Nu^-$

　　　　　　($E = H$、$CO_2$、$CH_3Br$;$Nu = $卤素、$RSO$、$RSO_2$、$NR_3$)

阴极取代　　　　　　　$R{-}E + Nu^- \rightarrow R{-}Nu + E^+ + 2e^-$

[$E = H$、$R_3C$、$OCH_3$ 或其他;$R = Ar$、$ArCH_2$、卤素、$RCON(CH_3)\ CH_2$、$\diagdown C{=}C{-}CH_2$]

如苯环上的取代

$$\text{(甲苯)} \xrightarrow[\text{Pt 阳极}]{\text{CH}_3\text{CN-LiCl-Et}_4\text{NBF}_4} \text{(对氯甲苯)} + \text{(邻氯甲苯)}$$

苯环侧链的取得

$$\text{(1-甲氧羰基吡咯烷)} \xrightarrow[\text{阳极}]{\text{MeOH}} \text{(2-甲基-2-甲氧基衍生物)}$$

### 4. 电消除反应

阳极和阴极电化学消除反应分别为阳极和阴极电加成反应的逆反应。

**(1)阳极电消除反应(脱羧)**

$$\underset{\underset{\text{HOOC}}{|}\ \underset{\text{COOH}}{|}}{-\text{C}-\text{C}-} \xrightarrow[\text{氧化}]{\text{阳极}} -\text{C}=\text{C}- + 2\text{CO}_2$$

例如:

$$\text{(二羧酸根)} \xrightarrow[\text{氧化}]{\text{阳极}} \text{(环状烃)} + 2\text{CO}_2$$

**(2)阴极电消除反应**

$$\underset{\underset{\text{X}}{|}\ \underset{\text{Y}}{|}}{-\text{C}-\text{C}-} + 2\text{e}^- \xrightarrow[\ ]{\text{阴极}} -\text{C}=\text{C}- + \text{X}^- + \text{Y}^-$$

其中 X、Y＝F、Cl、Br、I、RCOO$^-$、RSO$_3$、RS、HS、OH、$-\text{O}-\overset{\text{O}}{\underset{\ }{\text{C}}}-\text{O}-$ 等。例如:

$$\text{(1,3-二溴-1,3-二甲基环丁烷)} + 2\text{e}^- \xrightarrow[\text{还原}]{\text{阴极}} \text{H}_3\text{C}-\text{(双环丁烷)}-\text{CH}_3 + 2\text{Br}^-$$

某些特殊取代方式的芳香族卤代衍生物采用是难以制得的,但通过对全卤代(或部分卤代)芳香族化合物或杂环化合物的电还原消除反应,可区域选择地除去一个卤原子,此反应具有很高的选择性,例如:

$$\text{(五氯吡啶)} \xrightarrow[\text{Ag 阴极}]{\text{H}_2\text{O-THF-NaOAC}} \text{(四氯吡啶)}$$

### 5. 电聚合反应

有机物通过电极反应可生成二聚化合物,称为电二聚化反应。例如:

$$2\,\text{R}-\text{(苯基)} \xrightarrow[\ ]{\text{阳极}} \text{R}-\text{(联苯基)}-\text{R} + 2\text{H}^+ + 2\text{e}^-$$

$$2 \underset{\text{COOCH}_3}{\overset{\text{COOCH}_3}{\text{CH}_2}} \xrightarrow[\text{C 阳极}]{\text{CH}_3\text{OH-NaI}} \underset{\text{H}_3\text{COOC}}{\overset{\text{H}_3\text{COOC}}{\qquad}} \underset{\text{COOCH}_3}{\overset{\text{COOCH}_3}{\qquad}}$$

$$2 \underset{\text{CN}}{\diagup} \xrightarrow[\text{阴极}]{\text{H}_2\text{O-DMSO-Et}_4\text{NSO}_4\text{Et}} \text{NC} \diagdown \diagup \text{CN}$$

多个分子经过电极反应可聚合成大分子,称为电多聚化反应。通过电化学引发和控制电解条件可得到一定聚合度的聚合物。

6. 电裂解

阴极还原裂解反应:

$$\text{R—}\overset{\overset{\text{O}}{\|}}{\text{C}}\text{—NH—R}' + 2e^- + 2H^+ \xrightarrow{\text{阴极}} \text{R—CH}_2\text{OH} + \text{H}_2\text{N—R}'$$

阳极氧化裂解反应:

$$\underset{\text{X} \quad \text{Y}}{\overset{\| \quad \|}{\text{C—C}}} + \text{H}_2\text{O} \xrightarrow{\text{阳极}} 2 \diagdown\text{C}=\text{O} + \text{X}^- + \text{Y}^- + 2e^-$$

$$(\text{X、Y}=\text{NR}_2\text{、OR、C}_6\text{H}_5\text{S 等})$$

7. 电环化

阴极的电环化反应:

$$\text{R—}\overset{\overset{\text{O}}{\|}}{\text{C}}\text{—R}'\overset{\overset{\text{O}}{\|}}{\text{C}}\text{—R} + 2H^+ + 2e^- \xrightarrow{\text{阴极}} \text{HO—C—C—OH}$$

$$\underset{\text{XH}_2\text{C}\quad\text{CH}_2\text{X}}{\overset{\text{XH}_2\text{C}\quad\text{CH}_2\text{X}}{\text{C}}} + 4e^- \xrightarrow{\text{阴极}} \bowtie + 4X^-$$

阳极的电环化反应:

8. 不对称电合成反应

通过电极反应可以合成许多光活性物质。这类电极反应称为不对称电合成反应或手性电合成反应。例如,桂皮酸酯在 DMF/Et$_4$NBr 溶液中经电化学加氢二聚,所得的反式烯酸酯环合成光活性的五元环(结果是分子内环合的同时在阴极上伴随着碱的生成),收率大于 95%,电极反应如下:

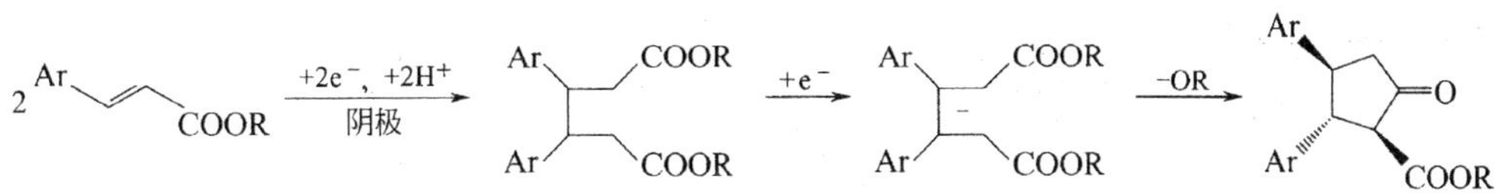

# 12.3　离子液体合成

### 12.3.1　离子液体概述

离子液体是指在室温或接近室温下呈现液态的、完全由阴阳离子所组成的盐,也称室温熔融盐。1914 年,Walden 首次报道了离子液体($EtNH_3$)$NO_3$(熔点 12℃)的合成,1982 年 Wilkes 用 1-甲基-3-乙基咪唑为阳离子合成出氯化 1-甲基-3-乙基咪唑,在摩尔分数为 50% 的 $AlCl_3$ 存在下,其熔点达到了 8℃,其后,离子液体的应用研究得到了广泛的开展,开拓了绿色合成的新领域。与传统的有机溶剂和电解质相比,离子液体具有使用温度范围大、无蒸汽压、无可燃性、不污染环境、能溶解大部分物质、易与产物分离、能循环使用等优点。

**1. 离子液体的种类**

离子液体作为离子化合物,其熔点较低的主要原因是因其结构中某些取代基的不对称性使离子不能规则地堆积成晶体。它一般由有机阳离子和无机阴离子组成,常见的阳离子有季铵盐离子、季鏻盐离子、咪唑盐离子和吡咯盐离子等,阴离子有卤素离子、四氟硼酸根离子、六氟磷酸根离子等。

**2. 离子液体的命名**

离子液体的命名通常用标记法。正离子的标记:1,3-取代的咪唑阳离子标记为 $[R^1R^2im]^+$,$R^1$、$R^2$ 分别为相应烷基的第一个英文字母表示,im 为咪唑英文字母的简写。如 1-乙基-3-甲基咪唑阳离子标记为 $[emim]^+$。1,2,3-取代的咪唑阳离子标记为 $[R^1R^2R^3im]$。取代的吡啶标记为 $[RPy]^+$,Py 为吡啶英文字母的简写。季铵盐离子的标记为 $[Nabcd]^+$,a、b、c、d 分别为相应烷基的碳原子数的多少,用阿拉伯数字由小到大表示,如二甲基乙基丁基铵标记为 $[N1124]^+$。季鏻盐离子的标记为 $[Pabcd]^+$,a、b、c、d 的表示同季铵盐。阴离子有卤素离子 $X^-$、四氯化铝离子 $[AlCl_4]^-$、四氟硼酸根离子 $[BF_4]^-$、六氟磷酸根离子 $[PF_6]^-$、三氟甲基磺酸离子 $[CF_3SO_3]^-$ 标记为 $[OTf]$ 等。离子液体的整体名称及结构为:

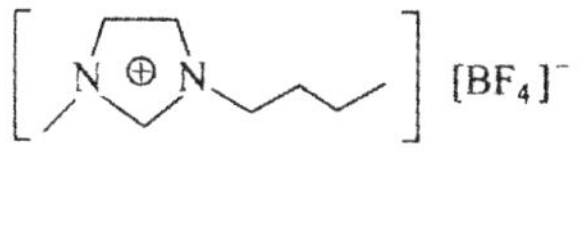

1-丁基-3-甲基咪唑四氟化硼　　　　正丁基吡啶四氯化铝　　　　正丁基三苯基溴化磷
　　$[bmim]^+[BF_4]^-$　　　　　　　　$[n\text{-}bPy]^+[AlCl_4]^-$　　　　　　　$[P4666]^+Br^-$

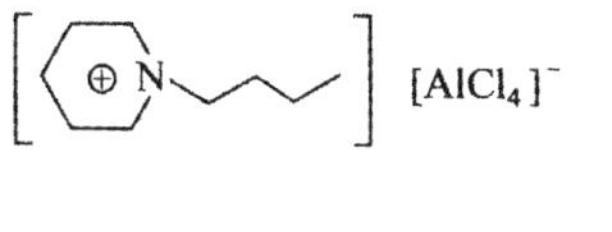

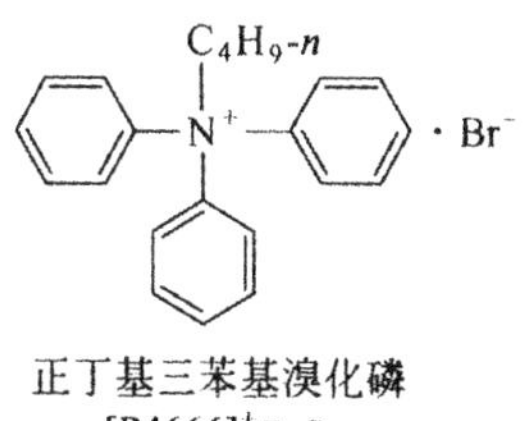

在书写离子液体的结构式时,正、负离子的正、负号可以省略,如 $[bmim]^+[BF_4]^-$ 可以写

成［bmim］［BF₄］。

3. 离子液体的合成

离子液体合成大体有两种基本方法：直接合成法和两步合成法。

（1）直接合成法

直接合成法就是通过酸碱中和反应或季铵化反应一步合成离子液体，操作经济简便，没有副产物，产品易纯化。例如，硝基乙胺离子液体就是由乙胺的水溶液与硝酸中和反应制备。具体制备过程是：中和反应后真空除去多余的水，为了确保离子液体的纯净，再将其溶解在乙腈或四氢呋喃等有机溶剂中，用活性炭处理，最后真空除去有机溶剂得到产物离子液体。最近，Hirao 等用此法合成了一系列不同阳离子的四氟硼酸盐离子液体。另外通过季铵化也可以一步制备出多种离子液体，如 1-丁基-3-基咪唑镓盐［Bmim］［CF₃SO₃］、［Bmim］Cl 等。

（2）两步合成法

如果直接法难以得到目标离子液体，就必须使用两步合成法。首先通过季铵化反应制备出含目标阳离子的卤盐（［阳离子］X 型离子液体）然后用目标阴离子 Y⁻ 置换出 X⁻ 或加入 Lewis 酸 MX 来得到目标离子液体：

$$
\underset{R}{N \diagdown N} \xrightarrow{R'X} \underset{R}{R'\text{-}N^{+}\diagdown N} X^{-} \begin{cases} \xrightarrow[\text{或离子交换树脂}]{M^{+}Y^{-}、H^{+}Y^{-}\text{等}} \ R'\text{-}N^{+}\diagdown N\text{-}R \ \ Y^{-} \\ \xrightarrow{\text{Lewis酸 } MX_y} R'\text{-}N^{+}\diagdown N\text{-}R \ \ [MX_{y+1}]^{-} \end{cases}
$$

在第二步反应中，使用金属盐 MY（常用的是 AgY 或 NH₄Y）时，产生 AgX 沉淀或 NH₄Y、HX 气体而容易除去；加入强质子酸 HY，反应要求在低温搅拌下进行，然后多次水洗至中性，用有机溶剂提取离子液体，最后真空除去有机溶剂得到纯净的离子液体。应特别注意的是：在用目标阴离子（Y⁻）交换 X⁻ 阴离子的过程中，必须尽可能地使反应进行完全，确保没有 X⁻ 阴离子留在目标离子液体中，因为离子液体的纯度对于其应用和物理化学特性的表征至关重要。高纯度二元离子液体的合成通常是在离子交换器中利用离子交换树脂通过阴离子交换来制备。另外直接将 Lewis 酸（MX_y）与卤盐结合，可制备［阳离子］［MₙXₙᵧ₊₁］型离子液体，如氯铝酸盐离子液体的制备就是利用这个方法。

### 12.3.2 离子液体在有机合成中的应用

由于离子液体所具有的独特性能，目前它被广泛应用于化学研究的各个领域中。离子液体作为反应的溶剂已被应用到多种类型的反应中。

（1）取代反应

芳烃用 N-溴代丁二酰亚胺（NBS）为溴化剂，在离子液体［bbim］⁺［BF₄］的作用下，芳烃上的 H 被取代。

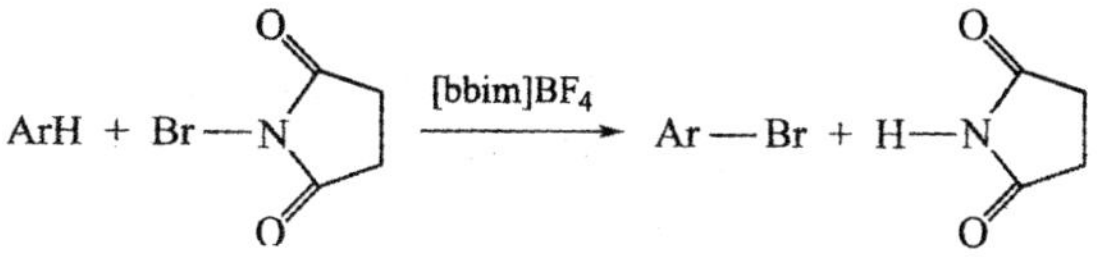

带有吸电子基的卤代芳烃上的卤原子也可以在离子液体[bmim][BF₆]中被氨基取代。

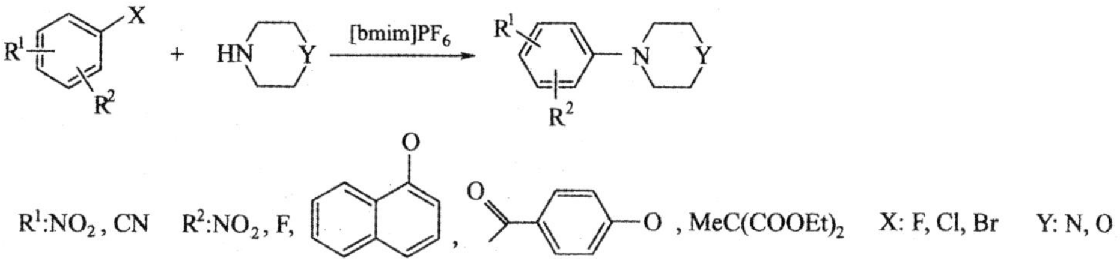

R¹:NO₂,CN　R²:NO₂,F, , ,MeC(COOEt)₂　X:F,Cl,Br　Y:N,O

（2）缩合反应

取代苯甲醛和丙二酸二乙酯在离子液体[bmim]Cl-AlCl₃中发生 Knoevenagel 反应合成 $\alpha,\beta$-不饱和酯，进一步与丙二酸二乙酯发生 Michael 加成反应。

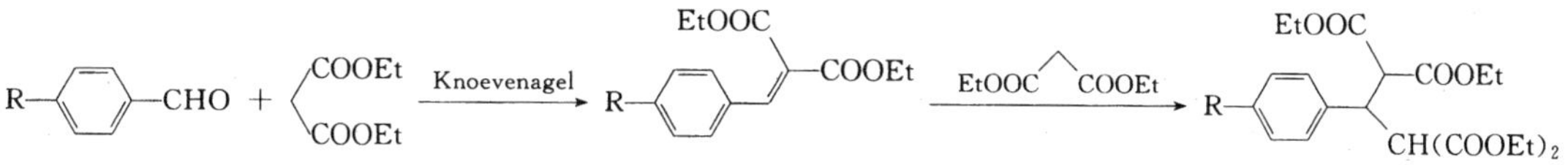

取代苯酚和乙酰乙酸乙酯在离子液体[bmim]Cl-AlCl₃中发生 Pechmann 缩合反应生成各种香豆素衍生物。

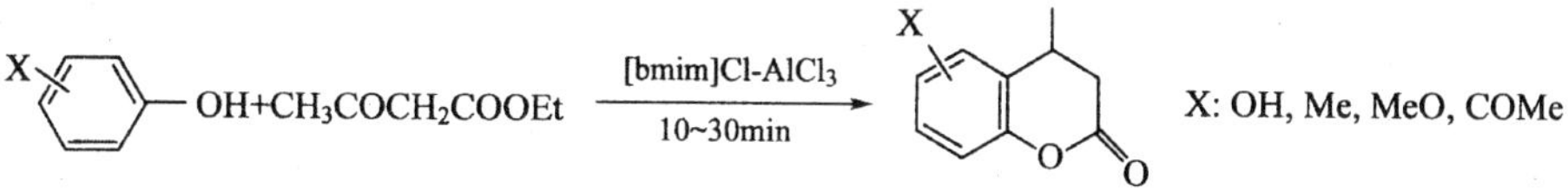

（3）酯化反应

柠檬酸三乙酯可作为冷饮、糖果、烘烤食品中的增香剂，或化妆品中的添加剂等。柠檬酸在酸性离子液体 N-(4-磺酸基丁基)吡啶硫酸氢盐[HSO₃-bPy]⁺[HSO₄]⁻ 的催化下，脱水缩合即可得柠檬酸三乙酯。

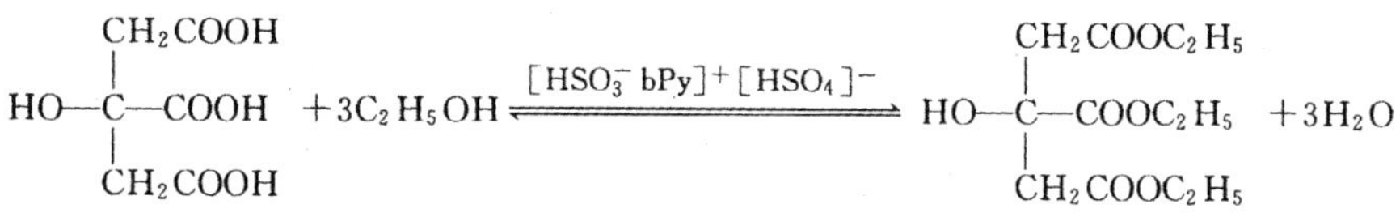

（4）氧化反应

传统的把醇氧化成醛或酮的方法是在有机溶剂存在下，二甲亚砜与醋酸酐相配合可以将醇选择性地氧化成醛、酮，但常常伴随有生成甲硫基甲醚的副反应，而且产率也不是很高。而以离子液体[bmim]PF₆代替传统的有机溶剂在二甲亚砜与醋酸酐存在下，醇氧化的产率最高可达 93%。

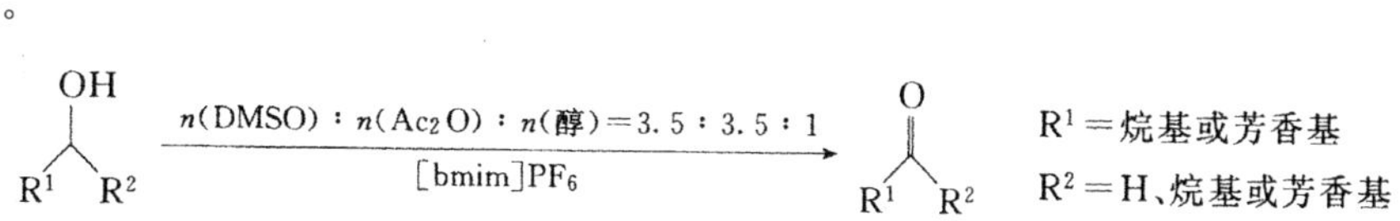

苯乙酮是合成众多药物的重要原料,传统的苯乙酮合成路线不仅污染环境,而且存在副产物多和选择性低等缺点。采用羧基功能化离子液体代替污染环境的有机溶剂可以改善上述缺点。

$$\text{(styrene)} \xrightarrow[\text{}]{\text{PdCl}_2,\text{TSILs},30\% \text{ H}_2\text{O}_2} \text{(acetophenone)} \overset{O}{\underset{}{\|}}\text{CH}_3$$

（5）还原反应

以离子液体[bmim]Br和水的混合物为溶剂,使用硼氢化钠为还原剂,可有效促使醛酮还原成醇。

羰基化合物的还原胺化是有机合成中的重要反应,也是制备仲胺的常用方法。使用硼氢化钠在离子液体[bmim]BF$_4$中,经过缩合、还原两步反应可以实现羰基化合物的还原胺化,且离子液体可以重复使用。

$$R^1CHO + R^2NH_2 \xrightarrow[\text{[bmim]BF}_4]{\text{NaBH}_4} R^1CH_2NHR^2$$

### 12.3.3 离子液体在不对称合成中的应用

不对称合成是获得手性化合物的主要途径,近年来,离子液体在不对称合成中扮演了重要角色,得到了广泛应用。目前,在离子液体中进行的不对称合成主要从三个方面考虑:①以手性底物或手性试剂进行手性合成时,离子液体主要是代替与环境不友好的有机溶剂;②以手性催化剂进行手性合成时,离子液体主要是为了稳定催化剂,或者为了回收手性催化剂;③手性离子液体诱导手性合成。

**1. 在离子液体中的不对称合成**

（1）不对称的Aldol反应

Loh等最先用苯甲醛和丙酮在不同的离子液体[Hmim][BF$_4$]、[Omim][BF$_4$]、[Omim]Cl和[Bmim][PF$_6$]中进行研究,结果表明,虽然在这些离子液体中都生成了Aldol产物,但只有在[Bmim][PF$_6$]中,可以避免消除产物的生成。同时他们比较了反应的对映选择性,无论在什么离子液体中反应,产物的ee值都与在二甲基亚砜中的相当,甚至还要高。随后,他们将在[Bmim]PF$_6$中的反应推广到了各种醛(芳香族和脂肪族衍生物)中,结果表明,反应的收率较高,对映体过量值适中(ee值为69%~89%),离子液体和L-脯氨酸在收率和ee值没有明显减低的情况下可重复使用四次。

同年Toma研究小组研究了丙酮与芳环上连有吸电子或供电子基的各种芳香醛衍生物,在离子液体[Bmim][PF$_6$]中的反应,获得了较高的收率和较好的ee值。反应如下:

$$\text{(acetone)} \overset{O}{\underset{}{\|}} + \text{H}\overset{O}{\underset{}{\|}}R \xrightarrow[\text{[Bmim]PF}_6, \text{r.t.}, 25h]{\text{(S)-Proline[30\%(mol)]}} \overset{O}{\underset{}{\|}}\underset{*}{\overset{OH}{\|}}R$$

R= Ph, naphtyl, 4-BrC$_6$H$_4$, Cy·                    58%~72%, 89% ee

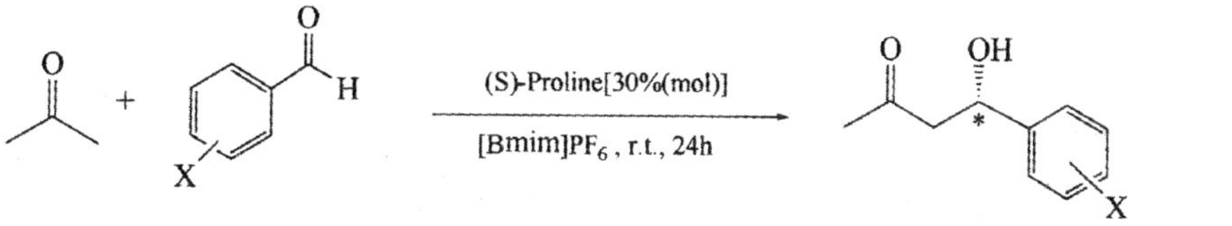

X= H，4-CF$_3$,4-F, 4-OMe, 4-NO$_3$, 4-CN, 2-Br, 2-OMe, 2-NO$_3$,
3-NO$_3$

21%~94%, 82% ee

（2）不对称烯丙基化反应

McCluskey 等[踟]报道在离子液体 [Bmim] [BF$_4$] 中，四烯丙基锡和 N-保护的氨基醛可发生烯丙基化反应：

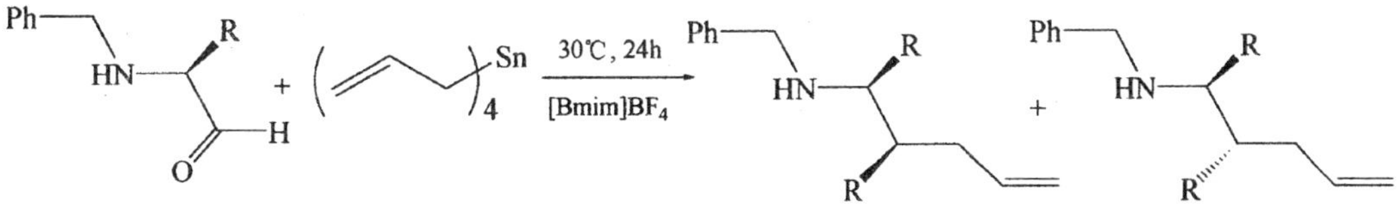

70%~73%　　　64%~86%

R= CH$_3$ ,CH(CH$_3$)$_2$ ,PhCH$_2$

（3）不对称 Mannich 反应

2003 年，Chen 等研究了在离子液体中，以铟作催化剂，L-缬氨酸为手性诱导剂，醛、胺和硅基烯醇醚三组分的不对称 Mannich 反应：

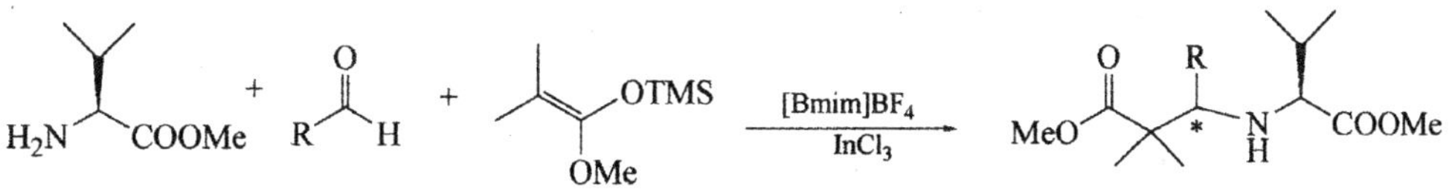

R= 4-ClC$_6$H$_4$ , C$_6$H$_5$, naphtyl , PhCH$_2$CH$_2$　　　50%~86%

研究结果表明，当醛为对氯苯甲醛在多种离子液体中反应，阴离子为 BF$_4^-$ 时表现出较好的非立体选择性，而在 [Omin]Cl 中不发生反应；阳离子中，烷基链较短时，Mannich 产物收率较好而醇醛缩合副产品较低。

（4）不对称氟化反应

在离子液体中，N-氟代的金鸡纳季铵盐，能够催化诱导不对称氟化反应：

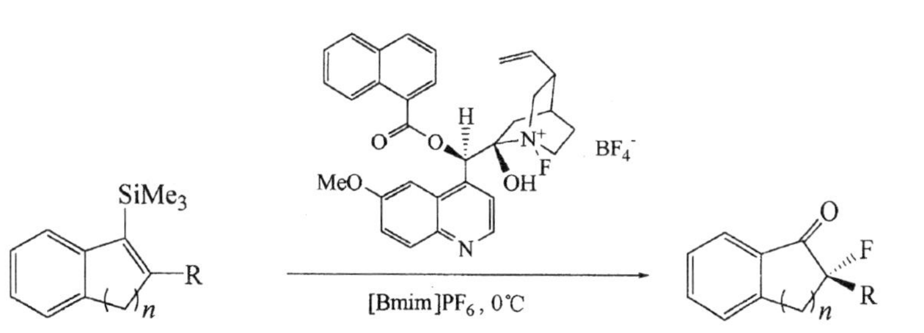

R= Me, Et, Bu; n=1, 2

该反应比用传统的溶剂乙腈有明显的优越性。在离子液体中，该反应的对映选择性高，实验条件温和。离子液体对金鸡纳碱的溶解性很好,使得离子液体和手性试剂均可以回收使用。

2. 离子液体中的不对称催化

(1)催化不对称加氢

1995 年 Chauvin 等率先研究了手性铑络合物在离子液体中催化脱氢氨基酸的不对称催化氢化反应。他们报道了(E)-乙酰氨基肉桂酸的对映选择性氢化反应,采用离子液体[Bmim][SbF₆]和丙酮(3/8)的两相体系,用[Rh(cod)(−)-diop]PF₆ 做催化剂,反应得到了(S)-N-乙酰氨基苯丙酸,ee 值是 64%,产物非常容易分离,并且离子液体可以回收使用:

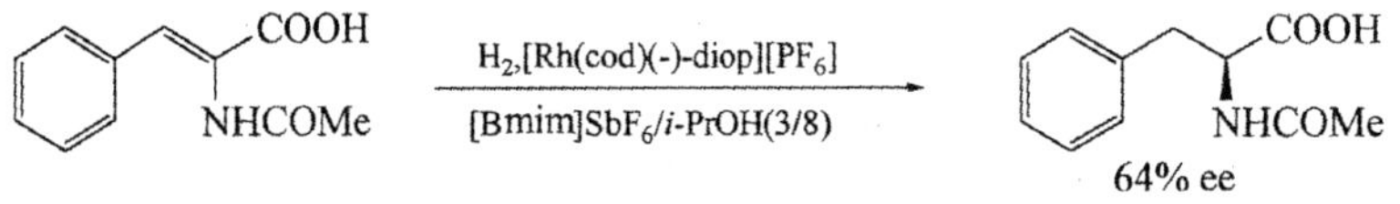

GuHnik 等也研究了手性铑催化剂在离子液体中对 α-氨基酸衍生物的不对称加氢,反应在两相体系中进行并且获得较高的对映选择性(93%~96%):

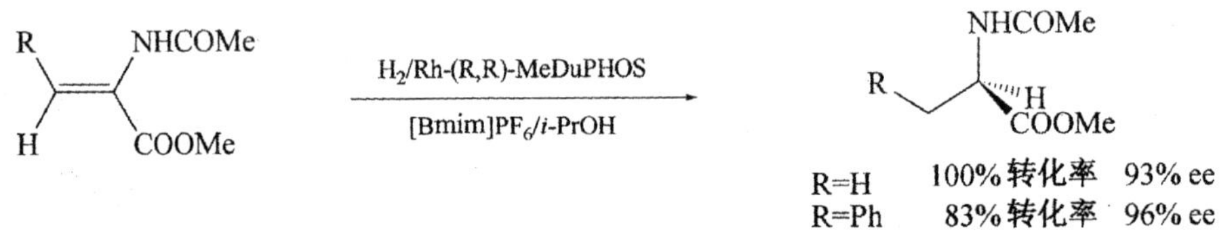

| R=H | 100% 转化率 | 93% ee |
| R=Ph | 83% 转化率 | 96% ee |

(2)烯烃的不对称环丙烷化

Mayoral 等于 2001 年报道在离子液体中,以双噁唑啉—铜为催化剂,可对映选择性地对苯乙烯和重氮乙酸乙酯进行不对称环丙烷化反应:

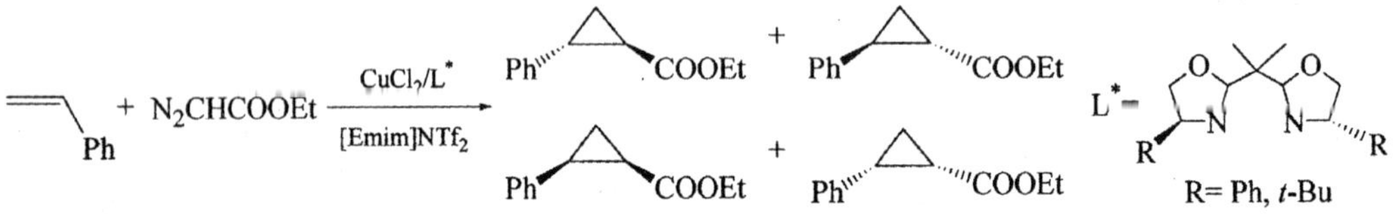

不同离子液体(咪唑鎓和季铵盐)在二氯甲烷中的反应与昂贵的催化剂 Cu(Otf)₂ 在二氯甲烷中反应的比较,前者获得了较好的结果。

(3)不对称硅腈化反应

Baleizao 等在不对称硅腈化反应中,用离子液体代替挥发性溶剂二氯甲烷,试剂用 TM-SCN 和手性钒的配体:

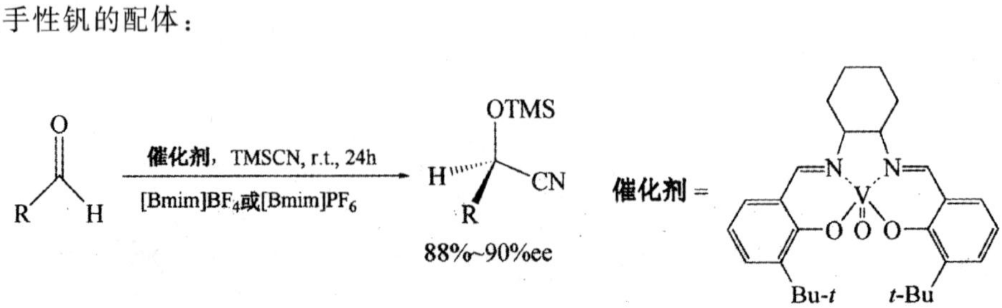

反应中阴离子的作用非常重要,当离子液体为[Bmim]Cl 和[Bmim][BF₄]时,得到较低的收率和对映选择性,然而,当离子液体为[Emim][PF₆]和[Brmim][PF₆]时得到较高的转化率

（80%）和对映选择性（88%～90%），与用二氯甲烷做溶剂时相当。而且,含催化剂的离子液体能够被重复使用多次而催化剂的活性没有明显降低。

# 12.4　无溶剂合成

无溶剂反应包括作用物在负载混合物存在下进行的反应和作用物不需负载混合物直接进行的反应,又称干反应。前者通常以无机固体（如三氧化二铝、硅胶等）为介质,只需将负载混合物于适当温度下放置,间或振动即可,操作十分简便。后者将固体作用物（固—液作用物）在玛瑙乳钵中研磨或在反应瓶中加热即可,操作也很方便。产物均可用溶剂萃取或用柱层析分离,后处理也很方便。由于反应条件温和,一些在溶液中无法进行的反应可以利用无溶剂反应获得满意的结果。

1. 烷基化反应

（1）碳烷基化

将甲醇钠吸附在氧化铝或硅胶上可使丙二酸酯发生选择性干法烷基化。例如:

$$CH_2(COOMe)_2 + Br(CH_2)_5Br \xrightarrow{MeONa-Al_2O_3} Br(CH_2)_5CH(COOMe)_2 +$$
$$(1)$$

$$+ (MeOOC)_2CH(CH_2)_5CH(COOMe)_2$$

(2)　　　　　　　　　　　(3)

当 $MeONa/Al_2O_3$ 为 1mol/kg 时,主要生成（1）;$MeONa/Al_2O_3$ 为 1.7mol/kg 时,则生成（2）;而在溶液中反应同时生成三种产物。

与此类似,乙酰乙酸乙酯在 $MeONa/Al_2O_3$ 体系中进行烷基化,高选择性地生成单碳烷基化产物,如表 12-1 所示。

$$MeC=CHCOOEt + EtX \xrightarrow[\text{室温,5 d}]{MeONa-Al_2O_3} MeC=CHCOOEt + MeCOCHCOOEt + MeCOC(Et)_2COOEt$$

| OK | OEt | Et |

(4)　　　　　　　(5)　　　　　　　(6)

**表 12-1　乙酰乙酸乙酯烷基化产物分布**

| 烃化试剂 | (4)的摩尔分数/% | (5)的摩尔分数/% | (6)的摩尔分数/% | 总产率/% |
|---|---|---|---|---|
| $Et_2SO_4$ | 2 | 96 | 2 | 76 |
| EtBr | 1 | 97 | 2 | 53 |
| EtI | <1 | 97 | 3 | 52 |

（2）硫烷基化

例如,丙二硫代羧酸甲酯与苄氯在 $KF-Al_2O_3$ 无溶剂体系中室温下反应,主要得到顺式（S）—烷基化产物。硫烷基化比在溶液中反应有较好的选择性,反应式如下:

$$\text{MeCH}_2\text{CSMe} + \text{PhCH}_2\text{Cl} \xrightarrow{\text{KF-Al}_2\text{O}_3}$$

85%　　　　　15%

## 2. 酰化反应

$\text{TiCl}_4$ 促进下,无溶剂条件,120℃酚和萘酚直接邻位酰化,得到 2-羟基苯酮和 2-羟基萘酮。该方法制备羟基芳酮反应时间短,产率高,应用范围广,优于 Fries 重排,反应式如下:

$$R + 1.5\text{eq } R'\text{COCl} \xrightarrow[120\text{ ℃,1 h}]{1.1\text{eq TiCl}_4}$$

51%~95%

## 3. 缩合反应

无溶剂缩合反应一般具有副反应少、产率高、操作简便及选择性好等优点。例如:

$$R^1\text{CH}_2\text{NO}_2 + \text{CHO} \xrightarrow{\text{Al}_2\text{O}_3}$$

70%~93%

芳香醛和丙二腈在无催化剂无溶剂存在下,微波辐射或加热可发生 Knoevemgel 缩合反应,产率良好。例如:

$$\text{ArCHO} + \xrightarrow[\text{无溶剂}]{\text{MWI}}$$

$$R^1\text{—CHO} + \xrightarrow{\text{C-200}}$$

(Claisen-Schmidt缩合)

## 4. 加成反应

利用干反应可以进行多种加成反应,如 Michael 加成、羰基加成、异氰酸酯和异硫氰酸酯的加成等。例如:

$$\xrightarrow[\text{室温,5~8 h}]{\text{Al}_2\text{O}_3}$$

52%~88%

$$\underset{R^2}{\overset{R^1}{>}}CH-NO_2 + \underset{R^3}{\overset{H}{>}}C=O \xrightarrow{Al_2O_3} R^1-\underset{R^2}{\overset{O_2N}{\underset{|}{C}}}-\underset{OH}{\overset{H}{\underset{|}{C}}}-R^3$$

$$71\%\sim86\%$$

$$\text{(o-NO}_2\text{)Ph}-NCO + ArNH_2 \xrightarrow[\text{室温},10\sim30\text{ min}]{\text{固态}} \text{(o-NO}_2\text{)Ph}-NH-\overset{O}{\overset{\|}{C}}-NH-Ar$$

$$81\%\sim95\%$$

## 5.氧化反应

烯键和炔键化合物可在含水硅胶负载下氧化成羰基化合物,反应式如下:

$$\underset{R^1}{\overset{R}{>}}C=C\underset{R^1}{\overset{R}{<}} \xrightarrow[-78\,℃]{SiO_2,O_3} \underset{R^1}{\overset{R}{>}}C=O$$

$$Ph-C\equiv C-Ph \xrightarrow[-78\,℃]{SiO_2,O_3} \underset{Ph}{\overset{O}{\overset{\|}{C}}}-\underset{Ph}{\overset{O}{\overset{\|}{C}}}$$

1988 年,Toda 等研究比较了一些酮的 Baeyer-Villiger 氧化反应,发现在固态中反应比在氯仿溶液中反应速率快、产率高(表 12-2)。例如:

$$R^1COR^2(固) \xrightarrow{m\text{-}ClC_6H_4CO_3H(固)} R^1COOR^2$$

表 12-2 酮的 Baeyer-Villiger 固态氧化

| $R^1$ | $R^2$ | 产率(%) | |
|---|---|---|---|
| | | 固态 | 溶液(氯仿) |
| p-BrPh | CH$_3$ | 64 | 50 |
| Ph | CH$_2$Ph | 97 | 46 |
| Ph | Ph | 85 | 13 |
| Ph | p-MePh | 50 | 12 |

干反应能够使苯偶姻转化为苯偶酰,用 Fe(NO$_3$)$_3$·9H$_2$O 作氧化剂获得了理想的结果,反应式如下:

$$Ar-\underset{\overset{\|}{O}}{\overset{OH}{\underset{|}{C}}}-Ar \longrightarrow Ar-\overset{O}{\overset{\|}{C}}-\overset{O}{\overset{\|}{C}}-Ar$$

$$90\%\sim95\%$$

Ar:Ph、p-MeOPh、o-MePh、p-ClPh、(furyl)等

二苯基卡巴腙用通常的溶液反应产率只有 48%，而用干反应 20～30min 产率可达 76%～90%，反应式如下：

X—⬡—NH—NH—C(=O)—NH—NH—⬡—X $\xrightarrow[\text{固相}]{K_3Fe(CN)_6/KOH}$

X—⬡—NH—NH—C(=O)—N=N—⬡—X

X：H、Me、EtO、NO₂

无溶剂反应还可用于取代反应、还原反应、扩环反应、重排反应等，其应用范围正日益变广。

# 12.5 超临界反应

## 12.5.1 超临界反应的特点

当流体的温度和压力处于它的临界温度和临界压力以上时，称该流体处于超临界状态，此时的流体称为超临界流体（Supercritical Fluid，缩写为 SCF）。超临界流体在萃取分离方面取得了极大成功，并广泛用于化工、煤炭、冶金、食品、香料、药物、环保等许多工业或领域。超临界流体作为反应介质或作为反应物参与的化学反应，称为超临界化学反应。目前关于超临界有机合成的研究还处于初始阶段，不过已取得了一些很有实用价值的成果，充分显示了超临界有机合成技术的巨大潜在优势。

超临界化学反应不同于传统的热化学反应，它具有以下特点。

①与液相反应相比，在超临界条件下的扩散系数远比液体中的大，黏度远比液体中的小。对于受扩散速度控制的均相液相反应，在超临界条件下，反应速率大大提高。

②在超临界流体介质中可增大有机反应物的溶解度或有机反应物本身作为超临界流体而全部溶解，尤其在超临界状态下，还可使一些多相反应变为均相反应，消除了相界面，减少了传质阻力。这些都可较大幅度地增大反应速率。

③超临界流体中溶质的溶解度随温度、压力和分子量的改变而有显著的变化，利用这一性质，可及时将反应产物从反应体系中除去，使反应不断向正向进行。这样既加快了反应速率，又获得了较大的转化率。

④因有机反应中过渡状态物质的反应速率随压力的增大而急剧增大，而超临界条件下具有较大的压力，从而可使化学反应速率大幅度增加，甚至可增加几个数量级。当反应物能生成多种产物时，压力对不同产物的反应速率的影响是不相同的，这样就可通过改变超临界流体的压力来改变反应的选择性，使反应向目标产物方向进行。

⑤许多重质有机化合物在超临界流体中具有较大的溶解度，一旦有重质有机物结焦后吸附在催化剂上，超临界流体可及时地将其溶解，避免或减轻催化剂上的积炭，大大地延长了催化剂的寿命。

⑥可用价廉、无毒的超临界流体（如 $H_2O$、$CO_2$）作为反应介质来代替毒性大、价格高的有

机溶剂,既降低了反应成本,又消除或减轻了污染。

由于具有以上特点,使超临界有机合成受到世界各国化学界的高度重视。

### 12.5.2　超临界有机合成反应

1. 烷基化催化反应

对于异丁烷与丁烯合成 $C_8$ 烷烃(三甲基戊烷)的反应,目前工业上仍使用强酸催化工艺,严重腐蚀设备和污染环境,且催化剂寿命也不长。如果以反应物异丁烷为超临界流体,采用固体酸催化剂,则可克服以上缺点。

2. Fischer-Tropsch 合成

Fischer-Tropsch(F-T)合成是用 $H_2$ 和 CO 在固体催化剂上合成烃类( $C_1 \sim C_{25}$ )混合物的反应:

$$H_2 + CO \xrightarrow[\text{正己烷 SCF}]{\text{催化剂}} C_1 \sim C_{25} \text{的烃类}$$

这是煤炭间接液化过程中的重要反应,在反应过程中,生成的高分子量烃可吸附在催化剂表面造成催化剂失活、床层堵塞等问题。采用正己烷超临界流体,可有效地除去催化剂表面上生成的蜡,并且产物中烯烃的比例也有所提高。

3. Diels-Aider 反应

Randy 等研究了在 $SiO_2$ 催化条件下用超临界 $CO_2$ 作为介质的 Diels-Aider 反应,发现随体系压力的升高,反应产率下降,但对反应的选择性无影响。

Thompson 等在超临界 $CO_2$ 介质中研究了下面的 D-A 反应,发现了 40℃时反应速率常数随压力增高而降低的反常现象,还发现在临界点反应速率比液相反应(以乙腈或氯仿为溶剂)快,但在 $CO_2$ 密度接近液体溶剂的高压条件下,反应速率比液相慢。

4. 环氧化反应

Noyori 对 2,3-二甲基丁烯在超临界 $CO_2$ 介质中的过氧化物环氧化反应进行了研究,发现没有通常的副产物碳酸盐的生成。

Tumas 小组在超临界 $CO_2$ 介质中用含水的过氧化物 $(CH_3)_3COOH$ 对环己烯进行了氧化,主要生成环己二醇,同时发现如果用不含水的超氧化物,则产率只有 15%。

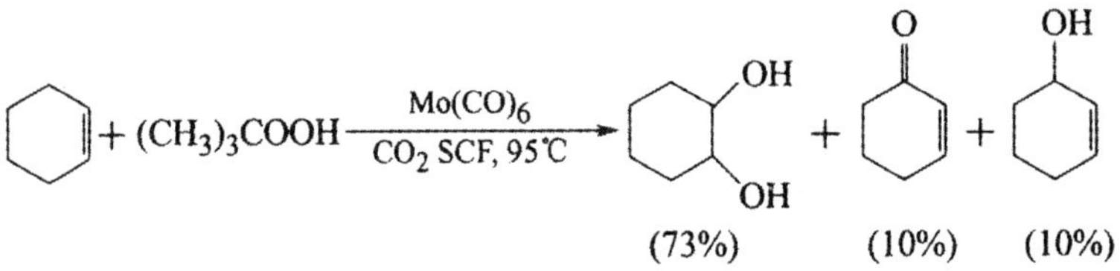

(73%)  (10%)  (10%)

Wu 等在催化条件下研究了超临界 $CO_2$ 对环己烷的非催化氧化反应：

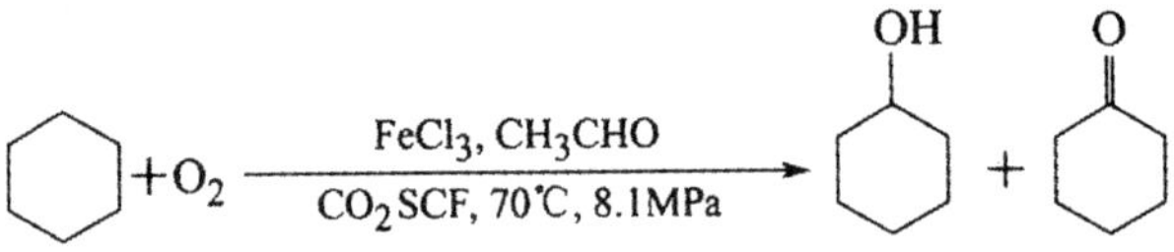

超临界水氧化(Supercritical Water Oxidation,缩写为 SCWO)是氧化分解有害有机物的一种新技术,这一技术可在不产生有害副产物情况下彻底去除有毒有机废物。当温度高于647K,压力高于 22.1MPa 时,有机组分和氧气完全溶于超临界水中,使有机组分在单相介质中快速氧化为 $CO_2$、$H_2O$ 和 $N_2$。这一技术在处理有机废水、废气时有广阔的应用前景。

5. 加氢反应

双键氢化的反应速率与 $H_2$ 在反应体系中的浓度成正比,因超临界 $CO_2$ 能与 $H_2$ 完全互溶,特别有利于氢化反应的进行。例如：

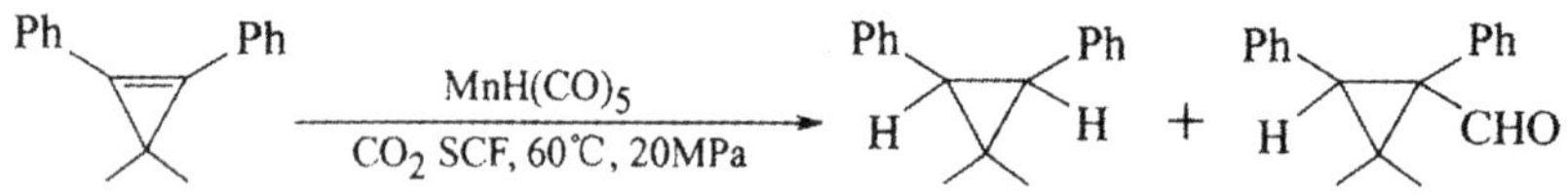

但是下面超临界反应速率要比在有机溶剂中慢,其原因还不完全清楚。

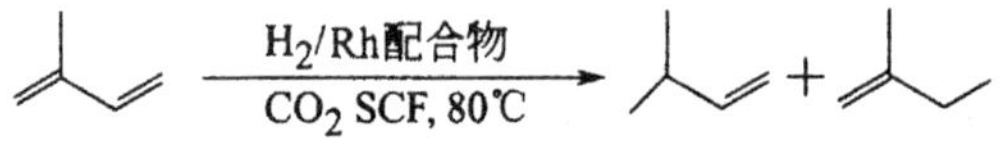

Sabine 等研究了在超临界条件下,亚胺的铱催化氢化反应,发现用超临界 $CO_2$ 作为介质比用液相二氯甲烷作为溶剂的反应速率快,而选择性随催化剂的不同而有较大差异。

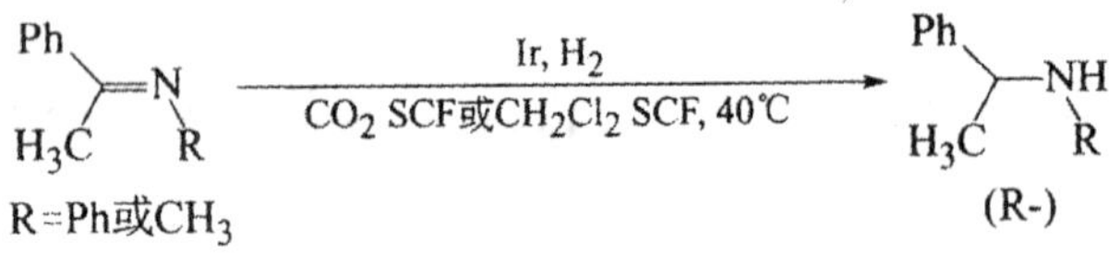

$CO_2$ 加氢合成甲醇、甲酸是一条很有意义的有机合成途径,这是因为这一反应既能降低大气中的 $CO_2$,维护生态环境,又能以低成本的形式得到有用的产物。

6. 重排反应

Pinacol 重排反应在液相中需要强酸作为催化剂,催化剂寿命又很短。尽管可用加大酸浓度的方法来提高反应速率,但反应速率和选择性仍然很低。Yutaka 等在 450℃、25MPa 的超临界水中,不加任何催化剂成功地进行了 Pinacol 的重排反应,反应速率要比在 $2.43mol \cdot L^{-1}$

的 $H_2SO_4$ 溶液中快 100 倍。他们认为 Pinacol 之所以能够在无外加酸的超临界水中进行反应,氢键强度的变化是关键因素。

除以上反应类型外,在超临界流体中还可以有效地进行环化反应、烯键易位反应、羰基化反应、生成金属有机化合物的反应、聚合反应、酶催化反应、自由基反应、酯化反应、异构化反应、烷基化反应、脱除反应、水解反应、超临界相转移反应、超临界光化学反应等。

# 参考文献

[1]王玉炉. 有机合成化学(第2版). 北京:科学出版社,2009.

[2]纪顺俊,史达清. 现代有机合成新技术. 北京:化学工业出版社,2009.

[3]陈治明. 有机合成原理及路线设计. 北京:化学工业出版社,2010.

[4]陆国元. 有机反应与有机合成. 北京:科学出版社,2009.

[5]郭生金. 有机合成新方法及其应用. 北京:中国石油出版社,2007.

[6]杨光富. 有机合成. 上海:华东理工大学出版社,2010.

[7]张宝华,张剑秋. 精细高分子合成与性能. 北京:化学工业出版社,2005.

[8]赵德明. 有机合成工艺. 杭州:浙江大学出版社,2012.

[9]薛叙明. 精细有机合成技术(第2版). 北京:化学工业出版社,2009.

[10]唐培堼,冯亚青. 精细有机合成与工业学. 北京:化学工业出版社,2006.

[11]杨定乔,汪朝阳,龙玉华. 高等有机化学——结构、反应与定理. 北京:化学工业出版社,2012.

[12]田铁牛. 有机合成单元过程. 北京:化学工业出版社,2001.

[13]谢如刚. 现代有机合成化学. 上海:华东理工大学出版社,2003.

[14](英)怀亚特(Wyatt,P)等.有机合成策略与控制. 张艳,王剑波等译. 北京:科学出版社,2009.

[15]王利民,田禾. 精细有机合成新方法. 北京:化学工业出版社,2004.

[16]胡跃飞,林国强. 现代有机化学——金属催化反应. 北京:化学工业出版社,2008.

[17]马军营,任运来等. 有机合成化学与路线设计策略. 北京:科学出版社,2008.

[18]林峰. 精细有机合成技术. 北京:科学出版社,2009.

[19]吴毓林,麻生明,戴立信. 现代有机合成进展. 北京:化学工业出版社,2005.

[20]郭保国. 有机合成重要单元反应. 郑州:黄河水利出版社,2009.

[21]薛永强,张蓉. 现代有机合成方法与技术(第2版). 北京:化学工业出版社,2007.

[22]黄培强. 有机合成. 北京:高等教育出版社,2004.

[23]刘军,张文雯,申玉双. 有机化学(第2版). 北京:化学工业出版社,2010.

[24]马宇衡. 有机合成反应速查手册. 北京:化学工业出版社,2009.

[25]吴毓林,姚祝军. 现代有机合成化学. 北京:科学出版社,2001.